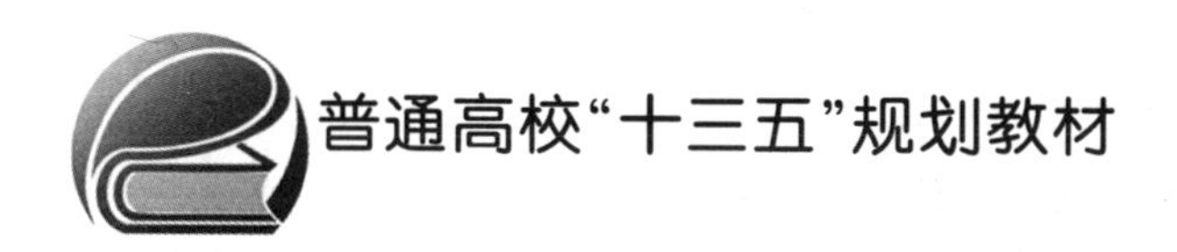

材料科学与工程实验教程

主　编　段辉平
副主编　彭　徽　项　民　苏玉芹

北京航空航天大学出版社

内容简介

本教程为北京航空航天大学规划教材，是基于北京航空航天大学材料科学与工程学院多年的本科实验教学讲义重新编辑、修订而成的，强调了实验课程的研究属性和综合属性，介绍了学院教师的部分最新科研成果以及最新的实验研究技术。

本教程内容覆盖面广，涵盖了金属、陶瓷、高分子、纳米能源等材料的合成与制备技术、组织与结构分析技术、性能与表征技术以及材料服役性能评价方法等。全书按实验层次分为三章。第一章为基础实验，主要学习材料学科常见的分析检测技术；第二章为综合实验，学习如何利用掌握的基础知识对合成的材料进行分析检测和评估；第三章为特色实验，学习航空航天材料特色研究方法和实验技术的最新发展。

本教程适用于材料科学与工程及其相关专业本科生和研究生的实验教学，使用者可根据实验条件对实验项目进行适当取舍；也可供相关专业工程技术人员参考。

图书在版编目(CIP)数据

材料科学与工程实验教程 / 段辉平主编. -- 北京 ：北京航空航天大学出版社，2019.4

ISBN 978-7-5124-2980-2

Ⅰ. ①材… Ⅱ. ①段… Ⅲ. ①材料科学—实验—高等学校—教材②工程技术—实验—高等学校—教材 Ⅳ. ①TB3-33②TB-33

中国版本图书馆 CIP 数据核字(2019)第 063858 号

材料科学与工程实验教程

主　编　段辉平

副主编　彭　徽　项　民　苏玉芹

责任编辑　张冀青

*

北京航空航天大学出版社出版发行

北京市海淀区学院路 37 号(邮编 100191)　http://www.buaapress.com.cn

发行部电话：(010)82317024　传真：(010)82328026

读者信箱：goodtextbook@126.com　邮购电话：(010)82316936

北京时代华都印刷有限公司印装　各地书店经销

*

开本：787×1 092　1/16　印张：19　字数：499 千字

2019 年 4 月第 1 版　2019 年 4 月第 1 次印刷　印数：2 000 册

ISBN 978-7-5124-2980-2　定价：49.00 元

前　言

材料科学与工程是实验特色极为突出的学科，实验教学在培养学生科研素质及综合能力等方面具有无可替代的作用。目前，大部分高校的材料学科均已实行宽口径、大专业的培养模式，要求学生具备宽广、扎实的材料学基础知识，因此，本书在编排上力求突破简单、单一、验证式的传统实验方式，转而采用综合、研究、自主式实验模式。在实验内容上突出大专业综合、实验手段综合、材料研究过程综合等特点，培养学生广博坚实的实验技能；在实验方式上，设计了大量的自主式、研究式实验，着力培养学生应用掌握的材料科学基础知识和实验技能自主设计实验方案、解决实际问题的能力。

本教程共分为三章。第一章主要培养学生的基本动手能力和分析检测能力，通过实验学习，要求学生掌握常见分析检测技术的基本原理、设备的基本操作和分析方法，为后续的实验学习打好基础；实验内容涉及材料的组成、结构和性能分析，涵盖了金属材料、无机非金属材料和有机高分子材料等。第二章围绕材料的合成与制备、组成与结构、性能与表征和使役性能等材料的四大要素展开，从材料的制备出发，研究工艺对材料的组成、结构和性能的影响，旨在通过实验学习，使学生掌握基本的材料合成制备方法，并利用所掌握的基本检测技术对材料及其制备工艺进行系统的研究和评估，培养学生自主设计实验、解决科学问题的研究能力。第三章主要针对学科特色和材料学实验的最新进展，设计了具有航空航天特色的综合实验和虚拟仿真实验，旨在使学生了解航空航天材料和实验学科的最新发展。

本教程是在北京航空航天大学材料科学与工程学院试用多年的《材料科学与工程专业综合实验》讲义的基础上进行补充和完善编著而成的，强调了实验课程的研究属性和综合属性，收录了学院教师的部分最新研究成果和最新的实验技术。全书由北京航空航天大学材料科学与工程国家级实验教学示范中心的杜娟（1.1）、王嘉宜（1.2、1.11、2.1、2.2.1、2.2.2、3.4）、段辉平（1.3、1.4、1.5、1.10、2.3、2.6、2.7、2.8、2.9、2.10）、王冠（1.6、1.7、1.8）、俞有幸（1.9）、苏玉芹（1.12）、项民（1.13、1.16、3.8）、刘慧丛（1.14、1.15、3.7）、李安（2.2.3、3.1）、刘敬华（2.2.4、3.5）、逄淑杰（2.2.5）、袁泽红（2.4）、杨树斌（2.5.1）、陈爱华（2.5.2、2.5.3）、陈海宁（2.5.4）、张跃（2.11）、王凯（2.12、2.13、2.14、2.15、2.16、3.3）、段跃新（2.17、

2.18、3.12)、李艳霞(2.19、3.13)、彭徽(3.2、3.6)、赵子华(3.9)、尚家香(3.10)、马岳(3.11)等老师执笔撰写,范学涛(1.3)、宋洪海(1.4)、韩海军(1.10)、席文君(2.3.2)和胡成宇(2.6、2.7)老师参与了部分修订工作。全书由段辉平老师组织编写,并负责全书的统稿、审定和校正;彭徽、项民、苏玉芹老师对本教程的部分内容进行了校阅,为本教程最终得以付梓出版做出了无私奉献;对于诸位老师的辛勤付出及鼎力支持,谨此一并深致谢忱。

本教程适用于材料科学与工程及其相关专业本科生和研究生的实验教学,使用者可根据实验条件对实验项目进行取舍。力所不及、挂一漏万之处,敬请斧正。

编　者

2019 年 3 月

目　录

第一章　材料检测技术基础实验

第一节　材料组成与结构分析技术

1.1　材料化学成分分析

【实验目的】

1. 了解分光光度计测定物质含量的原理、测定条件及方法；
2. 掌握邻二氮杂菲分光光度法测定铁的原理及方法；
3. 了解 722－S 型分光光度计的构造和使用方法。

【实验原理】

1. 分光光度法原理

分光光度法是通过测定未知物质在特定波长处或一定波长范围内的吸光度或发光强度，从而对物质进行定性和定量分析的方法。该方法的实验基础是 Lambert－Beer 定律，即当一束平行的单色光通过溶液时，溶液的吸光度(A)与溶液的浓度(c)和厚度(b)的乘积成正比，其数学表达式为：

$$A=-\lg T=\lg \frac{I_0}{I}=\varepsilon bc \tag{1.1.1}$$

式中，A 为吸光度；T 为透射比(透光度)，是出射光强度(I)与入射光强度(I_0)之比；ε 为摩尔吸光系数，L/(mol・cm)，它与吸收物质的性质及入射光的波长 λ 有关；c 为吸光物质的浓度，mol/L；b 为吸收层厚度，cm。

在分光光度计中，用不同波长的光连续照射一定浓度的样品溶液，可得到与波长相对应的光的吸收强度。如以波长(λ)为横坐标，吸光度(A)为纵坐标，就可绘出样品的吸收光谱曲线，从而对样品进行定性、定量分析。分光光度法可用紫外光、可见光、红外光作为照明光源，邻二氮杂菲分光光度法测定铁为可见光光度法，测定时采用可见光作为光源。

分光光度法测定物质含量时应注意显色反应条件和测量吸光度条件。显色反应条件有显色剂用量、介质的酸度、显色时溶液的温度、显色时间及干扰物质的消除等；测量吸光度条件包括入射光波长、吸光度范围和参比溶液的选择等。

2. 邻二氮杂菲-亚铁络和物

邻二氮杂菲(phen)是测定微量铁的一种较好试剂，在 pH＝2～9 的条件下，Fe^{2+} 离子与邻二氮杂菲生成橘红色络合物，反应式如下：

$$Fe^{2+}+3phen \rightarrow [Fe(phen)_3]^{2+} \tag{1.1.2}$$

此络合物的表观稳定常数 $\lg K_{稳}=21.3$，极其稳定，摩尔吸光系数 $\varepsilon_{510}=1.1\times10^4$ L/(mol・cm)。在显色前，先用盐酸羟胺把 Fe^{3+} 离子还原为 Fe^{2+} 离子，其反应式如下：

$$2Fe^{3+}+2NH_2OH\cdot HCl \rightarrow 2Fe^{2+}+N_2+2H_2O+4H^{+}+2Cl^{-} \tag{1.1.3}$$

测定时，溶液酸度控制在 pH＝5 左右较为适宜。酸度过高，反应进行较慢；酸度太低，则 Fe^{2+}

离子水解，影响显色。

本方法选择性高，但 Bi^{3+}、Cd^{2+}、Hg^{2+}、Ag^{+}、Zn^{2+} 等离子会与显色剂生成沉淀，Ca^{2+}、Cu^{2+}、Ni^{2+} 等离子甚至会与显色剂形成有色络合物，因此当与这些离子共存时，应注意它们的干扰作用。

3. 722-S 型分光光度计

722-S 型分光光度计(见图 1.1.1)采用低杂散光、高分辨率的单光束光路结构，仪器具有良好的稳定性和重现性，操作方便，具有自动调校 0%*T* 和 100%*T* 等控制功能及多种数据处理功能。

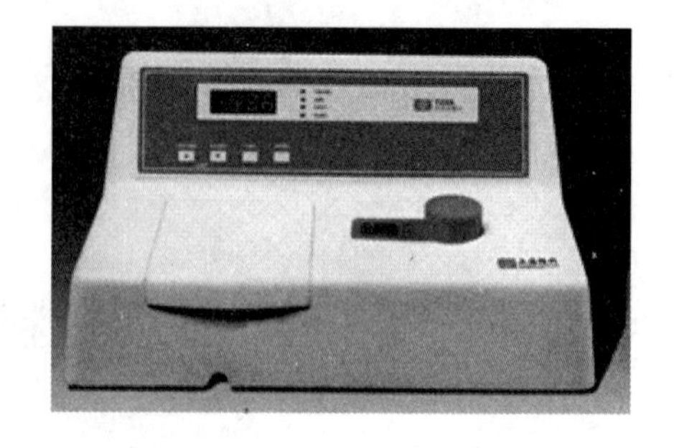

图 1.1.1　722-S 型分光光度计

利用 722-S 型分光光度计测定溶液吸光度的基本流程如图 1.1.2 所示。

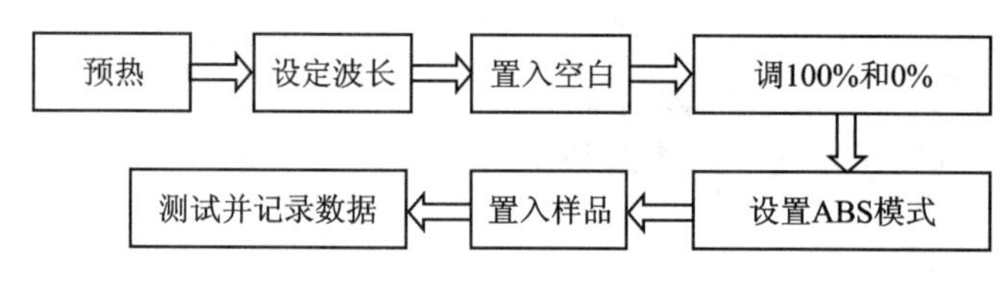

图 1.1.2　实验流程图

【实验内容】

1. 配制铁标准溶液；
2. 通过测绘铁标准溶液的吸收曲线，确定适宜的可见光波长；
3. 通过显色剂浓度试验，找出显色剂的最适宜加入量；
4. 测试未知液的吸光度，通过比对绘制的标准曲线确定未知溶液中铁的含量。

【实验条件】

1. 实验原料及耗材

分析纯 $NH_4Fe(SO_4)_2\cdot 12H_2O$、2 mol/L 的 HCl 溶液、盐酸羟胺、0.1%邻二氮杂菲溶液、1 mol/L 的乙酸钠溶液、去离子水、待测溶液。

2. 实验设备

722-S 型分光光度计、附比色皿、比色管、容量瓶、天平、量筒、移液管。

【实验步骤】

1. 铁标准溶液的配制

① 100 μg/mL 的铁标准溶液：称取 0.864 g 分析纯 $NH_4Fe(SO_4)_2\cdot 12H_2O$ 并置于烧杯中；然后加入 30 mL、浓度为 2 mol/L 的 HCl 溶液，充分溶解后移入 1 000 mL 的容量瓶中；最后加入去离子水稀释至刻度，摇匀。

② 10 μg/mL 的铁标准溶液：将 100 μg/mL 的铁标准溶液稀释 10 倍。

③ 10%盐酸羟胺溶液：称取 10.0 g 分析纯盐酸羟胺并置于烧杯中；然后加入去离子水，充分溶解后移入 100 mL 的容量瓶中；最后加入去离子水稀释至刻度，摇匀。

2. 吸收曲线的测绘

① 往 50 mL 容量瓶(或比色管)中移取 5 mL 的 10 μg/mL 铁标准溶液；

② 往容量瓶(或比色管)中加入 1 mL 浓度为 10%的盐酸羟胺溶液，摇匀；

③ 等容量瓶(或比色管)稍冷后，加入 5 mL 浓度为 1 mol/L 的乙酸钠溶液以及 3 mL 浓

度为0.1%的邻二氮杂菲溶液；

④ 用去离子水稀释至刻度；

⑤ 在722-S型分光光度计上，用1 cm比色皿，以水为参比溶液，用不同波长（从570 nm到430 nm）的可见光照射溶液；每隔10 nm或20 nm测定一次吸光度（其中从530 mm到490 nm，每隔10 nm测一次）；

⑥ 以波长为横坐标、吸光度为纵坐标绘制吸收曲线；

⑦ 由吸收曲线确定适宜波长，一般情况下取被测物质吸收最大的波长。

3. 显色剂浓度试验

① 取7个50 mL容量瓶（或比色管）并顺序编号；

② 用5 mL移液管准确移取5 mL浓度为10 μg/mL的铁标准溶液并置于容量瓶中；

③ 加入1 mL浓度为10%的盐酸羟胺溶液；

④ 经2 min后，再加入5 mL浓度为1 mol/L的乙酸钠溶液；

⑤ 在编号1～7的容量瓶（或比色管）中分别加入浓度为0.1%的邻二氮杂菲溶液0.3 mL、0.6 mL、1.0 mL、1.5 mL、2.0 mL、3.0 mL、4.0 mL；

⑥ 用水稀释至刻度，摇匀；

⑦ 在722-S型分光光度计上，用适宜波长（例如510 nm）、1 cm比色皿，以水为参比测定上述各溶液的吸光度；

⑧ 以加入的邻二氮杂菲试剂的体积为横坐标、吸光度为纵坐标绘制曲线；

⑨ 找出显色剂的最适宜加入量，一般情况下取曲线拐点处显色剂浓度值。

4. 铁含量的测定

（1）标准曲线的测绘

① 取6只50 mL的容量瓶（或比色管）并顺序编号；

② 分别移取10 μg/mL铁标准溶液2.0 mL、4.0 mL、6.0 mL、8.0 mL、10 mL并置于编号为2～6的5只容量瓶（或比色管）中，另一编号为1的容量瓶（或比色管）中不加铁标准溶液，只配制空白溶液作参比用；

③ 各加入1 mL浓度为10%的盐酸羟胺，摇匀；

④ 经2 min后，再各加入5 mL浓度为1 mol/L的乙酸钠溶液和3 mL浓度为0.1%的邻二氮杂菲；

⑤ 用去离子水稀释至刻度，摇匀；

⑥ 在722-S型分光光度计上，用1 cm比色皿，在吸收最大的波长（510 nm）处，测定各溶液的吸光度；

⑦ 以铁含量为横坐标、吸光度为纵坐标绘制标准曲线。

（2）未知溶液中铁含量的测定

① 吸取5 mL未知溶液代替标准溶液，其他步骤同上，测定吸光度；

② 根据未知溶液的吸光度在标准曲线上查出5 mL未知溶液的铁含量；

③ 以每毫升未知溶液含铁多少微克表示测试结果。

注意：实验步骤3、4涉及的溶液配制和吸光度测定宜同时进行。

【结果分析】

把实验结果分别记入表1.1.1、表1.1.2、表1.1.3，按要求绘制吸收曲线、显色剂浓度试验曲线和标准曲线，最终测试未知溶液的铁含量。

1. 吸收曲线的测绘

表 1.1.1 不同波长照射光的吸收度

波长/nm	吸光度 A	波长/nm	吸光度 A
570		500	
550		490	
530		470	
520		450	
510		430	

2. 显色剂浓度试验

表 1.1.2 不同显色剂含量的吸光度

容量瓶(或比色管)编号	显色剂量/mL	吸光度 A
1	0.3	
2	0.6	
3	1.0	
4	1.5	
5	2.0	
6	3.0	
7	4.0	

3. 标准曲线的测绘与铁含量的测定

表 1.1.3 不同铁含量溶液的吸光度

试液编号	标准溶液量/mL	总铁含量/μg	吸光度 A
1	0	0	
2	2.0	20	
3	4.0	40	
4	6.0	60	
5	8.0	80	
6	10.0	100	

4. 对测定结果进行分析并得出结论

例如从吸收曲线可得出:邻二氮杂菲亚铁络合物在波长 510 nm 处吸光度最大(想一想为什么),因此测定铁时宜使用波长为 510 nm 的可见光。

【注意事项】

1. 认真阅读设备使用说明书;
2. 小心操作,做好防护工作,避免化学药物对人体的伤害;
3. 遵守实验室管理规定,服从老师安排,严禁在实验室饮食。

【思考题】

1. Fe^{3+} 离子标准溶液在显色前加盐酸羟胺的目的是什么?
2. 如果实验时采用配制已久的盐酸羟胺溶液,则会对分析结果带来什么影响?

参考文献

[1] 刘利娥. 分析化学实验. 郑州:郑州大学出版社,2007.
[2] 黄朝表,潘祖亭. 分析化学实验. 北京:科学出版社,2013.
[3] 成都科技大学分析化学教研组. 分析化学实验. 北京:高等教育出版社,1988.

1.2　金相显微技术

1.2.1　金属材料显微试样的制备*

【实验目的】

1. 了解金属材料显微试样的制作原理和过程;
2. 初步掌握金属材料显微试样的制作方法;
3. 通过显微试样的制作提高学生的动手能力。

【实验原理】

1. 显微分析和显微试样

用金相显微镜观察金属及合金的组织、内部缺陷的方法叫显微分析。显微分析包括显微试样的制作和利用显微镜研究金属及合金的组织与缺陷两个方面。用某种特殊方法制成的、可供在显微镜下观察的试样叫显微试样。制作显微试样时必须遵守操作规程,否则制出的试样不能正确显示金属的组织,甚至可能带来假象。

显微分析可用于:① 观察及分析金属内部晶粒的大小、形状;② 研究金属及合金经过冷、热加工后的组织变化;③ 评定检验金属质量,如非金属夹杂物的数量及分布等。

2. 显微试样的制作过程

显微试样的制作过程一般包括取样、镶嵌或夹持、研磨(包括粗磨、细磨/磨光)、抛光和浸蚀等过程,下面详述各加工过程的方法和注意事项。

(1) 取　样

试样的截取应尽可能客观全面地代表被截取的材料,必须根据金属的制备方法、检验目的、相关标准等来决定试样截取的方向、部位、数量。对于常规试样,应在能代表材料特征的位置截取,应包含完整的加工处理及热影响区;对于失效分析试样,应尽可能在断裂或开始失效的位置截取;对于铸件等不均匀材料,由于偏析现象的存在,所以必须从表层到中心同时取样观察;对于经过轧制及锻造加工的各向异性材料,则应同时截取横向和纵向试样,以便分析表层缺陷和非金属夹杂物的分布情况;而对于经过热处理的均匀材料,可取任一截面。

试样尺寸通常以直径为 12～15 mm 的圆柱体或高度和边长均为 12～15 mm 的方形体为宜。试样可用砂轮切割、电火花切割、机加工(车、铣、刨、磨)、手锯及剪切等方法截取,必要时也可使用氧-乙炔火焰气割法截取,硬而脆的材料可使用锤击法。试样截取时应尽量避免对试样的组织造成影响,如变形、过热等;如果截取过程产生高温,则应在截取时使用冷却液等预防措施。对于出现的热影响层或变形层,必须在后续操作中使用砂轮磨削等方式去除。

(2) 镶嵌或夹持

嵌镶或夹持的目的是便于后续的磨制、抛光或保护试样边缘。对于需要观察表面处理层或薄膜截面形貌的试样,可以防止试样在后续的磨制及抛光过程中出现边缘倒角而影响组织

* 第六届全国大学生金相技能大赛制样通用操作规程,2017 年 10 月,南昌。

观察;对于细丝、薄片、小块体等不便于手持的异形试样,通过镶嵌或夹持利于后续的磨抛等。以下情形,试样需要镶嵌:① 试样尺寸较小,如薄板、丝带材、细管等;② 试样过软、易碎、形状不规则;③ 检验边缘组织,如分析涂层、激光熔覆层的显微组织等;④ 用于自动化磨抛的标准化制样。

1) 树脂镶嵌法

最常用的镶嵌法是将试样镶嵌在树脂内。镶嵌时,可根据不同的检验目的选择不同的树脂。

a. 冷镶法

将试样被检面向下,放在合适尺寸的冷镶模中。冷镶模下方放置一块玻璃板,并在其表面涂抹一薄层凡士林油,以防冷镶剂与玻璃板粘结在一起。将树脂与固化剂按一定比例混合在一起,并充分搅拌均匀(搅拌过程中尽量避免出现气泡,其过程为放热反应),然后将冷镶剂从试样四周注入(注入时谨防将试样冲倒),在室温下固化成型。图 1.2.1 为冷镶法的示意图。

冷镶法一般适用于不宜受压的软材料、组织结构对温度或压力变化敏感的材料或熔点较低的材料。常见的冷镶材料有环氧树脂、丙烯酸树脂、聚酯树脂,也可使用牙托粉和牙托水。其中,环氧树脂具有放热量小、固化收缩小、透明、固化缓慢等特点,应用较广;一般将环氧树脂和固化剂按 10∶1的比例混合,注入后在室温下放置 24 h 即可完成镶嵌。

b. 热镶法

热镶法是指将试样和热镶嵌树脂放入镶嵌机模具内,然后加热(110～150 ℃)、加压、保温(8～10 min),使试样与热镶嵌树脂紧密地结合在一起的方法;冷却后脱模即完成镶嵌,图 1.2.2 所示为热镶法示意图。

图 1.2.3 所示为实验室常见的 XQ－2B 型镶嵌机。使用该设备镶嵌时,先使底模上升至与模套口基本持平,将试样被检面向下放在底模上,随后使底模下降,加压至指示灯亮。当底模下降到一定深度(根据试样的大小和高低)时,加入镶嵌料,然后固定好上模和顶盖,开始加热;当温度达到 140 ℃时,保温 8～10 min,停止加热;卸载压力冷却 15 min 脱模即可完成试样的镶嵌过程。

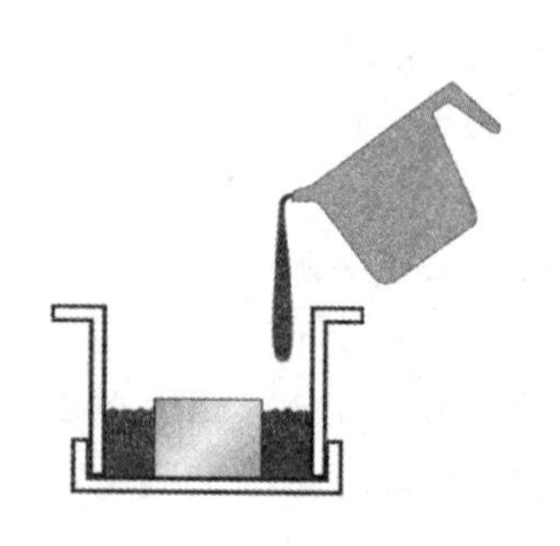

图 1.2.1　冷镶法示意图

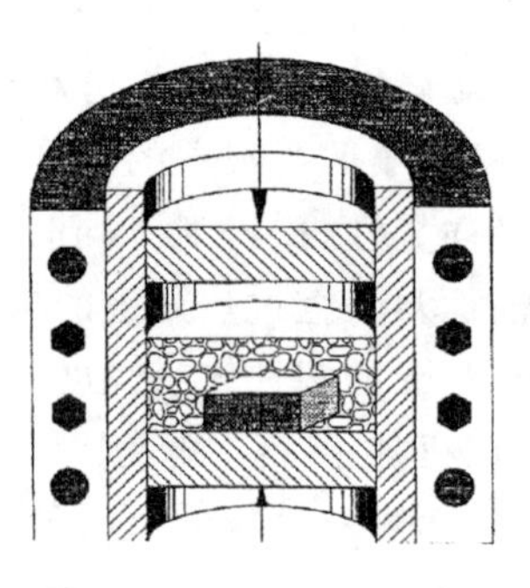

图 1.2.2　热镶法示意图

图 1.2.3　XQ－2B 型镶嵌机

常用的热镶嵌材料有两大类,即热固性树脂与热塑性树脂。热固性树脂是指树脂加热后产生化学变化而逐渐硬化成型,再受热时既不软化也不融化的树脂。聚酯树脂、环氧树脂、酚醛树脂、三聚氰胺甲醛树脂、糠醛苯酚树脂、聚丁二烯树脂等均属此类。实验室常用的镶嵌料电木粉(或称胶木粉)是由酚醛树脂和木粉等填料混合制成,也属于热固性树脂。热塑性树脂具有受热软化、冷却硬化的性能,但不起化学反应;在反复受热过程中,分子结构基本不发生变化;但温度过高、时间过长时,则会发生降解或分解。常见热塑性树脂有聚酯丙烯酸、聚氯乙烯、聚苯乙烯等。

此外,还有一些具有特殊功能的镶嵌料,如导电树脂。用导电树脂镶嵌好的试样可直接进行电解抛光或用于扫描电镜观察。

2)机械夹持法

机械夹持法是指用预先制作好的夹具将试样夹持固定的方法。常用夹具有平板夹具、环形夹具和专用夹具,如图 1.2.4 所示,其中(a)为专用夹具,(b)为环形夹具,(c)为平板夹具。夹具应选择与试样硬度、化学成分相近的材料来制作,这样不仅可以避免试样制备过程中出现的磨损程度不一,还可避免形成原电池反应影响腐蚀效果。夹持软材料试样时,不要用力过大,以免试样变形。

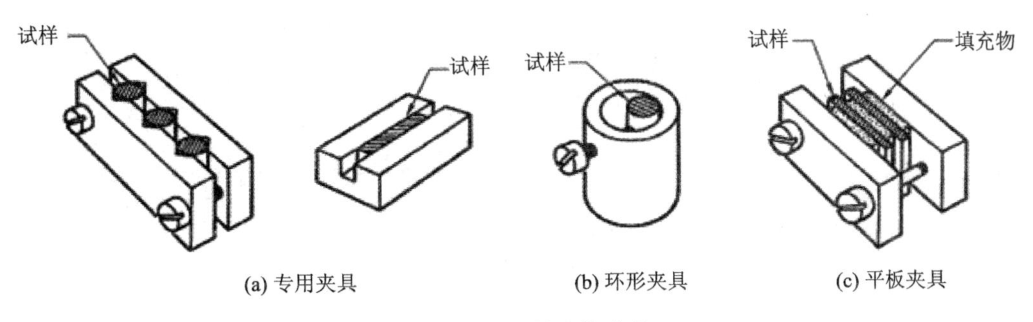

图 1.2.4 机械夹持夹具

(3)研 磨

1)粗磨/磨平

粗磨的目的是为了将截取下来的试样磨平,粗磨可用砂轮或锉刀来完成。用砂轮时,试样与砂轮的接触压力不宜过大,且应随时浸入水中冷却,以保证试样不会因发热而引起组织变化。对于一些软金属,如铝及铝合金、铜及铜合金等,应使用锉刀锉平,因为此类金属可粘结在砂轮上而使砂轮不能正常工作。对于不需要做表面层金相检验的样品,应磨倒角以防止在后续细磨抛光环节划伤砂纸或抛光织物。

2)细磨/磨光

试样完成粗磨后要进行磨光,包括手工磨光和机械磨光。磨光过程中,固定在某种基底(例如砂纸的纸基)上的磨料颗粒以高应力划过试样表面,以产生磨屑的形式去除材料,同时在试样表面留下磨痕并形成具有一定深度的变形损伤层。磨光的目的是使试样表面的变形损伤层逐渐减小直至完全消除,即达到试样表面无损伤的目的。实际操作中,只要变形损伤不影响观察试样的真实组织即可。试样磨光后,磨面上通常还留有极细的磨痕,这些磨痕可在后续的抛光过程中加以消除。试样磨面在磨抛过程中的变化情况如图 1.2.5 所示。

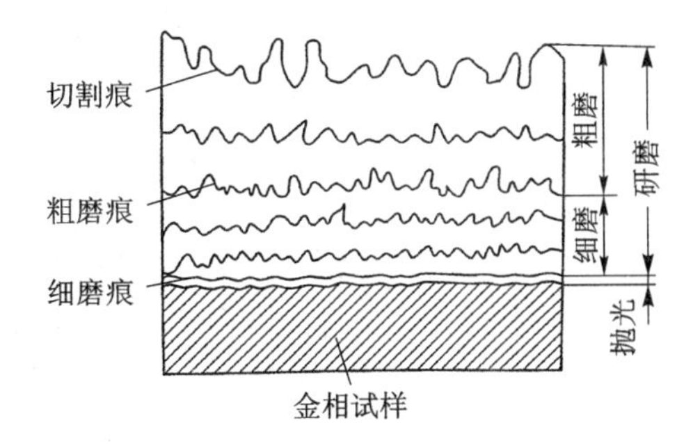

图 1.2.5 磨抛过程中试样磨面变化图

磨光所用材料主要为研磨盘和砂纸。研磨盘一般是使用酚醛树脂将金刚石微粉粘结于研磨盘内,这种磨盘具有很强的磨削力,适用于硬质、脆性材料的研磨。砂纸有干砂纸(金相砂纸)和水砂纸两种。这两种砂纸都是由纸基、黏结剂、磨料组合而成。磨料主要有 SiC 和 Al_2O_3 等。根据磨料颗粒的尺寸,国家标准 GB/T 9258.1—2000 把直径为 3.35～0.053 mm 的粗磨料定义成了 15 个粒度号(P12～P120);把直径为 58.5～8.5 μm 的细磨料微粉定义成了 13 个粒度号(P240～P2500)。磨光过程应遵循由粗到细的原则。水砂纸通常用于机械磨光,磨光过程中需要加入水、汽油等润滑冷却剂进行冷却;干砂纸(金相砂纸)常用于手工磨光。

a. 手工磨光

将砂纸摆放在磨样工位上,如图 1.2.6 所示,在砂纸上将试样的磨制面朝下,用大拇指、食指和中指捏持试样,略加压力从后往前推,直至砂纸前部边缘,然后将试样提起并返回到起始位置,再进行第二次磨制。如此"单程单向"反复进行,直至磨制面平整且磨痕方向一致。磨制时对试样的压力要均匀适中,压力小磨削效率慢,压力过大则会增加磨粒与磨面之间的滚动产生过深的划痕,不易消除,而且会导致发热并使试样产生变形层。

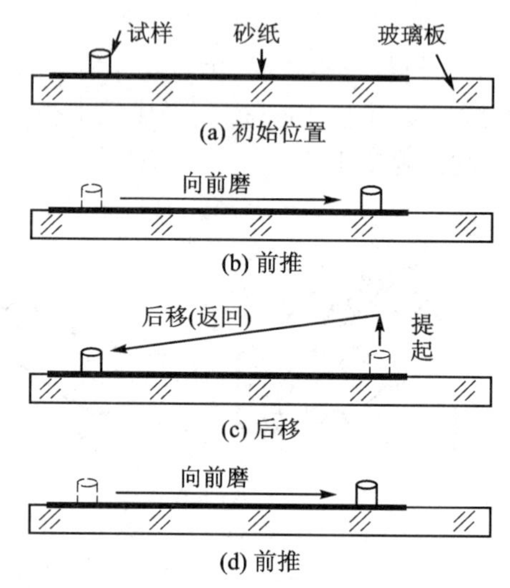

图 1.2.6　手工金相磨制手法示意图

待金相试样磨制面平整且磨痕方向一致后,用水冲、纸巾擦拭等方式清洁试样磨制面,以免把上道次的粗磨屑或颗粒带入下道次细的金相砂纸上。依次换上从粗到细的金相砂纸进行手工磨制。磨制过程中要注意的是,下一道次的磨制方向要与上一道次残留的磨痕垂直。每道次磨制程度以试样磨面平整、新磨痕方向一致且覆盖上一道次磨痕为准。

砂纸选择时不宜跳号太多,因为跳号太多,不仅会增加磨削时间,而且前面砂纸留下来的表面变形层和扰乱层也难以消除。砂纸一旦变钝,磨削作用降低,应及时更换新砂纸,否则也会增加表面扰乱层。换砂纸过程中务必将玻璃板和试样清洁干净,以免前面的粗砂粒留在玻璃板上而影响后续磨制;手工磨制结束后,清理工作台面。

b. 机械磨光

机械磨光是用水砂纸在预磨机上进行,磨制时砂纸选择应由粗到细。机械磨光的特点是效率高,同时由于磨制过程中不断有水冷却,热量及磨粒不断被带走,故不容易产生变形层,样品质量容易控制。预磨机的转速通常以 500～700 r/min 为宜。

操作过程如下:先将砂纸用水浸湿,然后用预磨机的金属箍把水砂纸安装在转盘上(或如图 1.2.7 所示揭下水砂纸背胶上的衬纸后直接把水砂纸贴在转盘上)。安装好砂纸后,打开预磨机电源,调节合适的冷却水流(水流不能太大,防止溅出);倒角后将样品放置在如图 1.2.8 所示 A 位置附近进行磨制;当磨面平整、磨痕方向一致且完全消除上道次磨痕之后,本道次磨制结束。依次换上从粗到细的水砂纸进行下道次磨制。每换一道砂纸前,用冷却水冲洗预磨盘,以免遗留上一道砂纸颗粒而影响后续制样质量。每道次磨制时,磨制方向与上道次的磨痕方向垂直。

(4) 抛　光

试样完成磨光后,要用水冲洗以除去磨粒,然后进行抛光。抛光的目的在于去除试样磨光后留下的细微磨痕,使之成为平整无瑕的镜面。金相试样的最终质量是由抛光品质决定的,而试样磨面磨光及产生变形层的情况又直接影响抛光品质，因此在抛光前应仔细检查磨面是否只留有单一方向均匀的细磨痕，否则应重新磨光。

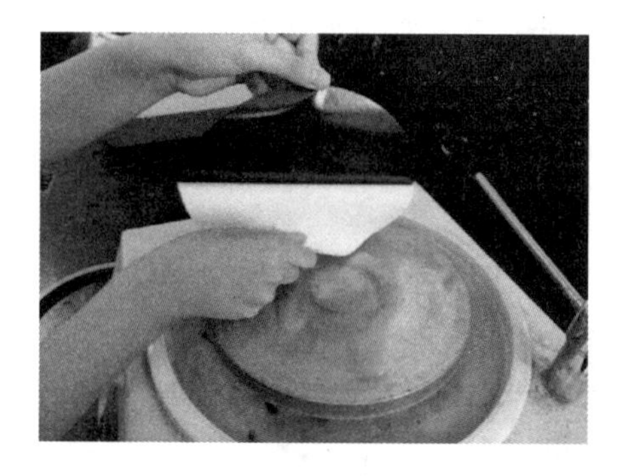
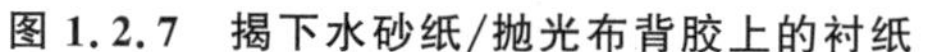

图 1.2.7　揭下水砂纸/抛光布背胶上的衬纸

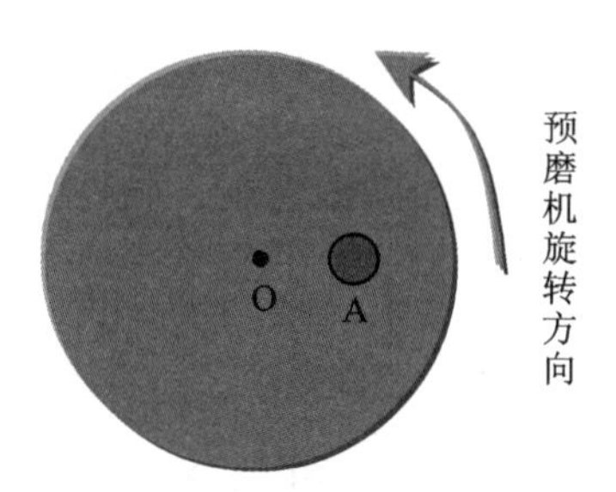

图 1.2.8　预磨/抛光机试样放置位置示意图

金相试样的抛光方法分为机械抛光、电解抛光、化学抛光、振动抛光等。

1）机械抛光

对于机械抛光的机制，可参考萨默尔斯等人提出的观点，无论是在砂纸上磨光还是在抛光机上抛光，每颗磨粒均可看作是一把具有一定迎角的单面刨刀，其中迎角大于临界角的磨粒，起切削作用，而迎角小于临界角的磨粒只能在试样表面压出沟槽。这两者都要挤压周围的金属，使试样变形，产生表面损伤层，如图 1.2.9 所示。损伤层的厚度随着磨粒尺寸的减小而减小，损伤层的存在会带来假象，因此在磨抛过程中，应遵循由粗到细的原则，直至去除损伤层。

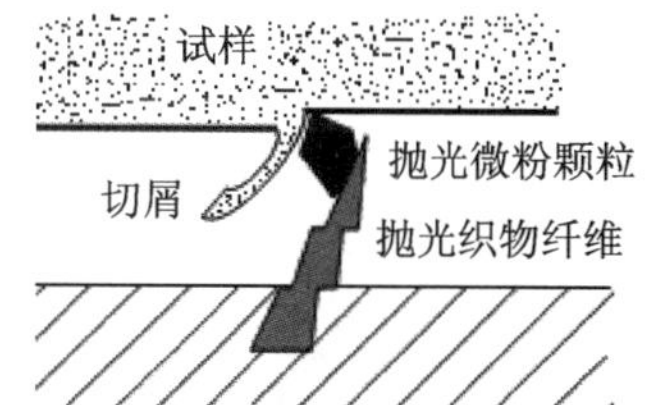

图 1.2.9　抛光时试样磨面切削示意图

抛光布多选用金丝绒布或呢布，抛光磨料可选用抛光膏剂或抛光粉末。膏剂为金刚石研磨膏，常用规格由粗到细有 W3.5、W2.5、W1.5、W1 等，其中的数字代表金刚石粒度，分别为 3.5 μm、2.5 μm、1.5 μm、1 μm。抛光粉末有 Al_2O_3、Cr_2O_3、MgO 等，抛光时加水制成悬浮液。试样进行抛光时，先将抛光布用水浸透，然后安装在抛光盘上（安装方法与前述的水砂纸相同），再将抛光剂均匀地涂抹在抛光布上（膏剂在抛光前直接涂在抛光布表面，而悬浮液则在抛光过程中不断滴注于抛光布上）。开动抛光机，把试样压在抛光盘上。抛光过程中，用力不宜过大。试样的磨痕方向应与转盘的转动方向垂直，同时要不时地往抛光转盘上加水以避免试样过热。加水要适量，加水太多容易冲走磨料而影响抛光效果；加水太少，试样在抛光过程中易过热。当试样的磨面抛得像镜面一样时，抛光工序完成。将试样用水冲洗，用吹风机吹干。

2）电解抛光

电解抛光是利用金属试样表面凹凸不平的区域在电解液中的溶解速度不同来实现的。把金属试样表面作为阳极，另一种金属作为阴极，将试样放入电解液中，接通直流电源。由于样品表面高低不平，在表面形成一层厚度不同的薄膜，凸起部分形成的膜薄电阻小、电流密度大，金属溶解速度快；而下凹部分形成的膜较厚，溶解速度慢，这种溶解速率的差异最终使样品表面逐渐平坦，形成光滑表面。

一种简单的电解抛光装置如图 1.2.10 所示，玻璃电解槽的容量为 0.5～1 L。其外侧配有一个水槽(内装冷水)以保证电解液的工作温度。抛光用的阴极为不锈钢板、铅板或铝板,其面积应大于 50 mm^2 以保证电解时电流均匀,阳极为试样。电解抛光大多采用直流电源,使用电压为 0~100 V,电路中串联一个电阻(或变压器),用于改变施加于试样与阴极之间的电解电压。将试样夹持在阳极上并浸入电解液中,将欲抛光面对准阴极,随后接通抛光机直流电源,调整电压至额定值。达到规定时间后取出样品,迅速用水或酒精冲洗、吹干。

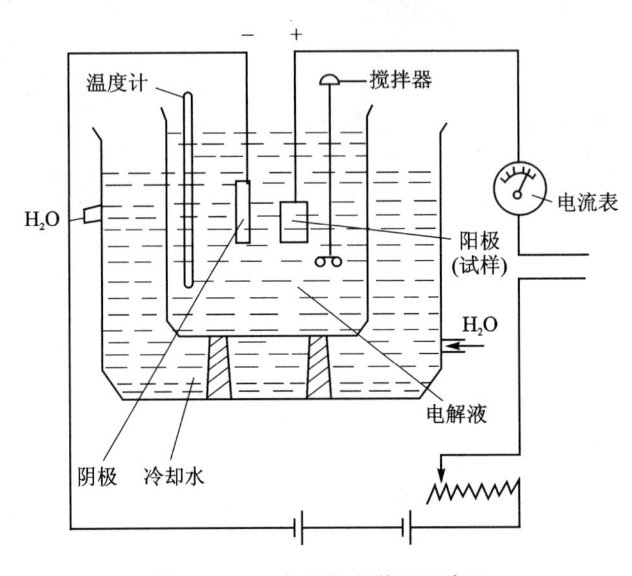

图 1.2.10　电解抛光装置示意图

电解抛光时,不同材料选用的电解液不同,电解抛光规范也不同。可根据欲抛光材料的成分及状态在有关的书籍或手册中查找对应的规范。

3) 化学抛光

化学抛光是利用金属试样表面各组成相的电化学电位不同,形成许多微电池,在化学试剂中产生不均匀溶解,逐渐得到光亮表面的方法。试样在溶解过程中会产生一层氧化膜,试样表面凸起部分由于黏膜薄,金属的溶解扩散速度比凹陷部分快,因而逐渐变得平整。化学抛光速度较慢,抛光后只能使表面光滑,不能达到表面平整的要求,但对于纯金属,如铁、铝、铜、银等具有较好的抛光作用。

4) 振动抛光

振动抛光是指在螺旋振动系统的作用下,磨盘上的研磨颗粒、研磨助剂等发生上下振动、由里向外翻转、螺旋式顺时针旋转,同时试样在磨盘上做圆周运动,从而达到抛光的目的。振动抛光常用于去除试样表面的应力或残余变形层,适用于透射电子显微镜(TEM)金属薄膜试样或扫描电镜背散射电子衍射(EBSD)分析样品的制备。

以上几种抛光方法各具特色,都有广泛的应用。对于某些特殊材料,如单独采用某种抛光方法难以达到抛光效果时,可以使用多种方法进行复合抛光。

(5) 浸　蚀

抛光后的金相试样,在金相显微镜下只能观察到白亮的基体。虽然有些抛光试样可以直接在金相显微镜下分析特定的显微组织,如铸铁中的石墨、钢中的非金属夹杂物等,但大部分金相试样需要通过一些物理或化学方法处理,才能用金相显微镜观察显微组织。物理方法包括光学法、干涉层法等;化学方法主要是浸蚀,包括化学浸蚀和电解浸蚀等。

1）化学浸蚀

化学浸蚀是通过化学试剂对试样表面的溶解或电化学溶解作用，以显示金属显微组织的方法，也是应用最广泛的浸蚀方法。

纯金属或单相合金的浸蚀是一个单纯的化学溶解过程。由于晶界处原子排列不规则，自由能较高，容易产生化学溶解而形成凹沟。在显微镜的垂直照明下，光线在晶界凹沟处被散射，不能全部进入物镜，因而显示为黑色。两相合金或多相合金的浸蚀主要是电化学溶解过程。以两相合金为例，如果合金中两个组成相的电位不同，则在浸蚀过程中，具有较高电位的相成为阴极不被溶解而依然保持光滑，另一相则很快被溶解而形成凹坑，这样就可以在金相显微镜下把两相区分开来。

试样浸蚀效果主要取决于浸蚀剂的种类和浸蚀时间。常见的化学浸蚀剂有酸类、碱类、盐类，其溶剂有水、酒精、甘油等。使用不同的浸蚀剂，同一种材料也会显示不同的效果，因此要根据检验目的选择浸蚀剂。对于浸蚀时间，一般以试样的抛光面失去金属光泽呈浅灰色为宜，时间从几秒到几十秒不等。需要注意的是，对于易氧化材料，浸蚀过程一定不能有水存在，如球墨铸铁浸蚀后，应用无水乙醇冲洗，避免氧化等。

化学浸蚀常见的操作方法有浸蚀法、擦蚀法和滴蚀法。本实验涉及的浸蚀剂如表 1.2.1 所列。

表 1.2.1 实验涉及的浸蚀剂

序 号	溶剂名称	浸蚀时间	适用材料
1	4%硝酸酒精溶液	数秒	一般碳钢、铸铁
2	0.5%氢氟酸水溶液	数秒	一般铝合金、铸造铝合金

2）电解浸蚀

电解浸蚀的原理与电解抛光原理相同，所用设备也与电解抛光相同，只是工作电压和工作电流比电解抛光小。电解浸蚀既可以单独进行，也可以和电解抛光联合进行，即电解抛光后随即降低电压进行电解浸蚀。电解浸蚀主要用于化学稳定性较高的一些合金，即抗腐蚀能力好、难以用化学浸蚀方法浸蚀的材料，如不锈钢、耐热钢、镍基合金、经过强塑性变形后的金属等。

【实验内容】

以小组为单位从下面提供的实验原料中选择原料，完成完整的金相制样过程，制备出合格的金相试样。具体实验内容如下：

① 利用合适的截取方法从选定的块体材料上截取试样；

② 根据选定材料的性质选择合适的粗磨方法磨平试样；

③ 把粗磨后的试样进行镶嵌；

④ 把镶嵌好的试样进行磨抛；

⑤ 选择合适的浸蚀剂腐蚀试样，制备出合格的金相试样。

【实验条件】

1. 实验原料及耗材

铸造铝合金、铜合金、碳钢、不锈钢、球墨铸铁；水砂纸（240#、400#、600#、800#、1200#）、W3.5 金刚石研磨膏、海军呢抛光布、硝酸、氢氟酸、蒸馏水、脱脂棉、无水乙醇、电木粉等。

2. 实验设备

砂轮机或手锯、镶样机、手工湿磨机、抛光机、吹风机、金相显微镜、量筒、滴管、竹夹子、培养皿等。

【实验步骤】

① 利用切割机或手锯从块体原料上切割尺寸不超过 15 mm 的试样；截取过程中务必注意对试样进行充分冷却，以免温度过高导致材料组织发生变化。

② 利用砂轮机或锉刀把待检面磨平，粗磨过程中要注意冷却。

③ 利用镶样机把经过粗磨后的试样镶嵌，镶嵌过程中务必注意把待检面朝下。

④ 按 240#、400#、600#、800#、1200# 水砂纸的顺序，对镶嵌后的试样进行手工磨光；更换砂纸时务必注意清洗磨样台，同时注意试样的磨制方向。

⑤ 利用抛光机和 W3.5 金刚石研磨膏对磨光后的试样进行机械抛光，利用光学显微镜检查抛光效果；以在光学显微镜下试样的抛光面上看不到磨痕方为合格。

⑥ 利用浸蚀剂对抛光后的试样进行化学浸蚀，当发现抛光面发乌时停止浸蚀并立即用清水清洗干净，用无水乙醇脱水，最后用吹风机吹干。

⑦ 利用金相显微镜检查浸蚀效果。

【结果分析】

① 利用金相显微镜检查金相试样质量，如试样存在缺陷，试分析其原因。

② 按材料的成分及状态，结合相图识别及讨论其组织。

【注意事项】

① 试样在进行机械抛光之前，要使用清水冲洗试样和手，将试样上可能粘带的砂粒冲洗干净，以免带入砂粒影响抛光效果；开始抛光时，试样位置宜在抛光盘圆心附近，感觉适应了抛光握持感后，可逐步将试样外移，这时试样所处位置的抛光盘线速度增大，试样抛光面受摩擦力变大，抛光速度也加快。抛光时可将试样逆抛光盘的转动方向转动，也可由抛光盘中心至边缘往复移动，这样既可以避免抛光表面产生“拖尾”缺陷，还能减少抛光织物局部磨损，保证抛光效果。

② 注意人身安全。抛光机转速适当，不宜过高，以免试样飞出造成人身伤害；

③ 试样化学浸蚀前，应用水冲洗，然后用酒精脱水，吹风机吹干后方可进行浸蚀操作。

【思考题】

1. 磨制试样和抛光试样过程中应注意哪些事项？
2. 何种试样需要镶嵌及夹持？
3. 结合自己制作的试样，简述试样的制备过程。
4. 绘制电解抛光装置的简单示意图(用此设备的同学必做)。

参考文献

[1] 任颂赞，叶俭，陈德华. 金相分析原理及技术. 上海：上海科学技术文献出版社，2013.

[2] 葛利玲. 光学金相显微技术. 北京：冶金工业出版社，2017.

[3] 沈桂琴. 光学金相技术. 北京：北京航空航天大学出版社，1992.

[4] 中华人民共和国国家质量监督检验检疫总局. 金属显微组织检验方法：GB/T 13298—2015. 中国国家标准化管理委员会，2015.

[5] Samuels L E. Metallographic Polishing by Mechanical Methods. USA：ASM International，2003.

1.2.2 金相显微镜的成像原理及使用

【实验目的】

1. 了解金相显微镜的成像原理、基本构造及使用方法；

2. 学会正确使用金相显微镜并掌握简单的维护方法。

【实验原理】

金相显微镜是指用于研究金属显微组织的光学显微镜，是研究金属微观组织最基本的仪器之一。金相显微镜不同于生物显微镜，生物显微镜是利用透射光来观察透明的物体，而金相显微镜则是利用反射光将不透明物体放大后进行观察。

1. 金相显微镜的成像原理

凸透镜可以使物体放大成像，但单个透镜或一组透镜构成的放大镜放大倍数有限，若利用另一组透镜将第一次放大的像再次放大，就可以获得更高的放大倍数。金相显微镜正是根据这一原理设计的，其原理如图 1.2.11 所示。金相显微镜由两组透镜组成，靠近金相试样的一组透镜称为物镜，靠近人眼的一组透镜称为目镜。

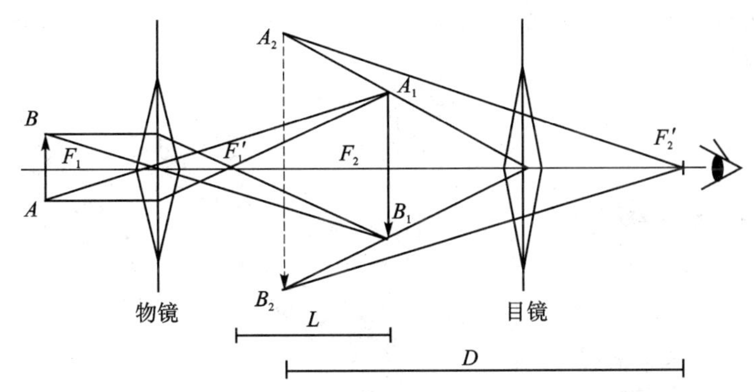

AB—物体；A_1B_1—物镜放大图像(实像)；A_2B_2—目镜放大图像(虚像)；

F_1—物镜的前焦点；F'_1—物镜的后焦点；

F_2—目镜的前焦点；F'_2—目镜的后焦点；

L—显微镜的光学镜筒长度；D—人眼明视距离(250 mm)

图 1.2.11　金相显微镜成像原理图

当物体 AB 位于物镜的前焦点 F_1 之外，经物镜放大后形成倒立的实像 A_1B_1，而 A_1B_1 落在目镜的前焦点 F_2 之内，经目镜放大后成为一个倒立的虚像 A_2B_2。显微镜的总放大倍数为物镜放大倍数乘以目镜放大倍数，即

$$M_{总}=M_{物}\times M_{目}=\frac{A_1B_1}{AB}\times\frac{A_2B_2}{A_1B_1} \tag{1.2.1}$$

目前光学显微镜的最高有效放大倍数为 1 500～2 000。

2. 金相显微镜的分类、机械构造及主要光学器件

(1) 金相显微镜的分类

按光路形式及试样所放位置分类，可分为正置式和倒置式两大类。物镜在样品上方，由上向下观察试样的显微镜为正置式金相显微镜，如图 1.2.12 所示；反过来，物镜在样品下方，由下向上观察试样的显微镜为倒置式金相显微镜，如图 1.2.13 所示。

传统上按金相显微镜外形又可分为台式、立式和卧式三类。现代仪器的体积和外形都有所改进，除了便携式的简易显微镜外，基本上都属于立式。

(2) 金相显微镜的机械构造

金相显微镜的种类和样式很多，但其构造基本相同，通常由光学放大系统、照明系统和机械系统组成。有的显微镜还附有照相装置、偏振光附件、微分干涉附件等装置。照明系统一般

包括光源灯箱、照明器等；光学放大系统包括物镜、目镜、中间镜等；机械系统包括显微镜的主体、载物台、镜筒、粗(细)准焦螺旋等。图 1.2.14 为一种倒置式金相显微镜外形结构图。

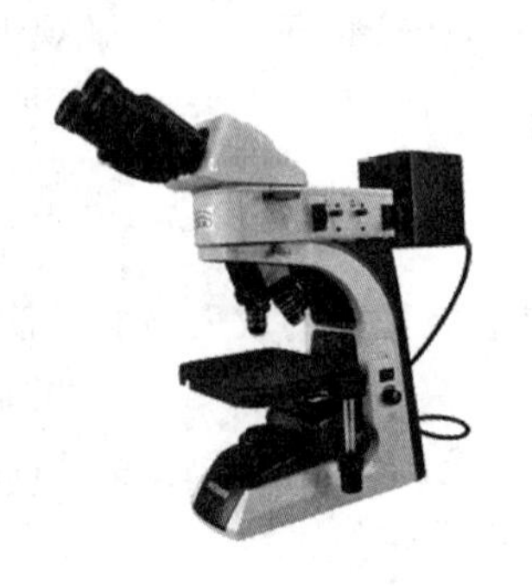

图 1.2.12　MV3000 正置式金相显微镜　　**图 1.2.13　MR2100 倒置式金相显微镜**

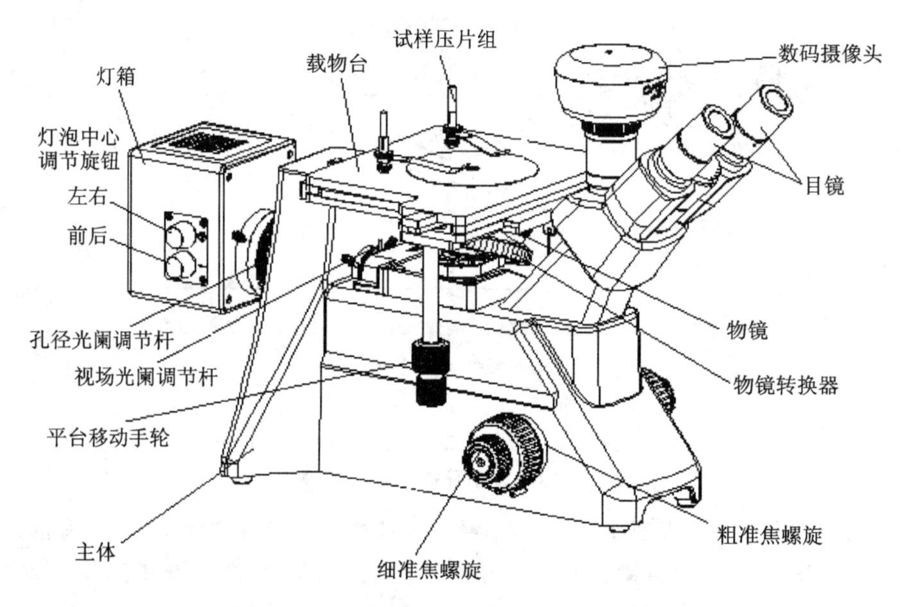

图 1.2.14　倒置式金相显微镜外形结构图

(3) 主要光学器件

1) 物　镜

物镜是由若干个透镜组成的透镜组，组合使用的目的是为了克服单个透镜的成像缺陷，提高物镜的成像质量。显微镜的放大作用主要取决于物镜，它是决定显微镜分辨率和成像清晰度的主要部件。根据对透镜色差的校正程度不同，可将物镜分为消色差物镜、复消色差物镜(APO)、半复消色差物镜(FL)。由于消色差物镜存在的场曲带来像面弯曲，因而在观察试样时，视场中间清晰，边缘模糊；按照像场的平面性，物镜又可分为平场消色差物镜(Plan)、平场复消色差物镜(Plan APO)、平场半复消色差物镜(Plan FL)。平场复消色差物镜校正了像散和场曲，又校正了红、蓝、黄三条谱线的轴向色差，是显微镜物镜的最佳形式。

a. 物镜的放大倍数

物镜的放大倍数是物镜在线长度上放大实物倍数的能力指标，用 $M_{物}$ 表示。

$$M_{物}=\frac{A_1B_1}{AB}=\frac{L}{f_1} \tag{1.2.2}$$

式中，f_1 为物镜的焦距；L 为显微镜的光学镜筒长度（即物镜后焦点与倒立实像 A_1B_1 的距离）。金相显微镜常用的物镜放大倍数有 5×、10×、20×、50×、100×。对于低倍要求，可以配 1.25×、2.5×的物镜，对于更高倍的要求，可配“150×”物镜。

b. 物镜的数值孔径

数值孔径表征物镜的聚光能力，是物镜的重要性质之一，其大小决定了物镜的分辨能力及有效放大倍数，也决定了显微镜分辨率的高低，通常以“NA”表示。物镜的数值孔径越大，物镜的聚光能力越强，分辨率越高。其计算公式为

$$NA = n\sin\varphi \tag{1.2.3}$$

式中，n 为物镜与观察物之间的介质折射率；φ 为物镜的孔径半角。

一般物镜与物体之间的介质是空气，光线在空气中的折射率为 1，若某物镜的孔径角为 60°，则其数值孔径为

$$NA = n\sin\varphi = 1 \times \sin 30° = 0.5 \tag{1.2.4}$$

若在物镜与试样之间滴入一种松柏油（$n=1.52$），则其数值孔径为

$$NA = n\sin\varphi = 1.52 \times \sin 30° = 0.76 \tag{1.2.5}$$

物镜在设计和使用中，指定以空气为介质的物镜称为干系物镜（或干物镜），以油为介质的物镜称为油浸系物镜（或油物镜）。由上可知，油物镜具有较高的数值孔径。

c. 物镜的鉴别能力

显微镜的鉴别能力主要取决于物镜。物镜的鉴别能力可分为平面鉴别能力和垂直鉴别能力。平面鉴别能力即物镜的分辨率，是指物镜清晰区分两物点最小距离 d 的能力，用 d 的倒数表示，d 越小，分辨率越高。

d. 物镜的标记

在物镜的外壳上刻有不同的标记，表示物镜类型、放大倍数、数值孔径、镜筒长度、浸油记号、盖玻璃片等信息。如物镜上标记为

〈MPlanFL 20X/0.15 BD DIC ∞/0（或 ∞/ —） WD2.5〉

其中，“M”代表金相显微镜；“Plan FL”表示平场半复消色差物镜；20X 为放大倍数；0.15 为数值孔径；“BD”表示明暗场物镜；“DIC”表示微分干涉衬度物镜，用“∞”表示；物镜像差是按任意镜筒长度校正的；“0”表示无盖玻片；“—”表示盖玻璃片可有可无；“WD2.5”表示物镜工作距离为 2.5 mm。

2）目　镜

目镜的主要作用是将物镜放大所得的实像再次放大，从而在明视距离处形成一个清晰的虚像。目镜的结构较物镜简单，一般由 2～5 片透镜分两组或三组组成。上端的一组透镜称为“接目镜”，下端的透镜称为“场镜”。在目镜的物方焦平面处装有称为“视场光阑”的金属光阑，它的作用是限定有效的视场范围，舍弃四周的模糊图像。物镜放大后的中间像就落在视场光阑平面处，所以目镜的测微尺分划板也在这个位置上。

测微目镜是在焦平面上具有固定刻度的目镜。主要用于金相组织、渗层或涂镀层深度以及显微压痕长度的测量。使用测微目镜进行测量时，须借助物镜测微尺对该目镜在待测放大倍率下进行标定。标定方法为：物镜测微尺有一个长度为 1 mm 的刻度线，被均匀地分为 100 格，每格代表 0.01 mm。将物镜测微尺放置在载物台上，在显微镜中成像，然后在待定的放大倍数下，将目镜测微尺与物镜测微尺的格数对应，则目镜测微尺中每一格代表的实际长度值 θ 计算公式如下：

$$\theta=\frac{物镜测微尺的格数\ N_{物}}{目镜测微尺的格数\ N_{目}}\times 0.01\ \text{mm} \tag{1.2.6}$$

式中，$N_{物}$ 为物镜测微尺的格数；$N_{目}$ 为目镜测微尺的格数。

例如，视野下，目镜测微尺 22 小格与物镜测微尺的 55 小格相当，则

$$\theta=\frac{55}{22}\times 0.01\ \text{mm}=0.025\ \text{mm} \tag{1.2.7}$$

即，该放大倍数下，目镜测微尺的单位刻度为 0.025 mm。

a. 目镜的放大倍数

目镜的放大倍数用 $M_{目}$ 表示。公式如下：

$$M_{目}=\frac{A_2B_2}{A_1B_1}=\frac{D}{f_2} \tag{1.2.8}$$

式中，D 为人眼的明视距离 250 mm；f_2 为目镜的焦距。金相显微镜目镜的放大倍数为 5×、10×、20×，常用的是 10×。

b. 目镜的标记

目镜上一般刻有目镜类型、放大倍数和视场大小。如目镜标记为〈PL10X/25〉，表示平场目镜，放大倍率为 10×，视场大小为 25 mm。

3）光　阑

金相显微镜的光阑包括孔径光阑和视场光阑。靠近光源的为孔径光阑，靠近目镜的为视场光阑。光阑的作用是改善图像质量，控制光路系统的光通量并拦截有害的杂散光。

孔径光阑是用来控制光路系统光通量的光阑，它控制物镜在成像过程中的实际孔径角。孔径光阑缩小时，可减小球面像差，使图像清晰，但进入物镜的光束以及物镜实际数值孔径都会减小，使物镜的分辨能力降低。实际操作中，利用目镜看到孔径光阑在物镜后焦面上的像达到物镜孔径的 80%～90%时，可以得到衬度良好的图像。

视场光阑的作用是调节视场（视域）大小。缩小视场光阑可以减少镜筒内的反射光和眩光，提高图像衬度。视场光阑的大小不影响物镜的鉴别率。观察时宜将视场光阑调节到与目镜内视域同样的大小，显微照相时则以调节到画面尺寸为限。

3. 金相显微镜的主要性能指标

金相显微镜的主要性能指标有分辨率、放大倍数、景深等。

（1）分辨率

显微镜的分辨率，即显微镜鉴别能力，是显微镜最重要的特征，它是指显微镜对于试样上最细微部分所能获得清晰图像的能力，通常用可以辨别的物体上两点间的最小距离 d 来表示。显微镜的分辨率主要指物镜的分辨率。d 越小，代表显微镜的分辨率越高。

金相显微镜的极限分辨率可由以下公式表示：

$$d=\frac{\lambda}{2\text{NA}} \tag{1.2.9}$$

式中，λ 代表入射光的波长；NA 为物镜的数值孔径。可见，波长越短，分辨率越高；数值孔径越大，分辨率也越高。

（2）放大倍数

显微镜的总放大倍数为物镜与目镜放大倍数的乘积，即

$$M_{总}=M_{物}\times M_{目}=\frac{L}{f_1}\times\frac{D}{f_2} \tag{1.2.10}$$

由公式可知，显微镜的放大倍数除与物镜、目镜的焦距有关外，还与显微镜的光学镜筒长度有关。显微镜一般是按机械镜筒长度设计的，即物镜螺纹端面到目镜支撑面间的距离，一般为 160 mm、170 mm、190 mm。因此显微镜的放大倍数应按下式进行修正：

$$M = M_{物} \times M_{目} \times C \tag{1.2.11}$$

式中，C 为修正系数，数值为机械镜筒长度除以光学镜筒长度。在使用中如选用另一台显微镜的物镜，其机械镜筒长度必须相同，这时放大倍数才有效，否则应借助物镜测微尺和目镜测微尺进行修正。

显微镜的分辨率取决于入射光的波长和物镜的数值孔径，因而显微镜的放大倍数是有限的。保证物镜的分辨率被充分利用时所对应的放大倍数，称为显微镜的有效放大倍数。人眼在明视距离处的分辨能力在 0.15～0.3 mm 之间，即显微镜的鉴别距离 d 经过有效放大倍数 $M_{有效}$ 放大后在 0.15～0.3 mm 范围内方能被人眼分辨，则

$$d \times M_{有效} = 0.15 \sim 0.3\ \text{mm} \tag{1.2.12}$$

将式(1.2.9)代入式(1.2.12)，整理可得：

$$M_{有效} = (0.3 \sim 0.6)\,\frac{\text{NA}}{\lambda} \tag{1.2.13}$$

对于常用波长 $\lambda = 550$ nm 的黄绿光来说，$M_{有效} = 500 \sim 1\ 000$ NA。如选用 NA 值为 0.65 的 32× 物镜，则 $M_{有效} = (325 \sim 650)\times$，因此应选择 10× 或 20× 目镜与之配合，如果目镜低于 10×，则不能充分发挥物镜的分辨能力；如果目镜高于 20×，会造成虚伪放大。

(3) 景　深

景深又称焦深，表示物镜对高低不同的物体清晰成像的能力。显微镜景深 d_L 的计算公式为

$$d_L = \frac{K \cdot n}{M \cdot \text{NA}} \tag{1.2.14}$$

式中，K 为常数，约为 240 μm；n 为介质的折射率；M 为总放大倍数；NA 为物镜的数值孔径。由此可知，景深与放大倍数和数值孔径成反比；放大倍数越高，数值孔径越大，景深越小；分辨率变大，景深则变小。

4. 金相显微镜的观察方法

光学显微镜有明场、暗场、正交偏光、锥交偏光、相衬、微分干涉相衬、干涉和荧光等观察方法，之后又出现了共聚焦方法。其中，锥交偏光主要用于观察岩矿等晶体样品，荧光主要用于染料标记的生物样品以及可自发荧光的有机样品等。目前金相显微镜常用的观察方法有明场、暗场、正交偏光、微分干涉相衬。

明场照相是金相显微镜最主要的照明方式与观察方法。明场照明时，光源光线通过垂直照明器转向 90°进入物镜，垂直或以一个很小的角度照射在金相试样上，由样品表面反射的光线几乎全部进入物镜成像，试样的组织是在明亮的视场内成像的，故称为明场照明。纯金属或单相合金经过浸蚀后，在明场照明下，晶粒内部的光线直接反射进入物镜最终到达目镜成像，因而呈现白亮色；而晶界由于被浸蚀而呈现凹沟，光线在晶界凹沟处被散射，不能全部进入物镜而显示黑色。

暗场照明时，通过物镜的外周照明试样，照明光线不入射到物镜中，而得到试样表面绕射光形成的像。如果试样是一个镜面，入射光线发生反射不能进入物镜，因此视场漆黑一片，只有试样凹凸处才有光线反射进入物镜，试样上的组织以白亮映像衬在漆黑的视场内，故称为暗

场照明。采用暗场照明时，物相亮度较低，此时应将孔径光阑开到最大。暗场观察在鉴定非金属夹杂物时非常重要。

显微镜的偏振装置是在入射光路中加入一个起偏振片，在观察镜内加入一个检偏振片，实现偏振光照明的观察方式，主要用于各向异性材料组织的观察。

微分干涉相衬是利用偏振光干涉原理，在偏振光观察的基础上，加入涅拉斯顿棱镜，在目镜焦平面上形成干涉图像。由于试样表面产生附加光程差，因而出现立体感的浮雕像。主要用于一般明场像观察不到的组织细节，如相变浮凸、铸造合金枝晶偏析、表面变形组织等。

【实验内容】

① 观察显微镜的结构、了解各部件的作用并绘制显微镜的简单光路图。

② 观察显微镜物镜、目镜上的标识，正确选用物镜。调节孔径光阑与视场光阑，随机选取一个样品进行显微组织观察、分析，识别自己所选材料的组织；3～5 人一小组，小组内交换试样，再观察识别组织。

③ 用数码照相装置(CCD)将所选择的样品组织拍照，并用图像处理软件进行处理，打印成照片。

【实验条件】

1. 实验原料及耗材

工业纯铁退火态金相试样；20# 钢退火态金相试样；45# 钢退火态金相试样；球墨铸铁球化退火态金相试样；T12 钢退火态金相试样。

2. 实验设备

本实验所需设备及型号如表 1.2.2 所列。

表 1.2.2 实验设备

序　号	设备名称	型　号
1	金相显微镜	MV3000，正置式，参见图 1.2.12
2	金相显微镜	MR2100，倒置式，参见图 1.2.13
3	数码照相系统	300 万像素 CCD
4	图片处理系统	SISC8.0 图像处理软件
5	打印机	HP Laser Jet P1566

【实验步骤】

① 随机选择一个金相试样。

② 将显微镜的电源开关打开，调节光源亮度旋钮至合适的视场亮度。

③ 将试样放在显微镜的载物台上，调节物镜转换器至 5× 物镜，调节孔径光阑和视场光阑，调焦至试样的显微图像清晰。

④ 转换物镜镜头至 10×、20×、50×，再继续观察。

⑤ 把光路转换杆拉出，将图像转换到数码照相系统。

⑥ 打开图像分析软件，调节曝光时间、颜色饱和度、伽马值等参数，直至图像呈现较好的衬度。

⑦ 采集图像，在图像上加上标尺，保存后直接打印照片。

⑧ 取下样品，将物镜归位，载物台归位，关闭显微镜等设备的电源，整理实验台。

【注意事项】

① 欲观察的试样必须清洗、吹干；

② 物镜变倍时，需要调节载物台的位置（正置式将载物台向下调，倒置式将载物台向上调），以免碰坏镜头；

③ 显微镜的镜头要用专门的擦镜纸擦拭，禁止用手触摸镜头；

④ 显微镜属精密光学仪器，调节粗、微准焦螺旋时要轻，以免镜头与试样相撞或损坏粗、微准焦螺旋装置；

⑤ 不得私自拆卸物镜、目镜以及数码摄像头（CCD）等。

【结果分析】

① 把所观察的显微组织填入表 1.2.3 中。

表 1.2.3　试样显微组织

序　号	样　品	组　织
1	工业纯铁退火态	
2	20# 钢退火态	
3	45# 钢退火态	
4	球墨铸铁球化退火态	
5	T12 钢退火态	

② 结合组织分析，制作出一组好的数码金相照片。

【思考题】

1. 金相显微镜由哪几个部分组成？各部分又包括哪几个部件？
2. 物镜上的标记分别代表什么？
3. 金相显微镜的主要性能指标有哪些？
4. 简要说明显微镜在使用和维护中有哪些注意事项。

参考文献

[1] 沈桂琴. 光学金相技术. 北京：北京航空航天大学出版社，1992.
[2] 任颂赞，叶俭，陈德华. 金相分析原理及技术. 上海：上海科学技术文献出版社，2013.
[3] 葛利玲. 光学金相显微技术. 北京：冶金工业出版社，2017.
[4] 盖登宇，侯乐干，丁明惠. 材料科学与工程基础实验教程. 哈尔滨：哈尔滨工业大学出版社，2012.

1.3　晶体材料 X 射线衍射分析

【实验目的】

1. 了解 X 射线衍射仪的结构和工作原理；
2. 掌握 X 射线衍射物相定性分析的方法和步骤；
3. 掌握衍射图谱正确的物相分析和鉴定方法。

【实验原理】

1. 物相分析原理

物相是物质中具有特定物理和化学性质的相，所谓物相分析就是利用分析检测技术确定物质中原子或分子的堆积方式。组成物质的原子或分子的排列堆积方式不同，物质的物理性质和化学性质也不同。物相分析最常见、最权威的方法就是利用 X 射线衍射技术获得被检物质的 X 射线衍射谱，然后通过标定确定物相。

晶体的 X 射线衍射谱是以衍射峰出现的位置 2θ（对应于晶体衍射面的晶面间距 d）为横坐标、衍射线的相对强度 I/I_1 为纵坐标来表征的，其中 I_1 是衍射谱中最强峰的强度，I 为其他特征峰的强度。由于衍射峰出现的位置 2θ（晶面间距 d）、衍射峰的相对强度 I/I_1 与晶体的晶胞大小、晶胞类型、质点种类及质点在晶胞中的位置有关，因此，X 射线衍射谱反映了晶体材料的结构信息。由于每一种晶体都有各自独特的化学组成和晶体结构，没有任何两种物质，它们的晶胞大小、质点种类及其在晶胞中的排列方式是完全一致的，因此，每一种晶体材料都有自己独特的 X 射线衍射谱，即晶体的 X 射线衍射谱与晶体种类存在一一对应关系，且不会因为与其他物质混合在一起而发生变化。可见，任何一种晶体材料的衍射线条数目、位置及强度就像人的指纹一样，是每种物质的特征，可以用来鉴别晶体的物相，这就是 X 射线衍射法进行物相分析的依据。

2. 布拉格方程

晶体材料是由具有周期平移特性的三维空间点阵构成的。布拉格父子（W. H. Bragg、W. L. Bragg）把空间点阵看作是由相互平行、间距相等的点阵平面组成的，由此推导出衍射理论的一个重要公式，即布拉格公式，如下式所示：

$$2d_{hkl}\sin\theta = n\lambda \tag{1.3.1}$$

式中，n 为衍射级数。设 $d_{HKL} = d_{hkl}/n$，则式(1.3.1)可变换为

$$2d_{HKL}\sin\theta = \lambda \tag{1.3.2}$$

式中，下标 hkl 为晶面指数，d_{hkl} 为晶面间距（可简写为 d）；下标 HKL 为衍射指数，d_{HKL} 为衍射面的面间距；θ 为 X 射线与晶面的夹角（称为掠射角）；λ 为入射线的波长。对于特定衍射面（HKL），只有满足式(1.3.2)的关系时，才可能出现衍射峰。

布拉格方程是描述物质波衍射现象的重要公式，不仅适用于 X 射线衍射，还适用于电子衍射、中子衍射等，是物相分析最重要的理论基础。

3. X 射线衍射仪

本实验使用的仪器是日本理学公司生产的 D/max2200PC 自动 X 射线衍射仪。X 射线多晶衍射仪（又称 X 射线粉末衍射仪）由 X 射线发生器、测角仪、X 射线强度测量系统以及衍射仪控制与衍射数据采集、处理系统四大部分组成。图 1.3.1 为 X 射线多晶衍射仪的构成示意图。

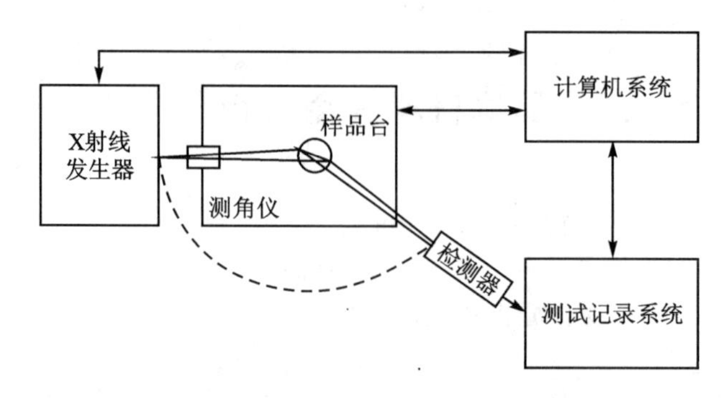

图 1.3.1　X 射线多晶衍射仪构造示意图

(1) X射线发生器

X射线发生器由X射线管、高压发生器、管压管流稳定电路和各种保护电路等组成。衍射用的X射线管都属于热电子二极管,分为密封式和转靶式两种。前者最大功率不超过2.5 kW,与靶材种类相关;后者是为获得高强度的X射线而设计的,一般功率在10 kW以上。密封式X射线管的结构如图1.3.2所示。为安全考虑,工作时X射线管阴极接负高压,阳极接地。灯丝附近装有控制栅,使灯丝发出的热电子在电场作用下聚焦轰击到靶面上。阳极靶面上受电子束轰击的焦点便成为X射线源,将向四周发射X射线。在阳极一端的金属管壁上一般开有四个射线出射窗口,实验利用的X射线就从这些窗口得到。密封式X射线管除了阳极一端外,其余部分都是由玻璃制成的。管内真空度达 10^{-5} Torr,高真空可以延长发射热电子的钨灯丝寿命,防止阳极表面受到污染。早期生产的X射线管一般用云母片作窗口材料,而现在的射线管窗口材料都用Be片(厚0.25～0.3 mm),Be片对 MoK_α、CuK_α、CrK_α 分别具有99%、93%、80%左右的透过率。

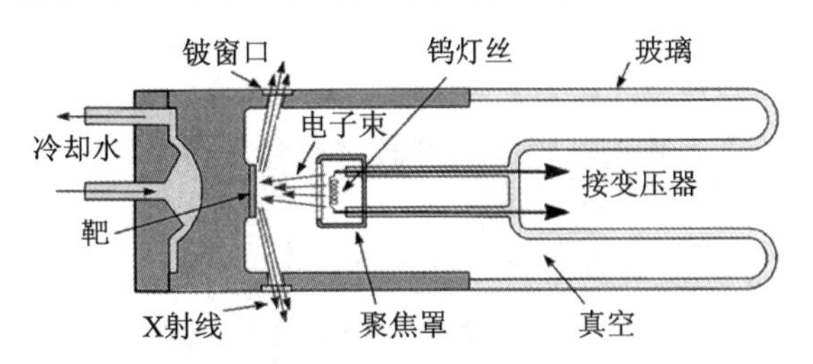

图1.3.2　X射线管的工作原理

常用的X射线靶材有W、Ag、Mo、Ni、Co、Fe、Cr、Cu等。X射线管线焦点面积约为(1×10) mm^2,取出角为3°～6°。选择阳极靶时,要尽可能避免靶材产生的特征X射线激发样品的荧光辐射,以降低衍射谱的背底,提高图谱清晰度。

(2) 测角仪

测角仪是X射线粉末衍射仪的核心部件,主要由索拉光阑、发散狭缝、接收狭缝、防散射狭缝、样品座及闪烁探测器等组成。测角仪的中央是样品台,样品台上有一个定位样品平面的基准面,用以保证样品平面与样品台转轴重合。样品座与探测器的支臂围绕同一转轴旋转,探测器的扫描轨迹称为扫描圆。图1.3.3是"卧"式测角仪的光路系统示意图,旋转轴即为图中的 O 轴。对于"卧"式测角仪,其扫描圆平行于水平面;"立"式测角仪的光路与"卧"式测角仪类似,不同的是其扫描圆垂直于水平面。下面以"卧"式测角仪为例,简要介绍其主要组成部件和作用。

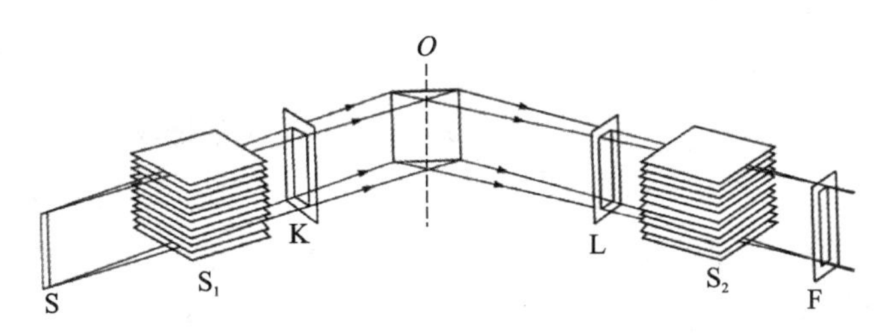

图1.3.3　测角仪的光路系统

① 衍射仪一般利用线焦点作为X射线源S,线焦点与测角仪的旋转轴平行。如果采用焦斑尺寸为(1×10) mm^2 的常规X射线管,出射角为6°时,实际有效焦宽为0.1 mm,有效线状X射线源尺寸为(0.1×10) mm^2。

② 从S发射的X射线,其水平方向的发散角被第一个狭缝限制之后,照射试样,这个狭缝称为发散狭缝(K)。生产厂家提供(1/6)°、(1/2)°、1°、2°、4°的发散狭缝以及用于调整测角仪、宽度为0.05 mm的狭缝。

③ 从试样上衍射的 X 射线束，在 L 处聚焦，第二个狭缝放在这个位置，称为接收狭缝(L)。生产厂家提供宽度为 0.15 mm、0.3 mm、0.6 mm 的接收狭缝。

④ 第三个狭缝是防止空气散射等非试样散射 X 射线进入计数管，称为防散射狭缝(F)。F 和 K 配对，生产厂家提供与发散狭缝发散角相同的防散射狭缝。

⑤ S_1、S_2 称为索拉狭缝，由一组等间距相互平行的薄金属片组成，它限制入射 X 射线和衍射 X 射线垂直方向的发散。索拉狭缝装在索拉狭缝盒的框架里，这个框架兼作其他狭缝插座用，即插入 K、L 和 F。

(3) X 射线探测记录装置

衍射仪中常用的探测器是闪烁计数器，其工作原理如下：X 射线与磷光体发生作用，产生波长在可见光范围内的荧光，这种荧光再转换为能够测量的电流。输出的电流与计数器吸收的 X 射线光子能量成正比，即与衍射线的强度成正比。

图 1.3.4 为闪烁计数管的基本结构及工作原理示意图。一般利用微量铊活化的碘化钠(NaI)单晶体作为闪烁计数管的发光体，这种晶体经 X 射线激发后可发出蓝紫色光。当蓝紫色光照射到光电倍增管的光电面(光阴极)时，将发出光电子(一次电子)，从而把光信号转换成电信号，再通过光电倍增管放大。光电倍增管电极由 10 个左右的联极构成，一次电子在联极表面可激发二次电子。经联极放大后电子数目将按几何级数剧增(约 10^6 倍)，最后可输出高达几个毫伏的脉冲。

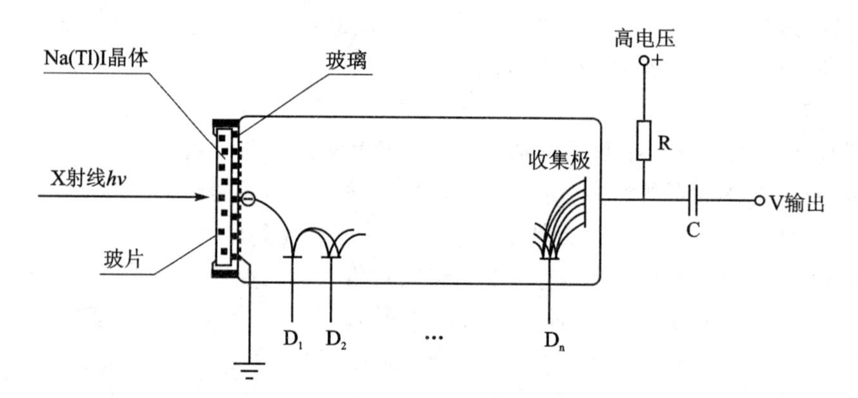

图 1.3.4　闪烁计数管的基本结构及工作原理

(4) 计算机控制、处理装置

D/max2200PC 自动 X 射线衍射仪的主要操作都由计算机控制自动完成。X 射线扫描操作完成后，衍射原始数据自动存入计算机硬盘供数据分析处理。数据分析处理包括平滑点的选择、背底扣除、自动寻峰、d 值计算、衍射峰强度计算等。

4. 实验参数的选择

(1) 阳极靶的选择

选择阳极靶的基本要求是：尽可能避免靶材产生的特征 X 射线激发样品的荧光辐射，以降低衍射谱的背底，获得清晰的图像。当 X 射线的波长稍短于试样所含元素的吸收限时，试样将强烈地吸收 X 射线，并激发产生荧光 X 射线，导致背底增高，降低谱图的信噪比 P/B (P 为峰强度，B 为背底强度)。因此必须根据试样所含元素的种类选择适宜的特征 X 射线波长(靶)。

X 射线衍射所能测定的 d 值范围取决于所使用的特征 X 射线的波长。X 射线衍射所需

测定的 d 值范围大都在 0.1～1 nm 之间，一般使用 Cu 靶即可；如被测样品吸收这种 X 射线，可根据试样种类分别选用 Co、Fe、Cr 和 Mo 靶。由于 Mo 靶的特征 X 射线波长较短，穿透能力强，如果希望在低衍射角处获得高指数晶面的衍射峰，或为了减少吸收的影响等，均可选用 Mo 靶。但要注意的是：靶元素的原子序数越大，特征 X 射线的激发电压越高，这将影响到后续管电压和管电流的选择。

(2) 管电压和管电流的选择

X 射线管的功率等于管电压和管电流的乘积。每一支 X 射线管都有一个额定功率，经常使用的负荷选为最大允许负荷的 80%左右。

连续 X 射线的强度与管电压的平方成正比。随着管电压增加，特征 X 射线与连续 X 射线的强度之比将接近一个常数；当管电压超过激发电压的 4～5 倍时，比值反而变小。可见，管电压过高，信噪比 P/B 反而降低，因此工作电压常设定为靶材临界激发电压的 3～5 倍。选择管电流的基本要求是 X 射线管的功率不能超过其额定功率，较低的管电流可以延长 X 射线管的寿命。在相同负荷下产生 X 射线时，如管电压低于 5 倍激发电压，则要优先考虑管电压。

(3) 发散狭缝的选择

发散狭缝决定了 X 射线水平方向的发散角，以及限制试样被 X 射线照射的面积。如果使用较宽的发散狭缝，X 射线强度增加，但在低角处入射 X 射线超出试样范围，照射到边上的试样架，出现试样架物质的衍射峰或漫散峰，对定量相分析产生不利影响。因此要按测定要求选择合适的发散狭缝宽度。

生产厂家提供(1/6)°、(1/2)°、1°、2°、4°的发散狭缝，通常物相定性分析选用 1°发散狭缝；当需要获得低角度衍射信息时，可以选用(1/2)°(或(1/6)°)发散狭缝。

(4) 防散射狭缝的选择

防散射狭缝用来防止空气等引起的散射 X 射线进入探测器，选用 F 与 K 角度相同。

(5) 接收狭缝的选择

接收狭缝的大小影响衍射线的分辨率。接收狭缝越小，分辨率越高，衍射强度越低。生产厂家提供 0.15 mm、0.3 mm、0.6 mm 的接收狭缝。通常物相定性分析时使用 0.3 mm 的接收狭缝，精确测定时可使用 0.15 mm 的接收狭缝。

(6) 滤波片的选择

本实验中选择晶体单色器滤波。

(7) 扫描范围的确定

不同的测定目的，其扫描范围也不同。当选用 Cu 靶进行无机化合物的物相分析时，扫描范围 2θ 一般为 3°～90°；对于高分子、有机化合物的物相分析，扫描范围一般为 2°～60°；在定量分析、点阵参数测定时，一般只围绕欲测衍射峰位置前后几度扫描即可。

(8) 扫描速度的确定

常规物相定性分析常采用的扫描速度为 6(°)/min 或 4(°)/min；点阵参数测定、微量分析或物相定量分析常采用的扫描速度为 0.5(°)/min 或 0.25(°)/min。

5. 样品制备方法

X 射线衍射仪可分析粉末样品、块状样品、薄膜样品、纤维样品等。样品不同或分析目不同(定性分析或定量分析)，样品的准备方法也不同。

(1) 粉末样品

X 射线衍射仪的粉末试样必须满足两个条件：晶粒细小、无择优取向。当粉体较粗时，可用玛瑙研钵把粉末样品研细后再测定。一般地，定性分析时粒度应小于 44 μm(325 目)，定量分析时粒度应小于 10 μm(250 目)。

常用的粉末样品架为玻璃试样架，主要在粉末试样较少时(约少于 500 mm^3)使用。在试样架的玻璃板上蚀刻有面积为(20×18)mm^2 的试样填充区，将试样粉末均匀填充到试样填充区并用玻璃板压平实，使试样表面与玻璃表面平齐。如果试样的量少到不能充分填满试样填充区，可在玻璃试样架凹槽里先滴一薄层用醋酸戊酯稀释的火棉胶溶液，然后将粉末试样撒在上面，待干燥后即可测试。

(2) 块状样品

先将块状样品表面研磨抛光，大小不超过(20×18) mm^2，然后用橡皮泥将样品粘在铝样品支架上，要求样品表面与铝样品支架表面平齐。

(3) 微量样品

取微量样品放入玛瑙研钵中将其研细，然后将研细的样品放在单晶硅样品支架上(切割单晶硅样品支架时必须使其表面不满足衍射条件)，滴数滴无水乙醇使微量样品在单晶硅片上分散均匀，待乙醇完全挥发后即可测试。

(4) 薄膜样品制备

将薄膜样品剪成合适大小，用胶带纸粘在玻璃样品支架上即可。

【实验内容】

① 教师现场讲解 X 射线衍射仪的结构、光路系统和工作原理；

② 教师现场演示某样品 X 射线衍射图谱的测试过程；

③ 学生根据教师提供的 X 射线衍射图谱，学会使用 X 射线衍射卡片数据库对单相物质及多相物质进行物相分析。

【实验条件】

1. 实验原料及耗材

实验室提供演示用试样以及供学生分析用的 X 射线衍射谱。

2. 实验设备

日本理学公司生产的 D/max2200PC 自动 X 射线衍射仪。

【实验步骤】

1. 开机前准备

设备开机前必须接通冷却水。水泵开始工作后，设备背面板上用于显示冷却水压力的压力表，其示数应不低于 0.4 MPa。

2. 开启 X 射线管高压

① 打开计算机电源。

② 打开主机和冷却水箱电源。

③ 联机，待屏幕右下角小框变蓝后，开主机电源，通冷却水。

④ 开高压，仪器上端红灯亮起，烤靶 5 min。

⑤ 放置试样。(注意：先按主机面板上“DOOR OPEN”键，待其断续闪烁后，再打开防护门放好试样，随后轻轻关严防护门。)

⑥ 打开测试程序，根据要求修改测试条件；本实验的测试条件为：电压 40 kV，电流 40 mA，扫描速度 6(°)/min，扫描范围最小 3°，最大 150°。

⑦ 开始测试，测试完毕后进行数据处理并打印结果。

⑧ 测试结束关闭高压后，继续通冷却水 5 min，然后关闭主电源结束实验。

【结果分析】

测试完毕后，可将样品测试数据存入存储介质供随时调出处理。原始数据需经过曲线平滑、$K_{\alpha 2}$ 扣除、谱峰寻找等数据处理步骤，最后打印出待分析试样的衍射曲线和 d 值、2θ 值、强度值、衍射峰宽等数据供分析鉴定。X 射线衍射物相定性分析方法有以下几种：

1. 三强线法

① 从前反射区（$\theta<90°$）中选取强度最大的三根线，把 d 值按强度递减的顺序排列；

② 在数字索引中找到对应的 d_1（最强线的面间距）组；

③ 按次强线的面间距 d_2 找到接近的几列；

④ 检查这几列数据中的第三个 d 值是否与待测样品的数据对应，再查看第 4 至第 8 强线数据并进行对照，最后从中找出最可能的物相及其卡片号；

⑤ 从档案中抽出卡片，将实验所得 d 及 I/I_1 跟卡片上的数据详细对照，如果完全符合，物相鉴定即告完成。

如果待测样品的数据与标准数据不符，则须重新排列组合并重复②～⑤的检索过程。如为多相物质，当找出第一物相之后，可将其峰线剔出，并将剩余线条的强度重新归一化，再按过程①～⑤进行检索，直到得出正确答案。

2. 特征峰法

对于经常使用的样品，其衍射谱图应该充分了解掌握，可根据其谱图特征进行初步判断。例如在 26.5°左右有一强峰，在 68°左右有五指峰出现，则可初步判定样品含 SiO_2。

3. 参考文献资料

在国内外各专业科技文献上，许多科技工作者都发表了 X 射线衍射谱图和数据，这些谱图和数据可以作为标准和参考供分析测试时使用。

4. 计算机检索法

随着计算机技术的发展，计算机检索得到普遍应用，这种方法可以很快得到分析结果，虽然分析准确度在不断提高，但还须经认真核对才能做最后鉴定结论。

物相定性分析的计算机检索主要依据数值检索（晶面间距数值）和元素检索，两种检索方法各有特点。数值检索速度很快，基本过程是：计算机从已知标准粉末衍射卡片数据库中找出与测试数据相吻合的一些粉末衍射卡片，实验人员再从这些卡片中根据所测样品所含的化学元素以及与标准数据的误差大小确定测试样品的物相。这种方法对粉末样品的物相检出率较高，但对于块状样品，由于有应力存在、晶面间距偏移以及出现择优取向等，都会使衍射峰强度发生变化，因此检出率较低，有可能出现找不出物相的情况。元素检索就是根据测试样品中含有哪些元素，这些元素可能形成何种化合物，在软件的标准粉末衍射卡片数据库中去一一比对，最后确定测试样品的物相。

常用的计算机检索软件有 JADE、PDFWIN、search - match 等。

【注意事项】

① 开启高压后，X 光管将产生射线，请注意人身安全，防止射线辐照伤害；

② 实验课前必须预习实验内容，掌握实验原理等必需的知识；

③ 实验报告要求写出：实验目的、实验要求、实验原理、实验步骤（包括：样品制备、参数选择、测试过程、数据处理）以及实验鉴定结果分析等；

④ 根据给定实验样品谱图数据鉴定物相，写出样品名称（中英文）、卡片号、实验数据和标

准数据三强线的 d 值、相对强度及(HKL),并进行简单误差分析。

【思考题】

1. 简述连续 X 射线谱、特征 X 射线谱产生的原理及特点。
2. 简述 X 射线衍射仪的主要用途。
3. 简述 X 射线衍射仪的结构和工作原理。
4. 实验中所用的 X 射线靶是什么材料?其特征谱线的波长是多少?

参考文献

[1] 谷亦杰,宫声凯. 材料分析检测技术. 长沙:中南大学出版社,2009.
[2] 朱明华,仪器分析. 北京:高等教育出版社,2000.

1.4 扫描电镜及能谱仪的工作原理和应用

【实验目的】

1. 了解扫描电镜及能谱仪的构造和工作原理;
2. 熟悉扫描电镜及能谱仪的作用和功能;
3. 了解扫描电镜及能谱仪的运行及操作步骤;
4. 掌握扫描电镜图像分析及能谱仪成分分析技术。

【实验原理】

1. 扫描电镜的基本结构

扫描电镜的结构可分为五部分,即电子光学系统、扫描系统、信号采集与输出系统、样品操控系统、电源及真空系统。其中,电子光学系统是主体,其他几个系统都是为之服务或围绕它工作的。其构造如图 1.4.1 所示。

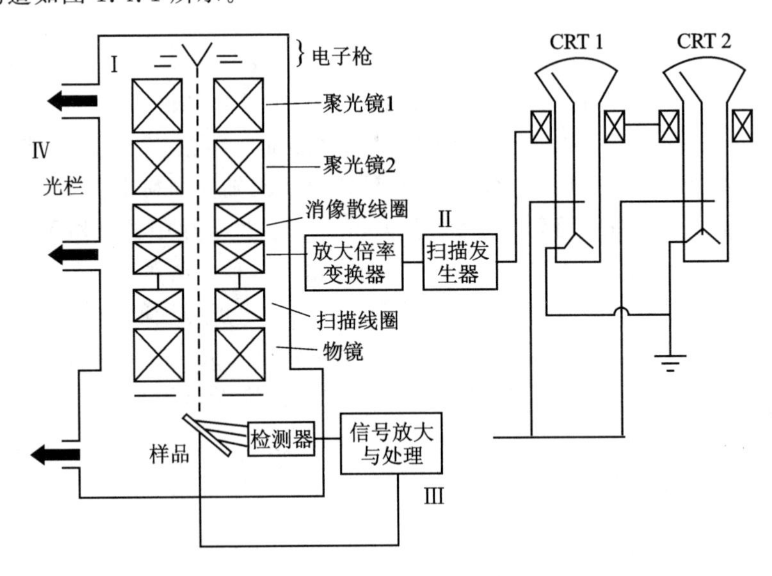

图 1.4.1 扫描电镜构造图

(1) 电子光学系统

电子光学系统由电子枪、电磁透镜和样品室等部件组成。其作用是用来获得扫描电子束,并作为产生物理信号的激发源。为了获得较高的信号强度和图像分辨率,扫描电子束应具有较高的亮度和尽可能小的束斑尺寸。

电子枪的作用是利用灯丝阴极与阳极间的高压产生高能量的电子束。目前大多数扫描电镜为热阴极电子枪，采用直径约为 0.12 mm 的 V 形钨丝作为阴极。其优点是钨丝价格便宜，对真空度要求不高；缺点是钨丝热电子发射效率低，发射源直径较大，即使经过二级或三级聚光镜，在样品表面上的电子束斑直径也有 5～7 nm，仪器分辨率受到限制。因此，为提高分辨率，高级扫描电镜采用六硼化镧（LaB_6）灯丝或场发射电子枪，使二次电子像的分辨率达到了 2 nm，但这种电子枪要求很高的真空度，价格较贵。

电磁透镜的作用主要是把电子束斑逐渐缩小，使原来直径约为 50 μm 的束斑缩小成直径达到 nm 级别的细小束斑。扫描电镜一般有三个聚光镜，前两个透镜是强磁透镜，用来缩小电子束斑尺寸；第三个聚光镜是弱磁透镜，具有较长的焦距，也称为物镜，在该透镜下方放置样品可避免磁场对二次电子轨迹的干扰。

样品室主要用于安置样品台和各种类型的检测器。随着电镜技术的发展，部分探测器也可以安装在镜筒里。近年来，为适应断口实物等大零件的分析需要，还开发了配备超大样品室的扫描电镜。样品台主要用于放置样品，为便于观察和分析，样品台除了能进行三维空间的移动以外，还能进行倾斜和转动；样品台移动范围一般可达 40 mm 以上，倾斜范围至少在 50°左右，可水平转动 360°；扫描电镜样品台可分为专用样品台和特殊样品台，如半导体器件及微型电路测试样品台、大角度倾斜台、透射电子样品台、拉伸台、加热及冷却样品台、万能转向样品台等。检测器主要用于采集各种分析信号，某种信号的收集效率与对应检测器的安放位置有很大关系。

（2）扫描系统

扫描系统主要包括扫描线圈、扫描信号发生器和放大率变化器。扫描线圈是扫描电镜的一个重要组件，它一般放在最后二级透镜之间，也可安置在末级透镜的空间内。扫描信号发生器的作用是产生锯齿波电流并通过电路分别传输到扫描线圈和液晶显示器，使镜筒中的入射电子束和液晶显示器中的扫描信号进行同步扫描。

扫描电镜的放大倍率是通过改变电子束的偏转角度来调节的。放大倍数等于液晶显示器上的宽度与电子束在试样上的扫描宽度之比。

（3）信号采集与输出系统

电子束与试样相互作用会产生多种信息，如二次电子、背散射电子及 X 射线等。扫描电镜中采用不同的探测器可以接收到不同的信号，比如用正比计数器接收 X 射线，再加上晶体分光计，则可组成波谱仪；用 Si(Li)半导体计数器来接收 X 射线，则可组成能谱仪。

扫描电镜中使用频率最大的信号为二次电子信号，其检测系统是由聚焦极、闪烁体、光导管、光电倍增管、前置放大器和主放大器组成。二次电子在收集极的作用下（+500 V），轰击在闪烁体探头上，探头表面喷涂有约数百埃的铝膜和荧光物质，闪烁体上加有 +10 kV 的电压，以保证绝大部分二次电子进入探头接收范围。在二次电子的轰击下闪烁体释放出光子，沿着光导管传到光电倍增管的阴极，把光信号转变成电信号并加以放大输出；输出的信号经处理后用于调制液晶显示器的亮度，使图像产生亮度反差。当电子束在样品表面扫描时，到达检测器的信息强度是随着扫描点的组织、形貌或成分的不同而改变的，用此信息调制液晶显示器的亮度，显示器上的亮度也会随之改变，从而在液晶显示器上形成反映样品表面特征的图像。

（4）样品操控系统

样品操控系统主要用于试样的平移、倾斜、旋转和更换。通过样品操控系统不仅可实现试

样在 X、Y、Z 三个方向上的平移，还可使样品发生倾斜和旋转。不同型号的设备具有不同的操控范围。试样更换是通过空气锁局部破坏设备真空后进行的，一般 2～3 min 即可完成更换操作。

(5) 电源及真空系统

扫描电镜的所有电能都来自电源控制柜。真空系统包括机械泵、扩散泵、抽气管道以及各种真空阀门等；场发射扫描电镜等高端设备还配有离子泵以提高设备的真空度。真空系统的主要作用是保证设备工作于真空状态。

2. 扫描电镜的工作原理

扫描电镜的工作原理可以概括为：利用聚焦非常细的高能电子束在试样上进行逐行扫描，在此过程中，电子束将与试样发生相互作用而激发出各种物理信息，通过对这些信息的接收、放大和显示成像，从而获得试样表面形貌图像。

(1) 如何获得细小的高能电子束

从灯丝发射出来的电子经过阳极加速后进入聚光镜，聚光镜都是电磁透镜，通过改变电子的运动轨迹达到汇聚的目的。详细的工作原理请参阅本节参考文献。高速运动的电子束在经过镜筒中三级聚光镜作用后，被汇聚成直径为 nm 级别的束斑。

(2) 电子束与试样的相互作用

高速运动的电子与试样发生相互作用，激发出各种物理信息。每一种物理信息的激发机理都不同，这一部分内容在材料科学测试方法相关书籍中都有详细介绍，这里不再赘述。对于扫描电镜而言，其中有三种信号尤为重要，即二次电子、背散射电子和特征 X 射线，电子强度信息被用作成像，射线信息被用作成分分析。

(3) 扫描电子图像的衬度来源

表面形貌衬度是扫描电子显微镜最常遇到的衬度机制，它是利用对样品表面形貌变化敏感的二次电子信号或利用与试样平均原子序数成正比的背散射电子信号作为调制信号得到的像衬度。以二次电子为例，其产额与电子束的作用角度密切相关，可用下式表示：

$$\delta_{SE} \propto 1/\cos\theta \tag{1.4.1}$$

式中，δ_{SE} 为二次电子产额；θ 为电子束与作用面法向之间的夹角。

图 1.4.2 显示了样品表面倾斜度、二次电子信号强度以及最终图像衬度之间的对应关系。从图中可以看出，样品 B 面的倾斜度最小，则对应的二次电子产额最小，图像对应区域的亮度最低；反之，如 C 面，倾斜度最大，亮度也最大。因此，利用二次电子的强度对荧光屏的亮度进行调制，则可在荧光屏上显示样品表面形貌的衬度像。

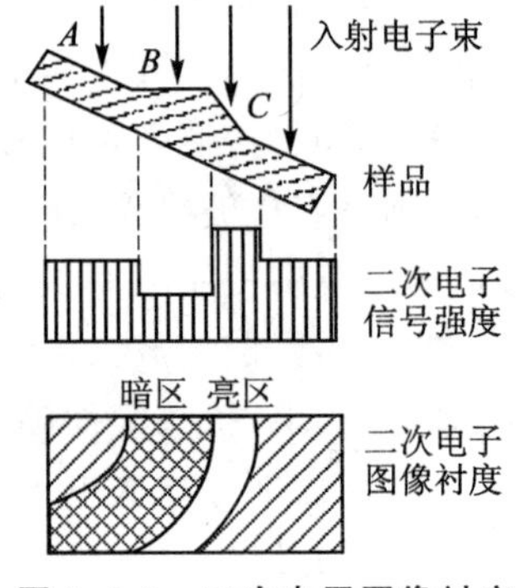

图 1.4.2　二次电子图像衬度来源示意图

背散射电子信号强度与作用点的平均原子序数相关，平均原子序数越高，亮度越高，反之则越暗。

(4) 扫描电镜改变放大倍数的本质

扫描电镜的放大倍数 M，一般定义为像与物大小之比，即液晶显示器的显示区尺寸与在镜筒中电子束在试样上的扫描宽度之比。例如，液晶显示器的显示区边长为 100 mm，入射电子束在试样上扫描宽度为 10 μm，则放大倍数为

$$M=\frac{100\ \mathrm{mm}}{10\ \mu\mathrm{m}}=10\ 000 \tag{1.4.2}$$

因为显示器尺寸一定，只要改变电子束在试样表面的扫描宽度(通过调节扫描线圈上的电流强度来改变)，就可连续改变设备的放大倍数。

3. 能谱仪的结构、工作原理及能谱分析方法

(1) 能谱仪的结构

X射线能谱仪亦称能量色散谱仪，是通过检测元素的特征X射线(检测其特征能量)来分析样品微区成分的一种仪器，在绝大多数情况下都是作为电子显微镜的附件使用。其结构大致分为四部分：控制及指令系统、X射线信号检测系统、信号转换和储存系统、结果输出与显示系统。

1) 控制及指令系统

控制及指令系统主要包括控制键盘及处理软件。该系统通过鼠标和键盘向计算机发出指令以及调用各种分析计算程序，并回答计算机提出的不同问题。

2) X射线信号检测系统

检测系统包括Si(Li)(锂漂移硅)固体探头、场效应晶体管、前置放大器和主放大器等器件。其作用是将接收的X射线信号进行转换和放大，得到与X射线光子能量成正比例的电压脉冲信号。

3) 信号转换和储存系统

此即多道脉冲高度分析器，包括模拟/数字转换器及存储器等部件。其主要作用是将主放大器输出的电压脉冲信号转换为高频时钟脉冲数，并将其存储在代表不同能量值的相应通道中，完成不同能量的X射线光子的分类和计数。

4) 结果输出与显示系统

包括打印机及视频显示器。其作用是将成分分析结果以数字形式打印或存盘，也可以以谱线(横坐标表示道址(能量)，纵坐标表示光子数目)或图像显示的形式打印或存盘。

(2) 能谱仪的工作原理

来自样品的X射线信号穿过薄窗(Be窗或超薄窗)进入冷冻的锂漂移硅检测器，锂漂移硅检测器每吸收一个X射线光子就会激发若干个空穴-电子对，产生的空穴-电子对数目N与入射的X射线光子能量E成正比。在100 K温度下，硅中产生一个空穴-电子对所需的平均能量为3.8 eV。若某元素的一个X射线光子能量为E，则它所能产生的电子-空穴对数目$N=E/3.8$。X射线光子产生的空穴-电子对在外加偏压下移动而形成一个电荷脉冲，此脉冲与空穴-电子对数目成正比并经电荷灵敏的前置放大器转换成电压脉冲，再经主放大器进一步放大、整形，最后送入多道脉冲高度分析器(MCA)。可见，经过多重转换后，最终检测到的电压脉冲高低与X射线光子能量一一对应。也就是说 通过检测电压脉冲，即可获得X射线光子能量，而每种元素发射的特征X射线光子能量是不变的。因此，通过检测电压脉冲即可检测元素的种类，这就是能谱仪定性分析的原理。至于定量分析，其原理相对复杂，涉及特征X射线的产额及试样对X射线的吸收等问题，但经过理论分析和校正，可以根据多道脉冲高度分析器按电压值分类存储的X射线光子数目获得元素的半定量或定量分析结果。

(3) 能谱分析方法

1) 分析条件及参数预置

a. 加速电压(kV)

根据元素特征X射线的激发电压来进行设定，一般选用分析元素激发电压的3～4倍比较理想。过低不能激发特征X射线，过高则增加穿透深度，吸收加剧。能谱分析时扫描电镜加速电压的选择类似于X射线管工作电压的选取，相关内容请参阅1.3节中的介绍。扫描电镜通常可按下列标准选择加速电压：超轻元素(Be－O)，不高于10 kV；轻元素(F－K)，15～20 kV；重元素(Ca－U)，20～30 kV。

b. 工作距离(WD)

表示样品表面到极靴下表面的距离，不同型号的能谱仪其工作距离略有不同。INCA X－MAX能谱仪的工作距离WD＝8mm，只有这个距离才能保证探头的收集效率最高。

c. 样品的几何位置

样品的几何位置对倾斜样品的能谱分析十分重要，与定量分析准确度密切相关，计算时，包括空间位置(x、y、z)及倾斜角(T)都要准确输入系统。

2) 谱峰校正

谱仪的定量校准：定量校正就是用一个校准元素的谱峰，对谱仪增益发生小的变化做出校正。校准元素一般选用具有明显的、确定的K系峰的元素，如Fe、Co、Ni等，INCA X－MAX选用的是Co。

校准的原理：定量分析前，在确定现行的分析条件之后，先采集一个纯Co的谱峰，连同它的分析条件一同存入计算机，然后再采集分析谱(采集条件要保持和采集Co峰条件一样)。进行定量计算时，计算机首先对建立标样文件采集的Co峰强度$I_{\text{Co原}}$和现行分析条件下采集的Co峰强度$I_{\text{Co现}}$进行比较，然后根据这个比值对束流变化引起的谱仪增益变化进行校正。

3) 能谱仪的分析方式

能谱仪主要有以下三种基本工作方式：① 点分析：用于测定样品中某指定点(或第二相、夹杂物)的化学成分；② 线分析：用于测定不同元素沿给定直线的分布情况；③ 面分析：用于测定不同元素在指定分析区域内的分布情况。

4. 扫描电镜样品的制备方法

扫描电镜只能分析固体样品(含粉体)，为获得好的分析效果，对样品的尺寸/质量、导电性、稳定性等也有特定要求。

(1) 对样品尺寸的要求

不同设备对样品的要求不同，其大小主要取决于样品台的尺寸。扫描电镜通常更适合观察尺寸较小的样品。在尺寸要求方面，特别要注意样品的高度问题。样品太高，容易碰撞安装在样品室中的探头，造成设备损毁。为利于观察，样品上下表面应尽量做到平行或接近平行。另外，每台设备的样品台都有载重量限制，样品过重会影响样品台的工作状态，甚至损坏样品台。

(2) 断口的保护方法

无论是实物样品还是试件样品都应尽量保持其新鲜程度。不得用手触摸或用棉纱擦拭待分析试样，更不能让匹配断口表面相互摩擦或撞击。切下来的试样应放在干燥器内保存。如果试样需要长时间保存，可以在试样表面贴一层AC纸，观察时再揭下来或用丙酮溶解掉。对于低温处理的样品，为防止试样表面因结冰而生锈，应立即放入无水酒精中，过一段时间再取出，然后按常规方法保存。

(3) 腐蚀断口的处理

断口表面的腐蚀产物往往是断裂失效分析的重要依据，与造成断裂的原因及发展过程有着密切的联系，应经过分析之后再进行清除。对污染不严重的样品可用 AC 纸多次粘贴，直至污物尽可能消除为止，也可用超声波把污染物清洗干净。AC 纸法和超声波法的优点是不损伤断口表面形态。对腐蚀严重的断口，上述办法不易清除断口表面污物，这时可采用化学清洗剂。不同材料应采用不同的化学清洗剂，但不论采用哪种化学方法清洗都会或多或少地损失表面形态细节，所以应用时一定要慎重对待。

(4) 样品的喷镀

扫描电镜的样品应具有导电性。导电性差或不导电的样品，如塑料、陶瓷、高分子复合材料等，观察时会伴随有放电现象，难以成像，因此在观察非导电样品之前一定要进行导电材料的喷镀。表面喷镀是在真空镀膜机中进行的，常用的喷镀材料以金或铂的效果最好。喷镀层太厚，会掩盖细节；太薄，造成覆盖不均匀，因此要注意喷镀层的厚度。镀层厚度通常由颜色的深浅来判断，这是一种经验办法。试样喷镀时，为了能得到均匀的覆盖层，最好应用旋转台或以一定倾角对样品进行不同方向的喷镀。

(5) 样品的稳定性

样品必须具备足够的稳定性，这包括两个方面的内容。一是要有足够高的熔点，由于高速电子轰击时，可导致样品局部高温，必须确保工作中样品不能熔化；二是不能对电子束敏感，否则在分析时，可能因分解而放出气体，导致设备不能正常工作。

5. 典型断口的特征

断口的微观形态观察对于判定断裂性质、研究断裂机理具有十分重要的意义。断口的宏观分析和微观分析是断口分析的两个方面，两者相互补充，不能相互替代。电子断口金相属于断口的微观分析。下面介绍几种典型断口的微观形态与特征。

(1) 韧　窝

韧窝是金属韧性断裂最基本的表现特征。在微区范围内材料发生塑性变形产生显微孔洞，然后长大、会聚，最后相互连接而导致断裂，在断口表面上形成韧窝。断口上有韧窝出现，并不能就此判断为韧性断裂，因为在脆性断裂中同样可产生微小区域的塑性变形而在局部位置形成韧窝，只有通过大面积观察才能最后判定是否为韧性断裂。典型韧窝断口的扫描电镜照片如图 1.4.3 所示。在韧窝底部，往往存在小颗粒。

(2) 解理断裂

解理断裂是金属在正应力作用下，由原子间结合键的破坏而造成的沿着一定的结晶学平面(解理面)产生的断裂，其主要特征是具有河流花样。在解理裂纹的扩展过程中，解理台阶相互汇合便形成河流花样，即河流花样是裂纹扩展中解理台阶在图像上的体现。裂纹源常常在晶界处，顺河流方向即为裂纹的扩展方向。典型解理断口的扫描电镜照片如图 1.4.4 所示。

(3) 准解理

在许多淬火回火钢中，其回火产物为弥散的细小的碳化物颗粒。当裂纹在晶粒中扩展时，断裂路线不再与晶粒的位向有关，而是与细小碳化物颗粒有关。这种断裂的微观形态类似于解理河流，但又不是真正的解理，称为准解理。准解理断口上的小平面并不是解理面。真正解理裂纹通常起源于晶界，而准解理裂纹则起源于晶内的硬颗粒，形成从晶内某点发源的放射状河流花样。钢在韧性-脆性转变温度附近发生断裂时，容易出现准解理断裂模式。典型准解理断口的扫描电镜照片如图 1.4.5 所示。

(4) 沿晶断裂

沿晶断裂属于脆性断裂，其原因是由于外部环境影响或杂质原子的存在而造成的晶界弱化。微观断口可显示晶粒多面体的外形形态。典型沿晶断口的扫描电镜照片如图 1.4.6 所示。

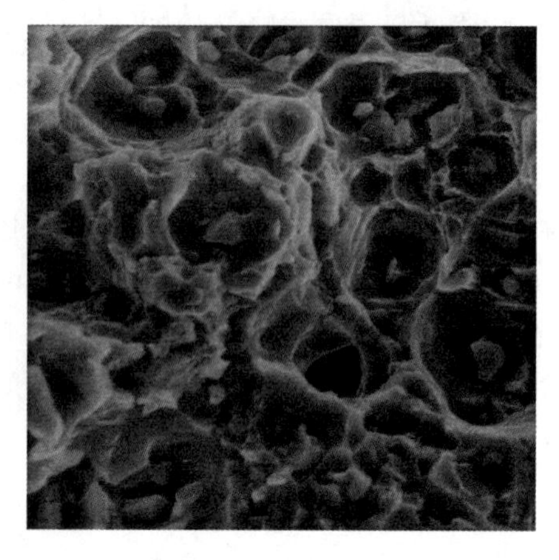

图 1.4.3 典型韧窝断口的扫描电镜照片

图 1.4.4 典型解理断口的扫描电镜照片

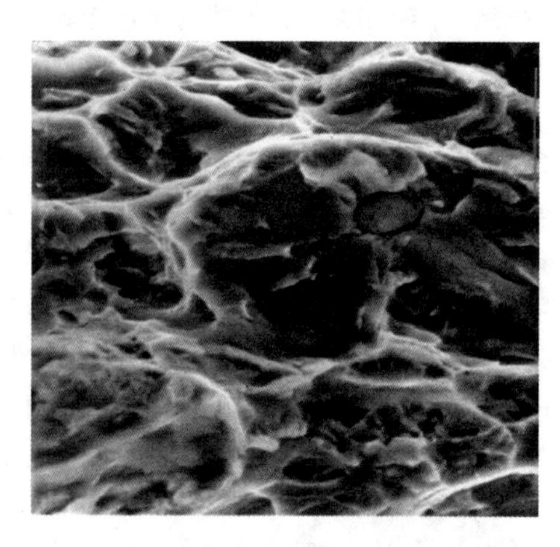

图 1.4.5 典型准解理断口的扫描电镜照片

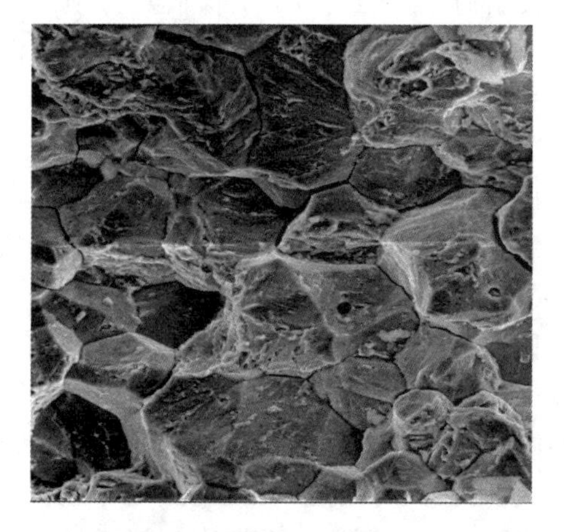

图 1.4.6 典型沿晶断口的扫描电镜照片

引起晶界弱化的主要原因有：① 杂质原子或脆性相在晶界析出。例如，由于铜元素向钢中的扩散而引起的晶间脆化、碳化钛在马氏体沉淀硬化不锈钢的晶间偏析而引起晶间开裂、碳化物在过热的轴承钢晶界偏析而造成晶间断裂等；② 晶间腐蚀、应力腐蚀；③ 氢脆；④ 蠕变断裂。

(5) *疲劳断裂*

金属的疲劳断裂是在交变载荷作用下经多次循环而发生的断裂，按交变载荷的来源和大小，可分为机械疲劳和冷热疲劳两种。

宏观上，疲劳断口大致可分为三个区域：裂纹起始区（疲劳源）、裂纹扩展区及最后瞬时断裂区。疲劳条带的微观特征主要是：① 疲劳条带是一系列基本上相互平行的条纹，每个条纹都是由一次应力循环所造成的塑性变形的微观痕迹。平行的条纹与裂纹的局部扩展方向垂直；② 条纹的数量等于应力的循环次数，条纹的间隔大小大体与两次应力循环中裂纹的扩展量相等；③ 疲劳条纹不是总在一个平面上扩展，而是在许多大小不等、方向不一的断裂面上扩展，这些扩展面之间形成疲劳沟线。

利用电子显微镜观察疲劳裂纹，可以发现其发展分为两个阶段：第一阶段的主要特征是断口中可能出现摩擦痕迹、轮胎花样、平坦的滑移面、解理舌头、早期疲劳条带等；第二阶段的主要特征是出现疲劳条带。典型疲劳断口的扫描电镜照片如图 1.4.7 所示。

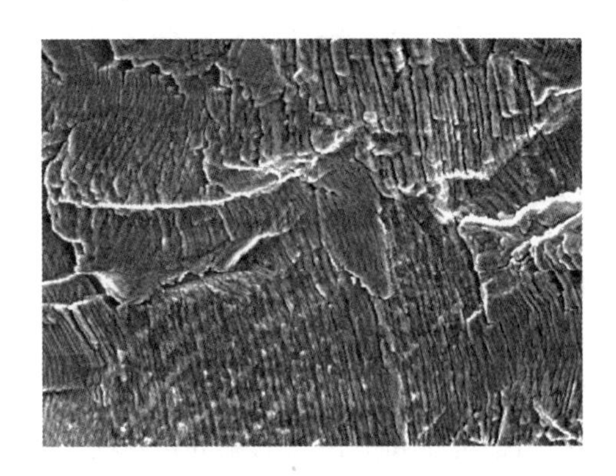

图 1.4.7　典型疲劳断口的扫描电镜照片

【实验内容】

① 学习扫描电镜和能谱仪的基本结构和工作原理；

② 学习扫描电镜和能谱仪的基本操作过程；

③ 利用扫描电镜观察试样的形貌；

④ 利用能谱仪对试样的特征区域进行成分分析。

【实验条件】

1. 实验原料及耗材

金属断口 SEM 试样。

2. 实验设备

日本电子 JSM－6010/JSM－7500 扫描电子显微镜、英国牛津 INCA X－MAX 能谱仪。

【实验步骤】

本实验以演示为主，请注意观察老师的现场操作和随堂讲解，下面是简单的操作过程。

① 接通电源；

② 打开电脑；

③ 打开电脑桌面上的电镜操作软件；

④ 放气、装样品、抽真空；

⑤ 确定工作电压与工作距离；

⑥ 待真空满足要求后，开高压，调节实验参数；

⑦ 移动样品台找到样品中合适的观察区域；

⑧ 在低倍下聚焦，调出清晰的图像；

⑨ 调节到所需的放大倍数，聚焦、调像散直至图像清晰；

⑩ 拍照保存；

⑪ 确定进行能谱分析的区域；

⑫ 调节实验参数；

⑬ 进行能谱采集；

⑭ 定量能谱分析并保存实验数据；

⑮ 关闭高压；

⑯ 放气、取出试样；

⑰ 关闭样品室，抽真空；

⑱ 关机。

【结果分析】

① 解释扫描电镜图像衬度来源；

② 说明能谱图中特征峰符号的意义；

③ 不同元素同名谱系特征峰位置与原子序数的关系；

④ 同一元素不同谱系在能谱图中的相对位置。

【注意事项】

① 上实验课前请阅读本实验内容及相关教材；

② 请注意实验室卫生和设备安全；

③ 遵守实验室管理规定，服从教师安排，未经教师允许，不得私自操作设备。

【思考题】

① 扫描电镜和能谱仪的主要用途是什么？

② 扫描电镜对样品有哪些要求？

③ 二次电子图像和背散射电子图像的衬度是怎样形成的？

④ 能谱仪分析的特点是什么？在能谱仪的定性、定量分析过程中应注意什么？

参考文献

[1] 王世中，臧鑫士. 现代材料研究方法. 北京：北京航空航天大学出版社，1991.

[2] 姜伟之，等.工程材料的力学性能. 北京：北京航空航天大学出版社，2000.

[3] 谷亦杰，宫声凯. 材料分析检测技术. 长沙：中南大学出版社，2009.

1.5　透射电镜的工作原理及应用

1.5.1　透射电镜的工作原理及基本操作

【实验目的】

1. 掌握透射电镜基本部件的名称、用途和工作原理；

2. 掌握主要功能键的操作和用途；

3. 掌握透射电镜微区形貌分析和能谱分析基本操作。

【实验原理】

1. 透射电镜成像原理

透射电子显微镜电子光学系统的工作原理可以用普通光学中的阿贝成像原理进行描述。也就是，当平行光照射一个光栅或周期物样时，将产生各级衍射，在透镜的后焦面上出现各级衍射分布，得到与光栅或周期物样结构密切相关的衍射谱，衍射谱的排列方向垂直于光栅狭缝；这些衍射又作为次级波源，产生的次级波在高斯像面上发生干涉叠加，得到光栅或周期物样倒立的实像。图 1.5.1 示意地画出了平行光照射到光栅后，在衍射角为 θ 的方向发生的衍射以及透射光线的光路图。如果没有透镜，则这些平行的衍射光和透射光将在无穷远处出现夫琅和费衍射花样，形成衍射斑 D 和透射斑 T。插入透镜的作用就是把无穷远处的夫琅和费衍射花样前移到透镜的后焦面上。后焦面上的衍射斑(透射斑视为零级衍射斑)作为光源产生次波干涉，在透镜的像平面上出现一个倒立的实像。如果在像平面放置一个屏幕，则可在屏幕上看到这个倒立的实像。

晶体材料具有三维周期结构，可以看成是由许多组平行的晶面构成的。对于平行入射的电子束而言，每一组平行晶面都可看成一个光栅；电子束经过这组晶面作用后，在物镜的后焦面上形成与晶面垂直的一列衍射斑。可见，电子束经过晶带轴所有晶面族作用后，在物镜后焦

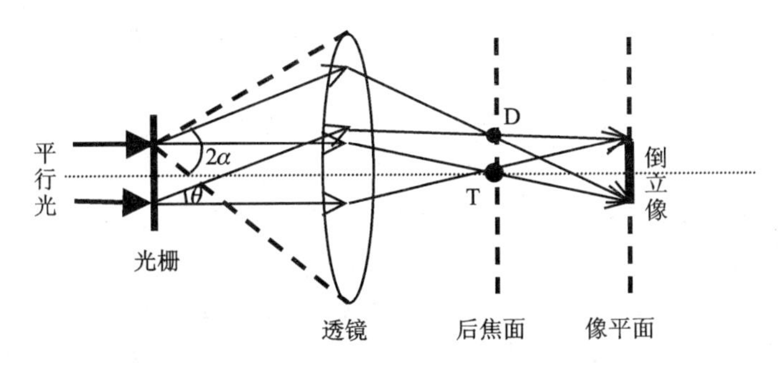

图 1.5.1　透射电子显微镜工作原理示意图

面上便形成了携带晶体结构信息的衍射谱。

2. 透射电镜的结构

从上述可见光的阿贝成像原理来看，整个成像过程需要一个光源、一个透镜、一个显示实像的接收屏。透射电子显微镜也有类似的结构，这一部分构成了透射电镜的主体，即电子光学系统，也称为镜筒。图 1.5.2 显示出了可见光显微镜与透射电子显微镜成像光路图。两者的成像原理和物理过程是一样的，只不过所用的照明光源不一样，光学显微镜使用可见光，而透射电镜使用电子束。由于使用的光源不一样，使照明光会聚、成像的透镜也不同。光学显微镜一般使用光学透镜，而透射电镜必须采用电磁透镜。

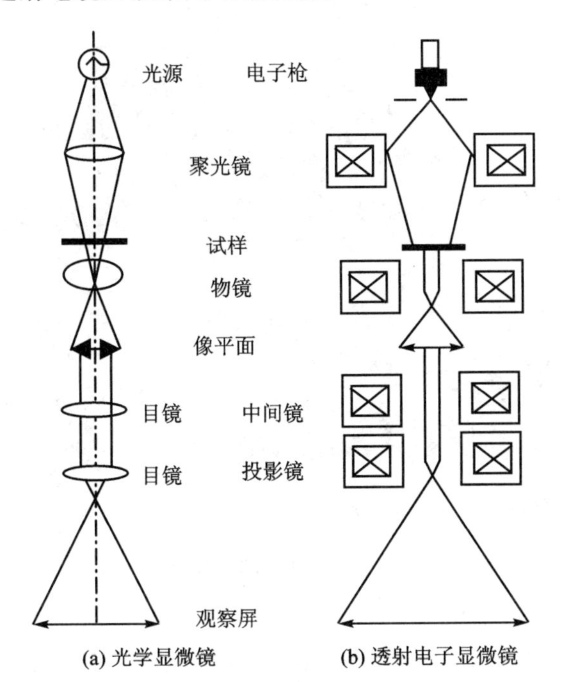

图 1.5.2　光学显微镜与透射电子显微镜成像光路图比较

电子束传播时要有大的自由程，这样才可以保证电子束在整个传播过程中只与试样发生相互作用，而与空气分子发生碰撞的几率可以忽略，因此从电子枪至照相底板盒整个电子通道都必须置于真空系统中，所以透射电子显微镜必须有一套真空系统。高性能的真空系统对提高设备的性能和寿命非常重要。场发射电子枪的出现，系统对真空度的要求越来越高，常采用机械泵、扩散泵和离子泵来获得所需的高真空。

透射电镜需要两部分电源：一是供给电子枪的高压部分，二是供给电磁透镜的低压稳流部分。电源的稳定性是电镜性能好坏的一个极为重要的标志。

目前透射电镜的功能越来越强大，自动化程度越来越高，操作越来越简单。结合能谱分析仪、电子能量损失谱仪等附件，透射电子显微镜已经成为材料微观组织的综合测试平台。这些附件构成了透射电镜的第四个组成部分，即透射电镜附属设备系统。

可见，透射电子显微镜由电子光学系统、真空系统、电源及控制系统以及其他附属设备等四大部分组成。图 1.5.3 是日本电子公司生产的 JEM－2100F 透射电镜外观照片。通过前面的介绍，我们知道电镜的真空系统、电源及控制系统和附件都是围绕电镜的电子光学系统来工作的，因此要熟悉电镜的结构，有必要对镜筒部分的组成和工作原理进行分析和了解。

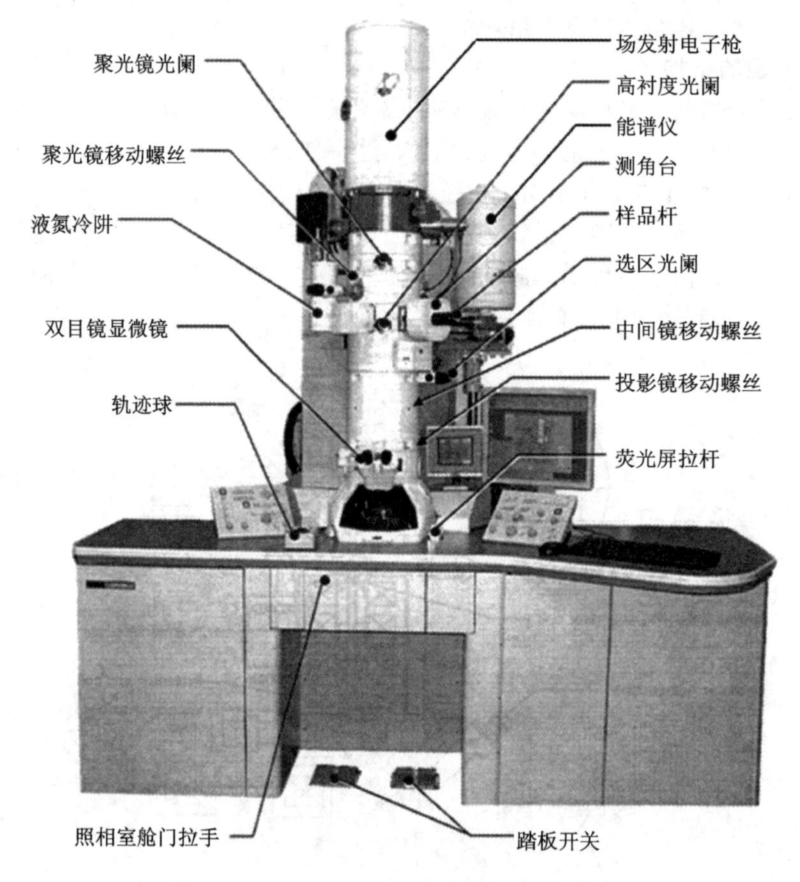

图 1.5.3　JEM－2100F 透射电镜外观照片

3. 透射电镜电子光学系统

电子光学系统是电镜的核心部分，其他系统都是为电子光学系统服务或在此基础上发展起来的辅助设备。图 1.5.4 是 JEM－2100F 透射电镜电子光学系统简图。从上往下依次为热场发射电子枪（电子枪室隔离阀以上部分）、双聚光镜、聚光镜光阑、样品室、物镜、物镜光阑、选区光阑、中间镜、投影镜、观察室、荧光屏和照像室。根据光学成像过程，也可以把透射电镜电子光学系统分为照明系统、成像与放大系统以及观察与记录系统三个部分。JEM－2100F 透射电镜可通过两个隔离阀把这三个区域彼此分开。虽然透射电镜产品更新升级较快，设备分辨本领越来越高，但就电子光学系统而言，基本结构仍没有大的变化。较大的变化就是使用提高亮度的场发射电子枪、减小色散的单色器、消除电磁透镜球差的球差校正器以及记录系统的数字化设备等。

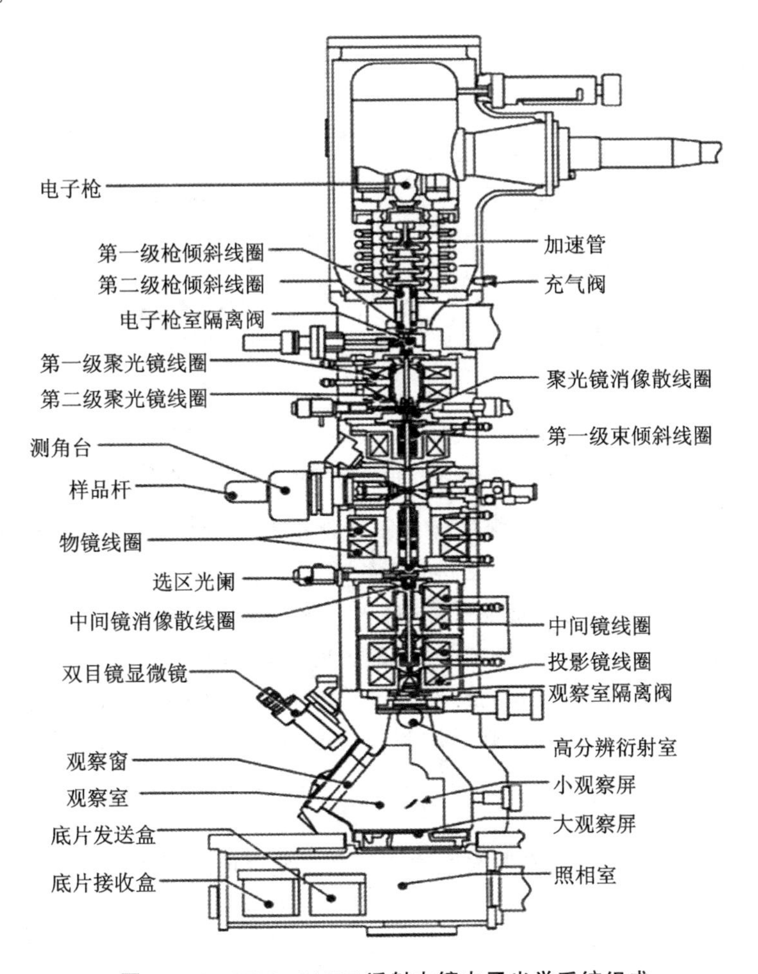

图 1.5.4　JEM－2100F 透射电镜电子光学系统组成

(1) 照明系统

照明系统主要由电子枪、加速管和聚光镜组成。图 1.5.5 比较了热阴极发射电子枪和场发射电子枪的结构。热阴极发射电子枪包括发夹形钨灯丝阴极、栅极帽和阳极三极，其中灯丝接负高压，通过灯丝加热电流使灯丝工作于高温(2 500～2 700 K)并发射电子。灯丝的电子发射率对工作温度 T 非常敏感，与 T^2 成正比，因此增大灯丝电流可明显改善照明亮度，但要注意的是灯丝的寿命也对温度非常敏感，温度高于饱和点时，寿命急剧下降。Wehnelt 栅极对阴极电子束流发射的稳定性至关重要，通过在栅极上加一个比灯丝电压还低几百伏特的负高压来抑制灯丝局部地方的发射。当阴极电位和位置确定后，电子枪中的电场分布主要取决于栅极电位，其主要作用是控制阴极尖端发射电子的区域范围。如果电子束流发生扰动，则可通过自偏压电路自动调整栅极偏压，调整阴极尖端发射电子区域的大小，使电子束流趋于稳定的饱和值。为安全起见，电子枪的阳极接地。另外三极静电透镜系统对阴极发射的电子束还起聚焦作用，在阳极孔附近形成一个很小的交叉点，即电子源。

在肖脱基热场发射电子枪中，灯丝工作温度较低，约为 1 800 K，电子虽然获得了较高的能量，但还不足以从灯丝中逸出，而是在两个阳极的静电场作用下被强行从灯丝中发射出来，这也是为什么称为场发射电子枪的原因。在灯丝下面也存在一个栅极，其电压也比灯丝低，为一

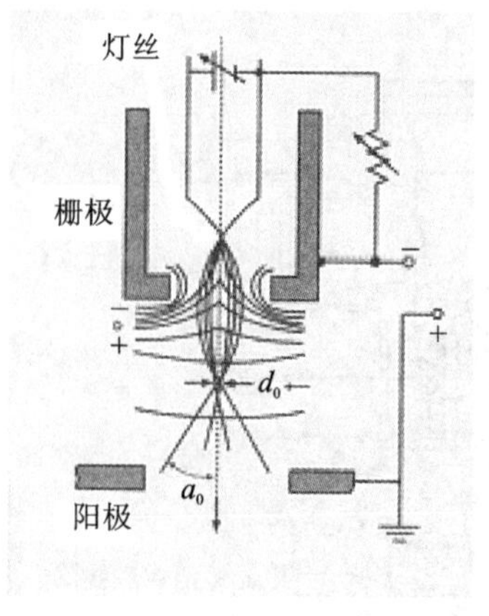

(a) 热阴极发射电子枪

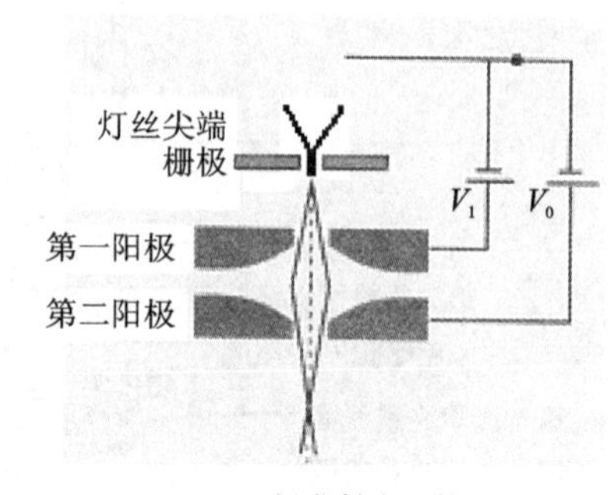

(b) 场发射电子枪

图 1.5.5 热阴极发射电子枪和场发射电子枪结构

300 V,作用与热阴极发射电子枪的栅极类似。通常情况下,第一阳极具有约为 3 kV 的正偏压,而第二阳极约为 7 kV。这两个阳极同时还组成了一个静电透镜,对从灯丝中发射出来的电子进行会聚,在第二阳极下方形成交叉点,即电子源。从电子枪发射出来的电子,必须经过后续的加速管进行加速。对于高压为 200 kV 的透射电镜,常采用 6 级加速管。透射电镜常采用两个聚光镜。第一聚光镜为强磁透镜,对通过的电子束进行强磁会聚,以缩小其后焦面上的光斑尺寸,改变透射电镜的束斑尺寸就是调节该透镜的电流密度。第二个聚光镜主要用来改变电子束的照明孔径角,获得近似平行的照明电子束,提高分辨率。电镜操作过程中改变照明孔径角就是改变该透镜的电流。在第二聚光镜的下方配置有可调的聚光镜光阑,主要用来进一步限制照明孔径角。聚光镜消像散线圈主要用来改变束斑的形状,获得近似圆形的束斑,调节聚光镜像散就是改变这些线圈的电流。电子枪和加速管套装在由绝缘材料制备的枪套里,在枪套与电子枪之间充满高压绝缘气体。以前均用氟利昂气体绝缘,为环保所需,现代电镜用 SF_6 气体绝缘。

(2) 成像与放大系统

成像与放大系统主要由样品室、物镜、中间镜、投影镜以及物镜光阑、选区光阑组成。其中,标准的物镜光阑应处在物镜的后焦面上,其主要作用是选择后续成像的电子光束,获得不同衬度的图像;而选区光阑则位于物镜的像平面上,其主要功能是根据图像选择研究者感兴趣的区域,实现选区电子衍射功能。通过物镜、中间镜、投影镜的不同组合获得不同的放大倍数。

在成像系统中,有透射电镜最为关键的部件,即物镜和极靴,这个部件决定了透射电镜的重要性能指标。物镜是一个强励磁、短焦距透镜,具有像差小的特点,主要有两个方面的作用:一是将来自试样不同地方、同相位的平行光会聚于其后焦面上,构成含有试样结构信息的衍射花样;二是将来自试样同一点、但沿不同方向传播的散射束会聚于其像平面上,构成与试样组织相对应的显微像。在现代分析电镜中,使用的物镜都由双物镜和辅助透镜构成,试样置于上下物镜之间。上物镜起强聚光作用,下物镜起成像、放大作用,辅助透镜是为了进一步改善磁场对称性而加入的。

中间镜的主要作用是:① 通过改变中间镜的电流或关闭某个中间镜,从而改变透射电镜的放大倍数;② 通过改变中间镜电流,从而改变中间镜物平面的位置,使电镜工作于衍射模式或成像模式。当中间镜的物平面与物镜后焦面重合时,将处于衍射模式,即把物镜后焦面上的衍射谱进行放大，在荧光屏上得到衍射谱；而当中间镜的物平面与物镜像平面重合时，电镜处于成像模式，把物镜像平面上的实像进行放大，在荧光屏上得到试样的形貌像。可见，电镜成像模式和衍射模式之间的切换，其本质就是改变了放大系统的励磁电流，使放大系统的物平面在物镜的像平面和后焦面之间进行切换。

(3) 观察和记录系统

观察和记录系统主要包括双目显微镜、观察室、荧光屏、照像室。老式电镜都使用照像底片记录图像，但目前透射电镜大多使用CCD相机代替底片，直接获得数字图像，不仅提高了电镜的效率，而且为透射电镜图像后续的数值化处理提供了方便。

4. 透射电镜合轴

所谓透射电镜合轴是指通过机械和电参数的调整，使电子光学系统的电子枪、各组透镜、荧光屏的中心线都在一个轴线上。机械合轴一般是由电镜厂家熟练的工程师在安装或维护时进行，一般的电镜工作者所进行的合轴是指改变电镜倾斜或平移线圈的电参数(调整可动光阑的位置除外)，使电镜电子光学系统各部分的光轴在物理上重合在一起。在使用电镜之前首先要检查电镜的工作状态是否正常，电子光学系统是否合轴良好。熟练掌握电镜的合轴程序，了解每一个合轴操作的内在意义，正确判断未合轴产生的现象以及有针对性地进行调整，是电镜工作人员必须掌握的基本技能。具体的合轴过程依设备型号不同略有差异，可参照设备的操作手册进行。

5. 透射电镜的功能

透射电镜系统是一个功能强大的分析平台，随着附件系统的不断涌现，其分析功能也得到了极大的拓展。对于初学者来说，掌握透射电镜如何获取形貌照片、衍射图谱、高分辨图像以及如何进行微区成分分析是必须掌握的基本技能。

【实验内容】

1. 对照透射电镜实物，了解各部件位置、功能和工作原理；
2. 熟悉亮度钮、聚焦钮、放大倍数(像室长度)钮等主要功能键的操作；
3. 掌握成像模式操作并拍摄照片；
4. 对材料的微区进行成分分析。

【实验条件】

1. 实验原料及耗材

高温合金透射电镜试样。

2. 实验设备

JEM-2100F透射电子显微镜。

【实验步骤】

本实验中关于设备的结构及工作原理，以教师讲解为主，学生可根据现场实物对照学习。设备开机、装拔试样、光路合轴等操作均由教师完成，学生仅进行下面的基本操作。

1. 样品移动操作。移动轨迹球，观察样品移动情况。
2. 旋转亮度钮，观察荧光屏显示的光斑变化。
3. 旋转放大倍数(像室长度)钮，观察荧光屏显示的图像变化及亮度变化。
4. 旋转聚焦钮，观察图像变化。
5. 束平移操作：

① 用亮度钮把光会聚成直径约为1 cm大小的光斑；

② 用 shift 钮把光斑平移到荧光屏中央。

6. 成像模式与衍射模式的切换：

① 利用轨迹球把样品中感兴趣的区域移到荧光屏中间；

② 旋转放大倍数钮，把放大倍数置于 3 万倍左右；

③ 利用聚焦钮聚焦，获得清晰的图像；

④ 在教师的帮助下，插入选区光阑；

⑤ 按下 SAD DIFF 钮，使设备工作于衍射模式；

⑥ 按下 MAG1 钮，使设备工作于成像模式；

⑦ 重复步骤④～⑥，完成设备衍射模式与成像模式的切换，注意观察荧光屏显示图像的变化。

7. 拍摄照片。在教师的指导下完成下列操作：

① 拍摄试样的显微形貌；

② 利用能谱仪对拍摄的区域进行成分分析。

【结果分析】

1. 掌握透射电镜的基本结构和工作原理；

2. 理解衍射模式和成像模式的本质；

3. 结合测试方法理论学习，解释透射电镜形貌照片衬度的来源。

【注意事项】

1. 本实验属于见习型实验，先由老师按本说明书的顺序进行讲解并演示，然后学生可在教师的指导下进行实验操作；

2. 注意人身安全和设备安全，未经老师允许，严禁私自操作设备；

3. 严格遵守实验室规章制度，不允许在实验室饮食、喧哗，保持实验室卫生和安静。

【思考题】

1. 透射电子显微镜电子光学系统由哪几部分组成？各组成部分的主要功能有哪些？

2. 从电镜的操作来看，衍射模式、成像模式的本质是什么？

3. 基础实验 1.1、1.3 分别涉及材料的成分分析和结构分析，透射电镜（含能谱仪）也可以对材料的组成和结构进行分析，试比较它们之间的异同点。

参考文献

[1] Hirsch P，howie A，Nicholson R B，et al. 薄晶体电子显微学. 刘安生，李永洪，译. 北京：科学出版社，1992.

[2] 黄孝瑛，侯耀永，李理. 电子衍衬分析原理与图谱. 济南：山东科学技术出版社，2000.

[3] 刘文西，黄孝瑛，陈玉如. 材料结构电子显微分析. 天津：天津大学出版社，1989.

[4] 黄蓉. 电子衍射物理教程. 北京：冶金工业出版社，2002.

[5] 魏全金. 材料电子显微分析. 北京：冶金工业出版社，1990.

[6] 陈世朴. 王永瑞. 金属电子显微分析. 北京：机械工业出版社，1992.

[7] 谷亦杰，宫声凯. 材料分析检测技术. 长沙：中南大学出版社，2009.

1.5.2 电子衍射谱的获取及标定

【实验目的】

1. 掌握利用透射电镜获取晶体菊池图的操作方法及其与电子衍射谱的对应关系；

2. 掌握衍射谱的拍摄方法和分析方法。

【实验原理】

1. 电子选区衍射谱的获取

所谓选区衍射就是选择感兴趣的区域进行电子衍射分析的方法。通过在物镜像平面上插入选区光阑限制参加成像和衍射的区域来实现。选择区域的大小由选区光阑孔径的大小决定,只有选区光阑孔径范围内的电子可通过光阑进入后续的放大系统到达观察屏。由于像和衍射花样均来自光阑孔限定的试样范围,因此可实现选区像的观察和选区电子衍射结构分析一一对应,特别适用于确定微小相的结构、取向、惯析面以及各种晶体缺陷分析。在电镜合轴良好的基础上,选区衍射的基本操作流程是:

① 把感兴趣的区域移动到荧光屏中央;

② 调节聚焦钮,直到试样在观察屏上的像清晰,拍照记录感兴趣区域的形貌;

③ 插入选区光阑套住感兴趣的区域,按下选区衍射钮获得选区衍射花样;

④ 调节衍射聚焦钮使透射斑最小、最圆,此时可获得清晰的选区衍射花样,并采用 CCD 或底片记录衍射花样。

2. 电子衍射谱的标定

图 1.5.6 示出了衍射谱形成过程的几何关系,其中 R 为衍射斑到透射斑之间的距离,g 为与厄瓦尔德反射球相交的倒易矢量,L 为像室长度,θ 为电子束的掠射角,则由该图的几何关系可知:

$$\tan 2\theta = R/L \tag{1.5.1}$$

$$\sin 2\theta = g/(1/\lambda) = g\lambda = \lambda/d \tag{1.5.2}$$

式中,d、λ 分别为晶面间距和电子波波长,单位均为 Å;L 和 R 的单位均为 mm。由于 θ 很小,则有

$$\tan 2\theta = \sin 2\theta/\cos 2\theta \approx \sin 2\theta \tag{1.5.3}$$

由上面三个等式,可得

$$L\lambda = Rd \tag{1.5.4}$$

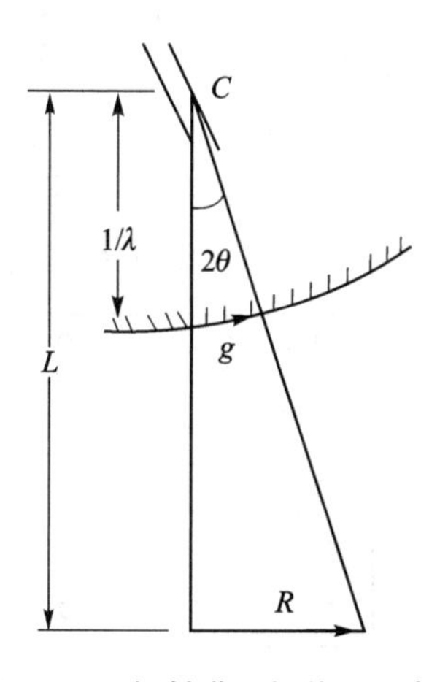

图 1.5.6　衍射谱几何关系示意图

下面用两个例子来说明如何标定电子衍射谱。

(1) 已知结构衍射谱的标定

例 1　图 1.5.7(a)为某面心立方结构材料沿某晶带轴的电子衍射谱示意图,已知 $L\lambda = 24.8$ mm Å,试标定该衍射谱并确定晶格常数和晶带轴。

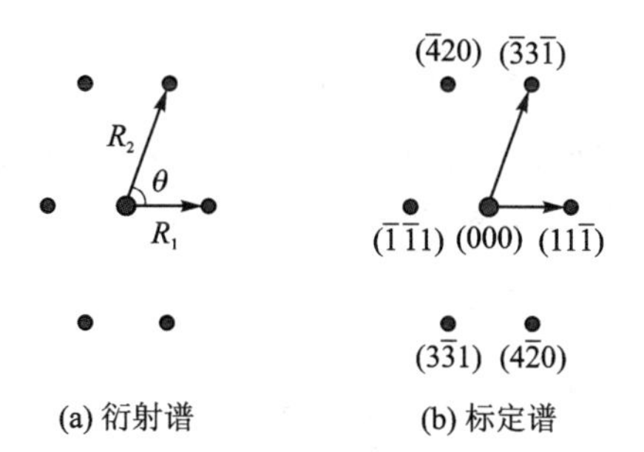

图 1.5.7　面心立方结构沿某晶带轴的衍射谱及其标定谱示意图

解:① 以透射斑为原点,以衍射斑为矢量端点,选取最短矢量 R_1 和次短矢量 R_2,使 R_1 和 R_2 之间的夹角 θ 不超过 90°。

② 测量 R_1 和 R_2 的长度以及夹角 θ 的大小,可得 $R_1=10.0$ mm,$R_2=25.2$ mm,$\theta=83°$。

③ 计算比值 $R=R_2/R_1=2.52$。

④ 根据计算的 R_2/R_1 比值和测量的夹角 θ 值,查面心立方衍射谱的几何特征表。这些表格在一般的透射电子显微学专著中均有罗列,表 1.5.1 列出了面心立方晶体衍射谱几何特征部分内容。从该表

可知相应的 $h_1k_1l_1$、$h_2k_2l_2$ 分别为$(11\bar{1})$、$(\bar{3}3\bar{1})$。把这两个指数标于衍射谱中，利用矢量加和原理以及衍射谱中心对称的特点，可以把其他斑点指数确定下来，如图 5.1.7(b)所示。

⑤ 查表可知该衍射谱对应的晶带轴为[123]，$d_1/a=0.577$。

⑥ 根据 $L\lambda=Rd$，可得 $d_1=2.48$ Å，所以 $a=d_1/0.577=2.48$ Å$/0.577=4.30$ Å。

表 1.5.1 面心立方晶体衍射谱几何特征

R_2/R_1	θ	d_1/a	$h_1k_1l_1$	$h_2k_2l_2$	$[uvw]$
2.517	82.39	0.577	$11\bar{1}$	$\bar{3}3\bar{1}$	123
2.525	90.00	0.354	$02\bar{2}$	$7\bar{1}\bar{1}$	277

(2) 未知结构衍射谱的标定

例 2 还以图 1.5.7 为例，图(a)为从电炉冶炼的钒钢脆断断口上萃取出来的薄片的电子衍射谱，试确定该相的结构。

例 2 与例 1 的不同之处是产生该衍射谱的相的结构未知，是需要通过分析确定的未知相。在这种情况下，需要查找简单立方结构、体心立方结构、面心立方结构、密排六方结构的电子衍射谱几何特征表，把满足条件的所有结构找出来，然后通过具体材料的组成进行排除。

解：①、②、③与例 1 的分析过程一样。

④ 根据计算的比值 R_2/R_1 和测量的夹角 θ 值查找简单立方结构、体心立方结构、面心立方结构、密排六方结构的电子衍射谱几何特征表，可得结果见表 1.5.2。

表 1.5.2 根据比值 R_2/R_1 和夹角 θ 查表所得的相关结构特征参数

晶体结构	R_2/R_1	θ	d/a	$h_1k_1l_1$	$h_2k_2l_2$	a/Å
简单立方	无	—	—	—	—	—
体心立方	2.49	85.4	0.316	$\bar{3}01$	$1\bar{6}5$	7.85
面心立方	2.52	82.4	0.577	$11\bar{1}$	$\bar{3}3\bar{1}$	4.30
密排六方	2.52	81.9	0.594	$01\bar{2}$	$\bar{3}0\bar{4}$	4.18

⑤ 由 $L\lambda=Rd$ 可得 $d=2.48$ Å，根据 d/a 值可计算出相应结构的晶格常数 a，见表 1.5.2 中最后一列。

⑥ 根据晶体结构和相应的晶格常数，查找可能的物质。对于体心立方和密排六方结构，没有相应的物质与之对应；而对于面心立方结构，可查找到如下物质与之对应：VN(4.28 Å)、FeO(4.31 Å)、TiC(4.32 Å)、SiC(4.35 Å)。

⑦ 考虑到该析出相来源于电炉冶炼的钒钢，因此可能含有元素 V(可以在做结构分析时，利用透射电镜附带的能谱仪对析出相的成分进行分析)，同时考虑电炉冶炼易于溶氮的特点，可以推断该析出相为 VN。结合 VN 析出相可以引起脆断的报导，可以得出结论，该析出相为具有面心立方结构的 VN。

⑧ 根据上面的分析标定衍射谱，如图 1.5.7(b)所示。

需要注意的是，如果研究对象是一个完全陌生的未知相，此时标定比较复杂，需要先确定未知相的晶体结构，相关操作可参阅相关专著。

(3) 标定方法总结

归纳起来，标定衍射谱的过程如下：

① 在衍射谱中测量透射斑到衍射斑的最小距离 R_1、次小距离 R_2 以及它们之间的夹角 θ；选择 R_1 和 R_2 时，要使它们之间的夹角 θ 不超过 90°。习惯上常选择透射斑作为原点，在测量 R_1 和 R_2 时，为了减小误差，常测量 R_1 或 R_2 方向上多个斑点之间的距离，然后取平均。

② 根据比值 R_2/R_1 和夹角 θ 查表。如标定已知结构某晶带轴的电子衍射谱，只需查找相应结构的电子衍射谱几何特征表，找出满足要求的特征值，即可对衍射谱进行标定，见例 1；如果标定未知结构的衍射谱，则按简单立方结构、体心立方结构、面心立方结构、密排六方结构逐个查找，核实这四种晶型存在的各种可能性，然后通过具体材料的组成进行排除，确定未知相的结构，见例 2。

③ 利用比值 $R = R_2/R_1$ 和夹角 θ 查找衍射谱几何特征表时，往往不能从表中得到完全吻合的 R 和 θ 值，这里涉及到一个吻合的公差标准。只要满足如下条件，即可认为是吻合的。

$$\Delta R/R \leqslant 0.04 \tag{1.5.5}$$

$$\Delta\theta \leqslant 2^\circ \tag{1.5.6}$$

【实验内容】

1. 获得晶体材料的菊池图；
2. 通过旋转试样，利用菊池图获得对称的衍射谱；
3. 拍摄衍射谱并进行标定。

【实验条件】

1. 实验原料及耗材

Al、Cu 透射电镜试样。

2. 实验设备

JEM－2100F 透射电子显微镜。

【操作步骤】

1. 菊池线的获取

① 把样品中感兴趣的区域移动到荧光屏中央，要求该区域不能太薄；

② 利用物镜聚焦钮把图像调清晰；

③ 用亮度钮把光汇聚成一小光斑；

④ 利用束平移钮把光斑平移到荧光屏中央；

⑤ 按下衍射模式钮，即可在荧光屏上观察到菊池图。

2. 菊池线在转谱中的应用

① 切换到像模式，散开光斑至观察屏 2/3 大小。

② 加入适当大小的选区光阑。

③ 切换到衍射模式。

④ 利用衍射聚焦钮把透射斑会聚到最小。观察所获得的衍射谱，注意衍射谱的对称性；在此过程中，可利用亮度钮散开电子束，降低斑点亮度，同时用衍射聚焦钮聚焦。

⑤ 如果衍射谱不对称，则切换到像模式并重新获得菊池图。

⑥ 利用样品旋转，使菊池极移动，直至透射斑中心。

⑦ 切换到像模式，散开光斑至观察屏 2/3 大小。

⑧ 加入第一级选区光阑。

⑨ 切换到衍射模式。

⑩ 如步骤④所示聚焦、散光，观察所获得的衍射谱，注意衍射谱的对称性并与第④步获得

的衍射谱进行比较。

3. 面心立方晶体某一晶带轴衍射谱的获取

① 利用菊池图把衍射谱转正,即使透射斑成为衍射谱的对称中心。

② 利用亮度钮把亮度调到最低;利用衍射聚焦钮把斑点汇聚到最小。

③ 利用 CCD 相机拍摄照片。

【结果分析】

1. 用三角板量出透射斑与其最近邻和次近邻的衍射斑之间的距离 R_1、R_2;

2. 用量角器量出 R_1、R_2 之间的夹角 θ;

3. 查表,标定衍射斑 R_1、R_2 的指数;

4. 根据 $L\lambda = Rd$,计算对应的面间距 d 和晶格常数 a。

【注意事项】

1. 透射电镜是贵重的大型精密仪器,任何操作都必须小心谨慎,初学者必须在老师的指导下进行操作;未经老师允许,不得私自操作设备。

2. 注意人身安全,透射电镜实验室有高压和液氮,务必小心危险。

3. 利用菊池图转正晶带轴的过程是一个逐渐逼近的过程,往往需要多次重复才能把晶带轴转正,获得中心对称的衍射谱;待操作熟练后也可以在衍射模式下直接倾转样品,特别是在接近转正带轴时的微调操作。

【思考题】

1. 衍射谱形成过程的物理本质是什么?如何利用布拉格公式或厄瓦尔德作图法来理解衍射谱的形成过程?

2. 什么是倒易点阵?试说明倒易点阵与电子衍射谱之间的关系。

参考文献

[1] Hirsch P, howie A, Nicholson R B, et al. 薄晶体电子显微学. 刘安生,李永洪,译. 北京:科学出版社,1992.

[2] 黄孝瑛,侯耀永,李理. 电子衍衬分析原理与图谱. 济南:山东科学技术出版社,2000.

[3] 刘文西,黄孝瑛,陈玉如. 材料结构电子显微分析. 天津:天津大学出版社,1989.

[4] 黄蓉. 电子衍射物理教程. 北京:冶金工业出版社,2002.

[5] 魏全金. 材料电子显微分析. 北京:冶金工业出版社,1990.

[6] 陈世朴,王永瑞. 金属电子显微分析. 北京:机械工业出版社,1992.

1.5.3 高分辨图像的获取及分析*

【实验目的】

1. 掌握高分辨图像的成像条件;

2. 掌握高分辨图像的拍摄方法和基本分析方法。

【实验原理】

高分辨透射电镜的成像原理不同于传统电镜的衍衬成像模式,是利用所谓的相位衬度来获得分辨率达原子尺度的成像技术。最新的电镜发展,利用球差校正技术已经把电镜的分辨

---

* 张灶利(乌尔姆大学),Advanced TEM techniques—potential application in material science,2007 年 9 月北航讲座 PPT。

本领推进到了亚埃尺度。

高分辨成像是多束干涉成像，根据不同的成像条件可以获得不同特征的图像。只要试样合适，成像条件合理，电镜状态良好，在现代电子显微镜上可以很容易得到材料的高分辨图像。但对于图像的解释却没有那么简单，多数情况下必须结合计算机模拟才能对图像进行准确的解析，特别是需要从高分辨图像中获得结构信息时，计算模拟显得更重要。高分辨图像一般可分为晶格像和结构像。所谓晶格像是指图像中反映了晶体周期性排列的特征，而结构像则在原子尺度上反映了晶胞内原子的排布特点，可以与理论计算和模拟结果吻合。一般来说，高分辨图像可分为一维图像和二维图像。

1. 一维晶格像

用物镜光阑选择后焦面上的两束波成像，由于两束波的干涉，得到一维方向上强度呈周期变化的条纹花样，这就是所谓的晶格条纹像。对于多晶试样，得到环状或排列混乱的电子衍射花样，只要有一束衍射波与透射波干涉，就能形成一维晶格像。图 1.5.8 是 Fe73.5CuNb3Si13.5B9 非晶合金经 550 ℃/1 h 热处理后析出的微晶的晶格条纹像。

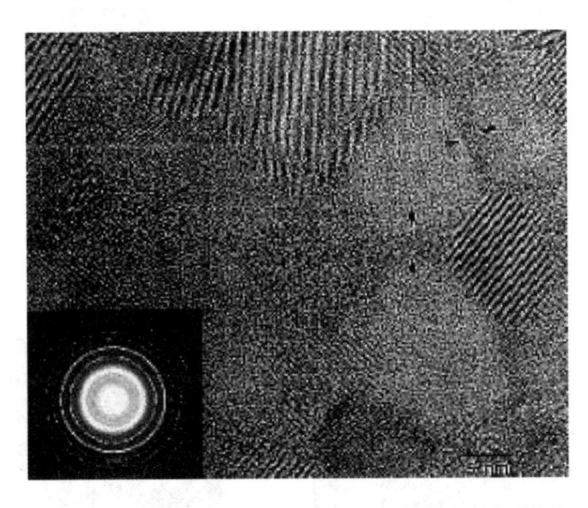

图 1.5.8　微晶的晶格条纹像及对应的电子衍射谱

2. 一维结构像

倾斜试样，使入射电子束严格平行于试样的某一晶面族入射，获得如图 1.5.9(b)所示的衍射花样。使用这种衍射花样，在最佳聚焦条件下成的像就是一维结构像。这种像含有晶体单胞内的一维结构信息。经过计算模拟对照，可知像的衬度与原子面排列的对应关系。这种技术可用于研究复杂多层结构的不同层之间的堆积状况。从倒易空间与正空间具有互易关系的性质出发，可知晶面族应与衍射斑点垂直。

3. 二维晶格像

转动样品，使入射电子束平行于试样中某个晶带轴，获得对称的电子衍射花样。如果利用物镜光阑，选择透射束附近的衍射束参与成像，则这种像能给出单胞尺度的周期性信息，但它不含有单胞内原子排列的信息，所以称为二维晶格像。晶格像是利用透射束附近的衍射束来成像，在比较厚(几十 nm)的区域也能得到晶格像，因此，这种像常用于研究晶格缺陷。

图 1.5.10 显示了 $SrTiO_3$ 晶体的二维晶格像及刃型位错像。图中的每一个点代表的是晶体的重复阵点位置，而不代表原子的排布，因此是一种二维晶格像。

由于二维晶格像只利用了有限的衍射波，所以，即使偏离 Scherzer 欠焦条件也能获得二

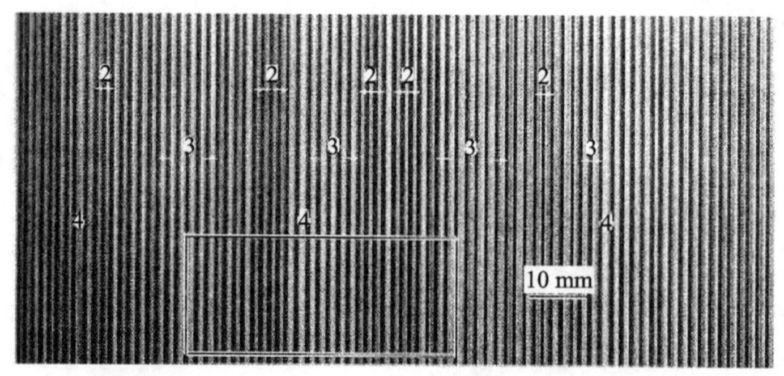

(a) Bi系超导氧化物一维结构像，明亮的细线对应于Cu-O层

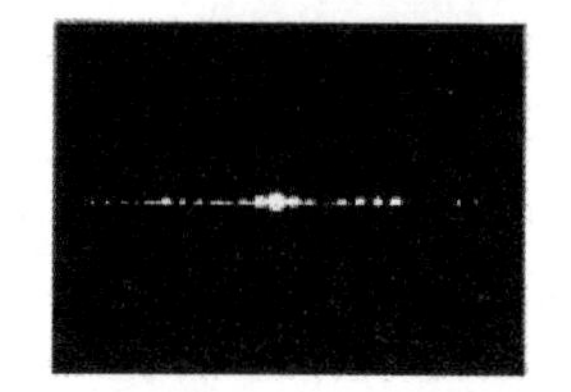

(b) 电子衍射花样

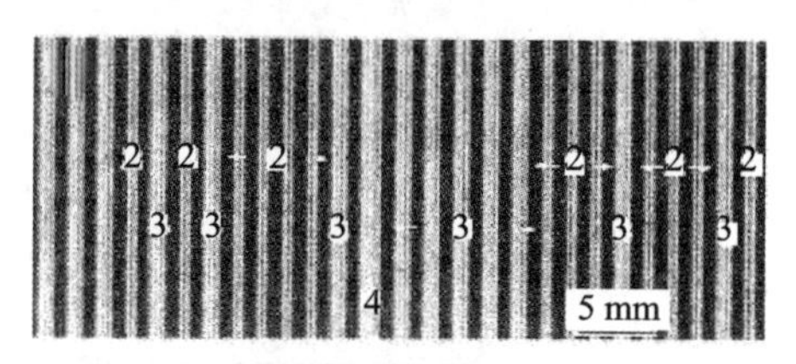

(c) 图(a)方框部分放大像

图 1.5.9　一维结构像及对应的电子衍射花样

维晶格像。由于透射束周围的衍射束对应的倒易矢量较短，相应的正空间周期结构单元的周期较大，因此，一般来说这种条件下获得的高分辨图像只能反映晶体周期性的结构特征，而不能反映晶体晶胞内原子尺度上的结构信息。这也是之所以把这种高分辨显微图像称为晶格像的原因。图 1.5.11 直接观察到了螺型位错表面露头的松弛效应。

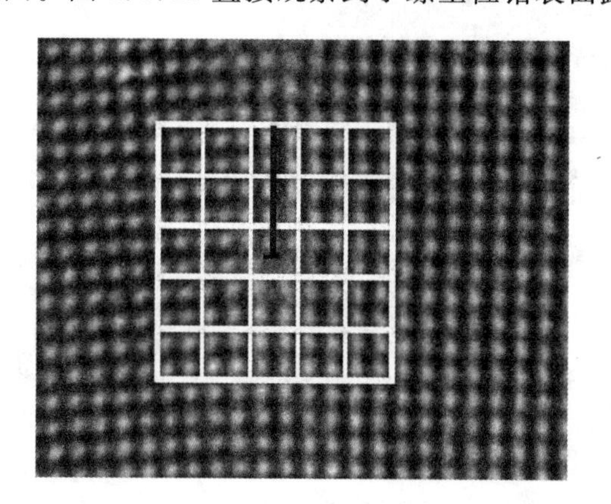

图 1.5.10　$SrTiO_3$ 晶体中二维晶格像及刃型位错像

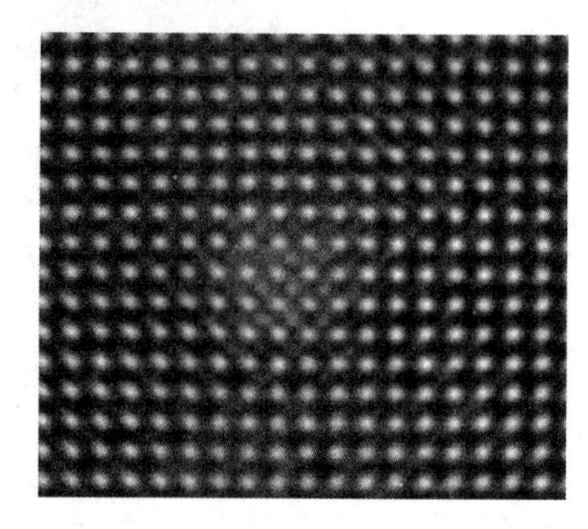

图 1.5.11　螺型位错表面露头的松弛效应

4. 二维结构像

如果使入射电子束严格平行于试样中某个晶带轴入射，在仪器分辨率允许的范围内让尽可能多的衍射束参与成像，则在 Scherzer 欠焦条件下就有可能得到含有单胞内原子排列信息的像，参与成像的衍射波越多，像中包含的信息越多。但当衍射波波数高于仪器分辨极限时，这些衍射波就不能参与结构成像，而只能成为结构像的背底。要直接得到二维结构像取决于很多实验条件，其中样品厚度、选择的晶带轴以及与晶带轴垂直晶面上的原子排布、电镜的点分辨率等是非常重要的影响因素。严格地讲，二维结构像应能正确反映晶体中各组成原子的排布情况，而不是阵点的周期分布。对于由单个原子组成阵点的简单晶体，在 Scherzer 欠焦

的情况下，可以认为图像中的一个黑点就是一个原子，但某一个原子究竟是排布在上一层晶面还是下一层晶面，需要通过计算机模拟计算加以验证。而对于复杂点阵，每个阵点可以代表若干个原子的集合，图像上的点究竟是代表周期性的阵点位置还是原子位置，也必须通过计算机模拟进行验证。当两个原子之间的投影距离小于电镜的点分辨极限时，获得的图像只可能是晶格像。

图 1.5.12 是利用 JEOL ARM1250 拍摄的 $SrTiO_3$ 沿不同晶带轴的结构像，可以清楚地看到 Sr、Ti、O 原子的分布。图 1.5.13 显示了 $SrTiO_3$ 晶体中的 Σ3 晶界高分辨形貌，通过对比模拟计算的结果可以在图中确定 Sr、Ti、O 原子的排布规律。

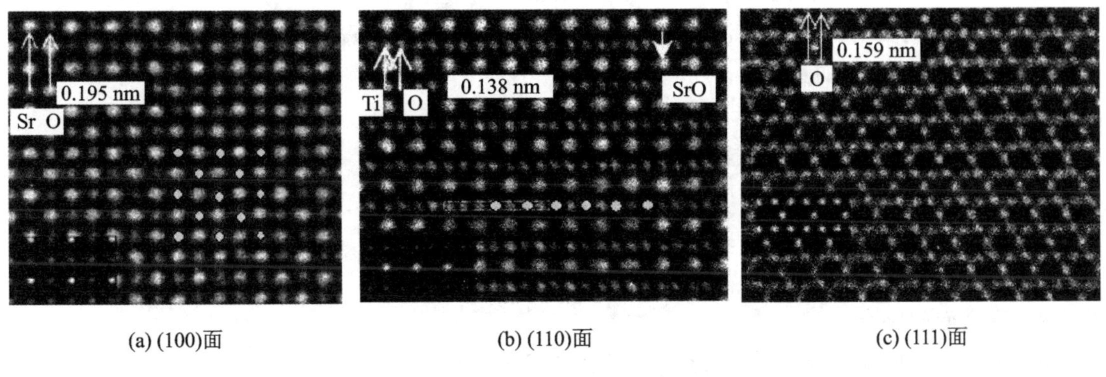

(a) (100)面　　(b) (110)面　　(c) (111)面

图 1.5.12　$SrTiO_3$ 结构像

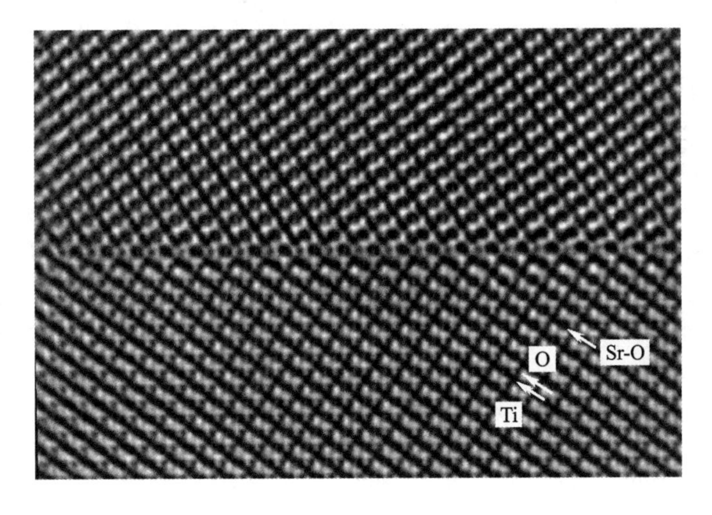

图 1.5.13　$SrTiO_3$ 中 Σ3(111)[110]晶界

【实验内容】

利用高分辨透射电镜拍摄高分辨图像并进行简单分析。

【实验条件】

1. 实验原料及耗材

单晶硅透射电镜试样。

2. 实验设备

JEM－2100F 高分辨透射电子显微镜。

【实验步骤】

1. 高分辨图像的获取

① 严格合轴、消像散；

② 选择样品薄区；

③ 选择合适的晶带轴，转正衍射谱；

④ 把放大倍数调到 400k 以上；

⑤ 调节聚焦钮，直到出现晶格像；

⑥ 细调聚焦钮，把晶格像调到最清楚为止；

⑦ 在最清楚位置左右调节聚焦钮，体会聚焦对像质量的影响。

注意：考虑到实验时间的限制，本实验①、②、③步由老师负责调节。

2. 高分辨图像的拍摄

① 开启 CCD；

② 按电镜右操作面板上的 F1，把荧光屏抬起；

③ 在计算机上按下拍照钮，即可获得图像。

【结果分析】

1. 选择图像中最清晰的位置，在某一方向上，利用直尺量取一定晶面距离。

2. 计算面间距。

3. 换另一方向重复上述过程，获得其他面间距数值。

4. 查阅 XRD 衍射卡，对比测量的数值，确定面指数。

【注意事项】

1. 由于高分辨图像对周围环境因素比较敏感，因此在调试和拍摄过程中，严禁说话和走动，务必保持实验室绝对安静。

2. 细心操作，注意设备安全。

3. 远离高压舱和液氮容器，注意人身安全。

【思考题】

1. 什么是衬度？透射电镜显微图像中有哪几种可能的衬度？其产生的原因是什么？

2. 查询相关资料和书籍，解释什么是相位衬度和 Scherzer 欠焦条件？晶格条纹像与结构像有什么区别？

参考文献

[1] Hirsch P, howie A, Nicholson R B. et al. 薄晶体电子显微学. 刘安生，李永洪，译. 北京：科学出版社，1992.

[2] 黄孝瑛，侯耀永，李理. 电子衍衬分析原理与图谱. 济南：山东科学技术出版社，2000.

[3] 刘文西，黄孝瑛，陈玉如. 材料结构电子显微分析. 天津：天津大学出版社，1989.

[4] 黄蓉. 电子衍射物理教程. 北京：冶金工业出版社，2002.

[5] 魏全金. 材料电子显微分析. 北京：冶金工业出版社，1990.

[6] 陈世朴，王永瑞. 金属电子显微分析. 北京：机械工业出版社，1992.

[7] 谷亦杰，宫声凯. 材料分析检测技术. 长沙：中南大学出版社，2009.

[8] Du K, Rau Y, Jin-Phillipp N Y, et al. Lattice distortion analysis directly from high resolution transmission electron microscopy images-the LADIA program package. J. Mater. Sci. Technol., 2002, 18: 135.

第二节　材料性能与表征技术

1.6　材料热性能分析

1.6.1　同步热分析

【实验目的】

1. 了解和掌握同步热分析仪工作原理及操作方法；
2. 掌握差示扫描量热曲线和热重曲线的分析方法；
3. 通过同步热分析实验分析五水硫酸铜的失水过程。

【实验原理】

各种材料在加热、保温和冷却过程中，都会发生物理和化学变化，同时产生一定的热效应，通过测量材料的热效应确定其组织转变的类型、转变温度和变化过程的分析检测技术，就是热分析技术。热分析作为一种表征化合物热性能的重要手段，被广泛应用于陶瓷、玻璃、金属/合金、矿物、催化剂、含能材料、塑胶高分子、涂料、医药、食品等材料分析或工业领域。

热分析法是根据材料在不同温度下发生的热量、质量、体积等物理参数变化与材料组织结构之间的关系，对材料进行分析研究的方法，主要包括差热分析法（Differential Thermal Analysis，DTA ）、差示扫描量热法（Differential Scanning Calorimetry，DSC）、热重分析法（Thermogravimetry，TG）和热膨胀分析法等。热膨胀分析法将在实验 1.6.2 中讲述，本实验主要介绍差热分析法、差示扫描量热法和热重分析法。

1. 差热分析法（DTA）

差热分析法是指在程序控温下，测量试样与参比物之间的温度差，获得温度差与温度（或时间）之间的关系的一种技术。用数学式表达为

$$\Delta T = T_s - T_r = f(T/t) \tag{1.6.1}$$

式中，T_s、T_r 分别代表试样和参比物的温度；T、t 分别代表程序温度、时间；f 为函数符号。

试样与参比物之间的温度差主要取决于试样的温度变化。若将热稳定性好的已知物质（即参比物）和试样一起放入一个加热系统中，并以程序控制对它们进行线性加热。如试样不发生吸热或放热变化且与程序温度间不存在温度滞后时，则试样和参比物的温度都与线性程序温度一致，即 $\Delta T = T_s - T_r = 0$，两者的温度线重合，在 ΔT 曲线上表现为一条水平基线。若试样发生放热变化，则由于热量不可能从试样瞬间导出，于是试样温度偏离线性升温线且向高温方向移动，而参比物的温度始终保持与程序温度一致，此时 $\Delta T = T_s - T_r > 0$，在 ΔT 曲线上表现为一个向上的放热峰。反之，在试样发生吸热变化时，由于试样不可能瞬间从环境吸收足够的热量，从而使试样温度低于程序温度，则 $\Delta T = T_s - T_r < 0$，在 ΔT 曲线上显现为一个向下的吸热峰。只有经历一个传热过程，试样才能恢复到与程序温度相同的温度。可见，一旦在某时刻 t 或某程控温度 T 时，试样发生了热效应，则此时试样的温度不再与程控温度或参比物温度一致。测量它们之间的温度差 ΔT，获得 ΔT 与 t 或 T 之间的关系曲线，即为 DTA 曲线，用来表示试样和参比物之间的温度差随时间或温度变化的关系。图 1.6.1 为典型的 DTA 曲线。

DTA 设备主要由以下几部分组成：① 样品支持器；② 程序控温炉；③ 记录器；④ 检测差热电偶产生的热电势的检测器和测量系统；⑤ 气氛控制系统。其原理示意图如图 1.6.2 所示。

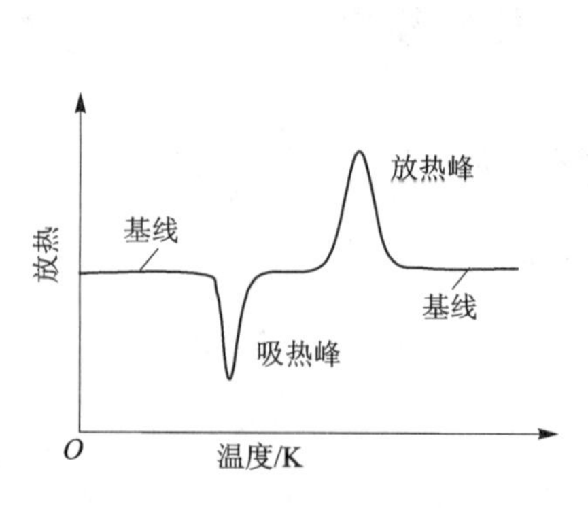

图 1.6.1 典型的 DTA 曲线

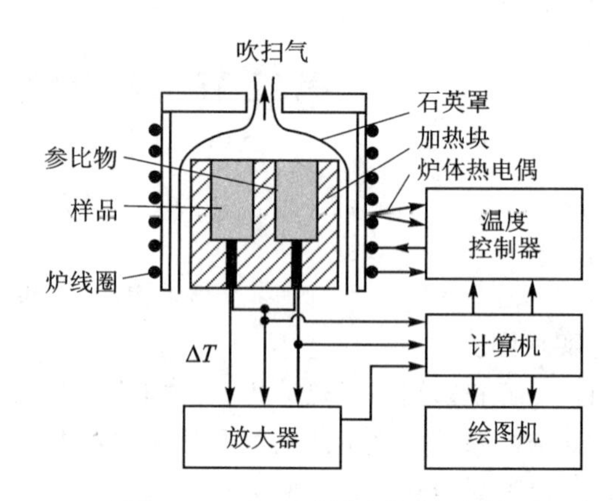

图 1.6.2 DTA 设备原理示意图

2. 差示扫描量热法(DSC)

在差热分析过程中,当试样产生热效应时,试样的实际温度已不是程序控制温度,试样的吸热或者放热使温度升高或降低,从而使试样热效应的定量测定出现困难。为获得较准确的热效应,需要采用差示扫描量热法来测定。根据测量方法的不同,可分为热流型差示扫描量热法和功率补偿型差示扫描量热法 。热流型 DSC 原理与 DTA 类似,基本过程是:将试样和参比样品以一定的速率加热或者冷却,记录试样和参比物之间的温差,换算成热量差 ΔQ,获得 ΔQ 对温度 T 或时间 t 的曲线。本实验着重介绍功率补偿型 DSC,其原理示意图如图 1.6.3 所示。功率补偿性 DSC 是在程序控温过程中,测量输入到试样和参比物的功率差与温度(或时间)之间关系的技术,用数学式表示为

$$\mathrm{d}H/\mathrm{d}t = f(T/t) \tag{1.6.2}$$

式中,$\mathrm{d}H/\mathrm{d}t$ 为单位时间内试样的热焓变化,又称热流率。试样在加热过程中发生的热量变化,由及时输入的电功进行补偿,所以只要记录电功率的大小,就可以知道吸收(或放出)了多少热量。功率补偿输出试样与参比物的差示功率 W 为

$$W = \mathrm{d}Q_s/\mathrm{d}t - \mathrm{d}Q_r/\mathrm{d}t = \mathrm{d}H/\mathrm{d}t = f(T/t) \tag{1.6.3}$$

式中,$\mathrm{d}Q_s/\mathrm{d}t$ 是单位时间内输送到试样的热量;$\mathrm{d}Q_r/\mathrm{d}t$ 是单位时间内输送到参比物的热量;$\mathrm{d}H/\mathrm{d}t$ 是单位时间内试样的热焓变化。记录差示功率 W 随温度 T 或时间 t 的变化情况,得到 $W-T$ 或 $W-t$ 曲线即为 DSC 曲线,图 1.6.4 显示了典型 DSC 曲线的特征。

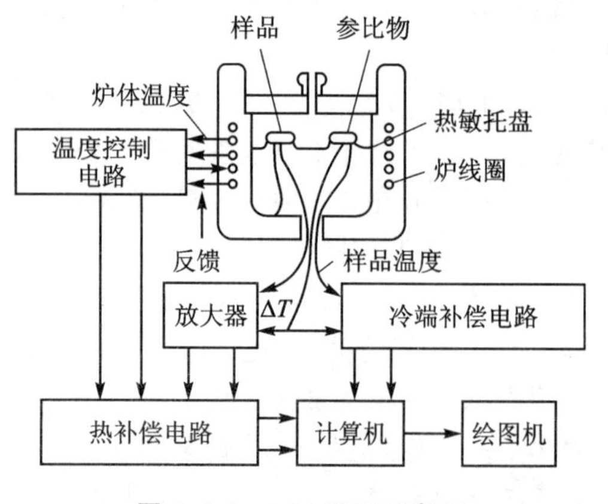

图 1.6.3 DSC 原理示意图

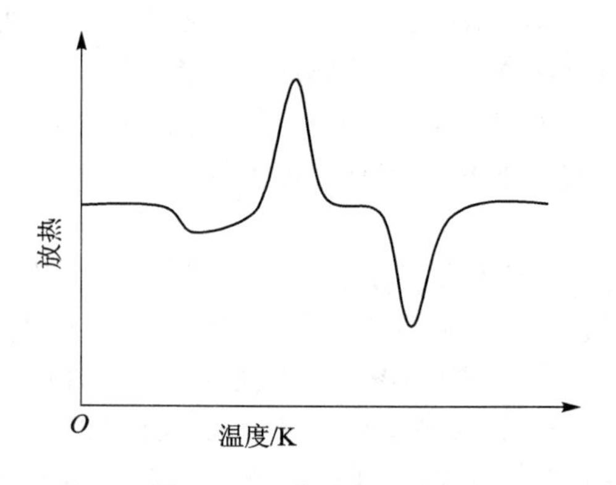

图 1.6.4 典型 DSC 曲线

在试样和参比物下方分别装有独立的加热元件和测温元件，并由两个系统进行监控。其中一个用于控制升温速率，另一个用于补偿试样和参比物之间的温差。无论试样是吸热还是放热，始终保持动态零位平衡状态，即 $\Delta T=0$。由此可知，DSC 测定的是维持试样和参比物处于相同温度所需要能量差 W，这是 DSC 和 DTA 最本质的不同。DSC 是测量材料热稳定性的重要方法，广泛应用于测量材料的玻璃化转变温度、熔融、结晶温度与热焓、结晶度、比热、相转变、纯度等。

3. 热重分析法（TG）

热重分析法是在程序控制温度下测量材料的质量与温度关系的一种分析技术。把加热过程中试样的质量作为温度或时间的函数，测试得到的曲线称为热重曲线，该技术常用来研究材料的热稳定性。在实际的材料分析中，热重分析法经常与其他分析方法联用进行综合热分析，以便全面准确分析材料的热性质。热重分析法可以研究物质状态的变化，如熔化、蒸发、升华和吸附等物理现象；也可以用来研究物质的热稳定性、分解过程、脱水、解离、氧化、还原、反应动力学等化学现象。热重法的重要特点是定量性强，能准确地测量物质的质量变化及变化速率，可以说，只要物质受热时发生重量变化，就可以用热重法来研究其变化过程。热重法已广泛应用于塑料、橡胶、涂料、药品、催化剂、无机材料、金属材料和复合材料等各领域的研究开发、工艺优化与质量监控。

4. 同步热分析法（STA）

STA（Simultaneous Thermal Analysis，STA）是将 TG 与 DTA 或 DSC 结合为一体的热分析技术，在同一次测量中利用同一样品可同步得到样品热重与差热信息。由于 STA 同时具有 DSC/DTA 和 TG 的功能，也就意味着通过一次测试，不仅可表征试样与热效应有关的物理变化和化学变化，还可同时观察到在程序控温过程中样品的质量随温度或时间的变化过程。

STA 具有如下显著优点：① 可消除称重、样品均匀性、升温速率一致性、气氛压力与流量差异等因素的影响，同种试样的 TG 与 DTA/DSC 曲线对应性更佳；② 根据某一热效应是否对应质量变化，有助于判别该热效应所对应的物理化学过程（如区分熔融峰、结晶峰、相变峰与分解峰、氧化峰等）；③ 实时跟踪样品质量随温度/时间的变化，可实时确定在反应温度点样品的实际质量，有利于反应热焓的准确计算。

图 1.6.5 所示为德国耐驰生产的 STA449F3 同步热分析仪构造示意图。

【实验内容】

确定合适的控温程序以及气氛条件，利用德国耐驰 STA449F3 同步热分析仪测试五水硫酸铜的 DSC－TG 曲线。

【实验条件】

1. 实验原料及耗材

五水硫酸铜、高纯氩气（99.999%）。

2. 实验设备

德国耐驰 STA449F3 同步热分析仪、十万分之一精度天平、氧化铝坩埚以及镊子、药匙等辅助工具。

【实验步骤】

1. 检查恒温水浴的水位（保持液面低于顶面 2 cm，建议使用去离子水或蒸馏水）；在实验前 1 h 打开恒温水浴箱和主机电源，预热 1 h。

2. 依次打开电源开关、显示器、计算机主机、仪器测量单元、控制器。

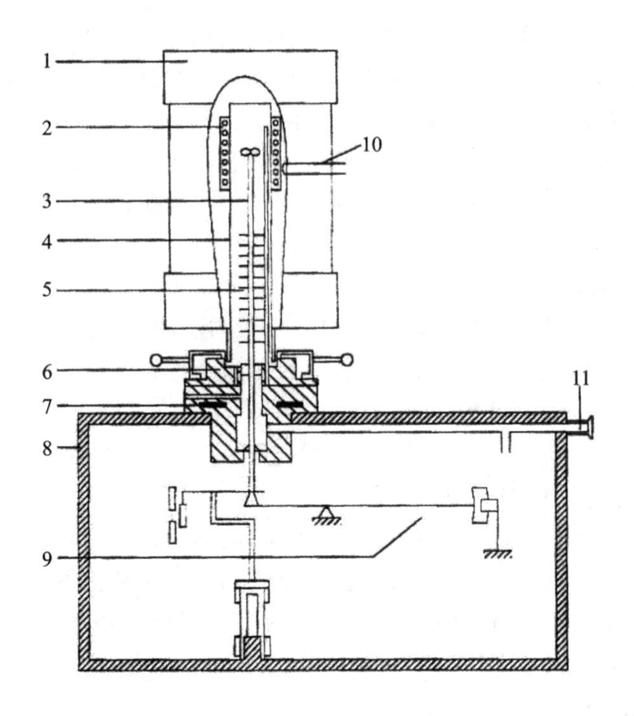

1—炉子；2—加热元件；3—样品支持器；4—保护管；5—防辐射片；6—连接头；
7—恒温控制；8—箱体；9—热天平；10—控制热电偶；11—接头(接抽真空系统)

图 1.6.5　STA449F3 同步热分析仪构造示意图

3. 确定实验用的气体(推荐使用惰性气体，如氩气、氮气)，调节低压输出压力为 0.05～0.1 MPa(不能大于 0.5 MPa)，在仪器测量单元上手动测试气路的通畅，并调节好相应的流量。

4. 在计算机上打开对应的 STA449 测量软件，待自检通过后，检查仪器设置。

5. 确认支架和坩埚的类型；打开炉盖，确认支架处于炉体中央不会碰壁时，将炉子升起。本实验选取氧化铝坩埚，将空坩埚作为参比坩埚放置在支架远离身体一侧。

6. 称取适量样品(5～15 mg 且以不超过 1/3 坩埚容积为好)放入样品坩埚，并记录样品质量，精确到 10^{-5} g。然后将样品坩埚放置在支架靠近身体一侧。

7. 关闭炉体。

8. 在测试软件中打开基线文件，选择“基线＋样品”的测量模式，填写好样品名称、质量、实验室、操作员、存储位置等信息；选择合适的温度和灵敏度校正文件，选择正确的气路配置；然后编辑程序控制温度文件以及气体流量。完善信息后单击“开始运行”按钮。

9. 程序正常结束后会自动存储，可打开分析软件包(或在测试中运行实时分析)对实验结果进行数据处理，处理完后可将数据和分析图另存在需要的路径下。

10. 待样品温度降至 100 ℃以下时打开炉盖，拿出样品坩埚，将炉子关闭。

11. 关机顺序依次为：关闭软件、退出操作系统，关闭计算机主机、显示器、仪器控制器、测量单元。

12. 关闭恒温水浴面板上的运行开关和上下两个电源开关；关闭气瓶的高压总阀，低压阀可以不关闭。

【结果分析】

1. 从 DSC 曲线判断五水硫酸铜的脱水过程，如分几步失水，分别是在什么温度下开始脱水的，给出最后一步脱水过程开始温度、终止温度、峰值温度以及所吸收的热量。

2. 从 TG 曲线判断脱水过程，如每一步分别失去多少重量，通过定量计算来说明失水过程。

3. 综合分析描述五水硫酸铜的脱水过程。

【注意事项】

1. 由于同步热分析仪的支架非常脆弱，取放坩埚时一定要小心，轻微的碰撞都可能导致支架损坏！

2. 务必等试样充分冷却后方可取样，以免烫伤。

【思考题】

1. 实验过程中存在哪些误差？

2. 升温速率对实验结果有何影响？

参考文献

[1] 左演声，陈文哲，梁伟. 材料现代分析方法. 北京：北京工业大学出版社，2005.
[2] 邹建新. 材料科学与工程实验指导教程. 成都：西南交通大学出版社，2010.
[3] 郭智兴. 材料成型及控制工程专业实验教程. 成都：四川大学出版社，2017.

1.6.2　热膨胀分析

【实验目的】

1. 了解机械式热膨胀仪的基本构造和工作原理；

2. 掌握用热膨胀仪测定材料线膨胀系数的方法；

3. 掌握通过线膨胀曲线确定材料相变温度、计算真膨胀系数和工程线膨胀系数的方法。

【实验原理】

1. 热膨胀分析

样品的体积或长度随温度升高而增大的现象称为热膨胀；温度升高 1 ℃而引起的样品的体积或长度的相对变化量叫做该物体的体膨胀系数或线膨胀系数。了解材料的热膨胀系数对材料的制备、加工及应用均具有重要意义，如复合材料基体与增强相、材料焊接接头以及陶瓷坯与釉料的热膨胀匹配问题等，都是在材料制备和使用过程中必须加以考虑的重要因素；另外，了解材料的热膨胀系数对材料研究也具有重要意义，如研究材料在加热或冷却过程中的相变问题，通过热膨胀曲线分析，可以测定相变点温度和相变动力学曲线。

(1) 相变点的测定

材料在加热或冷却过程中会发生膨胀或收缩。当没有发生相变时，由于材料的热膨胀系数随温度变化不显著，因此试样长度变化率 $\mathrm{d}L/L_0$（$\mathrm{d}L$ 为试样长度的变化量，L_0 为试样初始长度）随温度的变化曲线（即热膨胀曲线）接近于一条直线；当发生相变时，材料的晶格常数发生显著变化，导致其长度变化量出现拐点（峰），也即拐点位置对应于材料的相变点。通过热膨胀曲线确定材料相变点的过程如图 1.6.6 所示。在膨胀量-温度曲线上，沿相变前（后）的曲线段各做一条延长线，分别与相变过程曲线斜率变化最大点 D 的切线相交于点 A 和 B，则点 A、B 分别对应于相变开始温度点 T_A、相变终止温度点 T_B。

(2) 线膨胀系数的测定

金属在加热时体积（或长度）将增大，沿某一方向上的线长度变化量可用下式表示：

$$\Delta L = \alpha \cdot L_0 \cdot \Delta T \tag{1.6.4}$$

式中，ΔL 为试样长度变化量；α 为线膨胀系数；T 为温度变化量；L_0 为试样的初始长度。

事实上，即使材料不发生相变，其线膨胀系数 α 也是随温度变化而改变的物理量，因此，存在工程线膨胀系数与物理线膨胀系数之分。工程线膨胀系数是指某一温度范围内的线膨胀系数的平均值，如图 1.6.7 所示的 $\alpha_{AB}=(L_A-L_B)/L_0(T_A-T_B)$（即 AB 两点连线的斜率值）；而物理线膨胀系数则指某一温度点的线膨胀系数，如图 1.6.7 所示的 α_A（即 A 点的斜率值）。

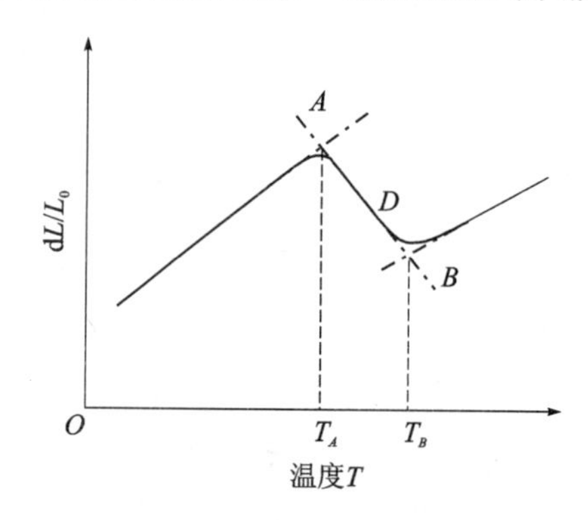

图 1.6.6　线性热膨胀曲线的相变温度确定方法示意图

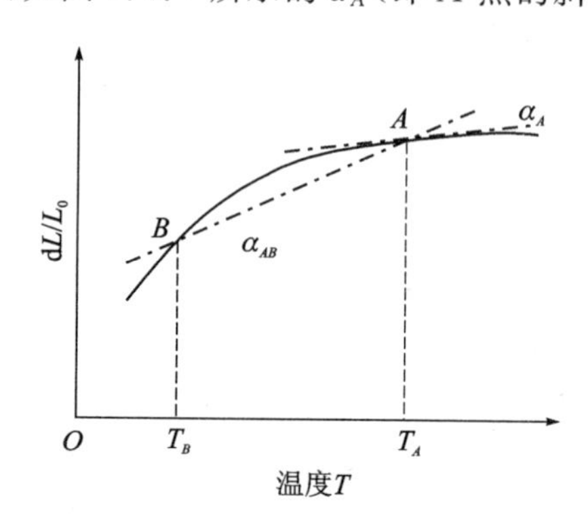

图 1.6.7　工程线膨胀系数与物理线膨胀系数的区别

2. 热膨胀仪的组成及工作原理

耐驰 DIL402C 热膨胀仪由高精度位移传感器、自控温电炉、小车、基座、电器控制箱五部分构成，其结构示意图如图 1.6.8 所示。本实验采用具有类似结构的国产北京恒久 HYP－1 型热膨胀仪。

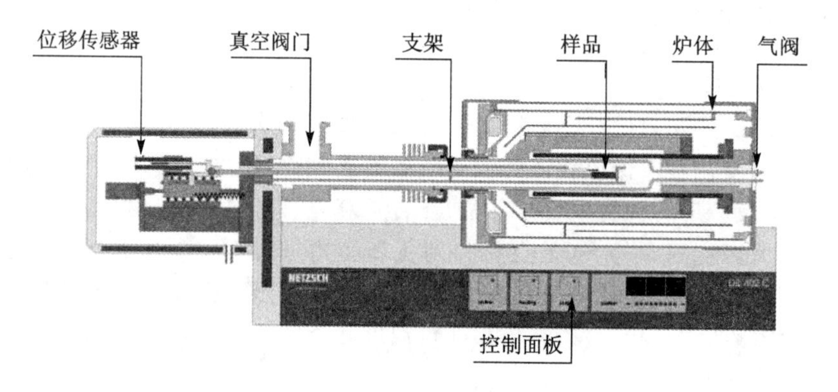

图 1.6.8　耐驰 DIL402C 设备结构示意图

测试过程中，试样管中的测试杆一端顶着试样，另一端连接位移传感器，而试样的另一端则顶在固定的试样管挡板上。电炉升温后，炉膛内的试样发生膨胀，样品一端固定，另一端因膨胀产生位移，从而将测试杆向外推动，顶在试样端部的刚性测试杆将该膨胀量传导至位移传感器测试端，数字位移传感器最终将其转换为数字信号发送至计算机自动记录。

为了消除系统热变形量对测试结果造成的影响，计算机分析软件增加了系统补偿值修正功能，该补偿值由标准样品文件经计算机自动计算标定，并保存于每次测试文件中。

采用硅钼棒作为发热元件，可以快速准确升温。试样装在试样管中固定不动，进出炉膛通过移动炉膛来实现，这样避免了移动样品造成的试样振动，提高实验精确度。电炉装在小车上，小车可以在基座导轨上平稳移动。电气部分采用带有多重保护装置的高性能配件，安全可靠。

【实验内容】

测试 45[#] 钢从室温到 900 ℃的热膨胀曲线，确定相变起始点、终止点、速率最大点，计算平均线膨胀系数。

【实验条件】

1. 实验原料及耗材

长度为 50 mm、材质为 45[#] 钢的柱状试样，一次性手套。

2. 实验设备

北京恒久 HYP－1 型热膨胀仪、游标卡尺、镊子。

【实验步骤*】

1. 用游标卡尺精确测量样品原长 3 次，计算并记录试样初始长度的平均值 L_0。

2. 打开膨胀仪炉体，露出样品支架。将已知长度的柱状样品放置在样品支架上，用刚玉顶杆固定。建议样品长度在 50 mm±2 mm，两端截面与试样长度方向垂直。

3. 旋紧顶杆调节旋钮，依照控制箱上的位移指示依次向外、向里调节，直到控制面板上螺旋测微器图标上显示符号"√"，位移值为 0%。特别要注意的是，调节过程中屏幕显示数据有滞后，每次旋转旋钮后需要等待几秒才能显示出当前的实际数据。

4. 关闭炉体，拧紧炉体锁紧旋钮。注意炉体需关闭严密，并且炉温低于 50 ℃。关闭炉体后，建议静止几分钟，等待炉体温度与样品温度平衡后，再通过计算机启动采集程序。

5. 单击温度控制箱液晶显示屏上的"设置升温参数"，在"目标温度 1"中设置实验所需最高温度 1 000 ℃，在此行依次按需设置升温速率(固定为 10 ℃/min)和保温时间(建议设为 10～20 min)，以确保仪器可以达到终止温度，而不是提前停止实验)，设置完毕，返回主界面。

6. 数据采集：打开膨胀仪分析软件界面，单击"开始采集"按钮，弹出"设置新升温参数"对话框。其中：

① 依次填写试样名称、试样长度(L_0)、操作员和试样序号等信息。

② 选择已经做好的标准样品的基线，即补偿值 Kt 文件(采集方式：放入标准刚玉样品，进行"采集 Kt 校正数据"操作，则勾选采集 Kt 值复选框；其余操作和样品测试完全一致，得到的测试文件即为 Kt 文件)。

③ 设置数据文件保存路径，并单击"确认"按钮，此时软件开始准备记录并提示等待下位机(即膨胀仪控制箱)启动。

④ 单击膨胀仪控制箱上的"启动升温"图标按钮，按照提示，单击"确认"按钮，即可开始升温，测试软件开始记录实验数据。

【结果分析】

1. 分析 45[#] 钢在升温过程中的相变过程，给出相变起始点、终止点和相变速率最大点的温度值。

2. 计算相变前和相变后 45[#] 钢的工程线膨胀系数。

【注意事项】

1. 炉体高温时请勿触碰炉体以免烫伤。

---

* 参考 HYP－1 型高温热膨胀仪操作说明。

2. 降温到 100 ℃以下方可打开炉体。

3. 实验过程中请勿触碰实验台和仪器以免造成强烈振动导致数据不可用。

【思考题】

1. $45^{\#}$ 钢在升温过程中的相变过程是什么？给出相变起始点、终止点和相变速率最大点的温度值。

2. 为什么相变前和相变后 $45^{\#}$ 钢的工程线膨胀系数存在差异？

3. 通过阅读资料描述出玻璃化转变和陶瓷烧结的大致膨胀曲线形态。

4. 实验过程中存在的误差有哪些？如何消除这些误差？

参考文献

[1] 田莳. 材料物理性能. 北京:北京航空航天大学出版社,2004.

[2] 马南钢. 材料物理性能综合实验. 北京:机械工业出版社,2010.

1.7 电子信息材料电性能及表征技术

【实验目的】

1. 认识电子信息材料主要物理参数的物理意义；

2. 掌握材料介电性、压电性参数的测试方法。

【实验原理】

1. 介电性测试原理

材料的介电性能是指在电场作用下,材料表现出对静电能的储蓄和损耗的性质,通常用材料的介电常数、介电强度、介电损耗等来表征。

(1) 介质损耗

在交变电场作用下,电介质内流过的电流与电解质两端的电压之间存在相位差,导致电介质会消耗一部分电能而发热,即存在无用功,也就是说电介质存在介电损耗。设电流与电压的相位差为 φ(称为功率因数角),其余角为 δ(称为介损角),如图 1.7.1 所示,$\tan\delta$ 定义为电介质损耗因数,即

$$\tan\delta=\frac{I_R}{I_C}=\frac{1}{\omega CR} \tag{1.7.1}$$

式中,ω 为交变电场的角频率;R 为损耗电阻,C 为介质电容。

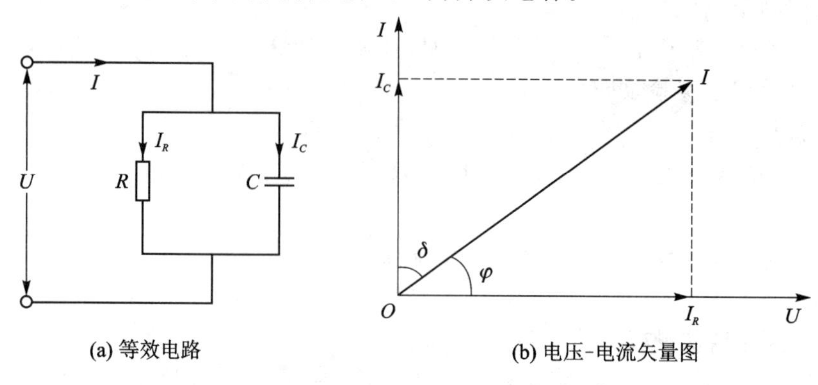

图 1.7.1 交流电路中电压-电流矢量图(有损耗时)

(2) 机械品质因数

机械品质因数是描述压电陶瓷在机械振动时，材料内部能量消耗程度的一个参数，它也是衡量压电陶瓷材料性能的一个重要参数。产生能量损耗的原因在于材料的内部摩擦，机械品质因数越大，能量的损耗越小。机械品质因数 Q_m 的定义为

$$Q_m = \frac{\text{谐振时振子储存的机械能}}{\text{谐振时振子每周损失的机械能}} \times 2\pi \tag{1.7.2}$$

机械品质因数可根据等效电路计算而得，对于串联电容等效电路，有

$$Q_m = \frac{1}{\omega_S R_1 C_1} = \frac{\omega_S L_1}{R_1} = \frac{1}{\tan \delta} \tag{1.7.3}$$

式中，R_1 为等效电阻，Ω；ω_S 为串联谐振角频率，Hz；C_1 为振子谐振时的等效电容，F；L_1 为振子谐振时的等效电感，H；δ 为介损角。

不同压电器件对压电陶瓷材料的 Q_m 值要求不同，在大多数场合下，压电陶瓷器件要求压电陶瓷的 Q_m 值要高。

(3) 介电常数

压电材料的介电常数是通过测量样品的电容量，经过计算求得的。根据我国国家标准，介电常数分为介电常数(电容率)和相对介电常数(相对电容率)，单位分别是 F/m 和 1(无量纲)。电容量 C 和介电常数 ε 有如下关系：

$$C = \varepsilon A/t \quad \text{或} \quad \varepsilon = Ct/A \tag{1.7.4}$$

式中，C 为被测样品在频率为 1 kHz 时的电容量，F；A 为样品的有效面积，m^2；t 为样品厚度，m；ε 为样品介电常数，F/m。

介电材料的介电常数通常采用相对介电常数 ε_r 来表示，即

$$\varepsilon_r = \frac{\varepsilon}{\varepsilon_0} \tag{1.7.5}$$

式中，ε 为介电常数；ε_0 为真空介电常数，$\varepsilon_0 = 8.85 \times 10^{-12}$ F/m。故材料的相对介电常数计算公式如下：

$$\varepsilon_r = \frac{Ct}{\varepsilon_0 A} \tag{1.7.6}$$

可见，由于 t、A 由试样形状决定，ε_0 为常数，因此，对于形状确定的试样，只需测试出电容量 C 即可通过式(1.7.6)计算出电介质的相对介电常数 ε_r。

测量电容量的方法有很多，包括谐振法、差拍法、分压法、Q 表法、电桥法等。一般采用电桥法进行测量，电桥可分为串联电桥和并联电桥，分别适用于测量低损耗电容和高损耗电容。

(4) 串联电容比较电桥(测低损耗电容)

图 1.7.2 为串联电容比较电桥示意图。其中 C_4 为损耗可忽略的标准电容，R_2、R_3、R_4 为无感电阻，D 为毫伏表或示波器等交流平衡指示器，则此电桥的平衡条件为

$$\left(R_x - \mathrm{j}\frac{1}{\omega C_x}\right) R_3 = \left(R_4 - \mathrm{j}\frac{1}{\omega C_4}\right) R_2 \tag{1.7.7}$$

令实部、虚部分别相等，可得

$$C_x = \frac{R_3}{R_2} C_4, \quad R_x = \frac{R_4}{R_3} R_2 \tag{1.7.8}$$

损耗因数为

$$\tan \delta = \omega R_x C_x = \omega R_4 C_4 \tag{1.7.9}$$

测试中，C_4、R_4 为可调参数，R_2、R_3 为固定值。调节 C_4、R_4 使交流平衡指示器 D 的示数为零，即使电桥达到平衡，通过式(1.7.8)即可计算出被测对象的电容 C_x 和等效电阻 R_x；通过式(1.7.9)即可计算出电介质的损耗因数，从而计算出品质因数 Q_m。

(5) 并联电容比较电桥(测高损耗电容)

图 1.7.3 为并联电容比较电桥示意图，与串联电容比较电桥类似。其中，C_4 为标准电容，R_2、R_3 和 R_4 为无感电阻，则此电桥的平衡条件为

$$C_x = \frac{R_3}{R_2}C_4, \quad R_x = \frac{R_4}{R_3}R_2 \tag{1.7.10}$$

损耗因数为

$$\tan\delta = \frac{1}{\omega R_x C_x} = \frac{1}{\omega R_4 C_4} \tag{1.7.11}$$

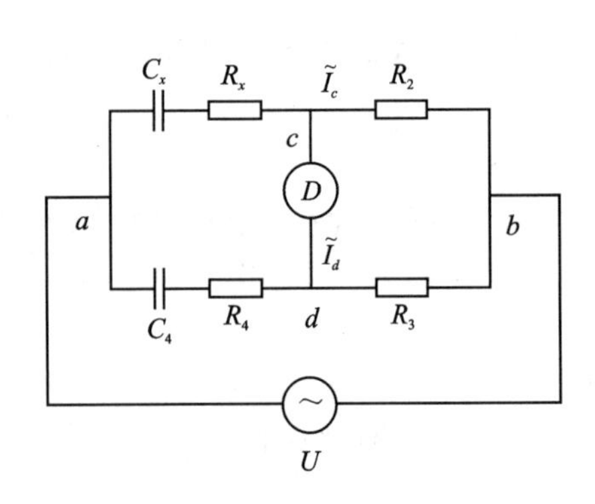

图 1.7.2　串联电容比较电桥

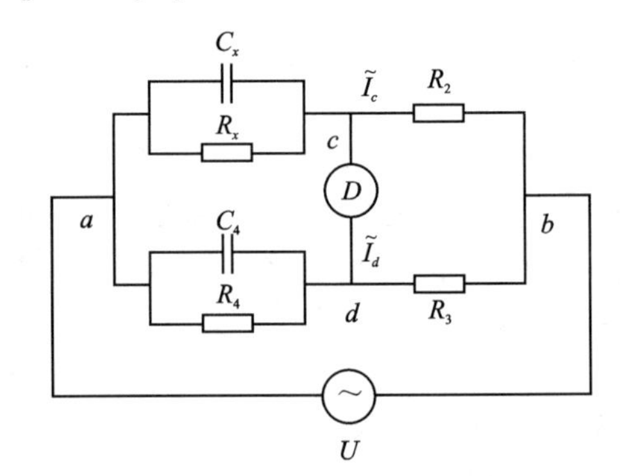

图 1.7.3　并联电容比较电桥

同样道理，电桥达到平衡，通过式(1.7.10)即可计算出电介质的电容 C_x 和等效电阻 R_x，通过式(1.7.11)即可计算出电介质的损耗因数，从而计算出品质因数 Q_m。

2. 压电性测试原理

(1) 压电效应

压电材料(piezoelectric material)顾名思义就是在受到压力作用下会在两端面间出现电压的晶体材料。1880 年法国物理学家 P•居里和 J•居里兄弟发现，把重物放在石英晶体上，晶体某些表面会产生电荷，电荷量与压力成比例，这一现象被称为压电效应。

当沿某些物质的特定方向施加压力或拉力发生形变时，其内部会产生极化现象，在其外表面产生极性相反的电荷；当外力拆掉后，又恢复到不带电的状态；当作用力方向反向时，电荷极性也相反；电荷量与外力大小成正比，这种现象叫正压电效应，如图 1.7.4 所示。反之，当对某些物质在极化方向上施加一定电场时，材料将产生机械形变，当外电场撤销时，形变也消失，这种现象叫逆压电效应，也叫电致伸缩。压电效应的可逆性如图 1.7.5 所示。利用这一特性可实现机一电能量的相互转换。

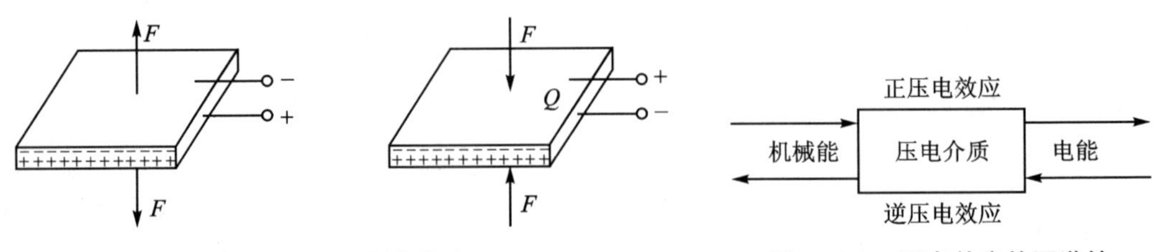

图 1.7.4　正压电效应　　图 1.7.5　压电效应的可逆性

压电陶瓷是一种经过极化处理后的人工多晶铁电体，具有类似铁磁材料磁畴的电畴结构，每个晶粒形成一个电畴。这种自发极化的电畴在极化处理之前，单个晶粒内的电畴按任意方向排列，自发极化的作用相互抵消，陶瓷的极化强度为零，因此，原始的压电陶瓷呈现各向同性而不具有压电性。为使其具有压电性，就必须在一定温度下做极化处理。

所谓极化处理，是指在一定温度下以强直流电场迫使电畴自发极化方向旋转到与外加电场方向一致，此时压电陶瓷具有一定的极化强度，再使温度降低且撤去电场，此时电畴方向基本保持不变，剩余很强的极化电场，从而使材料呈现压电性，即陶瓷片的两端出现束缚电荷，一端为正，另一端为负，如图 1.7.6 所示。由于束缚电荷的作用，在陶瓷片的极化两端很快吸附一层来自外界的自由电荷，这时束缚电荷与自由电荷数值相等，极性相反，故此陶瓷片对外不呈现极性，如图 1.7.7 所示。

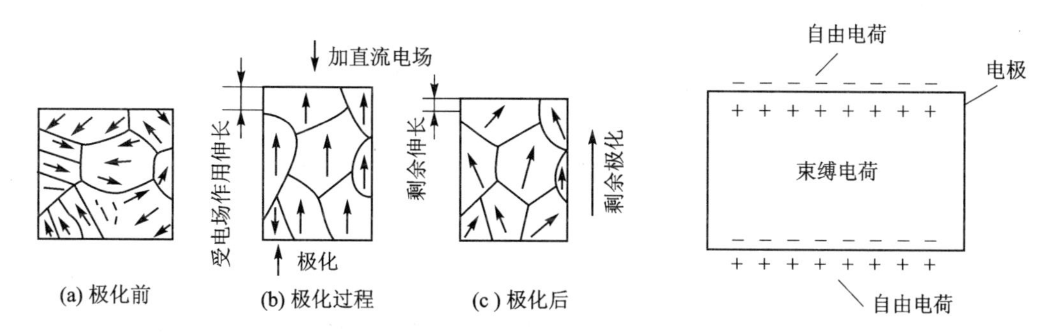

图 1.7.6　陶瓷极化过程示意图　　图 1.7.7　束缚电荷与自由电荷排列示意图

如果在压电陶瓷片上加一个与极化方向平行的外力，陶瓷片产生压缩变形，片内的束缚电荷之间距离变小，电畴发生偏转，极化强度变小，因此吸附在其表面的自由电荷，有一部分被释放而呈现放电现象。当撤销压力时，陶瓷片恢复原状，极化强度增大，因此又吸附一部分自由电荷而出现充电现象。这种因受力而产生的机械效应转变为电效应，将机械能转变为电能，就是压电陶瓷的正压电效应。放电电荷 Q 的多少与外力成正比例关系，即

$$Q = d_{33} F \tag{1.7.12}$$

式中，d_{33} 是压电陶瓷的压电系数，F 为作用力。

(2) 压电陶瓷的主要参数

压电陶瓷材料（也即铁电陶瓷，极化后属于 6 mm 点群）的物理参数一般是指介电常数、弹性常数、压电常数、机电耦合系数和机械品质因数等。前三者是独立的物理量，后者是它们的函数。只有很少一部分压电材料的物理常数和电性能常数能直接测量出来，而绝大部分的性能参数是通过间接计算得到的。

1) 压电常数

压电陶瓷具有压电性，即在其外部施加应力时能产生额外电荷，产生的电荷与施加的应力成比例，对于压力和张力来说，其符号是相反的，电位移 D（单位面积的电荷）和应力 σ 的关系表达式为

$$D = \frac{Q}{A} = d\sigma \tag{1.7.13}$$

式中，Q 为产生的电荷，C；A 为电极的面积，m^2；d 为压电应变常数，C/N。

在逆压电效应中，施加电场 E 时将成比例地产生应变 S，所产生的应变 S 是膨胀还是收

缩，取决于样品的极化方向，可表示为

$$S=dE \tag{1.7.14}$$

式(1.7.13)和式(1.7.14)中的压电应变常数 d 在数值上是相同的，则有

$$d=\frac{D}{\sigma}=\frac{S}{E} \tag{1.7.15}$$

另一个常用的压电常数是压电电压常数 g，它表示应力与所产生的电场的关系，或应变与所引起的电位移的关系。常数 g 与 d 之间有如下关系：

$$g=\frac{d}{\varepsilon} \tag{1.7.16}$$

式中，ε 为介电系数。在声波测井仪器中，压电换能器希望具有较高的压电应变常数和压电电压常数，以便能发射较大能量的声波并且具有较高的接受灵敏度。

2) 机电耦合系数

当用机械加压或者充电的方法把能量施加到压电材料上时，由于压电效应和逆压电效应，机械能(或电能)中的一部分要转换成电能(或机械能)，这种转换的强弱用机电耦合系数 k 来表示，它是一个无量纲的量，综合反映压电材料的性能，表示压电材料的机械能和电能的耦合效应。机电耦合系数的定义为

$$k^2=\frac{\text{电能转变为机械能}}{\text{输入电能}} \quad \text{或者} \quad k^2=\frac{\text{机械能转变为电能}}{\text{输入机械能}} \tag{1.7.17}$$

机电耦合系数不仅与材料参数有关，还与具体压电材料的工作方式有关。对于压电陶瓷来说，它的大小还与极化程度相关。它只是反映机、电两类能量通过压电效应耦合的强弱，并不代表两类能量之间的转换效率。压电材料的耦合系数在不同的场合有不同的要求，当制作换能器时，希望机电耦合系数越大越好。

(3) 准静态法测量压电系数 d_{33} 的基本原理

压电常数是压电陶瓷材料最重要的物理参数，它取决于不同的力学和电学边界约束条件。压电常数有四种不同的表达方式，其中使用最广泛的是压电常数 d_{ij}，其中第一个下角标 i 表示晶体的极化方向，即产生电荷的表面垂直于 X、Y、Z 轴时，分别记为 $i=1$、2、3；第二个下角标 $j=1$、2、3、4、5、6，分别表示沿 X、Y、Z 轴方向作用的正应力和垂直于 X、Y、Z 轴平面内作用的剪切力。可见 d_{ij} 共有 18 个分量。对于压电陶瓷，18 个压电常数分量中只有 5 个非零分量，而且只有 3 个分量是独立的，即 $d_{31}(=d_{32})$、d_{33} 和 $d_{15}(=d_{24})$。压电陶瓷的压电常数除与材料本身的性质有关外通常还与压电陶瓷进行极化处理的条件有关。

设样品静态电容为 C，充有电荷 Q，电压为 U，根据式(1.7.12)，可得

$$d_{33}=Q/F=CU/F \tag{1.7.18}$$

d_{33} 的测量原理是将一个低频(几赫兹到几百赫兹)振动的压力同时施加到待测压电样品和已知压电系数的标准样品上，将两个样品的压电电荷分别收集并作比较。经过电路处理，待测样品的 d_{33} 值可直接由数字管显示出来，同时表示出样品的极性。

标准的含义是指样品的形状和尺寸以及极化取向要尽量满足理论要求，然后在适当的端面被上电极，以便通电进行激发。对于极化后的铁电陶瓷材料，有图 1.7.8 所示的三种典型标准样品。图(a)所示的圆片试样，直径 ϕ 与厚度 t 之比应满足 $\phi/t \geqslant 10$；图(b)所示的长条试样，长 l、宽 W、厚度 t 应满足 $(l/W)^2 \geqslant 10$；$(W/t)^2 \geqslant 10$；图(c)所示的圆棒试样，长 l 与直径 ϕ 之比应满足 $1/\phi \geqslant 2$。

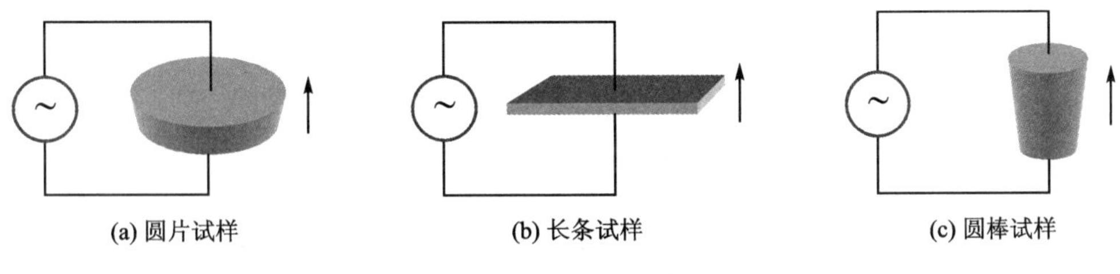

(a) 圆片试样 (b) 长条试样 (c) 圆棒试样

图 1.7.8 标准试样

【实验内容】

1. 介质材料的损耗频率曲线测试和介电频率谱的测试；

2. 准静态法压电系数 d_{33} 的测试。

【实验条件】

1. 实验原料及耗材

PZT 压电陶瓷片、微波介质陶瓷片。

2. 实验设备

TH2818 阻抗分析仪、ZJ－3A 型准静态 d_{33} 测试仪、HP4294 阻抗分析仪、HP4291B 阻抗分析仪、HP8722ET 网络分析仪。

【实验步骤】

1. 介质材料的损耗频率曲线和介电频率谱的测试

① 打开 HP4294 或 HP4291B 型阻抗分析仪电源，先进行系统补偿，可依次进行 open、short、load 和 low－short 补偿，保存补偿数据到内存中；将夹具 HP16453A 接到测试台上进行夹具补偿。

② 激活活动通道。设置激励：先设置扫描频率，再设置 OSC 电平。

③ 设置每个通道的测试参数，输入样品厚度。

④ 设置显示模式：平面坐标、极坐标、复平面坐标、史密斯圆等。

⑤ 若显示器上显示的太小，则可以用 Auto Scale 来自动调节。

⑥ 打开 Marker 功能。

⑦ 保存数据到磁盘，可拷贝数据或图形。

⑧ 取下样品，卸下夹具，关掉电源。

2. 准静态法压电系数的测试

① 按下 ZJ－3A 型 d_{33} 准静态测试仪的电源开关，接通电源。

② 标准振动应力的选择：在用 ZJ－3A 型 d_{33} 准静态测试仪测定压电振子的压电应变系数时，有两种标准振动应力可供选择。

③ 将应力选择“×1”挡，表示标准振动应力为 250 N，对应的压电应变系数的范围为 $|d_{33}|>100$ PC/N。

④ 若将应力选择“×0.1”挡，表示标准振动应力为 25.0 N，对应的压电应变系数的范围为 $|d_{33}|<100$ PC/N 。测量时，根据压电振子压电应变系数所在的范围，选择合适的标准振动应力。

⑤ 仪器校核

- 将“力—测量”转换开关置于“力”挡，调节应力旋钮，使液晶显示屏上的数字为“250”或“25.0”；将“力—测量”转换开关置于“测量”挡，调节校准旋钮，使液晶显示屏上的读数为“000”或“00.0”。

- 将“力—测量”转换开关置于“力”挡，将PE标准试样置于测量夹具上，调节应力旋钮，使液晶显示屏上的数字为“250”或“25.0；将“力—测量”转换开关置于“测量”挡，此时液晶显示屏上的读数应该为“000”或“00.0”，若读数不为零，则调节校准旋钮，使读数为零。
- 将“力—测量”转换开关置于“力”挡，同时将应力选择“×1”挡，然后将标准的PZT压电陶瓷试样置于夹具上，调节应力旋钮，使液晶显示屏上的数字为“250”，然后将“力—测量”转换开关置于“测量”挡，此时，液晶显示屏上的读数应该为“300”左右；若读数相差太大，则仪器有可能失效，需要进一步查明原因及检修。

⑥ 压电应变系数的测定：

- 仪器校准后，将标准振动应力打开到所需的应力挡；
- 将“力—测量”转换开关置于“力”挡，将待测样品置于夹具上，调节应力旋钮，使液晶显示屏上的数字为“250”或“25.0”；
- 将“力—测量”转换开关置于“测量”挡，此时液晶显示屏上的读数即为压电振子在这一点上的压电应变系数 d_{33}；
- 重复步骤②、③，测定压电振子其他点上的压电应变系数 d_{33}；
- 取各点 d_{33} 平均值作为压电振子压电应变系数；
- 测定其他压电振子的压电应变系数时，只需要重复上面的②～⑤步骤即可。

【数据处理】

1. 分析并绘制介质材料的损耗频率曲线。
2. 分析并绘制介质材料的介电频率谱。
3. 分析并绘制介质材料的压电系数 d_{33} 曲线。

【注意事项】

1. 压电振子的压电系数有“＋”和“－”符号之分。若测量时，只需要知道压电系数的绝对值，则符号的“＋”和“－”都不影响测试。但有些时候，符号的“＋”和“－”非常重要，这时，应该分清压电系数符号与极化方向的关系。为了不至于混淆，建议在测定压电系数时，沿极化方向，使压电振子极化时的正极向上将振子置于夹具上进行测量。

2. 遵守实验室管理规定，严格按设备操作流程使用设备。

3. 严禁在实验室饮食。

【思考题】

1. 压电材料对损耗的要求是什么？
2. 频率对损耗的影响曲线可以说明什么问题？
3. 不同应用领域，压电材料对介电常数的要求是什么？
4. 介电频率曲线可以说明什么问题？
5. 简述静态法与动态法测试的差别。
6. 压电系数的物理意义是什么？

参考文献

[1] 田莳. 材料物理性能. 北京：北京航空航天大学出版社，2001.
[2] 孙福学. 现代压电学. 北京：科学出版社，2002.
[3] 关振铎，等. 无机材料物理性能. 北京：清华大学出版社，1995.

[4] 潘春旭,等. 材料物理与化学实验教程. 长沙:中南大学出版社,2008.

1.8 材料的磁性能及表征技术

【实验目的】

1. 了解振动样品磁强计的测量原理及锁相技术、鞍点等概念,掌握鞍点调整方法和 VSM 定标方法;

2. 了解软磁、永磁材料的主要性能指标特征,掌握测量和数据处理方法。

【实验原理】

1. 测试原理

如果将一个开路磁体置于磁场中,则距离此磁体一定距离的探测线圈感应到的磁通可视作外磁化场及该磁体带来的扰动之和。多数情况下测量者更关心的是这个扰动量。在磁测领域,区分这种扰动与环境磁场的方法有很多种。例如,使被测样品以一定方式振动,则探测线圈感应到的磁通信号将不断地快速交变,保持环境磁场等其他量不做任何变化,即可实现这一目的。因为在测试过程中,恒定的环境磁场可以直接扣除,所以有用信号可以通过控制线圈位置、振动频率、振幅等得以优化。振动样品磁强计(Vibrating Sample Magnetometer,VSM)正是基于上述理论而发展起来的高灵敏度的磁矩测量仪器,它采用电磁感应原理测量在一组探测线圈中心以固定频率和振幅作微振动的样品的磁矩。对于足够小的样品,它在探测线圈中振动所产生的感应电压与样品磁矩、振幅、振动频率成正比。在保证振幅、振动频率不变的基础上,用锁相放大器测量这一电压,即可计算出待测样品的磁矩。

振动样品磁强计是一种常用的磁性测量装置,利用它可以直接测量磁性材料的磁化强度随温度变化曲线、磁化曲线和磁滞回线,能给出诸如矫顽力 H_c、饱和磁化强度 M_s、剩磁 M_r 等相关磁性参数,还可以得到磁性多层膜有关层间耦合的信息。

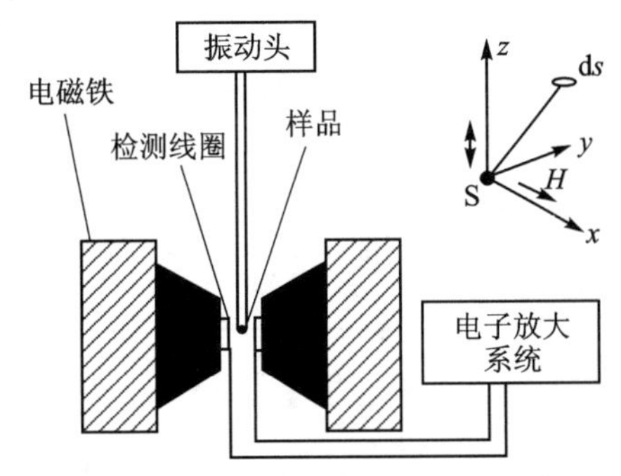

图 1.8.1 振动样品磁强计结构示意图

图 1.8.1 是振动样品磁强计的结构示意图,它由直流线绕磁铁、振动系统和检测系统(感应线圈)组成。下面介绍其测量工作原理。

装在振动杆上的样品位于磁极中央感应线圈中心连线处,位于外加均匀磁场中的小样品将被外磁场均匀磁化。小样品可等效为一个磁偶极子,其磁化方向平行于原磁场方向,同时在周围空间产生磁场。在驱动线圈的作用下,小样品围绕其平衡位置做频率为 ω 的简谐振动而形成一个振动偶极子。振动的偶极子产生的交变磁场在探测线圈中产生交变磁通量,从而产生感生电动势 ε,其大小正比于样品的总磁矩 μ,即

$$\varepsilon = k\mu \tag{1.8.1}$$

式中,k 为与线圈结构(匝数和面积)、振动频率、振幅和相对位置有关的比例系数。在感应线圈的范围内,小样品在垂直磁场方向做简谐振动。根据法拉第电磁感应定律,通过线圈的总磁通 Φ 为

$$\Phi = AH + BM\sin \omega t \tag{1.8.3}$$

此处 A 和 B 是与感应线圈相关的几何因子,H 是电磁铁产生的直流磁场,M 是样品的磁

化强度，ω 是振动频率，t 是时间。线圈中产生的感应电动势 $E(t)$ 为

$$E(t) = \mathrm{d}\Phi/\mathrm{d}t = KM\cos\omega t \tag{1.8.4}$$

式中，K 为常数。理论上可以通过计算获得 K 值，但这种计算很复杂，几乎是不可能进行的。一般用已知磁化强度的标准样品（如 Ni 球）来标定，该过程称为定标。定标过程中标样的具体参数（磁矩、体积、形状和位置等）越接近待测样品的情况，定标越准确。

可见，由感生电动势的大小可得出样品的总磁矩 μ，再除以样品的体积即可得到磁化强度 M。因此，记录下磁场和总磁矩的关系后，即可得到被测样品的磁化曲线和磁滞回线。

图 1.8.2 为典型的磁滞回线。当铁磁材料从未磁化状态（$H=0$ 且 $M=0$）开始磁化时，M 随 H 的增加而非线性增加。当 H 增大到一定值 H_m 后，M 增加十分缓慢或者不再增加，这时候磁化达到饱和状态，称为磁饱和，达到磁饱和的 H_s 和 M_s 分别称为饱和磁场强度和饱和磁化强度（对应图中 C 点）。$M-H$ 曲线 $OABC$ 称为初始磁化曲线。当 H 从 C 点减小时，M 也随之减小，但不沿原曲线返回，而是沿另一条曲线 CBD 下降。当 H 逐步减小到 0 时，M 不为 0，而是 M_r，说明铁磁材料中仍然保留一定的磁性，这种现象称为磁滞效应，M_r 称为剩余磁化强度，简称剩磁。要消除剩磁，必须加一反向的磁场，直到反向磁场 $H=-H_c$，M 才恢复为 0，H_c 称为矫顽力。继续反向增加 H，曲线达到反向饱和点 F，对应饱和磁场强度为 $-H_s$，饱和磁化强度为 $-M_s$，再正向增大 H，曲线经过 G 点回到起点 C。

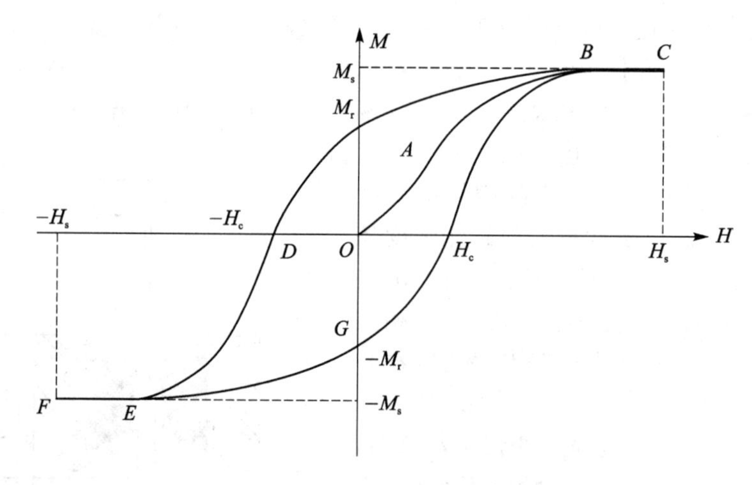

图 1.8.2　初始磁化曲线和磁滞回线

2. VSM 测试方法

VSM 测量采用开路方法。磁化的样品表面存在磁荷，将产生与磁化场方向相反的磁场，减弱外加磁化场 H 的磁化作用，故称为退磁场。只有在样品“退磁场”可以忽略的情况下，利用 VSM 测得的回线，才能代表材料的真实特征，否则必须对磁场进行修正。可将退磁场 H_d 表示为 $H_d=-NM$，N 称为“退磁因子”，取决于样品的形状，一般来说非常复杂，甚至为张量形式。只有旋转椭球体，方能计算出三个方向的具体数值。磁性测量中，样品通常制成旋转椭球体的几种退化形，即圆球形、细线形、薄膜形，此时在特定方向的 N 是定值。例如细线形时，沿细线的轴线 $N=0$；薄膜形时，沿膜面 $N=0$；而球形时，$N_x=N_y=N_z=1/3$（在厘米、克、秒单位制中为 $4\pi/3$）。

可见，样品内总的磁场并不是磁体产生的磁场 H，而是 $H-NM$。测量的曲线要进行退磁因子修正，把 H 用 $H-NM$ 来代替。

样品放置的位置对测量的灵敏度有影响。假设线圈和样品按图 1.8.3 所示放置,样品位于坐标原点(中心位置),则沿 X 方向离开中心位置时,感应信号变大;沿 Y 和 Z 方向离开中心位置时,感应信号变小。中心位置是 X 方向的极小值和 Y、Z 方向的极大值且对位置最不敏感的区域,称为鞍点,如图 1.8.4 所示。测量时样品应放置在鞍点,这样可以使由样品具有的有限体积引起的误差最小。

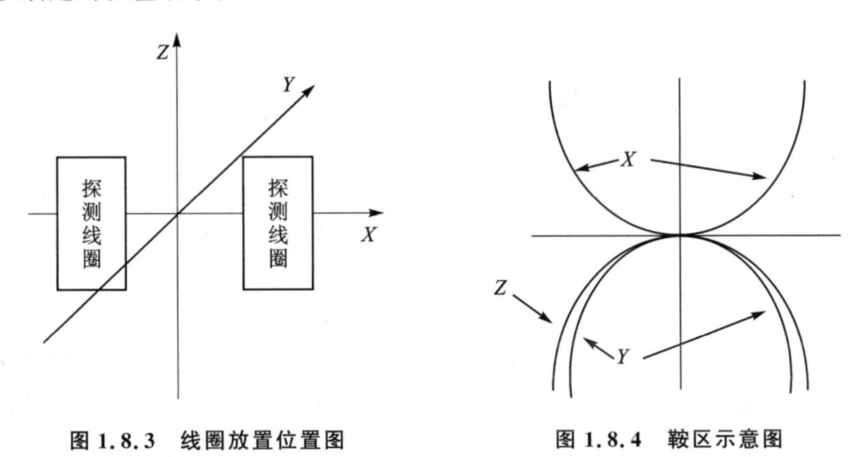

图 1.8.3　线圈放置位置图　　**图 1.8.4　鞍区示意图**

3. 仪器结构

除了上面提到的 VSM 系统所需要的电磁铁、振动系统、检测系统之外,实际的振动样品磁强计通常还包括锁相放大器、特斯拉计,分别用于小信号和磁场的检测,同时还包括计算机系统。

(1) 电磁铁

提供均匀磁场,并决定样品的磁化程度,即磁矩的大小。需要测量的也是样品在不同外加均匀磁场中的磁矩大小。

(2) 振动系统

小样品置于样品杆上,在驱动源的作用下可以作 Z 方向(垂直方向)的固定频率的小幅度振动,以此在空间形成振动磁偶极子,产生的交变磁场在检测线圈中产生感生电动势。

(3) 探测线圈

探测线圈实际上是一对完全相同、相对于小样品对称放置的线圈,且相互反串,这样可以避免由于外磁场的不稳定造成的对探测线圈输出的影响。而对于小样品磁偶极子磁场产生的感应电压,二者是相加的。振动样品磁强计检测线圈的设计很重要,应满足两线圈反串后,当样品振动时,感应信号具有最大的输出;而当样品安放位置上下、左右、前后稍有变化时,样品在探测线圈内感生的电动势几乎不变,因为在测量时需更换样品,不能保证位置绝对不变。另外,线圈本身的抗干扰本领要大。当探测线圈轴线分别与 X、Y、Z 方向平行时,每种线圈只能探测 i、j、k 分量的磁通,并把这三种线圈分别称为 i 线圈、j 线圈、k 线圈。实验发现 k 线圈比较好,j 线圈灵敏度虽然低,但"鞍点"却较宽。

(4) 特斯拉计

特斯拉计采用霍尔探头来测量磁场,如图 1.8.5 所示。霍尔片垂直磁场放置,其上流经电流 I,电子在磁场中受洛伦兹力作用发生偏转,结果如图 1.8.5 所示,在霍尔片平行电流方向的两端产生积累电荷。积累电荷产生的电场对电荷的作用力与洛伦兹力方向相反。当电场力

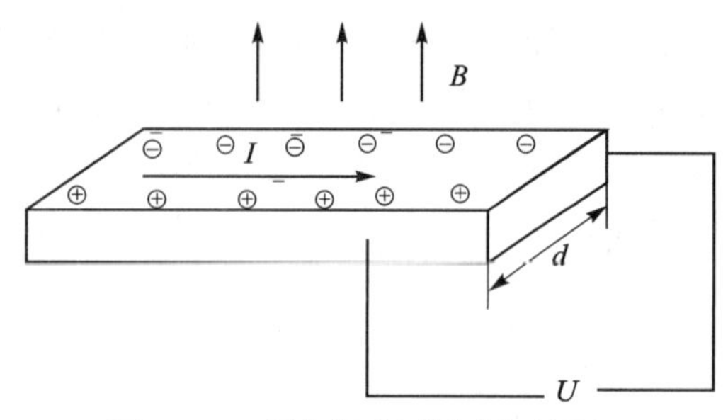

图 1.8.5 霍尔探头测量磁场的原理

与洛伦兹力达到平衡时，在霍尔片两端就能得到稳定的电压输出。通过测量霍尔片两端的电压就可以得到磁场值。

4. 测试样品的准备

永磁体样品大多做成直径为 2～3 mm 的小球。对于 VSM 开路测量来说，球形无疑是最佳样品形状，这样不仅保证了样品各部位磁化的均匀性，而且经过退磁场修正后能够精确还原出样品的有效磁化曲线。但这并不表明 VSM 仅能测试球形样品，其他形状的样品，甚至包括不规则形状样品一样可以进行 VSM 开路测试。对于圆柱体、平行六面体形状的样品，根据其形状参数可查阅相关资料获得自退磁因子并进行退磁场修正；对于磁带或薄膜样品，最好将其做成圆盘形状，因为圆盘的退磁因子大致等同于一个两轴相等的扁椭球；其他形状可以进一步查阅相关书籍，找到相应的估算方法。

测试样品通常置于振动样品杆底端的样品舱，如果各向异性的样品已被做成小球形，从外观上很难判断其宏观各向异性轴。为了找到此方向，可将小球自由放置于一个较强的磁场中，根据其自由取向即可得到各向异性轴。如确实需要精确的样品取向，则可以连续变换方向并测量回线，直到找到剩磁最大值的方向。从上述内容不难看出，VSM 开路测量的优势之一就是对样品的形状不做严格要求，各种闭路方法无法测量形状的样品，只要设法进行合适的自退磁场修正，都能够有效测得样品的磁特性参数。

测试前，样品居中是必不可少的一步。这里的“居中”包含三层意思，即首先必须满足灵敏函数的鞍点要求（以 Z 轴方向振动为例）；其次保证两极头关于样品镜像对称；最后每次测试样品位置相同，以确保测试的复现性。假定探测线圈已置于合适的位置，使样品杆开始振动并施加一个足够高的磁场，居中的过程就是在 X、Y、Z 三个方向上调节样品的位置，最终使其处于鞍点。对于四线圈 Mallinson 结构，应做到：使线圈感应电压在样品沿 X 方向上位移时最小，在沿 Y 轴和 Z 轴方向移动时，感应电压最大。

【实验内容】

1. 测量非晶条带和硬磁块体材料的 $M-H$ 曲线；
2. 确定所测样品的饱和磁化强度 M_s、矫顽力 H_c 以及剩磁 M_r 等参数。

【实验条件】

1. 实验原料及耗材

1～2 mm 宽的非晶条带、圆柱状磁性块体。

2. 实验设备

本实验采用 Lake Shore 振动样品磁强计（VSM－7407），磁场线圈由扫描电源激磁，产生 $H_{max}=\pm 21\ 000$ Oe 的磁化场，其扫描速度和幅度均可自由调节；检测线圈采用全封闭型四线圈无净差式，具有较强的抑制噪声能力和大的有效输出信号，确保整机的高分辨性能。

【实验步骤*】

1. VSM 开机步骤

① 打开循环水（先打开侧面电源，使其处于 on 状态，再打开前面板电源，使其处于 Run

* 参考了美国 LakeShore 7407 振动样品磁强计操作规程。

状态)。

② 打开电磁铁电源开关(按绿色按钮),启动电磁铁电源;打开离子风扇。

③ 打开控制柜的总电源开关;打开计算机。

④ 在 VSM Configuration 软件中为 VSM 选择相应配置,单击 OK 按钮完成配置;双击桌面上的 IDEAVSM 图标,启动测试软件。

⑤ 将软件的控制模式转换成 Current 模式;使用 Ramp to 按钮,将磁场设置为 0,等待大约 30 s。

2. 仪器校准

为了使系统能够进行准确的测量,在开始测量样品之前,要确保系统已按要求进行了校准。系统校准包括高斯计校准、磁矩偏移量校准和磁矩增益量校准三个方面。校准的顺序依次为高斯计校准、磁矩偏移量校准和磁矩增益量校准。

(1) 高斯计校准(Gaussmeter offset)

当从电磁铁中取出探头,软件上高斯计的读数超过 0.5G,更换 736 控制器或高斯计探头以及测量软磁材料时,需要做高斯计校准。

① 在 Current 控制模式下将磁场 Ramp to 调到 0;

② 拔出霍尔探头,插入零高斯腔;

③ 在 Calibration 菜单中选择 Gaussmeter offset,跟据对话框提示进行高斯计校准;

④ 校核完毕,将高斯计置于原来的位置。

注意:高斯计放置时应垂直于水平面,带有 Lakeshore 标志字样位于右边倒置。

(2) 磁矩偏移量校准(Moment Offset)

在调整两极磁铁间距和测量样品信号小于 10^{-2} emu 时,需要进行磁矩偏移量校准。

① 将空杆装在振动头上;

② 在 Calibration 菜单中选择 Moment Offset;

③ 按照对话框提示进行 Moment Offset 的校准。

注意:在进行该项校准时不能选中 Autorange 栏。

(3) 磁矩增益量校准(Moment Gain)

当调整两极磁铁间距时,需要进行该项校准。

① 在样品杆上装入含有镍标准样品的样品杯,打开振动头;

② 在 Calibration 菜单中选择 Moment Gain;

③ 在 Moment Gain Calibration 类型中选择 Single Point Calibration;

④ 对话框中在相应栏处输入“6.92”emu 和“5000”G;

⑤ 调节样品鞍点,即磁矩值在 X 轴方向最小,在 Y 轴和 Z 轴方向上最大;

⑥ 按照对话框提示步骤进行校准。

注意:在进行该项校准时不需要选中 Autorange 栏。

备注:在首次调试设备时还需要进行相校正(Phase Calibration),以后的系统校准不需要进行此项操作。

3. 样品测量

① 根据所测样品性质和形状选择相应的样品杆和样品杯;并将装有样品的样品杆安装在振动头上。

② 调节样品鞍点,即磁矩值在 X 轴方向最小,在 Y 轴和 Z 轴方向上最大。

③ 为该测量样品选择合适的量程或选中 Autorange 栏。

④ 在 Experiments 菜单中选择 News Experiment，对实验进行命名，根据所需测量的数据(曲线)选择实验类型和实验条件，或调用原有储存的实验模版。

注意：在建立一个新的实验模版时，在 Time Constant 和 Averaging Time Per Point 栏中分别选择“0.3”秒和“10”秒；在 X Channel 栏中选择合适的灵敏度，或选中 Moment Auto range。

⑤ 在软件上单击 Start 按钮开始实验，实验完成后会自动保存实验结果。

4. 关闭系统

① 选择 Current 控制模式，将磁场 Ramp to 调到 0。

备注：如让振动头处于振动状态，按步骤③、④、⑥、⑦、⑧的先后顺序关闭系统；否则按以下程序继续关闭系统。

② 关闭振动头，即 Head Drive 处于 off 状态。

③ 关闭 VSM 软件。

④ 关闭计算机。

⑤ 关闭控制柜的电源总开关。

⑥ 关闭电磁铁电源。

⑦ 关闭循环水。

⑧ 关闭离子风扇。

【结果分析】

1. 利用测得的非晶条带和硬磁块体材料的 $M-H$ 曲线，确定所测样品的饱和磁化强度 M_s、矫顽力 H_c 以及剩磁 M_r 等参数。

2. 分析条带样品和块体样品分别是哪种磁性材料，这两种磁性材料有哪些的特点和应用。

【注意事项】

1. 注意开关机顺序；

2. 测试时请将手机等物品远离设备，以免造成物品损坏或者对磁场产生干扰。

【思考题】

1. 矫顽力和内禀矫顽力如何区分？

2. 为何每次测量样品都要调整鞍点？

3. 除了实验中涉及的材料，还有哪些种类的磁性材料？加以简单的说明介绍。

参考文献

[1] 耿桂宏. 材料物理与性能学. 北京：北京大学出版社，2010.

1.9 动态弹性模量及表征技术

【实验目的】

1. 掌握动态法测定弹性模量的原理和实验方法；

2. 学会实验数据的修正和正确处理方法；

3. 掌握判别真假共振的基本方法和实验误差的计算；

4. 熟悉信号源及示波器的使用，提升使用常用实验仪器的水平，培养综合运用知识解决问题的能力。

【实验原理】

1. 测试原理

弹性模量包括杨氏模量(E)和切变模量(G),连同泊松比(μ)共称为弹性系数。这三个系数的关系由关系式 $\mu=2G/(E-1)$所决定。弹性模量是反映材料抵抗形变的能力,也是进行热应力计算、防热和隔热层计算、选用构件材料的主要依据。精确测试弹性模量对强度理论和工程技术都具有重要意义。

弹性模量的测定方法主要有三类。

① 静态法(拉伸、扭转、弯曲):该方法在大形变及常温条件下测定,载荷大、加载速度慢且伴有弛豫过程,通常适用于金属试样,对脆性材料(石墨、玻璃、陶瓷)不适用。

② 波传播法(含连续波及脉冲波法):该方法在室温下使用方便,但因所用设备较为复杂,换能器转变温度低、切变换能器价格昂贵不易获得而使其应用受到限制。

③ 动态法(又称共振法、声频法):包括弯曲(横向)共振法、纵向共振法以及扭转共振法。其中弯曲共振法具有设备精确易得、理论同实践吻合度好、适用于金属及非金属(脆性材料)、可在−180～3 000 ℃温度范围进行测量等优点,使用广泛。本实验采用动态弯曲共振法测定弹性模量。

动态法是基于试件的共振频率与弹性模量的关系来测量材料弹性模量的。通过信号发生器对试件某自由端产生激励振动,当与另一自由端产生的感应振动形成共振时,利用示波器连接计算机采集此时的共振频率,在计算机上即可观察到两条振动曲线和一个规则的李萨如图形,进而可计算出试件的弹性模量。

一个连续弹性体被外力激发产生振动时,会出现许多固有频率(或主振型)值。用共振法测量材料的弹性模量,是基于试样的机械固有频率 f 与材料的弹性模量 E、密度 ρ 以及试样的几何尺寸相关;根据试样的几何尺寸、密度 ρ 和测试所得的固有频率 f,即可求出材料的弹性模量 E。因此,本实验的主要任务是测量试样的固有频率 f_0。

如图 1.9.1 所示,一根轴线沿 x 方向、长度 L 远远大于直径 $d(L\gg d)$的细长棒,作微小横振动(弯曲振动)时满足动力学方程(横振动方程):

$$\frac{\partial^4 y}{\partial x^4}+\frac{\rho S\partial^2 y}{EJ\,\partial t^2}=0 \tag{1.9.1}$$

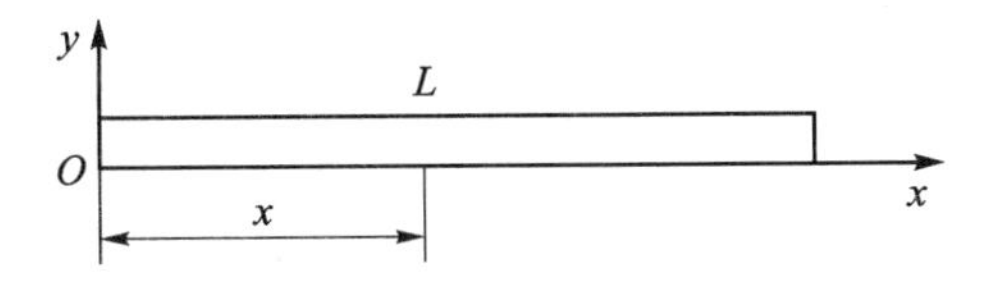

图 1.9.1　细长棒的弯曲振动

式中,y 为距左端 x 处截面沿 y 方向的位移;E 为杨氏模量,单位为 Pa 或 N/m^2;ρ 为材料密度;S 为截面积;J 为某一截面的转动惯量,$J=\iint_s y^2\mathrm{d}s$。

横振动方程的边界条件为:棒的两端($x=0$、L)是自由端,端点既不受正应力也不受切向力影响。用分离变量法求解方程(1.9.1),令 $y(x,t)=X(x)T(t)$,则有

$$\frac{1}{X}\frac{\mathrm{d}^4 X}{\mathrm{d}x^4}=-\frac{\rho S}{EJ}\cdot\frac{1}{T}\frac{\mathrm{d}^2 T}{\mathrm{d}t^2} \tag{1.9.2}$$

由于等式两边分别是不相关变量 x 和 t 的函数，所以只有当等式两边都等于同一个常数时，等式才成立。假设此常数为 K^4，则可得到下列两个方程：

$$\frac{d^4X}{dx^4}-K^4X=0 \tag{1.9.3}$$

$$\frac{d^2T}{dt^2}+\frac{K^4EJ}{\rho S}T=0 \tag{1.9.4}$$

如果棒中每点都作简谐振动，则上述两方程的通解分别为

$$\left.\begin{aligned}X(x)&=a_1\text{ch }Kx+a_2\text{sh }Kx+a_3\cos Kx+a_4\sin Kx\\T(t)&=b\cos(\omega t+\varphi)\end{aligned}\right\} \tag{1.9.5}$$

于是可以得出

$$y(x,t)=(a_1\text{ch }Kx+a_2\text{sh }Kx+a_3\cos Kx+a_4\sin Kx)b\cos(\omega t+\varphi) \tag{1.9.6}$$

式中：

$$\omega=\sqrt{\frac{K^4EJ}{\rho S}} \tag{1.9.7}$$

式(1.9.7)称为频率公式，适用于不同边界条件、任意形状截面的试样。如果试样的悬挂点(或支撑点)在试样的节点上，则根据边界条件可以得到：

$$\cos KL\cdot\text{ch }KL=1 \tag{1.9.8}$$

采用数值解法可以得出本征值 K 和棒长 L 应满足如下关系：

$$K_nL=0,4.730,7.853,10.996,14.137,\cdots \tag{1.9.9}$$

其中第一个根记为 $K_0L=0$，对应试样静止状态；第二个根记为 $K_1L=4.730$，对应试样振动频率称为基振频率(基频)或固有频率 f_0，此时的振动状态如图 1.9.2(a)所示；第三个根 $K_2L=7.853$ 所对应的振动状态如图 1.9.2(b)所示，称为一次谐波。由此可知，试样在作基频振动时存在两个节点，其位置分别距端面 $0.224L$ 和 $0.776L$。

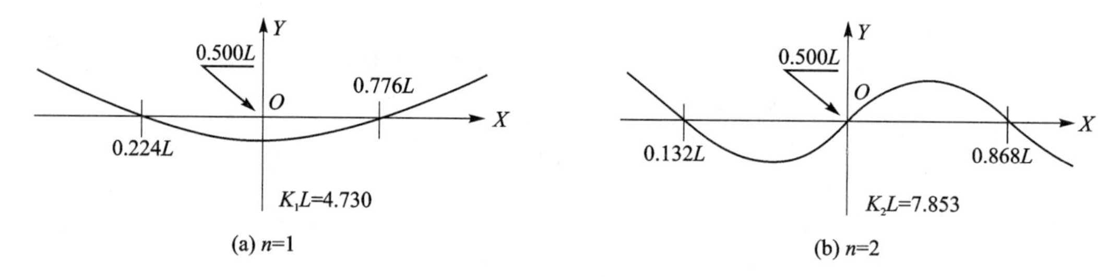

图 1.9.2 两端自由的棒作基频振动波形和一次谐波振动波形

将基频对应的 K_1 值代入频率公式(1.9.7)，可得到杨氏模量 E 为

$$E=1.997\,8\times10^{-3}\frac{\rho L^4S}{J}\omega^2=7.887\,0\times10^{-2}\frac{L^3m}{J}f_0^2\quad(\text{Pa}) \tag{1.9.10}$$

式中，m 为试样的质量。如果试样为圆棒($d\ll L$)，则 $J=\frac{\pi d^4}{64}$。所以式(1.9.10)可改写为

$$E=1.606\,7\times10^{-9}\frac{L^3m}{d^4}f_0^2\quad(\text{GPa}) \tag{1.9.11}$$

同样，对于矩形棒试样，则有

$$E=6.946\,4\times10^{-9}\frac{L^3m}{bh^3}f_0^2\quad(\text{GPa}) \tag{1.9.12}$$

实际上,E 还和试样直径 d 与长度 L 之比有关。上述公式的成立是有条件的,即 $L \gg d$,而现实情况不太可能达到试样长度远大于直径这一条件,因此对原理公式需要作适当的修正。考虑到这一点,在上式中乘以修正因子 R,得

$$E = 1.606\,7 \cdot R \cdot 10^{-9} \frac{L^3 m}{d^4} f_0^2 \quad (\mathrm{GPa}) \tag{1.9.13}$$

在式(1.9.11)～式(1.9.13)中:L 为试棒长度,mm;m 为试棒质量,g;d 为圆试棒直径,mm;h 为方试棒的厚度(指平行振动方向),mm;b 为方试棒的宽度(指垂直振动方向),mm;f_0 为试样的共振频率(基频),Hz。表 1.9.1 列出了不同径长比圆棒试样的修正系数 R。

表 1.9.1　圆棒试样径长比修正系数 *R*

d/L	0.01	0.02	0.03	0.04	0.05	0.06	0.08	0.10
R	1.001	1.002	1.005	1.008	1.014	1.019	1.033	1.055

根据能量与振幅的平方成正比的关系可知,在自由阻尼振动中,基频(最低的共振频率)振动具有最大能量,且振幅衰减时间最长。本实验实测为试样的共振频率,它与固有频率之间有如下关系:

$$f_{固} = f_{共}\sqrt{1 + \frac{1}{4Q^2}} \tag{1.9.14}$$

式中,Q 为杆的品质因子。本实验中,Q 值远大于 30,用共振频率 $f_{共}$ 代替固有频率 $f_{固}$ 的偏差不会大于 0.03%,故通常忽略两者差别而直接代替。

理论上试样在基频下共振有两个节点,要测出试样的基频共振频率,只能将试样悬挂或支撑在 $0.224L$ 和 $0.776L$ 的两个节点处。但是,在两个节点处振动振幅几乎为零,悬挂或支撑在节点处的试样难以被激振和拾振。

实验时由于悬丝或支撑架对试样的阻尼作用,所检测到的共振频率随悬挂点或支撑点的位置的变化而变化。悬挂点偏离节点越远(距离棒的端点越近),可检测的共振信号就越强,但试样所受到的阻尼作用也越大,偏离"试样两端为自由端"这一定解条件的要求越大,产生的系统误差也越大。由于压电陶瓷换能器拾取的是悬挂点或支撑点的加速度共振信号,而不是振幅共振信号,因此所检测到的共振频率随悬挂点或支撑点到节点的距离增大而变大。为了消除这一系统误差,测出试样的基频共振频率,可在节点两侧选取不同的点对称悬挂或支撑,用外延测量法找出节点处的共振频率。

2. 设备的工作原理

动态弹性模量测试仪由功率函数信号发生器(6 位数显,频率宽为 5～500 kHz)、数显调节仪、悬挂测定支架及支撑测定支架、悬线、激发/接收换能器、示波器等组成。本实验中采用 DCY－2 型功率函数信号发生器,该设备具有石英稳频、6 位数显、频率范围 5～500 kHz、三种波形、6 W 输出、有二级微调 (0.1 Hz)等特点。

图 1.9.3 为动态弹性模量测定仪的工作原理示意图。图中,1 是函数信号发生器,本身带 6 位数字显示频率计,它发出的声频信号经换能器 2 转换为机械振动信号,该振动通过悬丝 3 (或支撑物)传入试棒并引起试棒 4 振动;试棒的振动情况通过悬丝 3′(或支撑物)传到接收换能器 5 转变为电信号进入示波器显示。调节函数信号发生器 1 的输出频率,且试样发生共振时,可在示波器 6 上看到最大值;如将信号发生器的输出同时接入示波器的 X 轴,则当输出信

号频率在共振频率附近扫描时，显示屏上显示的李萨如图形（椭圆）的主轴会绕 Y 轴左右偏摆。如需测定不同温度的杨氏模量，则需将试样置于变温装置 7 内，炉温由温控器 8 控制调节（本实验仪测量常温动态弹性模量，高温部分略去，有兴趣的同学可参阅相关参考资料）。

图 1.9.3(a)为悬挂式测定装置，两个换能器能在柱状空间任意位置停留，悬线室温下采用直径 0.05～0.15 mm 的铜线；支撑式测定支架如图 1.9.3(b)所示，试棒 4 通过特殊材料搭放在两个换能器上，无需捆绑即能准确、方便地测出基频和一次谐波共振频率，支架横杆上有 2 和 5 两个换能器，其间距可自由调节。

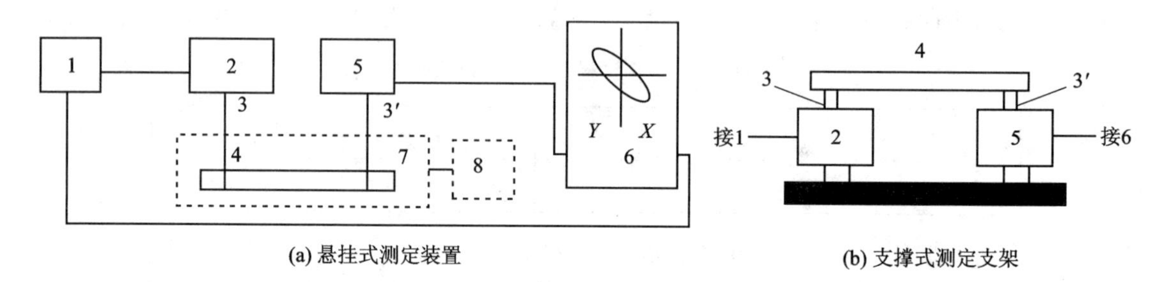

(a) 悬挂式测定装置

(b) 支撑式测定支架

1—函数信号发生器；2，5—换能器；3，3′—悬丝；4—试棒；6—示波器；7—变温装置；8—温控器

图 1.9.3　实验装置工作原理示意图

【实验内容】

1. 利用动态弹性模量测定仪测量金属、陶瓷、玻璃等棒状试样的共振频率；
2. 根据共振法原理计算不同材料的弹性模量。

【实验条件】

1. 实验原料及耗材

金属、陶瓷及玻璃圆棒状试样。

2. 实验设备

动态弹性模量测试仪、天平、游标卡尺、千分尺。

【实验步骤*】

1. 参数测量

① 用游标卡尺测试样直径 d：在棒的两个端点和中点各测一次；然后旋转 90°再测一次，取平均，记入表 1.9.2 中。

② 用游标卡尺测长度 L，记入表 1.9.2 中。

③ 用天平称量试样的质量 m，记入表 1.9.2 中。

表 1.9.2　试样几何参数及质量

参　数	左	中	右	旋转左	旋转中	旋转右	平均
d/mm							
L/mm		m/g		d/L		R	
材质				实验日期			

④ 根据测量结果，计算 d/L。

* 参见 DCY 型动态杨氏模量测定仪使用说明书。

⑤ 根据计算的 d/L，查表 1.9.1 确定修正系数 R 值。

2. 线路连接

将频率信号发生器、支撑装置和示波器等按图 1.9.3 所示连接好，通电预热 5 min 后，把试样放在支撑支架上。启动信号发生器，频率置于 2.5k 挡，连续调节输出频率，此时激发换能器应发出声响。轻敲桌面，示波器 Y 轴信号大小立即变动并与敲击强度有关，这就说明整套装置已处于工作状态。

3. 试样安放

在试样上标记 $0.224L$ 和 $0.776L$ 的节点位置，将试样按实验原理要求放在支撑支架上。

4. 设备连接

将 YM－2 型信号发生器的输出与 YM－2 型测试台的输入相连，测试台的输出与放大器的输入相接，放大器的输出与示波器的 CH1（或 CH2）的输入相接。把示波器触发信号选择开关置于“内置”，CH1 增益置于最小挡，极性置于“AC”，X－Y 旋钮弹起。

5. 频率测定

打开示波器，把 YM－2 型信号发生器的频率调至频率估算值附近，调节示波器触发电平旋钮，直至示波屏上出现稳定的正弦波形（因试样共振状态的建立需要有一个过程，且共振峰十分尖锐，在共振点附近调节信号频率时，必须十分缓慢地进行，直至示波器屏幕上出现最大的信号），记录当下频率值。

6. 共振测定

改变支撑点位置，测量频率值 f，把实验结果记入表 1.9.3 中。设 x 为偏移距离，即实际支撑点向试样两端方向偏离理论节点的距离，根据实验结果作 $f-x$ 关系曲线，用外推法确定节点的共振频率。根据实验原理，要使试样做自由振动就应该把悬线吊扎在试样节点上。由于在节点处的振幅几乎为零，很难检测，此时所需数据在测量范围之外，所以需要用外延法测量试样的振幅。具体做法是：利用已测得的数据绘出曲线，再将曲线按原规律延长到待求值范围，在延长线部分求出所需数值。

表 1.9.3　共振频率（f）随偏移距离（x）的变化

x/mm	5	10	15	20	25	30
f/Hz						

【数据处理】

1. 根据表 1.9.3 测量的数值，在坐标纸上画出 $f-x$ 曲线，对应 $x=0$ mm 处，求出基频的共振频率 f_0；

2. 根据公式 $E=1.6067\cdot R\cdot 10^{-9}\dfrac{L^3m}{d^4}f_0^2$，求出杨氏模量 E（GPa）。

【注意事项】

1. 共振频率的判断。测定中，激发/接收换能器、悬丝、支架等部件都有自己的共振频率，都可能以其本身的基频或高次谐波频率发生共振。因此，正确判断示波器上显示的共振信号是否为试样真正共振信号非常关键。可用下述判据来判断：

① 测试前根据试样的材质、尺寸、质量，通过式（1.9.14）估算出共振频率的数值，在上述频率附近进行寻找。

② 换能器或悬丝发生共振时可通过对上述部件施加负荷（例如用力夹紧），可使此共振信

号变化或消失。

③ 发生共振时，迅速切断信号源，除试样共振会逐渐衰减外，其余假共振会很快消失。

④ 试样发生共振需要孕育过程，切断信号源后亦会逐渐衰减，它的共振峰宽度较窄，信号较强。试样共振时，如用听诊器沿试样纵向移动，能明显听出波腹处声大，波节处声小。对于一些细长杆状(或片状)试样，有时能直接看到波腹或波节。

⑤ 用打火机(火柴)烧悬丝或试样处，属于悬丝共振能很快消失，属于试样共振频率会发生减少或偏移。

⑥ 在共振频率附近进行频率扫描时，共振频率两侧信号相位会有突然变化，导致李萨如图形绕 Y 轴左右明显摆动。

⑦ 频率在显示屏发生共振时，即使托起试样，示波器显示的波形仍然只有很小变化，说明这个共振频率不属于试样。

⑧ 悬丝共振时可明显看出悬丝上形成驻波。

2. 用悬挂法吊扎必须牢靠，两根悬丝必须在通过试样直径的铅垂面上，不能在节点上悬挂或支撑。

3. 测试时尽可能采用较弱的信号激发，这时发生虚假信号少且弱，采用端点激发-接收方式可极大地提高实验效果。

【思考题】

1. 什么是外延法？特点是什么？

2. 将距离节点外 10 mm 和 30 mm 处作为悬挂点，所测得的共振频率与用外延法得到的节点处共振频率相差多少？

3. 如何用示波器来判断共振频率？

参考文献

[1] 何志巍，朱世秋，徐艳月. 大学物理实验教程. 北京：机械工业出版社，2017.

1.10 材料力学性能测试技术*

1.10.1 工程材料拉伸性能测试

【实验目的】

1. 了解常见碳钢、铝合金等金属材料的拉伸性能；

2. 掌握常规拉伸性能指标测定方法，加深对拉伸性能指标物理意义的理解；

3. 学会正确使用电子万能材料试验机。

【实验原理】

金属拉伸实验是测试金属材料力学性能最简单、最基本和最重要的方法，也是检验金属材料、表征其内在质量的重要手段。对一定形状的试样施加轴向试验力拉至断裂，可以清晰显示金属材料受外力作用时发生弹性、弹塑性、断裂三个变形过程的特征。通过实时记录施加的外力和材料发生的应变，可以获得材料的应力-应变曲线，即 $\sigma-\varepsilon$ 曲线或拉伸曲线。通过对材料应力-应变曲线的分析和计算，可以测定金属材料的弹性模量(E)、强度(σ_e、σ_L 或 $\sigma_{0.2}$、σ_b)和塑

* 参见中国航空工业集团公司力学性能检测人员资格鉴定委员会的培训教材《金属力学性能测试》(2014)。

性(δ、Ψ)等重要指标,各参数的意义随后介绍。这些指标不仅是工程材料结构静强度设计的主要依据,也是评定和选用工程材料及加工工艺的重要参数。无论是研究开发新材料,还是合理使用现有材料,抑或改进材料的处理工艺,最终都需要利用拉伸实验来进行优劣评定。

材料在单轴拉伸应力条件下的名义应力和名义应变定义为

$$\sigma = P/A_0 \tag{1.10.1}$$

$$\varepsilon = \Delta L/L_0 \tag{1.10.2}$$

式中,A_0 和 L_0 分别代表试样的原始截面积和标距长度。不同性质的材料在单向拉伸过程中表现的变形行为不同,其 $\sigma-\varepsilon$ 曲线存在很大差异。低碳钢和铸铁是两种性质截然不同的典型材料,拉伸曲线差异非常明显。

低碳钢具有良好的塑性,其典型的 $\sigma-\varepsilon$ 曲线如图 1.10.1 所示,在拉伸断裂前,其变形行为可明显分成如下四个阶段。

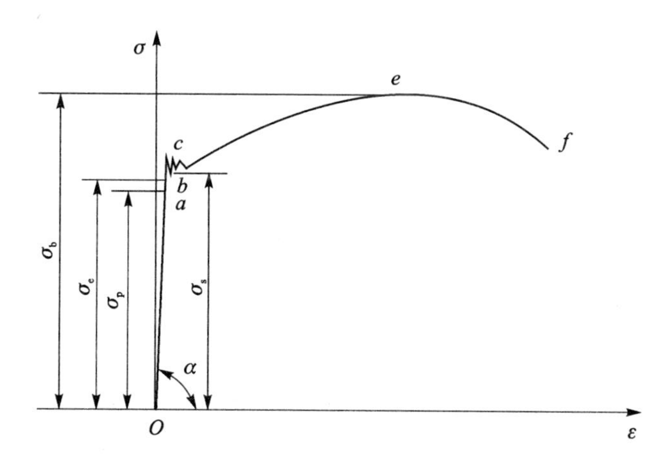

图 1.10.1　低碳钢的名义应力-应变曲线

1. 弹性阶段 *oa*

在此阶段,试样只发生弹性变形。如果在这个过程中卸载,试样可以恢复原来的形状,没有任何残留变形。习惯上认为材料在弹性范围内,其应力 σ、应变 ε 之间满足正比关系,服从胡克定律,即

$$\sigma = E\varepsilon \tag{1.10.3}$$

式中,比例系数 E 代表直线段的斜率,称为材料的弹性模量,可用两点法或解析法求解;最大的弹性应力称为弹性极限(σ_e)。测试弹性模量时,按标准要求应使用不低于 1 级精度的引伸计。

(1) 两点法

在 $\sigma-\varepsilon$ 曲线的弹性段取两点,计算这两点间的轴向应力增量 $\Delta F/A_0$ 和应变增量 $\Delta L/L_0$,则弹性模量 E 为

$$E = (\Delta F/A_0)/(\Delta L/L_0) \quad (\text{MPa}) \tag{1.10.4}$$

(2) 解析法

在 $\sigma-\varepsilon$ 曲线弹性段的两点间取 n 对应变、应力数值(ε_i,σ_i),$i=1-n$;用最小二乘法进行线性回归,其回归直线的斜率即为弹性模量 E。计算方法如下:

$$\bar{\varepsilon}=\frac{\sum_{i=1}^{n}\varepsilon}{n} \tag{1.10.5}$$

$$\bar{\sigma}=\frac{\sum_{i=1}^{n}\sigma}{n} \tag{1.10.6}$$

$$L_{\varepsilon\varepsilon}=\sum_{i=1}^{n}(\varepsilon_i-\bar{\varepsilon})^2 \tag{1.10.7}$$

$$L_{\sigma\sigma}=\sum_{i=1}^{n}(\sigma_i-\bar{\sigma})^2 \tag{1.10.8}$$

$$L_{\varepsilon\sigma}=\sum_{i=1}^{n}(\varepsilon_i-\bar{\varepsilon})(\sigma_i-\bar{\sigma}) \tag{1.10.9}$$

则

$$E=\frac{L_{\varepsilon\sigma}}{L_{\varepsilon\varepsilon}} \quad (\text{MPa}) \tag{1.10.10}$$

2. 屈服阶段 *bc*

在此阶段应力基本不变化，但形变快速增长，表明材料暂时丧失抵抗继续变形的能力。对应 $\sigma-\varepsilon$ 曲线上出现明显的上屈服点和下屈服点，分别对应上屈服强度和下屈服强度。

具有物理屈服现象的金属材料，其 $\sigma-\varepsilon$ 曲线类型如图 1.10.2 所示。试样发生屈服而应力首次下降前的最大应力称为上屈服强度 σ_U，当不计初始瞬时效应时屈服阶段的最小应力称为下屈服强度 σ_L。

$$\sigma_U=F_U/A_0 \quad (\text{MPa}) \tag{1.10.11}$$

$$\sigma_L=F_L/A_0 \quad (\text{MPa}) \tag{1.10.12}$$

式中，F_U 为试样发生屈服而试验力首次下降前的最大载荷；F_L 为不计初始瞬时效应时屈服阶段的最小载荷。通常把下屈服强度 σ_L 作为材料的屈服极限 σ_s。

$$\sigma_s=F_s/A_0 \tag{1.10.13}$$

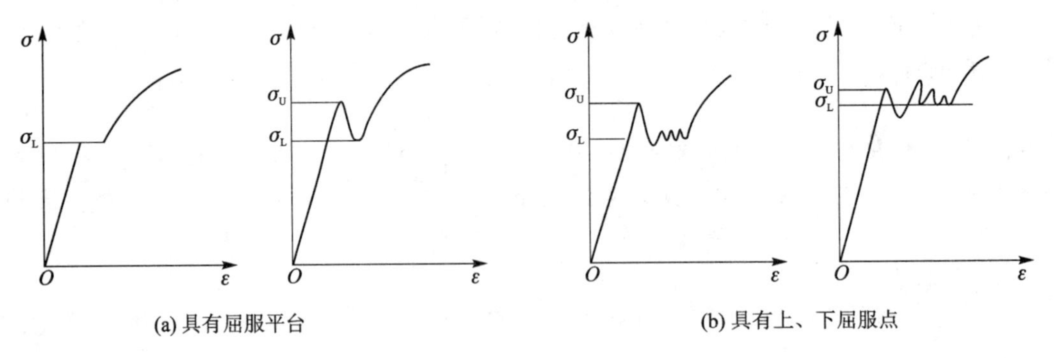

(a) 具有屈服平台　　(b) 具有上、下屈服点

图 1.10.2　具有物理屈服现象的金属材料的 $\sigma-\varepsilon$ 曲线

σ_s 是材料开始进入塑性变形的标志。如果材料所受的应力超过 σ_s，就会发生屈服现象，用这种材料制备的零件就会因为过量变形而失效，因此强度设计时常以屈服极限 σ_s 作为确定许可应力的极限。从屈服阶段开始，材料的变形除了包含弹性变形外，还包含塑性变形。如果试样表面光滑，材料杂质含量少，在试样表面就可以清楚地看到 45°方向的滑移线。

对于无明显屈服现象的材料，常根据 $\sigma-\varepsilon$ 曲线测定规定塑性变形强度 σ_p。在 $\sigma-\varepsilon$ 图上，作一条与弹性阶段平行的直线且与 ε 轴相交于规定的塑性变形点，如图 1.10.3 所示的 ε_p，则此平行线与拉伸曲线的交点所对应的应力值即为所求的规定塑性变形强度 σ_p。如常见的 $\sigma_{p0.2}$ 或 $\sigma_{0.2}$，计算公式为

$$\sigma_{p0.2}=\sigma_{0.2}=F_{p0.2}/A_0 \quad (\text{MPa}) \tag{1.10.14}$$

式中，$F_{p0.2}$ 为产生原始标距 0.2%的塑性变形对应的载荷；A_0 为试样原始截面积。

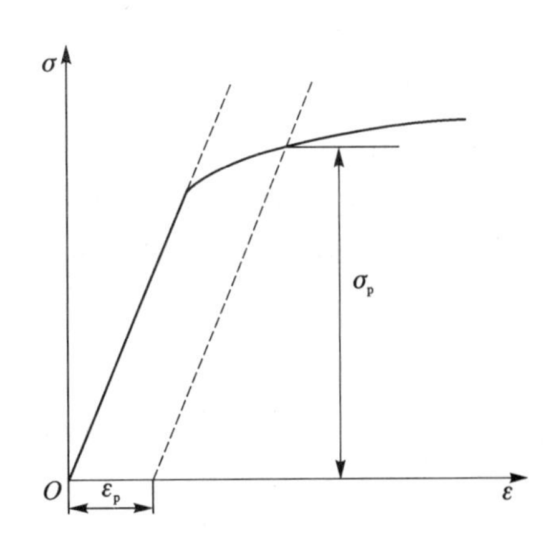

图 1.10.3 规定塑性变形量强度求解示意图

3. 强化阶段 *ce*

屈服阶段结束后，$\sigma-\varepsilon$ 曲线又开始上升，材料恢复了对继续变形的抵抗能力，要使材料持续变形，则载荷就必须不断增加。如果在这一阶段卸载，弹性变形将随之消失，而塑性变形将永远保留下来。此阶段的卸载路径与弹性阶段平行。卸载后若重新加载，其加载线仍与弹性阶段平行。重新加载后，材料的弹性阶段加长、屈服强度明显提高，但塑性下降。这种现象称为形变强化或冷作硬化，是金属材料极为宝贵的性质之一。塑性变形和形变强化二者联合，是强化金属材料的重要手段。例如喷丸、挤压、冷拔等工艺，就是利用材料的冷作硬化来提高材料强度的。强化阶段的塑性变形是沿轴向均匀分布的。随着塑性变形的增长，试样表面的滑移线亦趋明显。e 点是 $\sigma-\varepsilon$ 曲线的最高点，对应的强度定义为材料的强度极限，也称抗拉强度，记作 σ_b，是材料均匀塑性变形的最大抗力，也是材料即将进入颈缩阶段的标志。

对于具有无明显屈服或不连续屈服现象的金属材料，如在断裂前承受的最大载荷为 F_m，则抗拉强度 σ_b 为最大载荷 F_m 所对应的应力，计算公式为

$$\sigma_b=F_m/A_0 \quad (\text{MPa}) \tag{1.10.15}$$

式中，F_m 为最大载荷；A_0 为试样原始截面积。

4. 颈缩阶段 *ef*

应力达到强度极限后，材料的塑性变形开始在局部进行，即材料进入缩颈阶段。缩颈过程中，试样的局部截面急剧收缩，承载面积迅速减少，试样承受的载荷急剧下降，最后发生断裂。断裂时，试样的弹性变形消失，塑性变形则遗留在断裂的试样上。材料的塑性通常用试样断裂后的残余形变来衡量，单向拉伸时的塑性指标用断后伸长率 δ 和断面收缩率 Ψ 来表示，即

$$\delta=\frac{L_1-L_0}{L_0}\times 100\% \tag{1.10.16}$$

$$\psi=\frac{A_0-A_1}{A_0}\times 100\% \tag{1.10.17}$$

式中，L_1、A_1 分别代表试样拉断后的标距长度和断口面积；L_0、A_0 分别为标距初始长度和截面积。

根据断裂位置的不同，断后标距 L_1 的测量方法有以下两种：

（1）直测法

如断裂位置到标距最近端点的距离大于 $L_0/3$，则可以直接测量标距两端点间的距离，所得数值即为 L_1。

(2) 移位法

如断裂处到标距最近端点的距离小于或等于 $L_0/3$ 时，则可用移位法将断裂处移至试样中部来测量，如图 1.10.4 所示。从断裂处 O 开始，在长段上取基本等于短段上的格数，得 B 点；接着取等于长段剩余格数（偶数格，图 1.10.4(a)）的一半得 C 点，或者取所余格数（奇数格，图 1.10.4(b)）减 1 或加 1 的一半得 C 和 C_1 点，则移位后 L_1 分别为 $AB+2BC$ 或 $AB+BC+BC_1$。

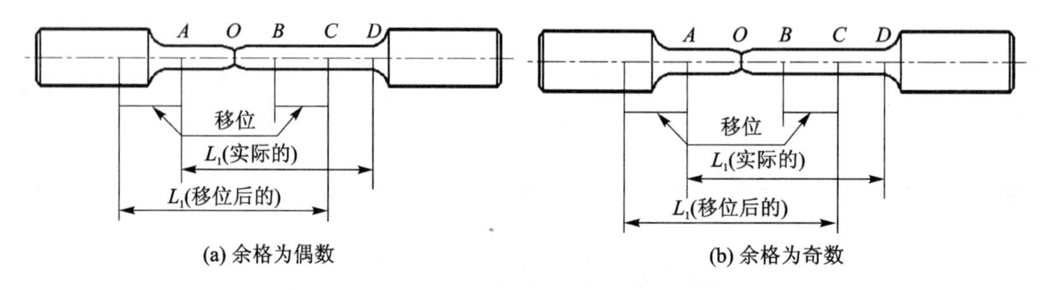

图 1.10.4　移位法测量 L_1 示意图

低碳钢颈缩部分的形变在总形变中占有很大比重。测试断后伸长率时，颈缩局部及其影响区的塑性变形都应包含在 L_1 之内，这就要求断口位置应在标距的中央附近，若断口落在标距之外则实验无效。

工程上通常认为，材料的断后伸长率 $\delta>5\%$ 属于韧性断裂，而 $\delta<5\%$ 则属于脆性断裂。韧性断裂的特征是断裂前有较大的宏观塑性变形，断口形貌呈暗灰色的纤维状组织。低碳钢断裂时有很大的塑性变形，断口周边存在 45°剪切唇的杯状，断口组织为暗灰色纤维状，是一种典型的韧性断口。

铸铁是典型的脆性材料，其拉伸曲线如图 1.10.5 所示，其拉伸过程较低碳钢简单，可近似认为是经弹性阶段直接过渡到断裂阶段，其强度指标只有 σ_b。铸铁的拉伸断口沿横截面方向，与正应力方向垂直，断面平齐为闪光的结晶状组织，是典型的脆性断口。由拉伸曲线可见，铸铁断后伸长率较小，所以铸铁常在没有任何预兆的情况下突然发生脆性断裂。因此这类材料若使用不当，极易发生事故。

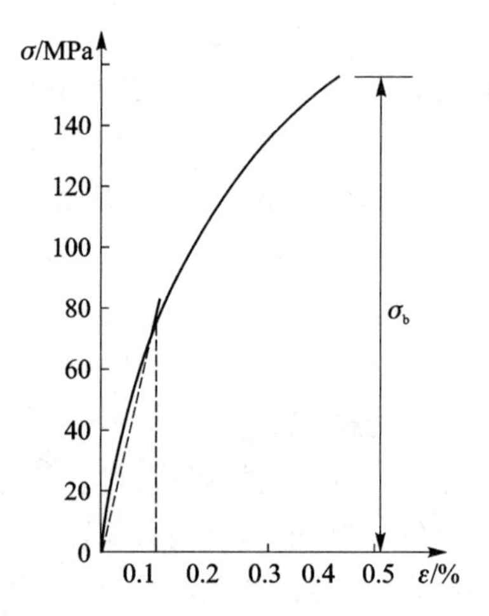

图 1.10.5　铸铁的名义应力-应变曲线

多数工程材料的拉伸曲线介于低碳钢和铸铁之间，常常只有两个或三个阶段，其强度、塑性指标的定义和测试方法与上述测试方法相同。

【实验内容】

1. 利用划线机在试样上刻划原始标距（L_0）。对于比例试样，首先应将原始标距的计算值修约至最接近 5 mm 的倍数，计算的标距数值要向较大一方修约；然后在试样平行段着色，用细划线或细墨线标记原始标距。千万注意，不得用有可能引起试样过早断裂的缺口作标记。

2. 利用万能试验机测试碳钢或铝合金的拉伸曲线，利用拉伸曲线确定合金的力学性能指标，包括材料的弹性模量（E）、强度指标（σ_e、$\sigma_{p0.2}$、σ_s、σ_b）、塑性指标（δ、Ψ）。

【实验条件】

1. 实验原料及耗材

45[#]碳钢或铝合金圆棒试样或板状试样，试样示意图如图1.10.6所示。圆棒试样的标距L_0必须满足：长形试样$L_0=10d_0$，短形试样$L_0=5d_0$；板状试样的标距L_0必须满足：长形试样$L_0=11.3\sqrt{A_0}$，短形试样$L_0=5.65\sqrt{A_0}$；其中，d_0、A_0分别为试样的原始直径和初始横截面积。

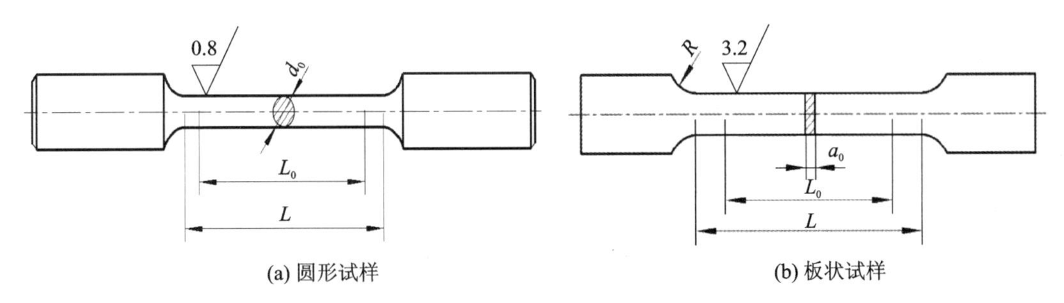

(a) 圆形试样　　(b) 板状试样

图1.10.6　拉伸试样示意图

2. 实验设备

SUNS微机控制万能试验机、划线机、千分尺、橡皮圈。

【实验步骤】

1. 测量试样直径d_0

圆棒试样直径应在试样平行段的两端及中间共3个位置进行测量，每个地方都必须在两个相互垂直方向上各测量一次，然后取算术平均值作为该处的直径；以3处测量结果中的最小直径作为d_0，计算试样的初始横截面积A_0。

2. 确定标距长度

把试样固定在划线机上，使用划线机在试件中间部位标记标距长度L_0，在标距L_0范围内，以5 mm或10 mm间距做标记。

3. 测试前准备工作

限位保护：本机配有上下机械限位保护，每一级同时配有程控和机械位置保护双重保护功能。当程控失效后，机械保护起作用，系统断电。当出现此情况时，说明程控限位有故障，必须先排除故障方可进行测试；在开始测试前，必须调整好限位紧固螺钉，程控保护有效时，十字头只能向相反方向移动。警告！在试验开始前，必须调整限位位置，确认无误后，方可进行试验，否则有可能损坏设备。

过载保护：超过满量程的5%时进行保护，伺服系统断电，同时十字头移动停止。警告！过载时严禁快速移动十字头，只能慢速卸载。

4. 安装试样和引伸计

① 根据试样长度调整试验机的上、下夹头位置，达到适当的位置后，先把试件安装在试验机的下夹头内。安装试样时，试样的轴线应与上、下夹头的轴线重合，防止出现试样偏斜和夹持部分过短的现象。试验机载荷信号调零后，再把试件上夹头夹紧。

② 把引伸计两个刀口紧贴试样平行段的划线标距处，用橡皮圈把一刀口放在引伸计一端，然后绕过试样勾到引伸计另一端。另一刀口安装方法同上。引伸计安装完毕后拔下定位销，同时信号清零。

5. 开　机

① 打开显示器及计算机电源开关。

② 打开试验机主机电源开关。

③ 双击桌面上的“实验软件”图标，软件启动后可以进行移动横梁和实验等操作。

6. 实验条件输入与选择

① 设置选项：选择负荷传感器(如配置两个以上)。

② 设置选项：选择负荷、强度、长度单位。

③ 设置选项：选择已标定的引伸计型号。

④ 设置选项：选择实验类型(如拉伸、压缩等)及报告模板。

⑤ 设置选项：选择需要输出的数据项与之相应的修约间隔。

⑥ 设置选项：输入相关的规定值(若需要)。

⑦ 试样参数：输入试样尺寸、实验数量等参数。

⑧ 实验控制：确定过程控制阶段，输入相关数据，设置实验结束控制。

⑨ 图形设置：根据材料的力学性能指标，输入坐标轴显示最大值。最小值通常设为0；若最大值无法确定，可先设置小一些，随后在测试过程中自动调整。

⑩ 主界面：正确输入存储文件名(实验编号)。系统在测试结束后自动按该编号存储数据。建议最好以年月日为字符串，以便溯源。

⑪ 装卡试件：在夹持试样(第一个试样)前必须单击负荷“调零”按钮进行负荷调零。之后可以不再调零，测试时伸长、位移、时间自动调零。

⑫ 选择控制方式：若为负荷控制(或应力控制)，则单击“开始测试”按钮，开始预加载，达到预加载值后进行以下操作。

⑬ 夹持引伸计(若使用引伸计)，最好夹持在试样的中间部分。

⑭ 测试开始：单击“开始测试”按钮，即可进入测试。

7. 结束测试

测试正常结束：依设定的实验结束条件而定；是破坏结束，还是非断裂结束；结束后十字头是停止，还是以最高速返回到原来位置；实验结束后约1 s，实验数据即可显示在主界面上。(注：直接按空格键，实验正常结束，实验结果有效。)

测试人为终止：由于人为因素，如试样夹持不好或引伸计未夹持等，需要停止实验时，可以在测试状态下，通过单击主界面工具条上的“终止测试”按钮终止测试，同时十字头停止移动。

8. 关　机

关闭主机电源，退出实验软件。

退出Windows：单击任务栏的“开始”按钮，选择“关闭计算机”，弹出一对话框，选择“关闭计算机”，单击“是”按钮。等计算机主机电源关闭后，关闭显示器。

【结果分析】

1. 弹性模量

用解析法计算合金的弹性模量。在应力-应变曲线的弹性段取 n 对数据点，用最小二乘法进行线性回归，所得直线的斜率即为弹性模量 E。

2. 塑性指标

测量试样断后标距长度、断口处最小直径，代入相应公式计算断后伸长率 δ 和断面收缩率 Ψ。

3. 强度指标

根据测得的拉伸曲线和强度指标的定义，计算合金的强度指标，包括弹性极限强度 σ_e、规定塑性变形强度 $\sigma_{p0.2}$ 或屈服强度 σ_s 和抗拉强度 σ_b。

4. 结果修约

强度性能指标修约至 1 MPa，断面收缩率修约至 1%，断后伸长率修约至 0.5%。

【注意事项】

1. 本实验的应变速率在 0.000 25～0.002 5 s^{-1} 之间。

2. 材料力学性能测试涉及高载荷、快速移动和材料变形贮能，所有可移动和可操作部件都有潜在危险，尤其测试系统的移动横梁。一旦认为存在危险，应立刻按下“紧急停止”按钮，停止实验并切断测试系统的电源。实验前必须仔细阅读相关手册并重点关注标有“警告”与“注意”的条款。实验过程中，务必确保不会对自己或他人造成危险。

3. 应充分利用所有的机械和电子限位功能。这些限位功能可以防止作动缸活塞或移动横梁的行程超过需要的操作区域，减少潜在风险。

【思考题】

1. 简述塑性材料和脆性材料拉伸曲线的异同点。
2. 为何用移位法测量断后标距 L_1？
3. 影响拉伸实验结果的因素有哪些？
4. 低碳钢和铝合金的拉伸过程可分为几个阶段？各阶段有何特征？

参考文献

[1] 国家机械委员会. 金属机械性能实验方法. 北京：机械工业出版社，1988.
[2] 姜伟之，等. 工程材料力学性能. 北京：北京航空航天大学出版社，2000.
[3] 中国国家标准化管理委员会. 金属拉伸试验方法：GB/T 228.1—2010. 中国标准出版社，2010.

1.10.2　金属材料压缩性能测试

【实验目的】

1. 了解常见碳钢、铸铁等金属材料的压缩性能；
2. 理解压缩性能指标的物理意义，掌握常规压缩性能的测试方法；
3. 学会正确使用电子万能材料试验机。

【实验原理】

压缩实验就是对试样施加轴向压力，在其变形和断裂过程中测定材料的强度和塑性。在压缩过程中，实时记录施加的压应力和材料发生的应变，可以获得材料的压缩应力-应变曲线，即压缩曲线。单向压缩实验柔性系数 α 为 2，主要用于脆性材料，以显示其通过静拉伸、扭转和弯曲等实验反映不出来的韧性力学行为。例如灰口铸铁在拉伸时表现为垂直于载荷轴线的脆性，但在压缩时则发生一定的塑性变形，并有沿 45°线的切断特征。对于脆性更大的材料，还可以采用应力状态柔性系数 α 大于 2 的多向不等压缩实验，以反映这些材料的微小塑性差异。

图 1.10.7 为典型压缩曲线示意图，图中曲线 1 代表塑性材料的压缩曲线，其上方虚线部分表示金属被压成饼状但并不断裂，因此无法在压缩实验中测出它的塑性和断裂抗力。曲线

2 代表脆性材料的压缩曲线，脆性材料在压缩时呈剪切破坏。

从理论上讲，压缩实验可以看作是反方向的拉伸实验，因此，金属拉伸时所定义的各种性能指标和相应的计算公式，对压缩实验都保持相同的形式。对比金属材料的拉伸实验，通过压缩实验可以测得金属材料如下压缩性能指标：

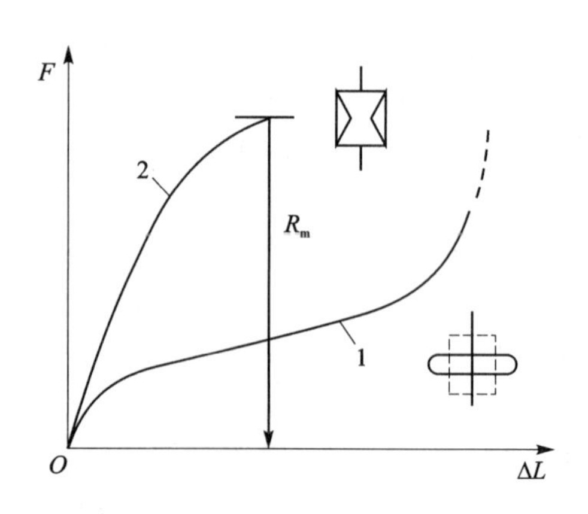

1—塑性材料；2—脆性材料

图 1.10.7　压缩曲线示意图

1 压缩弹性模量 E_c

实验过程中，应力-应变关系呈线性时的压缩应力与应变的比值即为压缩弹性模量 E_c，计算公式为

$$E_c=\frac{(F_k-F_j)L_0}{(\Delta L_K-\Delta L_j)A_0} \tag{1.10.18}$$

式中，k、j 为线性直线段上选取的两测量点标号；F 为对应的压力；ΔL 为对应的长度变化；L_0、A_0 为试样初始长度和截面积。

2. 压缩屈服强度 R_{eHc}

与材料的拉伸性能类似，材料在受到压缩应力作用时，也可以发生屈服现象。对应的屈服强度也可分为上屈服强度和下屈服强度，求解方法如图 1.10.8 所示。定义试样发生屈服首次下降前的最高压缩应力为材料的压缩上屈服强度 R_{eHc}，即

$$R_{eHc}=\frac{F_{eHc}}{A_0}\quad(\text{MPa}) \tag{1.10.19}$$

式中，F_{eHc} 为屈服时的实际上屈服压缩力；A_0 为试样的初始截面积。

定义屈服期间不计初始瞬时效应时的最低压缩应力为下压缩屈服强度 R_{eLc}，即

$$R_{eLc}=\frac{F_{eLc}}{A_0}\quad(\text{MPa}) \tag{1.10.20}$$

式中，F_{eLc} 为屈服时的实际下屈服压缩力；A_0 为试样的初始截面积。

3. 规定非比例压缩强度 R_{pc}

对于压缩过程中无明显屈服现象的材料，同样可以根据压缩曲线测定规定塑性变形强度 σ_P。在压缩曲线上，通过 ε 轴上规定的塑性变形点作一条与弹性阶段曲线平行的直线，则此平行线与曲线的交点对应的应力值即为所求的规定塑性变形强度 σ_P。如 $R_{pc0.2}$ 即表示规定非比例压缩应变为 0.2%时的压缩强度，其计算方法如下：

$$R_{pc}=\frac{F_{pc}}{A_0}\quad(\text{MPa}) \tag{1.10.21}$$

式中，F_{pc} 为规定非比例压缩变形的实际压缩力；A_0 为试样的初始截面积。

4. 抗压强度 R_{mc}

对于脆性材料，试样压至破坏过程中的最大压缩应力即为抗压强度，其计算方法如下：

$$R_{mc}=\frac{F_{mc}}{A_0}\quad(\text{MPa}) \tag{1.10.22}$$

式中，F_{mc} 为脆性材料压缩至破坏的过程中所经历的最大实际压缩力或塑性材料压缩至规定

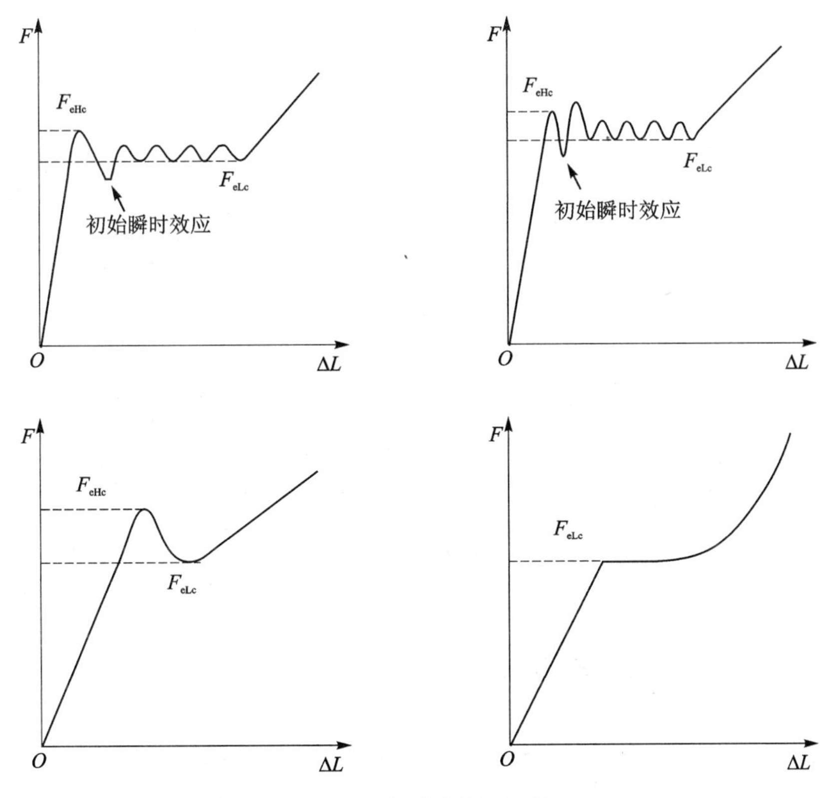

图 1.10.8　图解法求解 R_{eHc} 和 R_{eLc}

应变时的压缩力；A_0 为试样的初始截面积。对于在压缩过程中不以粉碎性破裂而失效的塑性材料，则抗压强度取决于规定应变和试样几何形状。

由于塑性材料的变形试件面积随载荷增加而逐渐增大，最后试件被压成饼状仍不破裂，故无法求得最大载荷及强度极限，只能测试屈服点 σ_s；而对于脆性材料，在很小的塑性变形下即发生破坏，因此只能测出它的破坏抗力 P_b。

【实验内容】

利用万能试验机测试碳钢、铸铁的压缩性能，包括测试材料的压缩弹性模量 E_c、强度指标压缩上屈服强度 R_{eHc}、压缩下屈服强度 R_{eLc}、规定非比例压缩强度 R_{pc} 和抗压强度 R_{mc}。

【实验条件】

1. 实验原料及耗材

碳钢和铸铁压缩试样，其形状与尺寸如图 1.10.9 所示。

压缩试样尺寸的选取需考虑试验机的量程和压缩实验的目的。$L=(2.5\sim3.5)d$ 和 $L=(2.5\sim3.5)b$ 的试样适用于测定压缩上屈服强度 R_{eHc}、下屈服强度 R_{eLc}、规定非比例屈服强度 R_{pc} 和抗压强度 R_{mc}；$L=(5\sim8)d$ 和 $L=(5\sim8)b$ 的试样适用于测定压缩弹性模量 E_c；$L=(1\sim2)d$ 和 $L=(1\sim2)b$ 的试样仅适用于测定抗压强度 R_{mc}。

2. 实验设备

SUNS 微机控制万能试验机、压缩夹具、千分尺。

【实验步骤】

1. 测量试样直径：在试样原始标距中点处，测量两个相互垂直方向上的直径，取其算术平

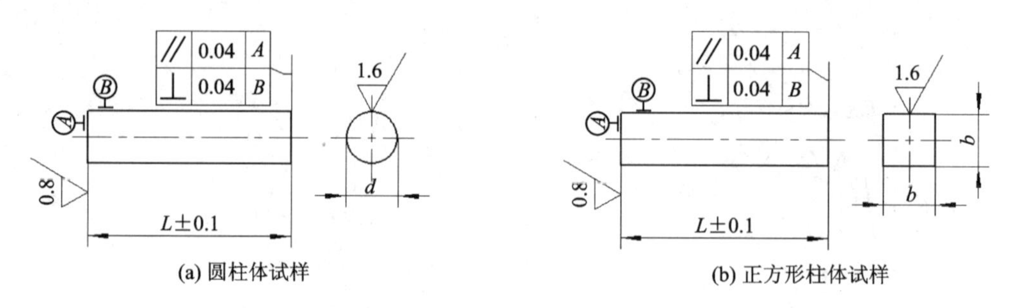

(a) 圆柱体试样　　(b) 正方形柱体试样

图 1.10.9　压缩试样形状与尺寸示意图

均值。

2. 安装试样：试样纵轴中心线应与压头轴线重合，在压缩夹具支架上对称安装两只千分表，在两个方向同时测试压缩样品的变形量，取其平均值作为试样的压缩变形量。

3. 参数设定：设置实验程序及实验参数，对相应传感器（载荷、位移、千分表）信号清零。

4. 开始实验：运行程序，对试样缓慢均匀加载，直至试样压缩至一定变形量或发生断裂后停止。

【结果分析】

1. 指标计算：根据碳钢、铸铁压缩实验数据计算压缩性能指标，包括压缩弹性模量 E_c 和强度指标 R_{eHc}、R_{eLc}、R_{pc}、R_{mc}。

2. 结果修约：强度性能值$<$200 MPa 时，修约至 1 MPa；200 MPa$>$强度性能值$>$1 000 MPa 时，修约至 5 MPa；强度性能值$>$1 000 MPa 时，修约至 10 MPa；弹性模量测定结果保留 3 位有效数字。

3. 出现下列情况之一时，实验结果无效，应重做实验：

① 未达到实验目的时，试样发生屈曲；

② 未达到实验目的时，试样端部局部压坏；

③ 实验过程操作不当；

④ 实验过程中实验仪器设备发生故障。

4. 实验结束后，试样上出现的冶金缺陷（如分层、气泡、夹渣、缩孔等），应在实验记录及报告中注明。

【注意事项】

1. 设备操作方法和步骤请参阅实验 1.10.1；

2. 压缩实验时，要设法减少端面摩擦以得到稳定的实验结果，因此，实验开始前需要在试样端面涂上润滑油脂；

3. 压缩过程中，应变速率控制在 0.000 05～0.000 1 s^{-1} 范围内；

4. 务必做好安全防护，严格遵守操作规程，注意人身安全。

【思考题】

1. 做压缩实验时应注意什么问题？

2. 分析碳钢、铸铁的压缩性能。

参考文献

[1] 国家机械委员会. 金属机械性能实验方法. 北京：机械工业出版社，1988.

[2] 姜伟之，等，工程材料力学性能. 北京：北京航空航天大学出版社，2000.

1.10.3　工程材料弯曲性能测试

【实验目的】

1. 加深对弯曲性能指标物理意义的理解；
2. 掌握常规弯曲性能指标的测定方法；
3. 掌握材料万能试验机的操作方法。

【实验原理】

弯曲实验是测定材料承受弯曲载荷时的力学特性的实验，是材料力学性能的一种基本测试方法。弯曲实验时，试样一侧为单向拉伸，另一侧为单向压缩，最大正应力出现在试样表面，对表面缺陷敏感，因此，弯曲实验常用于检验材料表面缺陷，如渗碳或表面淬火层质量等。另外，对于脆性材料，如铸铁、铸造合金、工具钢、硬质合金、陶瓷及复合材料等，因对偏心（即载荷作用线不能准确地通过试样轴线）敏感，利用拉伸实验不容易准确测定其力学性能指标，因此，常用弯曲实验测定脆性材料的抗弯强度，并相对比较其变形能力。

通过弯曲实验可获得材料的弯曲曲线，又称 $M-f$ 曲线或者 $F-f$ 曲线，如图 1.10.10 所示。它是将弯矩 M（或者载荷 F）作为纵坐标，试样的挠度 f 作为横坐标，表示弯矩或者载荷与试样中心线偏离原始位置的关系。

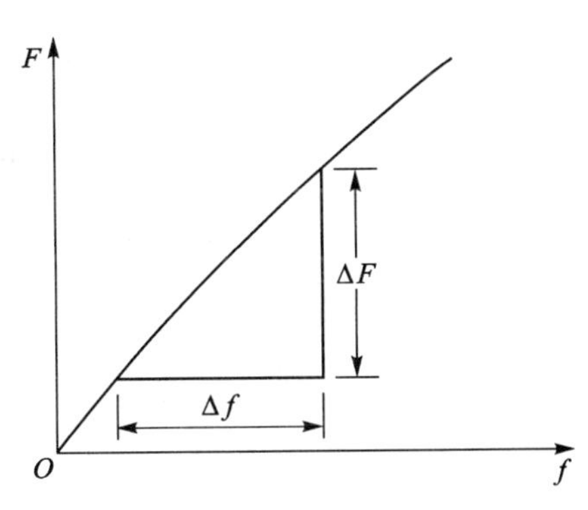

图 1.10.10　弯曲载荷变形曲线

由于加载方式不同，弯曲实验可分为两种类型，即三点弯曲和四点弯曲。由于后者有足够的均匀加载段，断裂的具体位置将由试样均匀加载段相对较弱的组织决定，因而可较好地全面反映材料的品质，而前者的断裂位置固定在加载集中的截面处。

对于三点弯曲，可在弯曲曲线上读取弹性直线段的弯曲力增量和相应的挠度增量，按下式计算弯曲弹性模量 E_b：

$$E_b=\frac{L_s^3}{48I}\left(\frac{\Delta F}{\Delta f}\right) \tag{1.10.23}$$

式中，I 为试件截面对中性轴的惯性矩；L_s 是两支点之间的跨距。对于矩形试样，$I=bh^3/12$。最大弯曲应力 σ_{bb} 为

$$\sigma_{bb}=\frac{F_{bb}L_s}{4W} \tag{1.10.24}$$

式中，F_{bb} 为最大弯曲力；W 为试件的抗弯截面系数，$W=bh^2/6$。

试样弯曲时，受拉侧表面最大正应力 σ_{max} 为

$$\sigma_{max}=\frac{M_{max}}{W}\quad(\text{MPa}) \tag{1.10.25}$$

式中，M_{max} 为最大弯矩；W 为试样抗弯截面系数。

对于三点弯曲实验，最大弯矩计算公式为

$$M_{max}=\frac{FL}{4}\quad(\text{N}\cdot\text{m}) \tag{1.10.26}$$

而对于四点弯曲加载，最大弯矩为

$$M_{\max}=\frac{FK}{2}\quad(\mathrm{N\cdot m})\tag{1.10.27}$$

式中，F 为断裂时的弯曲载荷；L、K 的定义如图 1.10.11 所示。

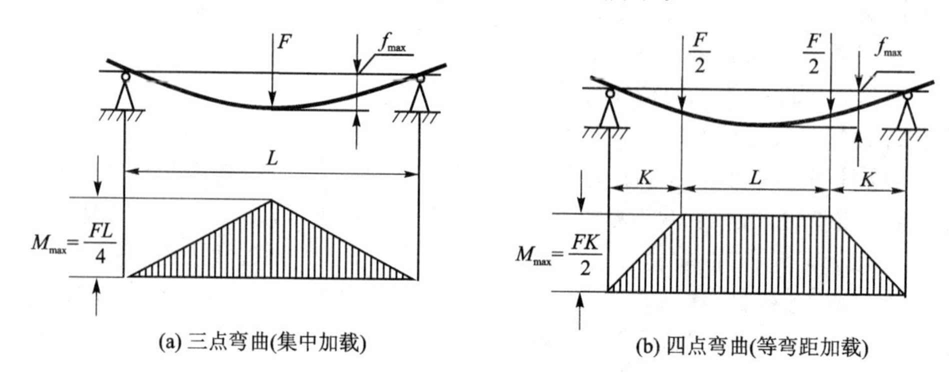

图 1.10.11　弯曲加载方式

对于直径为 d_0 的圆柱形试样，抗弯截面系数 W 为

$$W=\frac{\pi d_0^3}{32}\quad(\mathrm{m^3})\tag{1.10.28}$$

对于高度为 h 的矩形试样，抗弯截面系数 W 为

$$W=\frac{bh^2}{6}\quad(\mathrm{m^3})\tag{1.10.29}$$

对于脆性金属材料，可根据弯矩图计算抗弯强度 σ_{bb}：

$$\sigma_{bb}=\frac{M_{\max}}{W}\quad(\mathrm{MPa})\tag{1.10.30}$$

弯曲实验试样截面的应力分布是不均匀的，表面应力大，可以较灵敏地反映材料表面缺陷，通常用来比较和鉴定渗碳层和表面淬火层等表面热处理机件的质量和性能。弯曲实验之所以在铸件质量检查中采用较多，除上述原因之外，还因为铸铁机器零件的强度主要取决于表面部分的组织状态，而铸件表面部分的石墨化程度最小，硬度最高。采用衡量表面质量较敏感的弯曲实验最能体现铸件表面强度的特性。

【实验内容】

测试聚丙烯(PP)、聚乙烯(PE)、聚苯乙烯(PS)或金属材料的弯曲性能。

【实验条件】

1. 实验原料及耗材

聚丙烯(PP)、聚乙烯(PE)、聚苯乙烯(PS)和金属材料弯曲试样。

金属材料一般采用圆柱形或矩形试样，参照国家标准 GB/T 232—2010《金属材料弯曲试验方法》加工；高分子材料可采用注塑、模塑或由板材机械加工制成矩形截面试样，标准尺寸为长 $l=(55\pm1)$mm，宽 $w=(10\pm0.5)$mm，厚 $h=(4\pm0.2)$mm。

2. 实验设备

SUNS 微机控制万能试验机、三点弯曲夹具、千分尺。

【实验步骤】

1. 尺寸测量

在试样的两端及中间共 3 个位置测量宽度和厚度，取其算术平均值作为试样的宽度和厚度，计算试样的初始横截面积 A_0。

2. 试样安装

把试样放置在三点弯曲夹具的下夹具支座辊上，并保证试样在支座辊的中心位置，上压头的加载轴线应与试样的中心线重合，防止出现试样偏斜现象。

3. 参数设定

设置好实验程序及实验参数，对相应传感器(载荷、位移)信号清零。

4. 实验开始

运行程序，对试样缓慢均匀加载，直至试样弯曲至一定变形量或发生断裂后停止实验。

【结果分析】

根据计算公式计算高分子和/或金属材料的弯曲强度。

【注意事项】

1. 设备操作方法、步骤和注意事项请参阅实验 1.10.1；
2. 安装试样时，保证试样在支座辊的中心位置，上压头的加载轴线应与试样的中心线重合，避免试样出现偏斜；
3. 严格遵守实验室管理规定，注意人身和设备安全。

【思考题】

1. 做弯曲实验应注意什么问题？
2. 弯曲实验加载方式有哪几种？

参考文献

[1] 中国国家标准化管理委员会. 金属材料弯曲试验方法：GB/T 232—2010. 中国标准出版社，2010.
[2] 国家质量技术监督局. 塑料弯曲性能试验方法：GB/T 9341—2000. 中国标准出版社，2000.
[3] 姜伟之，等. 工程材料力学性能. 北京：北京航空航天大学出版社，2000.

1.10.4　金属材料平面应变断裂韧性 K_{IC} 测试

【实验目的】

1. 了解金属材料平面应变断裂韧性 K_{IC} 实验的基本原理、对试样形状和尺寸的要求及其制备过程；
2. 掌握三点弯曲试样 K_{IC} 的测试方法及实验结果的处理方法。

【实验原理】

断裂韧性 K_{IC} 是金属材料在平面应变和小范围屈服条件下，裂纹失稳扩展时应力场强度因子 K_I 的临界值，它表征金属材料对脆性断裂的抗力，是度量材料韧性好坏的一个定量指标。若构件中含有长度为 a 的裂纹，所承受的名义应力为 σ，则 K_I 的一般表达式为

$$K_I = Y\sigma\sqrt{a} \tag{1.10.31}$$

式中，Y 为与试样及裂纹几何形状有关的因子。测试 K_{IC} 时，必须将测试材料制成一定形状和尺寸的试样，在试样上预制一定形状和长度的裂纹，并在一定的加载方式下进行实验。如果实验是在平面应变和小范围屈服条件下进行的，那么，只要测出试样上裂纹失稳扩展时的临界载荷 F_Q，则可计算出金属材料断裂韧性的临界值，即断裂韧性 K_{IC}。

常采用厚度大于或等于 1.6 mm、带有疲劳裂纹的三点弯曲、紧凑拉伸、C 形拉伸或圆形紧凑拉伸试样测定金属材料平面应变断裂韧性 K_{IC}。在三点弯曲或拉伸加载下，试验机自动记录载荷 F 和裂纹张开位移 V。在 $F-V$ 曲线的线性段，对表观裂纹扩展量进行规定的偏离，确定 2% 的最大表观裂纹扩展量所对应的载荷 F_Q，根据该载荷及断口测量获得的裂纹长度计算应力强度因子 K_Q。如果实验结果满足有效性判据（参见本实验结果分析内容），则 $K_Q=K_{IC}$，否则，实验结果无效。

在中性环境中，当裂纹前沿近似处于平面应变条件，且裂纹尖端塑性区尺寸远小于裂纹尺寸和约束方向上试样尺寸时，实验测定的 K_{IC} 是材料断裂韧性的下限值。

材料的 K_{IC} 值和加载速率有关，要求加载速率使试样的应力强度因子增量在 0.55～2.75 $\mathrm{MPa}\sqrt{\mathrm{m}}/\mathrm{s}$ 范围内。对于只能控制位移速率的材料试验机，一般要求试验机加载速率 $V=0.5\sim2.0$ mm/min。

试样形状有三点弯曲 SE(B)、紧凑拉伸 $C(T)$、C 形拉伸试样 A(T) 和圆形拉伸试样 DC(T)，其中最常用的是三点弯曲和紧凑拉伸试样。标准三点弯曲试样的形状、尺寸以及表面粗糙度要求见图 1.10.12。

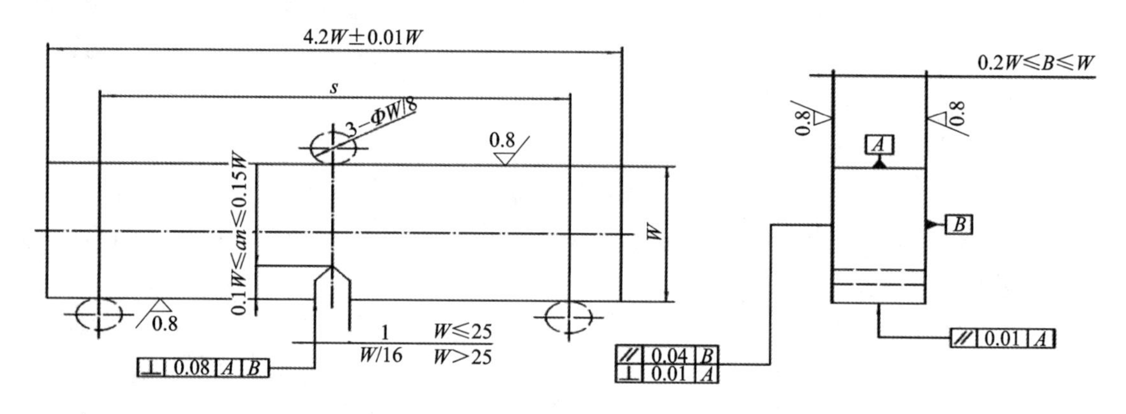

图 1.10.12 测试 K_{IC} 三点弯曲标准试样

测试 K_{IC} 的三点弯曲 SE(B) 试样尺寸比例为 $B:W:S$（厚度∶宽度∶跨距）$=1:2:8$，测试 K_{IC} 的紧凑拉伸 $C(T)$ 试样尺寸比例 $B:W$（厚度∶宽度）$=1:2$。

测定 K_{IC} 的试样尺寸必须保证裂纹尖端处于平面应变和小范围屈服状态。试样尺寸正比于材料断裂韧性与屈服强度之比（即 $K_{IC}/R_{p0.2}$）的平方；试样厚度 B、韧带宽度 $W-a$（试样宽度 W 与裂纹长度 a 之差）和裂纹长度 a 应符合以下条件：

$$\left.\begin{matrix} B \\ a \\ W-a \end{matrix}\right\} \geqslant 2.5\left(\frac{K_{IC}}{R_{p0.2}}\right)^2 \tag{1.10.32}$$

为确定试样尺寸，需要预先测定材料的 $R_{p0.2}$ 和估计试样（也可参考相近材料）的 K_{IC} 值，然后根据式（1.10.32）确定试样的最小厚度 B，再根据试样各尺寸间的比例关系确定其他尺寸。若所测试材料的 K_{IC} 值无法估计，则可根据材料的 $R_{P0.2}/E$（E 为弹性模量）的比值来确定试样尺寸（见表 1.10.1）。除韧性非常好的材料外，表 1.10.1 所推荐的尺寸对所有材料都适用。

由于材料的断裂韧性 K_{IC} 与裂纹面取向和裂纹扩展方向有关，在切取试样时应注明原材料的加工状态和切取方向。试样毛坯粗加工后，进行热处理和磨削加工，然后开缺口和预制疲劳裂纹。试样上的缺口一般用线切割加工。为了使引发的裂纹平直,缺口应尽可能尖锐,一般要求缺口尖端半径为 0.08～0.1 mm。

表 1.10.1 根据 $R_{p0.2}/E$ 值推荐的试样最小厚度 B 和裂纹长度 a

mm

$R_{p0.2}/E$	B,a	$R_{p0.2}/E$	B,a
0.005 0～0.005 7	75	0.007 1～0.007 5	32
0.005 7～0.006 2	63	0.007 5～0.008 0	25
0.006 2～0.006 5	50	0.008 0～0.008 5	20
0.006 5～0.006 8	44	0.008 5～0.010 0	12.5
0.006 8～0.007 1	38	≥0.010 0	6.5

试样开好缺口后,需在疲劳试验机上预制疲劳裂纹,预制疲劳裂纹的过程要求如下:

$$K_{fmax}/K_Q \leqslant 0.7 \tag{1.10.33}$$

$$F_{min}/F_{max} \leqslant 0.1 \tag{1.10.34}$$

式中,K_{fmax} 为最大应力强度因子;K_Q 为条件应力强度因子;F_{min} 为最小载荷;F_{max} 为最大载荷。

试样表面上的裂纹长度应大于 $0.025W$ 或 1.3 mm,取两者中较大者。a/W 值控制在 0.45～0.55 范围内。预制疲劳裂纹时,先用铅笔在试样两个侧面垂直于裂纹扩展方向画一条标志线,标志线距离线切割缺口一侧的距离为 $0.5W$。预制疲劳裂纹时,可使用降载法,即开始时用较大载荷,当裂纹扩展一定的长度后减小载荷,使裂纹扩展速率降低,以便控制裂纹尺寸达到实验要求。预制疲劳裂纹的过程中应使用放大镜仔细检视裂纹的扩展情况,遇到试样两侧裂纹扩展深度相差较大时,可将试样掉转方向继续加载,直到裂纹长度扩展到标志线时停止加载。

【实验内容】

1. 在高频疲劳试验机上预制长度为 a 的裂纹;
2. 利用材料试验机测试试样的临界载荷 F_Q;
3. 用读数显微镜测量裂纹长度 a;
4. 计算并判定 K_Q 有效性;
5. 计算材料的断裂韧性 K_{IC}。

【实验条件】

1. 实验原料及耗材

实验室提供 $45^{\#}$ 碳钢试样。

2. 实验设备

高频疲劳试验机、材料试验机、卡尺。

【实验步骤】

1. 在高频疲劳试验机上预制长度为 a 的裂纹。

2. 测量试样尺寸:在缺口附近至少三个位置上测量试样宽度 W 和厚度 b,取其平均值。

3. 在材料试验机上安装弯曲试样支座:使加载线通过跨距 s 的中心,放置试样时使裂纹尖端位于跨距的正中,而且试样与支座辊的轴线成直角。

4. 在试样上贴刀口,安装引伸计。

5. 调整好实验程序，设置实验参数，对相应传感器（载荷、位移、引伸计）信号清零。

6. 开机实验；对试样缓慢均匀加载，实验开始后，计算机开始采集数据并显示 $F-V$ 曲线，直至试样发生失稳断裂后停止。

7. 实验停止后，取下引伸计，压断试样。将断后的试样放在工具显微镜下测量裂纹长度 a，由于裂纹前沿不平直，规定在 $B/4$、$B/2$、$3B/4$ 的位置上测量裂纹长度 a_2、a_3、a_4（如图 1.10.13 所示），取其平均值作为裂纹长度输入计算机，要求 a_2、a_3、a_4 中任意两个值之差均不得大于 a 的 10%。

【结果分析】

1. 确定 F_Q 值

实验中得到的载荷-位移（$F-V$）曲线如图 1.10.14 所示。过 $F-V$ 曲线的线性段作直线 OA，并通过 O 点画割线 OB 交曲线于 F_5，割线 OB 的斜率 $(F/V)_5=0.95(F/V)_0$，其中 $(F/V)_0$ 是直线 OA 的斜率。如果在 F_5 以前，$F-V$ 曲线上每一点的载荷都低于 F_5，则取 $F_Q=F_5$，如图 1.10.14 中Ⅰ型曲线；如果在 F_5 以前，还有一个超过 F_5 的载荷，则取此载荷为最大载荷 F_Q，如图 1.10.14 中Ⅱ、Ⅲ型曲线。

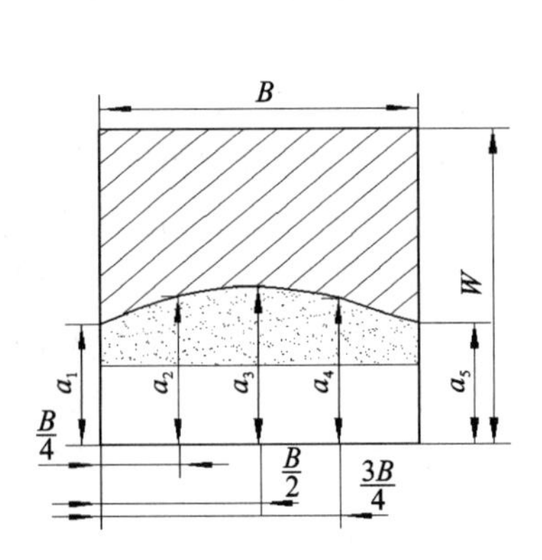

图 1.10.13 裂纹长度测量示意图

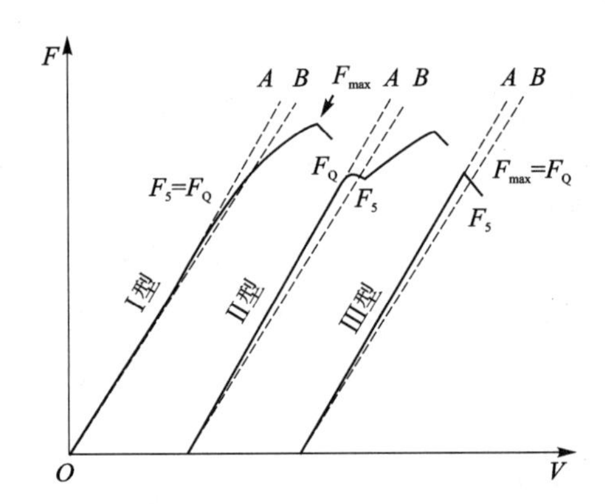

图 1.10.14 三种基本类型的 $F-V$ 曲线

2. 计算载荷比

定义载荷比为 F_{max}/F_Q，其中，F_{max} 为试样所能承受的最大载荷。若 $F_{max}/F_Q\leqslant 1.10$，则可按公式(1.10.35)计算相应试样的 K_Q 值。如果 $F_{max}/F_Q>1.10$，则该实验为无效的 K_{IC} 实验。

$$K_Q=\frac{F_Q S}{BW^{\frac{3}{2}}}f\left(\frac{a}{W}\right) \tag{1.10.35}$$

式中：

$$f\left(\frac{a}{W}\right)=\frac{\left(3\frac{a}{W}\right)^{\frac{1}{2}}\left[1.99-\left(\frac{a}{W}\right)\left(1-\frac{a}{W}\right)\times\left(2.15-3.93\frac{a}{W}+2.7\frac{a^2}{W^2}\right)\right]}{2\left(1+2\frac{a}{W}\right)\left(1-\frac{a}{W}\right)^{\frac{3}{2}}} \tag{1.10.36}$$

F_Q 为前面所求得的载荷，N；B、W 分别为试样的厚度和宽度，mm；S 为跨距，mm；a 为预制的裂纹长度，mm。为便于手工计算 K_Q，表 1.10.2 列出了 $a/W=0.45\sim0.55$ 所对应的

$f(a/W)$值。

表 1.10.2　弯曲试样的 $f(a/W)$值

a/W	$f(a/W)$	a/W	$f(a/W)$	a/W	$f(a/W)$
0.450	2.29	0.485	2.54	0.520	2.84
0.455	2.32	0.490	2.58	0.525	2.89
0.460	2.35	0.495	2.62	0.530	2.94
0.465	2.39	0.500	2.66	0.535	2.99
0.470	2.43	0.505	2.70	0.540	3.04
0.475	2.46	0.510	2.75	0.545	3.09
0.480	2.50	0.515	2.79	0.550	3.14

3. 评断 K_Q 的有效性

当实验结果同时满足以下两个条件时，$K_Q=K_{IC}$，否则实验结果无效，应该加大试样的尺寸重新测定 K_{IC}。

① $F_{max}/F_Q \leqslant 1.10$；

② 试样厚度 B、裂纹长度 a 及 $W-a>2.5(K_Q/R_{P0.2})^2$。

另外，要求断口形貌主要为平面断口。

【思考题】

1. K_{IC} 试样的尺寸(三点弯曲试样)如何确定?

2. K_Q 有效性判定条件有哪些?

参考文献

[1] 国家机械委员会. 金属机械性能实验方法. 北京：机械工业出版社，1988.

[2] 姜伟之，等. 工程材料力学性能. 北京：北京航空航天大学出版社，2000.

1.10.5　金属材料低周疲劳性能测试

【实验目的】

1. 了解低周疲劳实验的方法；

2. 了解低周疲劳试验机的结构。

【实验原理】

按破坏循环次数的高低可将疲劳分为两类：①高循环疲劳(高周疲劳)，作用于零件、构件的应力水平较低，破坏循环次数一般高于 $10^4\sim10^5$，弹簧、传动轴等的疲劳属于此类；②低循环疲劳(低周疲劳)，作用于零件、构件的应力水平较高，破坏循环次数一般低于 $10^4\sim10^5$，如压力容器、燃气轮机零件的疲劳等。实践表明，疲劳寿命分散性较大，必须进行统计分析，考虑存活率(即可靠度)问题。具有存活率 p(如 95%、99%、99.9%)的疲劳寿命 N_p 的含义：母体(总体)中有 p 的个体的疲劳寿命大于 N_p，而母体被破坏的概率等于$(1-p)$。常规疲劳实验得到的 $S-N$ 曲线是 $p=50\%$的曲线，对应于各存活率 p 的 $S-N$ 曲线称为 $p-S-N$ 曲线。

进行低周疲劳测试时，控制总应变中多少包括有塑性应变，因而低周疲劳也称为应变疲劳、条件疲劳或低循环疲劳。

材料低周疲劳性能实验方法是用一组试样，分别以不同的总应变范围 $\Delta\varepsilon_t$（$\Delta\varepsilon_t=\varepsilon_{max}-\varepsilon_{min}$）循环加载。低周疲劳实验常用应变循环比 $R=\varepsilon_{min}/\varepsilon_{max}=-1$，即对称循环控制应变加载，$\Delta\varepsilon_t/2$ 大致从接近材料的屈服应变 $\varepsilon_s=\sigma_s/E$ 至 $1.01\sigma_s/E$ 范围内变化。正因为实验中循环应变半幅基本上超过了 ε_s，所以一个完全循环加载下的 σ-ε 变化过程必然为一条滞后回线，如图 1.10.15 所示。

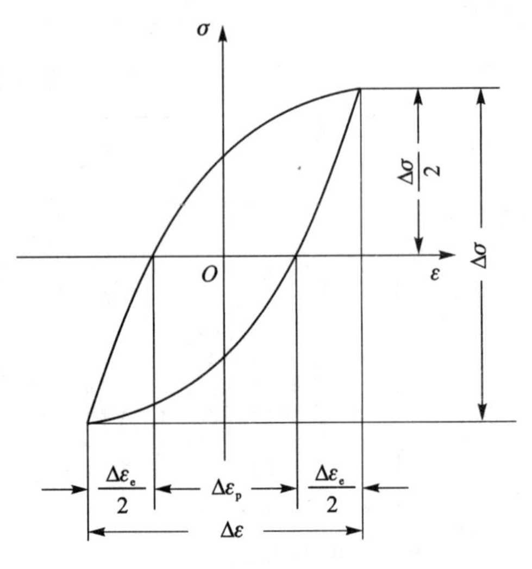

图 1.10.15　低周疲劳滞后回线

在循环初期，材料可能出现循环硬化或循环软化现象，所以循环初期的应力－应变滞后曲线并不封闭，如图 1.10.16 所示。随着循环周次的增加，不稳定过程会逐渐趋于稳定并使滞后回线成为闭合曲线。实验一直进行到试样断裂，给出相应的低周疲劳断裂周次 N_f。一组试样可以得到一组稳定的滞后回线以及相应的 $\Delta\varepsilon_t$、$\Delta\sigma$ 和 N_f 数值。

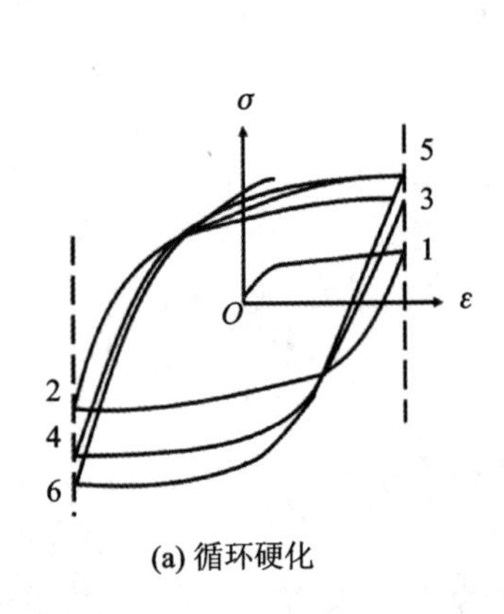

(a) 循环硬化

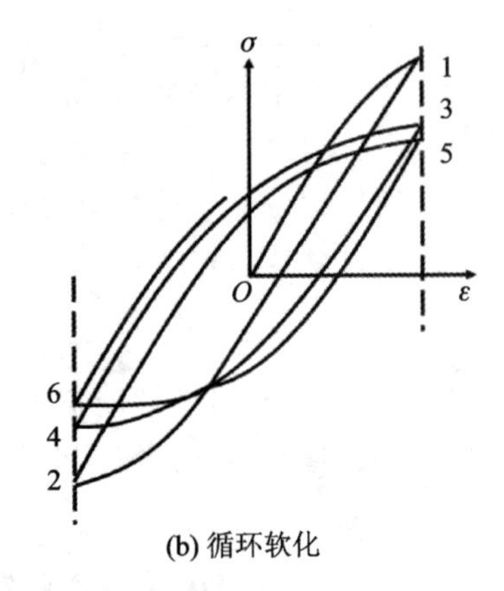

(b) 循环软化

图 1.10.16　低周疲劳循环硬化和循环软化

目前低周疲劳实验大多在自动控制的液压万能试验系统上进行，MTS 材料试验系统是进行低周疲劳的理想设备。该设备具有高度自动化的计算机控制系统，能实现控制方式的动态转换，如装卡试样为载荷控制而在试验时可转变为应变控制方式；能精确控制应变的大小，可进行数据的自动采集和实验结束后的数据处理，可给出低周疲劳应力-应变滞后回线及实验报告。

关于循环 σ-ε 曲线的测定，目前有很多种方法，最常用的方法有：

① 采用一组相同的试样，在不同的应变水平下循环加载，直到各自的滞后回线趋于稳定，然后把重叠在一起的滞后回线的顶点连接起来，即可得到循环 σ-ε 曲线。

② 采用单试样法，在一组应变水平下循环加载，每一水平下的循环数必须足以使应力达到稳定，但次数不能过多，以免产生严重的疲劳损伤。然后，通过这些应力-应变滞后回线的顶点拟合成一条光滑的循环应力-应变曲线，这种方法即为多级试验法。

③ 使用诸如 MTS 类的材料试验系统，开发计算机应用程序，将各级应变水平编成一组由

小到大、再由大到小的程序块，如图 1.10.17 所示。将此程序块谱加载到一根试样上，并连续实验，通过计算机终端实时监视循环应力-应变曲线。循环一定周次后，应力达到稳定，把这个稳定的应力-应变程序块的每个应变所对应的应力采集下来作为一组数据，用这一组对应的应力、应变数据作图，得到循环 $\sigma-\varepsilon$ 曲线，这就是增级试验法。

低周疲劳的应变-寿命（$\Delta\varepsilon_t-N_f$）曲线常用总应变半幅（$\Delta\varepsilon_t/2$）和循环断裂失效（试样断裂或相应载荷幅值下降 5%或 10%）的循环反向数（$2N_f$）来表征，把 $2N_f$ 作为双对数坐标系的 X 轴，$\Delta\varepsilon_t/2$ 作为 Y 轴，如图 1.10.18 所示。通常把总应变幅（$\Delta\varepsilon_t$）分解为弹性应变半幅（$\Delta\varepsilon_e$）和塑性应变半幅（$\Delta\varepsilon_p$），它们与循环反向数（$2N_f$）的关系可近似用直线表示。其中，$\Delta\varepsilon_e-2N_f$ 的关系如下：

$$\Delta\varepsilon_e/2=(\sigma_f'/E)(2N_f)^b \tag{1.10.37}$$

式中，σ_f'为 $2N_f=1$ 时的直线截距，称为疲劳强度系数。由于 $2N_f=1$ 相当于一次加载，所以可以粗略地取 $\sigma_f'=\sigma_f$（静拉伸的真实断裂应力）；b 为直线斜率，称为疲劳强度指数。

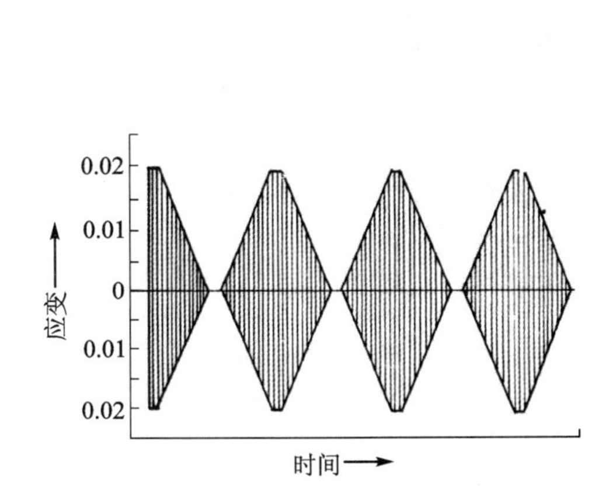

图 1.10.17　应变程序块谱

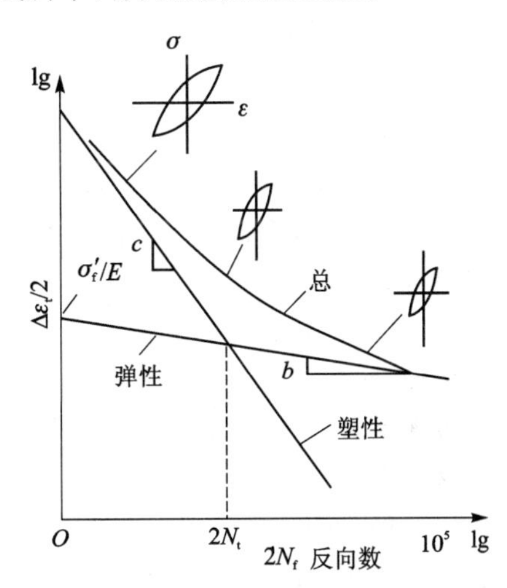

图 1.10.18　应变寿命曲线

$\Delta\varepsilon_p-2N_f$ 的关系一般用 Manson－Coffin 经验方程给出，即

$$\Delta\varepsilon_p/2=\varepsilon_f'(2N_f)^c \tag{1.10.38}$$

式中，ε_f'为 $2N_f=1$ 时的直线截距，同理可取 $\varepsilon_f'=\varepsilon_f$（静拉伸的真实断裂应变），称为疲劳塑性系数，$c$ 为直线斜率，称为疲劳塑性指数。由此，$\Delta\varepsilon_t-2N_f$ 的关系可由下式给出：

$$\Delta\varepsilon_t/2=\Delta\varepsilon_e/2+\Delta\varepsilon_p/2=(\sigma_f'/E)(2N_f)^b+\varepsilon_f'(2N_f)^c \tag{1.10.39}$$

此时，可看作是传统的 $S-N$ 曲线和 Manson－Coffin 曲线的叠加，此式既反映了长寿命的弹性应变-寿命关系，又反映了短寿命的塑性应变-寿命关系。当 $N_f=10^6$ 周次时，$\Delta\varepsilon_p\to0$，$\Delta\varepsilon_t$ 也很小，难以进行控制应变的实验，因而一般在长寿命区实际是控制应力的实验结果。

【实验内容】

此实验以老师演示为主。在演示 N 周循环疲劳实验时，注意观察实验过程以及材料的循环硬化、循环软化现象。

【实验条件】

1. 实验原料及耗材

45# 钢标准疲劳试样。试样设计应保证其受载时正常工作，不致失稳，并使试样断在有效工作段内。推荐试样工作段部分的最小直径 d 为 5 mm，试样平行段长度为 $2d+d$，试样的端部根据所用夹具和材料来选择。

2. 实验设备

MTS±100KN 液压伺服疲劳试验机、室温和高温应变引伸计、液压夹具、专用低周疲劳高温夹具。

【实验步骤】

1. 启动液压源，安装试样；
2. 装卡引伸计，卸下定位鞘；
3. 设置低周疲劳软件的一些参数，如控制应变范围、频率、弹性模量、循环周数等；
4. 对传感器设置极限保护，以保证设备的安全；
5. 检查无误，启动程序；
6. 实验停止后，去掉极限保护，卸下引伸计；
7. 分析实验结果。

【结果分析】

1. 通过疲劳实验判定 45# 钢在低周疲劳初期是具有循环硬化还是循环软化现象；
2. 使用软件对应力-应变滞后回线的顶点进行拟合，绘制循环应力-应变曲线；
3. 绘制应变-寿命曲线，并计算疲劳强度指数 σ_f'、疲劳塑性系数 ε_f' 和过度寿命 N_T。

【注意事项】

1. 实验前必须认真预习，阅读相关书籍，掌握相关基础理论；
2. 引伸计控制状态，不要触碰引伸计，以免损坏引伸计和试样；
3. 遵守实验室规章制度，服从教师安排，注意人身和设备安全。

【思考题】

1. 何谓循环硬化和循环软化？
2. 比较低周、高周疲劳的异同点。

参考文献

[1] 国家机械委员会. 金属机械性能实验方法. 北京：机械工业出版社，1988.
[2] 姜伟之，等. 工程材料力学性能. 北京：北京航空航天大学出版社，2000.

1.10.6 金属材料旋转弯曲疲劳性能测试

【实验目的】

1. 了解旋转弯曲疲劳试验机测试疲劳极限的方法；
2. 了解旋转弯曲疲劳试验机的结构、原理。

【实验原理】

图 1.10.19 为应用最早的试验机示意图，试验机采用悬臂梁式结构，具有结构简单、精度高、使用可靠等特点，目前国内外仍广泛使用，并不断加以改进。

1. 旋转弯曲疲劳试验机结构

试验机由机架、交流高速电机及驱动器、测控系统、加载砝码、高温炉及高温控制器、高温夹具、润滑装置、保护装置、计数装置等组成。试验机采用前后弹性夹头夹持试样，夹头与主轴弹性筒夹精密连接，可使夹持的试样径向跳动不大于 0.01 mm，空载运转跳动量不大于

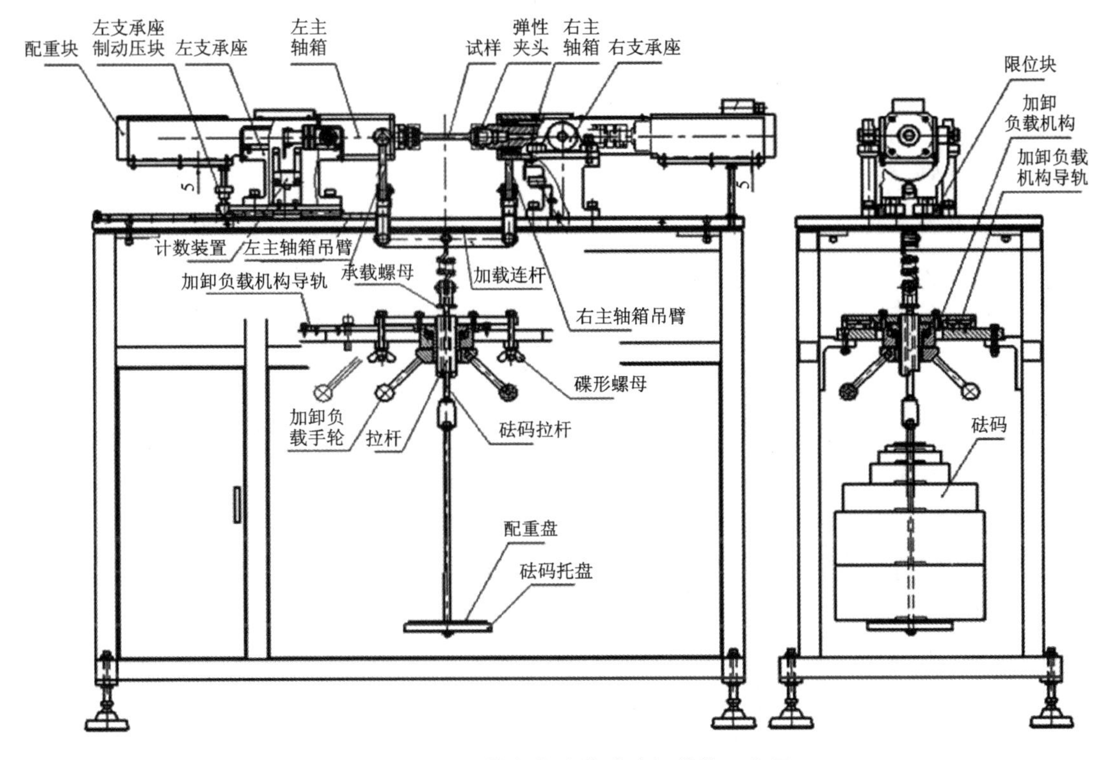

图 1.10.19　旋转弯曲疲劳试验机结构示意图

0.05 mm。当试样断裂时，砝码拉杆法兰自动下移至接近开关响应位置，自动停止实验。

2. 试验机基本参数

① 加载能力：最大载荷 25 N，载荷最小单位 0.01 N，精度±1%；

② 加载力臂 216 mm；

③ 试验机转速：加载条件下转速为 1 500～10 000 r/min，转速恒定，波动±0.5%；

④ 高温炉：加热温度为 300～1 200 ℃，均温区≥5 mm；

⑤ 最大计数 10^9；

⑥ 具有安全、可靠的断电和电机过热保护功能。

3. 用　途

(1) 疲劳极限的测定

金属材料疲劳极限是其 $S-N$ 疲劳曲线水平部分所对应的应力，它表征材料经受无限次应力循环而不断裂的最大应力，一般用符号 σ_R 表示（R 为最小应力与最大应力之比，称为循环比）。若实验在对称循环应力（即 $R=-1$）下进行，则其疲劳极限以 σ_{-1} 表示。材料的疲劳极限 σ_{-1} 通常在旋转对称弯曲疲劳试验机上测定。

金属材料条件疲劳极限 $\sigma_{R(N)}$ 的基数 N_0 是根据经验选取的，一般取 $1\times10^7\sim5\times10^8$。

(2) 升降法测试疲劳极限

1) 升降法简介

通常采用升降法测定条件疲劳极限，试样的数量一般在 13 根以上。这种方法是预先指定某一个循环基数，从略高于预计条件疲劳极限的应力水平开始实验（对于钢材，$\sigma_{R(N)}$ 一般在 $(0.45\sim0.5)\sigma_b$ 之间，因此第一级应力 σ_1 取 $0.5\sigma_b$），然后逐渐降低应力水平，整个实验在 3～5

个应力水平下进行，应力增量 $\Delta\sigma$ 一般为预计疲劳极限的 3%～5%。升降法可用图 1.10.20 描述，其原则是：凡前一个试样若不到规定的循环周次 N_0 就断裂（用符号"×"表示），则后一个试样就在低一级应力水平下进行实验；相反，若前一个试样在规定的循环周次 N_0 下仍未发生断裂（用符号"○"表示），则随后的一个试样就在高一级应力水平下进行。照此方法，直到得到 13 个以上的有效数据为止。

在处理升降法实验结果时，出现第一对相反结果以前的数据均舍去，如图 1.10.20 中的第 3 和第 4 点是第一对出现相反结果的点，因此点 1 和点 2 的数据应舍去，余下数据点均为有效实验数据。这时条件疲劳极限 $\sigma_{R(N)}$ 按下式计算：

$$\sigma_{R(N)}=\frac{1}{m}\sum_{i=1}^{p}V_i\sigma_i \tag{1.10.40}$$

式中，m 为有效实验的总次数（破坏或通过数据点均计算在内）；p 为实验应力水平级数；σ_i 为第 i 级应力水平；V_i 为第 i 级应力水平下的实验次数（$i=1,2,\cdots,p$）。

2）示　例

图 1.10.21 所示为用升降法测得的 40CrNiMo 钢调质处理试样的实验结果，将数据代入公式（1.10.40），计算条件疲劳极限 σ_{RN} 为

$$\sigma_{RN}=\frac{1}{13}\times(2\times546.7+5\times519.4+5\times492.1+464.8)\ \text{MPa}=508.9\ \text{MPa}$$

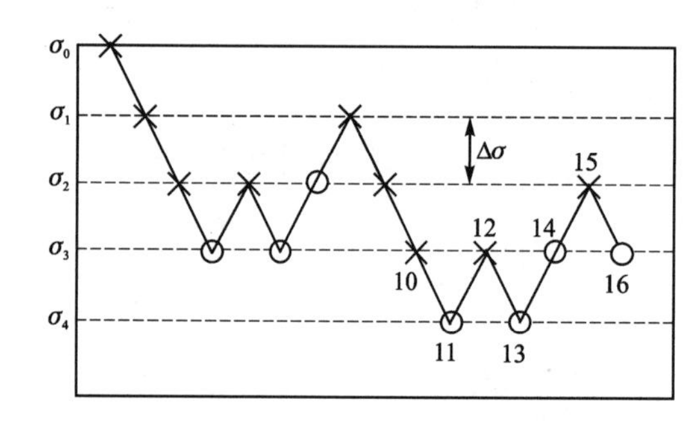

图 1.10.20　升降法应力水平加载示意图

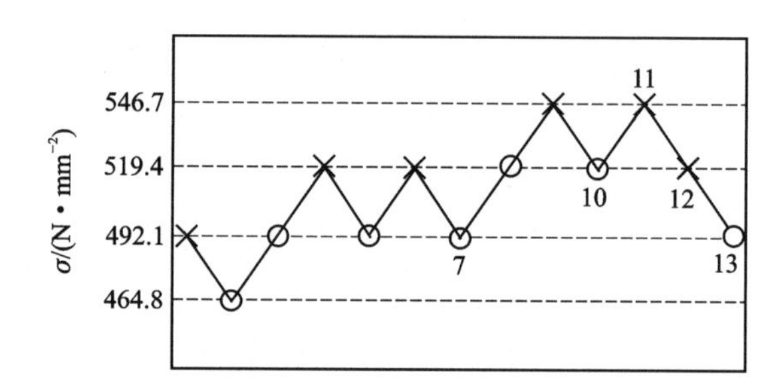

图 1.10.21　40CrNiMo 钢的升降法测试结果

【实验内容】

本实验为演示性实验，介绍疲劳极限的测定及 $S-N$ 曲线的测试方法。

【实验条件】

1. 实验原料及耗材

45# 钢旋转弯曲疲劳试样。

2. 实验设备

旋转弯曲疲劳试验机。

【实验步骤】

1. 安装试样，要牢固夹紧并进行检查；
2. 通过砝码对试样加载荷；
3. 检查无误，启动运行按钮；
4. 试样断裂后，记录循环次数和载荷；
5. 重复上述测试，直至所有试样测试完毕。

【结果分析】

1. 按升降法测定材料疲劳极限数据的处理规则处理实验数据；

2. 参照示例，利用公式(1.10.40)计算45#钢的条件疲劳极限σ_{RN}。

【注意事项】

1. 实验前必须认真预习，阅读相关书籍，掌握相关基础理论。

2. 试验机必须安装牢固，防止试验机在使用过程中机件振动；两个主轴要保持水平和同心；试验机要有准确、可靠的应力循环计数器和自动停车装置。

3. 遵守实验室规章制度，服从教师安排，注意人身和设备安全。

【思考题】

1. 材料疲劳极限的意义是什么？

2. 简述升降法测定材料疲劳极限的方法。

3. 如何处理升降法测定材料疲劳极限的实验数据？

参考文献

[1] 国家机械委员会. 金属机械性能实验方法. 北京：机械工业出版社，1988.
[2] 姜伟之，等. 工程材料力学性能. 北京：北京航空航天大学出版社，2000.

1.10.7　金属材料蠕变性能测试

【实验目的】

1. 了解蠕变实验方法；

2. 了解蠕变试验机的结构及工作原理；

3. 熟悉金属材料蠕变曲线的特征。

【实验原理】

1. 金属蠕变现象

当超过一定温度后，即使受到的应力小于屈服应力，金属材料也会随着时间的延长而缓慢地产生塑性变形，这种现象称为金属蠕变。金属蠕变可用蠕变曲线来描述，它是金属在一定温度和应力作用下，伸长率随着时间的变化而变化的曲线。典型的蠕变曲线如图1.10.22所示，可分为减速蠕变(第一阶段)、恒速蠕变(第二阶段)和加速蠕变(第三阶段)三个阶段。

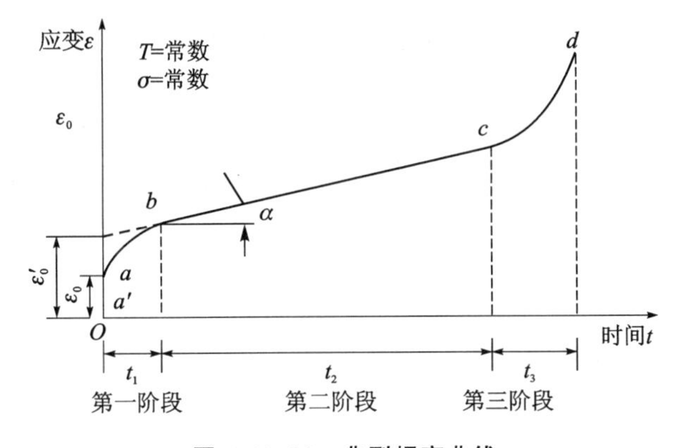

图1.10.22　典型蠕变曲线

蠕变极限是描述金属材料蠕变性能的重要指标，是指在规定的温度下，使试样在规定时间

内的蠕变伸长率(总伸长率或塑性伸长率)或稳态蠕变速度不超过某规定值的最大应力。可用如下两种表示方法来表征:

① 利用伸长率确定蠕变极限时,用$\sigma^{T}_{\varepsilon/t}$(MPa)表示;

② 利用蠕变速度确定蠕变极限时,用$\sigma^{T}_{\dot{\varepsilon}}$(MPa)表示。

式中,T为实验温度;ε为蠕变应变量;t为实验时间;$\dot{\varepsilon}$为稳态蠕变速率。

2. 蠕变试验机的结构

蠕变试验机的结构示意图如图1.10.23所示。其主要由如下几个系统组成:

(1) 杠杆系统

杠杆系统是主机的核心部分,对实验的精度起着决定作用。由于杠杆的刀承和刀刃非常精密,因此在使用和运输中,要特别注意防止其相互碰撞,以免损坏,影响设备使用。

(2) 杠杆调平系统

为保证试验力的准确性,使杠杆在实验中能保持水平状态,在实验过程中需要采用杠杆调平系统。本系统完全由电机驱动,调整速度可分为高速和低速两种方式,其操作方式和用途不同。高速用按键操作,用于实验前快速调整夹具位置。低速有两种操作方式:按键操作,用于装夹好试样后的初始位置调整;自动操作,用于在实验过程中杠杆的不断自动调整。

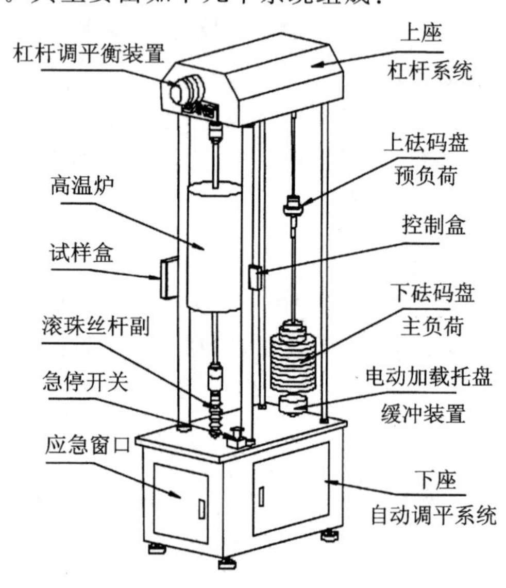

图1.10.23 蠕变试验机的结构示意图

在实验过程中,试样受到试验力的作用而缓慢伸长,从而使杠杆失衡。当失衡达到一定值时,调平电机启动,通过三角皮带、蜗杆涡轮箱、同步带的传动,带动滚珠丝杆螺母传动,从而使滚珠丝杆、下拉杆、试样、上拉杆等缓缓向下移动,达到调整杠杆平衡的目的。

另外,考虑到停电、调平电机故障等特殊情况,设计了手动调整机构。需要手动调节时,打开机器前面的应急窗口面板,取下插在底板上的手柄,把它插至大皮带轮上,转动皮带轮,就可以调节杠杆的平衡。

注意:顺时针转动皮带轮,杠杆指针向上移动;逆时针转动皮带轮,杠杆指针向下移动。

(3) 电动加荷系统(含缓冲机构)

当温度上升到设定温度,且达到保温时间后,机器在计算机的控制下自动加载,开始实验。在实验进行过程中,如果试样发生断裂,吊杆及砝码将快速下降,此时由油缸和弹簧所组成的缓冲器迅速启动,使吊杆和砝码的下降速度迅速减小,最后平稳地落在托盘上,从而避免对机构的撞击和损伤。

(4) 高温炉

电阻炉为筒式推拉结构,采用三段电炉丝加热,每段可独立控制;电炉的工作温度范围为200~1 200 ℃,有效均温区长度为150 mm。

(5) 变形测量系统

通过引伸机构把试样的变形情况引出高温炉,然后用数码位移计或光栅尺进行测量。引伸机构和蠕变测量仪器属于精密的零部件,使用过程中要十分小心,不得碰撞,以免变形而影响测量精度。

3. 测试要求

(1) 蠕变试验机加载系统

① 在整个蠕变过程中载荷不变;

② 加载、卸载应均匀、平稳、无振动;

③ 载荷误差不大于±1%,偏差不大于1%;

④ 加载系统应具有精确的拉力中心,其偏心率不大于10%。

(2) 加热炉

① 加热炉可采用任何结构形式,但炉膛中心均温区不得小于试样计算长度的1.5倍。

② 在整个实验过程中温度稳定,在均温区范围内温度波动及温度梯度(均温区最高温度与最低温度的差值)符合表1.10.3要求。

表1.10.3　蠕变实验过程中的温度稳定性要求

实验温度/℃	温度波动/℃	温度梯度/℃
<600	±2	2
600～900	±3	3
900～1 200	±4	4

(3) 其他要求

变形的测量机构应如实传递试样的变形,变形测量仪器的最小分度值不大于所测蠕变变形量的1%,精度不低于0.5%,并要求定期校正。

【实验内容】

本实验耗时较长,因此以教师的演示和讲解为主。仔细观察教师的试样安装操作,学习并掌握教师展示的合金材料的蠕变曲线特征。

【实验条件】

1. 实验原料及耗材

45# 钢标准蠕变试样。

2. 实验设备

CTM504机械式高温蠕变持久试验机。

【实验步骤】

1. 检查设备

在实验前对设备进行检查。检查内容包括:各紧固件是否松动,按键是否正常,传动系统是否正常。

杠杆系统在装上拉杆及上砝码托盘后应处于平衡位置,平衡指针在零位。如果指针不在零位,则需调节平衡锤旋钮对杠杆系统进行调平,直至指针回到零位。

2. 设定参数

打开试验机电源开关→打开控制计算机运行实验软件→在计算机上设置实验参数,包括实验温度、实验时间、试验力等。

通过手控盒对设备拉杆位置进行移动,装卡试样、安装蠕变引伸机构和蠕变测量机构。

3. 检查试样受力同轴度

在机器的砝码盘上施加总试验力的2.5%作为试验力,以便消除各连接件的间隙、变形清零。

在机器的砝码盘上施加总试验力的10%，记录蠕变测量机构显示的变形值(L_1、L_2)，其中，L_1、L_2为试样加载后测量机构显示的试样两侧变形量，同轴度E的计算公式如下：

$$E=\frac{\Delta L_{\max}-\overline{\Delta L}}{\overline{\Delta L}}\times 100\% \tag{1.10.41}$$

式中，$\overline{\Delta L}$为同一次测量点中，试样两侧变形量(L_1、L_2)的算术平均值；$\Delta L_{\max}$为同一次测量点中，检验试样变形较大一侧的变形值(L_1、L_2中最大值)。国家标准GB/T 2039—2012要求同轴度E值不能大于10%。如果超过10%，则需要重新安装蠕变引伸导杆和蠕变测量机构。安装后重复受力进行同轴度检测，直至满足要求。

在机器的砝码盘上依次施加总试验力的15%、20%、30%进行受力同轴度检测，直至同轴度E满足要求。

4. 安装热电偶

把测温热电偶(三条)用石棉绳安装在试样的计算长度两端以及中间位置，切记将上、中、下位置的热电偶分别对应温控器的上、中、下，严禁错接。

5. 安装加热炉

移动加热炉使其轴线与试样轴线重合。

6. 加装砝码

把预负荷砝码加在预砝码盘上，其余砝码加在主砝码盘上。

7. 联机实验

在计算机主界面上单击对应的机器图标进行联机，单击“确定”按钮开始实验。

【结果分析】

1. 根据蠕变引伸测量机构采集的数据绘制样品的蠕变曲线；
2. 使用软件处理得到蠕变速率-变形量和蠕变速率-时间曲线，判断蠕变阶段；
3. 根据蠕变曲线计算样品的稳态蠕变速率。

【注意事项】

1. 实验前必须认真预习，阅读相关书籍，掌握相关基础理论；
2. 试样安装完毕后，不要触碰引伸机构和蠕变测量仪器；
3. 升温和保温过程中不要触碰高温炉壁，以免烫伤；
4. 实验时间较长，本实验以老师讲解和演示为主；
5. 遵守实验室规章制度，服从教师安排，注意人身和设备安全。

【思考题】

1. 典型的蠕变曲线分为哪几个阶段？各有什么特征？
2. 蠕变试验机由哪几部分组成？操作过程中有哪些注意事项？

参考文献

[1] 国家机械委员会. 金属机械性能实验方法. 北京：机械工业出版社，1988.
[2] 姜伟之，等. 工程材料力学性能. 北京：北京航空航天大学出版社，2000.
[3] 中国国家标准化管理委员会. 金属材料单轴拉伸蠕变试验方法：GB/T 2039—2012. 北京：中国标准出版社，2012.

1.11　金属材料硬度测试

【实验目的】

1. 掌握布氏、洛氏、维氏硬度测试的基本原理及应用范围；

2. 掌握显微硬度测试的基本原理及应用范围；

3. 学会正确使用不同类型的硬度计测试不同材料的硬度。

【实验原理】

硬度是表征材料软硬程度的一种性能。常见的硬度测试方法可以分为三类：压入法、弹性回跳法和划痕法。其中，使用最广泛的是压入法。材料的压入硬度是指把一定形状（小球体、棱锥体或圆锥体）和尺寸的较硬物体（压头）以一定压力压入材料表面，使材料产生压痕（局部塑性变形），然后根据压痕的大小以及压入载荷来确定材料的硬度值。材料的压入硬度测试方法主要有布氏硬度、洛氏硬度、维氏硬度和显微硬度等。

通常压入载荷大于 9.81 N(1 kgf)时测试的硬度为宏观硬度，如布氏硬度、洛氏硬度、维氏硬度；压入载荷小于 9.81 N(1 kgf)时测试的硬度为微观硬度，如显微硬度（显微维氏硬度、显微努氏硬度）。

1. 布氏硬度

布氏硬度主要用于较软材料，如有色金属，退火、正火、调质钢及铸铁材料的硬度测试。布氏硬度是以一定大小的试验力，将一定直径的淬硬钢球或硬质合金球压入被测金属表面，保持规定时间，然后卸载，测量被测金属表面的压痕直径，然后用试验力除以压痕球形表面积所得的商值即为布氏硬度值。布氏硬度测试原理如图 1.11.1 所示，可由公式(1.11.1)计算硬度值。

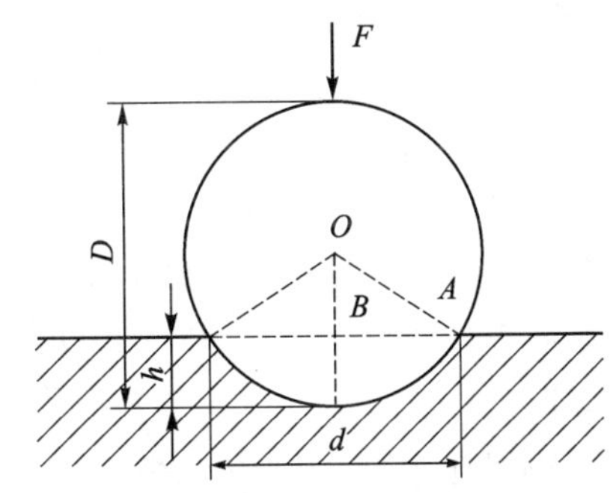

D—压头直径（有 10 mm、5 mm、2.5 mm、2 mm、1 mm 5 种）；d—压痕直径，mm；h—压痕深度，mm；F—试验力，N，试验力的选择一般应满足 $d=(0.24\sim0.6)D$

图 1.11.1　布氏硬度测试原理

$$\text{布氏硬度(HB)}=\text{常数}\times\frac{\text{试验力 }F}{\text{压痕表面积 }A} \tag{1.11.1}$$

式中，$\text{常数}=\dfrac{1}{g}=\dfrac{1}{9.806\ 65}\approx 0.102$，$g$ 为标准重力加速度，面积 A 为

$$A=\frac{\pi D\left(D-\sqrt{D^2-d^2}\right)}{2} \tag{1.11.2}$$

将式(1.11.2)代入式(1.11.1)，得

$$\text{HB}=0.102\times\frac{2F}{\pi D\left(D-\sqrt{D^2-d^2}\right)} \tag{1.11.3}$$

布氏硬度用符号 HB 表示。当硬度计压头为淬火钢球时，用 HBS 表示，适用于硬度较低($\text{HB}<450$)的材料；硬度计压头为硬质合金球时，用 HBW 表示，适用于硬度稍高($450\leqslant\text{HB}\leqslant 650$)的材料。布氏硬度不标注单位，其表示方法以 600HBW1/30/20 为例，意思是用直径 1 mm 的硬质合金球，施加 30 kgf(即 294.2 N)试验力，在该载荷下保持 20 s，测得的布氏硬度值为 600；如果试验力的保持时间在 10～15 s，可以不予标注。如 200HBS10/20，表示用直径

10 mm 的钢球，施加 20 kgf(即 196.1 N)试验力，在该载荷下保持 10～15 s，测得的布氏硬度值为 200。

金属材料软硬程度不同，且测试样品有厚有薄。如果只采用一种钢球直径和同一载荷，有些试样会出现整个钢球陷入金属中的现象，对于较薄的试样甚至压穿，因此测试不同的材料需要选择不同的压头直径和不同的载荷。为了使不同实验条件下得到的实验数据可以相互比较，压痕直径 d 应该在(0.24～0.6)D 之间，因此必须使 F 与 D 之间保持一定的比例关系，以保证所得到的压痕几何形状相似，即保证压入角度不变。常用的 $0.102F/D^2$ 的比例为 30、10、2.5，具体可查阅国家标准 GB/T 231.1—2018 来选择压头直径 D、试验力 F 以及保持时间。压头主要根据试样厚度来选择，应使压痕深度 h 小于试样厚度的 1/10。当试样足够厚时，应尽量选择直径较大(10 mm)的压头，这样得到的压痕面积也大，测得的硬度值能反映试样在较大范围内各组成相的平均性能，且实验数据精度较高，重复性好。

布氏硬度不适合测试太薄的试样、成品零件以及比压头硬度还高的材料的硬度。

2. 维氏硬度

维氏硬度的测试原理与布氏硬度相似，也是根据压痕单位面积所承受的试验力来计算硬度值，不同的是维氏硬度的压头采用夹角为 136°的四棱锥体金刚石压头，在 9.81 N(1 kgf)－981 N(100 kgf)的载荷作用下压入试样表面，保持规定的时间后卸载试验力，测量压痕对角线的长度，计算出单位压痕面积上的力，这种实验方法获得的硬度为维氏硬度，用 HV 表示。维氏硬度测试原理如图 1.11.2 所示。

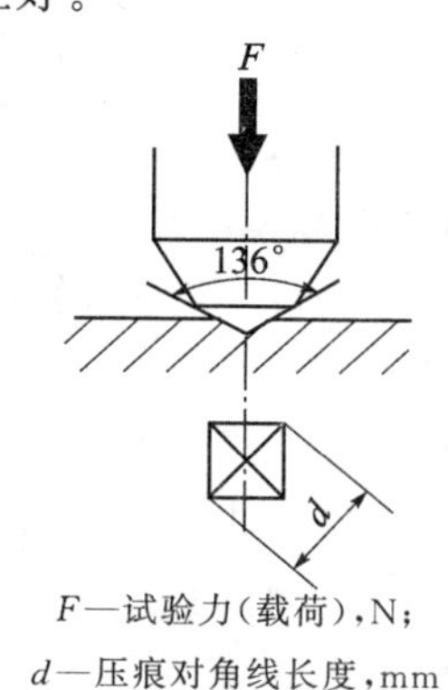

F—试验力(载荷)，N；
d—压痕对角线长度，mm

图 1.11.2 维氏硬度测试原理

其计算公式为

$$\mathrm{HV} = 常数 \times \frac{试验力\ F}{压痕表面积\ A} \tag{1.11.4}$$

式中，常数$=\frac{1}{g}=\frac{1}{9.806\ 65}\approx 0.102$，$g$ 为标准重力加速度，面积 A 为

$$A = \frac{d^2}{2\sin\left(\frac{136^\circ}{2}\right)} \tag{1.11.5}$$

将式(1.11.5)代入式(1.11.4)，得到

$$\mathrm{HV} \approx 0.1891\frac{F}{d^2} \tag{1.11.6}$$

其中，$d=\frac{d_1+d_2}{2}$，d_1 和 d_2 分别为两个不同方向上的对角线长度。

维氏硬度值不标注单位，其表示方法以 500HV30/20 为例，代表用 30 kgf(294.2 N)的试验力保持 20 s，测定的维氏硬度值为 500。如果试验力的保持时间在 10～15 s，可以不标注保压时间。

3. 洛氏硬度

洛氏硬度测试原理和布氏硬度不同，它不是以测量压痕的表面积来计算硬度值，而是测定压痕的深度来表示材料的硬度值。洛氏硬度测试原理如图 1.11.3 所示，将特定形状、尺寸和材料的压头按规定分两级试验力压入试样表面。初始试验力加载后，测量初始压痕深度，随后施加主试验力，在卸除主试验力后保持初始试验力时测量压痕的最终深度，计算最终压入深度与初始压入深度的差值（即残余压痕深度 h），根据残余压痕深度确定的金属材料硬度值为洛氏硬度，用 HR 表示。

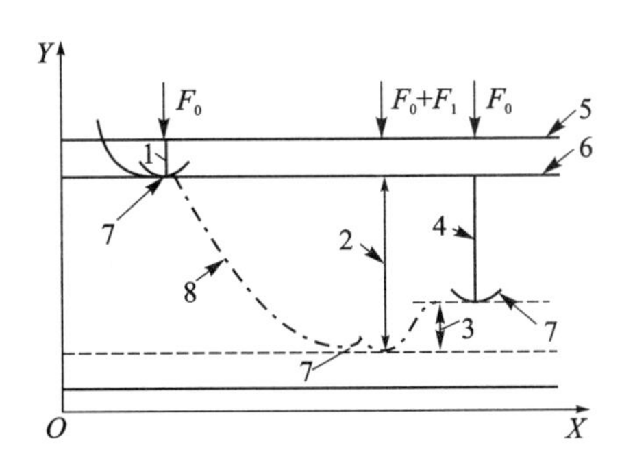

X—时间；Y—压头位置；

1—初始试验力 F_0 的压入深度；2—由主试验力 F_1 引起的压入深度；

3—卸除主试验力 F_1 后的弹性恢复深度；4—残余压痕深度 h；

5—试样表面；6—测量基准面；7—压头位置；

8—压头深度相对时间的曲线

图 1.11.3　洛氏硬度测试原理

为了适应一般习惯，即数值越大其硬度越高，一般用常数 k 减去 h 来计算硬度值，并规定每 0.002 mm 为一个洛氏硬度单位。其计算公式为

$$\mathrm{HR}=\frac{k-h}{0.002} \tag{1.11.7}$$

式中，对于顶角为 120°的金刚石圆锥体压头，$k=0.2$ mm；对于直径为 1.587 5 mm 或者 3.175 mm 的碳化钨合金球，$k=0.26$ mm。

洛氏硬度采用 3 种试验力，3 种压头，它们共有 9 种组合，对应于洛氏硬度的 9 种标尺，以 HRA、HRBW、HRC 这三种洛氏硬度较为常用。这三种标尺的试验力及应用范围见表 1.11.1，其中，HRC 应用最为广泛。

表 1.11.1　洛氏硬度试验力及应用范围

符　号	应用范围	压头类型	总试验力/N(kgf)	初始试验力/N(kgf)	计算公式	适用的材料
HRA	20～95HRA	金刚石圆锥	588.4(60)	98.07(10)	$100-\frac{h}{0.002}$	硬质合金、表面淬硬层、渗碳层等
HRBW	10～100HRBW	直径 1.587 5 mm 球	980.7(100)	98.07(10)	$130-\frac{h}{0.002}$	有色金属、退火钢、正火钢等
HRC	20～70HRC	金刚石圆锥	1471(150)	98.07(10)	$100-\frac{h}{0.002}$	调质钢、淬火钢等

洛氏硬度法测试硬度简便、迅速、压痕小，可测定材料范围广。由于其压痕小，对组织和硬度不均匀的材料，测试结果不够准确。需要在试样上测试 3～5 个点取其平均值。对于测试极薄试样及渗层、涂镀层的硬度，可参照 GB/T 230.1—2018《金属材料　洛氏硬度试验　第 1 部分：试验方法》进行表面硬度试验。

4. 显微硬度

显微硬度是在材料显微尺度范围内测定的硬度，其压入载荷小于 9.81 N(1 kgf)。常用于各种金属薄片、涂镀层、碳化物、氮化物、各种相的硬度测试以及硬化层深度分析等试验。显微硬度的测试原理和维氏硬度基本相同，以选定的试验力压入试样表面，保载一定时间，卸除试验力后，在试样表面残留一个菱形压痕，通过测微目镜测量压痕对角线的长度，计算压痕面积，显微硬度值就是试验力与压痕面积的比值。

显微硬度测试所用的压头有两种。一种是和维氏硬度一样的两面之间夹角为 136°的金刚石正四棱椎体压头，这种硬度也称为显微维氏硬度，用 HV 表示。其计算公式为

$$\mathrm{HV} \approx 0.1891\,\frac{F}{d^2} \tag{1.11.8}$$

式中，F 为试验力，N；d 为两个不同方向压痕对角线长度的平均值，mm，压痕深度约为$\frac{1}{7}d$。

另一种显微硬度压头是克努普金刚石压头（又称努氏压头），其菱形压痕的长对角线与短对角线的长度比值为 7∶1，这种硬度称为显微努氏硬度，用 HK 表示。其计算公式为

$$\mathrm{HK} \approx 1.115\,1\,\frac{F}{L^2} \tag{1.11.8}$$

式中，F 为试验力，N；L 为压痕长对角线的长度，mm，压痕深度约为$\frac{1}{30}L$。

【实验内容】

1. 学习 HBE－3000A 布氏硬度计、HRS－150 洛氏硬度计、FM800 显微硬度计的实际操作方法。

2. 3～5 人为一组，以小组为单位自由选择 20# 钢或 45# 钢的退火态、正火态、淬火态以及高温回火态试样 4 个，进行布氏硬度、洛氏硬度测试。选择 45# 钢激光表面重熔快速凝固试样或表面激光熔覆涂层试样 1 个，进行显微维氏硬度、显微努氏硬度测试。

【实验条件】

1. 实验原料及耗材

20# 钢/45# 钢试样（退火态、正火态、淬火态以及高温回火态，尺寸为 ϕ15×18 mm）、45# 钢激光表面重熔快速凝固试样、45# 钢表面激光熔覆涂层试样（尺寸为 15 mm×20 mm×5 mm）。

2. 实验设备

HBE－3000A 电子布氏硬度计、HRS－150 数显洛氏硬度计、FM800 显微硬度计。

【实验步骤】

1. 根据试样特点选择合适的硬度试验方法和仪器，确定实验条件。根据硬度试验机的使用范围，选择合理的载荷和压头，设置合适的保压时间。

2. 用标准硬度块校验硬度计。校验的硬度值与标准硬度块的硬度值之差，布氏硬度≤±3%，洛氏硬度≤±1%～±3%。

3. 严格按照设备操作规程进行实验。测试时，工作台面、试样表面、压头应清洁干净。加载时应平稳细心操作，试验力加载过程中不要随便触碰硬度计，不得造成冲击及振动，加载载荷的方向应与试样表面垂直。

4. 测试布氏硬度时，用读数显微镜测出压痕直径，记录下来，通过公式自行计算布氏硬度

值;测试洛氏硬度时,可直接在仪器面板上读出洛氏硬度值。

5. 每个试样的硬度数据至少测试 3～5 个点,求取平均值作为最终硬度。

6. 测试完毕,卸除载荷后,必须使压头完全离开样品表面再取下试样,以免损坏压头,最后关闭硬度试验机。

7. 整理数据,撰写实验报告。

【结果分析】

把所测试的硬度数据填入表 1.11.2。

表 1.11.2　本实验所用样品硬度

序　号	样　品	硬度测试方法	硬度值
1	20# 钢/45# 钢退火态		
2	20# 钢/45# 钢正火态		
3	20# 钢/45# 钢淬火态		
4	20# 钢/45# 钢高温回火态		
5	45# 钢激光表面重熔快速凝固试样/表面激光熔覆涂层试样		

【注意事项】

1. 仔细阅读使用说明书,严格按照规定操作设备;

2. 在移动压头或更换试样时,务必确保压头离开试样表面再开始操作;

3. 遵守实验室规定,服从教师安排。

【思考题】

1. 简述各种硬度计的测试原理、优缺点及应用范围。

2. 测试维氏硬度及显微硬度时,如何选择试验力及保压时间?

参考文献

[1] 中华人民共和国国家质量监督检验检疫总局 中国国家标准化管理委员会. 金属材料 布氏硬度试验 第 1 部分:试验方法:GB/T 231.1—2018. 中国标准出版社,2018.

[2] 中华人民共和国国家质量监督检验检疫总局 中国国家标准化管理委员会. 金属材料 洛氏硬度试验 第 1 部分:试验方法:GB/T 230.1—2018. 中国标准出版社,2018.

[3] 中华人民共和国国家质量监督检验检疫总局 中国国家标准化管理委员会. 金属材料 维氏硬度试验 第 1 部分:试验方法:GB/T 4340.1—2009. 中国标准出版社,2018.

[4] 任颂赞,叶俭,陈德华. 金相分析原理及技术. 上海:上海科学技术文献出版社,2013.

[5] 盖登宇,侯乐干,丁明惠. 材料科学于工程基础实验教程. 哈尔滨:哈尔滨工业大学出版社,2012.

[6] 向嵩,张晓燕. 材料科学与工程专业实验教程. 北京:北京大学出版社,2011.

1.12　高分子材料性能物理测试方法

1.12.1　高聚物结晶形貌观察

【实验目的】

1. 学习高聚物结晶形貌的观察方法;

2. 了解不同结晶温度聚合物的球晶形态；

3. 测定不同结晶度聚合物的熔点。

【实验原理】

晶态和无定形态是聚合物聚集态的两种形式，很多聚合物都能结晶。聚合物在不同条件下具有不同的结晶形态，比如单晶、球晶、纤维晶等，其中球晶是聚合物结晶时最常见的一种形式。从聚合物溶体冷却结晶或浓溶液中析出结晶体时，聚合物倾向于生成多晶聚集体，通常呈球形，故称为球晶。聚合物的结晶受外界条件影响很大，而结晶聚合物的性能与其结晶形态、晶粒大小及完善程度等有着密切的联系，如较小的球晶可以提高冲击强度及断裂伸长率。此外，球晶尺寸对于聚合物材料的透明度影响更为显著。由于聚合物晶区的折光指数大于非晶区，因此球晶的存在将产生光的散射而使透明度下降，球晶越小透明度越高，当球晶尺寸小到与光的波长相当时可以得到透明的材料。因此，对聚合物结晶形貌的研究有着重要的理论与实际意义。

光是电磁波，也就是横波，它的传播方向与振动方向垂直。但对于自然光来说，它的振动方向均匀分布，没有任何方向占优势。但是自然光通过反射、折射或选择吸收后，可以转变为只在一个方向振动的光波，即偏振光。一束自然光经过两片偏振片，如果两个偏振轴相互垂直，光线就无法通过了。光波在各向异性介质中传播时，其传播速度随振动方向不同而变化，折射率也随之改变，一般都发生双折射，分解成振动方向相互垂直、传播速度不同、折射率不同的两束偏振光。当这两束偏振光通过第二个偏振片时，只有振动方向与第二偏振轴平行的光线可以通过。

球晶是晶核在三维方向外向生长而形成的径向对称结构。在生长过程中不遇到阻碍时形成球形晶体，如生长过程中球晶之间因不断生长而相遇时，则形成任意形状的多面体。球晶尺寸主要受冷却速度、结晶温度及成核剂因素影响。球晶可以长得比较大，直径甚至可以达到厘米数量级，此时可以用测微尺直接测定球晶的直径；对于直径大于几微米的球晶，用普通光学显微镜即可以进行观察；而对于直径小于几微米的球晶，则可用电子显微镜或小角激光散射法进行研究。由于球晶具有各向异性，会产生双折射现象，在偏光显微镜下呈现出特有的黑十字消光图形，如图 1.12.1 所示，因此可以利用普通的偏光显微镜对球晶进行观察。

图 1.12.1 球晶特有的黑十字消光图形

由于非晶聚合物具有各向同性，不发生光的双折射现象，也就是说不影响光线的偏振方向。利用偏光显微镜观察时，经过非晶区的偏振光将被与起偏器正交的检偏镜阻碍，视场变黑；观察球晶时，除去黑十字像外，球晶的其他地方显示为明亮的区域。如果 360°旋转载物台，则在旋转过程中每旋转一周球晶的像会出现四次明暗变化，每隔 90°变化一次。黑十字的两臂对应偏光显微镜两个偏振片的振动方向，称为消光位置；从消光位置旋转 45°，球晶像亮度最高，称为对角位置。

【实验内容】

1. 学会偏光显微镜的使用；

2. 观察不同结晶温度聚合物的球晶形态；

3. 测定不同结晶度聚合物的熔点。

【实验条件】

1. 实验原料及耗材

结晶高聚物(如聚乙烯、聚丙烯、聚异丁烯等)、载物片、镜头纸。

2. 实验仪器

带热台的偏光显微镜、盖玻片、切刀、镊子等。

【实验步骤】

1. 标尺标定。将物镜显微尺置于载物台上,聚焦后,在视野中找到非常清晰的显微尺,显微尺长 1.00 mm,等分为 100 格,每格 0.01 mm。然后换上带有分度尺的目镜,调节显微尺使其与目镜的分度尺基本重合,完成显微镜目镜分度尺的标定。

2. 样品制备。切一小薄片聚合物,放于已经清洁好的载玻片上,使之离开玻片边缘;在试样上盖上一块盖玻片,放在显微镜加热平台上。

3. 升温熔融。接通程序电源,使加热平台以 10 ℃/min 的速度(或尽可能快的速度)升温直至试样熔融;当材料软化后,用镊子轻压盖玻片,使材料形成薄膜试样;温度升高至约 100 ℃后,注意观察,当镜头视野中的样品全部熔化时,停止加热,记录熔融过程和熔点。

4. 降温结晶。以一定的速度降温,直到在视野中产生少量晶粒时,缓慢降温;在晶体生长过程中仔细观察聚合物的结晶情况,进行记录。

5. 球晶测量。由于显微镜目镜每格的实际绝对长度是已知的,因此在进行测量时只要读出被测晶体所对应的格数,就可确定球晶的大小。

【结果分析】

1. 把测量的实验数据记入表 1.12.1 中。

表 1.12.1　高聚物结晶数据处理表

样品名称	熔点/℃	球晶大小/μm

2. 画出球晶的形成过程。

3. 根据实验现象,利用晶体光学原理解释正交偏光系统下聚合物球晶的黑十字消光现象。

【注意事项】

1. 不要对显微镜的任何部分进行拆卸,不能用手或是硬物触及各镜面,镜头上有污物时可用镜头纸小心擦拭(切记不能损坏镜头)。

2. 使用过程中必须首先将物镜尽量接近试片(要从侧面观察),然后用目镜观察试样并同时使物镜缓缓离开试片;可先粗调,后细调直至聚焦清晰为止;这样可以避免镜头触碰到试片,保护镜头。

3. 在加热台上加热试样时,要随时仔细观察温度和试样形貌变化,避免温度过高引起试样分解。

4. 观察注塑试样切片时,切忌加热,以免改变原试样内的结晶形貌。

【思考题】

1. 列举几种常用结晶高聚物的名称。

2. 冷却速率对球晶大小与球晶生长速率的影响以及原因是什么?

3. 为什么球晶未必呈球形?

4. 简述实验中容易出现的故障和处理方法。

参考文献

[1] 马德柱,何平笙,徐种德,周漪琴. 高聚物的结构与性能. 北京:科学出版社,2000.

[2] 何曼君,等. 高分子物理. 上海:复旦大学出版社,2007.

[3] 张兴英,李齐方,等. 高分子科学实验. 北京:化学工业出版社,2007.

[4] 孙汉文,王丽梅,董建. 高分子化学实验. 北京:化学工业出版社,2012.

1.12.2 密度梯度管法测定高聚物的密度和结晶度

【实验目的】

1. 掌握密度梯度管法测定高聚物的密度和结晶度的基本原理;

2. 学会连续注入法制备密度梯度管技术及密度梯度管的标定;

3. 用密度梯度管法测定高聚物的密度,计算聚合物的结晶度。

【实验原理】

1. 聚合物结晶度

对结晶性聚合物而言,当其处于玻璃化转变温度以上、结晶融化温度以下时便开始结晶。由于高分子结构复杂,在结晶过程中存在大分子内摩擦等原因,导致聚合物结晶体中存在大量缺陷,结晶不完整,从而使聚合物成为一种晶区和非晶区共存的多相体系。

结晶度定义为材料内结晶区所占的质量分数或体积分数,分别用 x_c^W 或 x_c^V 表示。结晶度是表征聚合物性质的一个重要指标,它是反映聚合物内部结构规则程度的物理量,对聚合物的力学性能、热性能、光学性质、溶解性和耐腐蚀性有着非常显著的影响。

设分子排列整齐的结晶区密度为 ρ_c,分子排列相对松散的非晶区密度为 ρ_a,则部分结晶的高聚物密度 ρ 介于 ρ_c 与 ρ_a 之间。假设部分结晶的高聚物比容 ν 等于结晶区与非晶区比容的线性加和,则结晶度 x_c^W 可计算如下:

$$x_c^W = \frac{\rho_c(\rho - \rho_a)}{\rho(\rho_c - \rho_a)} \tag{1.12.1}$$

假设部分结晶的高聚物密度 ρ 等于晶区密度 ρ_c 与非晶区密度 ρ_a 的线性加和,则结晶度 x_c^V 可计算如下:

$$x_c^V = \frac{(\rho - \rho_a)}{(\rho_c - \rho_a)} \tag{1.12.2}$$

可见,只要知道一种结晶聚合物的 ρ_c 与 ρ_a,通过测定待测聚合物样品的密度 ρ,就能计算样品的结晶度。

聚合物结晶度的测定方法很多,如 X 射线衍射法、红外吸收光谱法、核磁共振法、差热分析和反相色谱等。与以上各种实验手段相比,密度梯度管法测定聚合物密度和结晶度不仅设备简单、操作便利,而且实验精确度非常高,是确定聚合物密度和结晶度的一种行之有效的实验方法。不仅如此,密度梯度管法还可以同时对一定范围内不同密度的一组样品进行测定。

2. 密度梯度管法原理

如图 1.12.2 所示，如果容器中的液体从上到下密度线性增加，即存在密度梯度，设最底部的密度为 ρ_B，最顶部的密度为 ρ_A，液柱的高度为 H，则梯度值为

$$d\rho/dz=(\rho_B-\rho_A)/H \tag{1.12.3}$$

在高度为 h 的地方，液体的密度为

$$\rho=\rho_B-h(\rho_B-\rho_A)/H \tag{1.12.4}$$

【实验内容】

1. 用轻液、重液配制密度梯度管；
2. 用标准密度的玻璃小球标定密度梯度管；
3. 测定试样密度。

【实验条件】

1. 实验原料及耗材

轻液(水或水-醇混合物)、重液(盐水或有机溶剂)、聚对苯二甲酸二乙醇酯。

2. 实验设备

如图 1.12.3 所示的制备密度梯度管的装置、标准密度玻璃小球一套、配制密度梯度管的玻璃装置、电磁搅拌器、升降台。

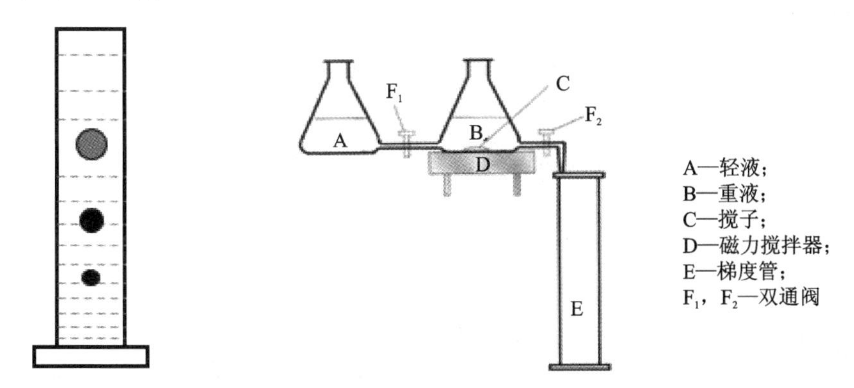

图 1.12.2　密度梯度管法原理示意图　　**图 1.12.3　制备密度梯度管的装置**

【实验步骤】

1. 密度梯度管的制备

将两种不同密度、可以相互混合的液体适当地混合和自流，使其连续、缓缓地注入玻璃管中，管中的液体不断改变密度，最终管内液柱的密度由上而下递增，密度梯度呈连续分布，称之为密度梯度管。

密度梯度管的制备装置如图 1.12.3 所示。容器 A 中盛有轻液，容器 B 中盛有重液。打开双通阀 F_1，两容器即相通。打开双通阀 F_2，让重液从容器 B 慢慢流出，沿 E 柱内壁流到柱底，与此同时，轻液逐渐流进容器 B，并在磁力搅拌器 D 控制的搅拌子 C 的剧烈搅拌下，迅速与重液混合均匀，使从阀 F_2 流出液的密度逐渐递减，沿玻璃管内壁流下，浮于前一刻相对较重的液面之上。由此可获得一根液体密度自上而下递增的密度梯度管。

在该方法中，因液体转移造成的密度 ρ_b 可由下式定量描述：

$$\rho_b=\rho_b^0-\left(\frac{\rho_b^0-\rho_a^0}{2V_b^0}\right)V \tag{1.12.5}$$

式中，ρ_a^0 和 ρ_b^0 分别为容器 A 与容器 B 内液体的起始密度；ρ_b 为容器 B 内混合液的密度，也就是流入梯度管内的液体密度；V_b^0 为容器 B 内液体的起始体积，V 为梯度管内液体的累积体积。式(1.12.5)表明，梯度管内液体的密度 ρ_b 随体积 V 线性变化。当梯度管内径均匀时，ρ_b 与高度 h 有线性关系。

2. 密度梯度管的标定

将制成的密度梯度管平稳地放置在实验台上，把不同标准密度的玻璃小球(不少于 4 个)按密度从大至小依次用轻液沾湿，然后轻轻投入管内。这些小球将逐渐下沉，最后分别停在密度与之相等的液面处。测量悬浮在管中的玻璃小球中心高度，把测量结果记入表 1.12.2 中。根据实验结果按式(1.12.4)作小球密度与高度的关系曲线，即得到标定曲线。

3. 试样密度的测定

将待测高聚物试样(应无气泡和造成气泡的表面缺陷)各 3 粒，轻轻投入梯度管内，测得试样中心高度，计算平均值。从标定曲线上查找其对应的密度值，即为试样的密度，把测量结果记入表 1.12.3 中。根据测得的密度和从手册中查得的这种高聚物的 ρ_c 与 ρ_a，就可以计算出该试样的结晶度。

【结果分析】

1. 密度梯度管的标定

把测试数据记入表 1.12.2 中，根据表中实验数据绘制密度梯度管 ρ 对 h 的标定曲线。

表 1.12.2　密度梯度管标定数据

小球名称	小球密度 $\rho/(g \cdot cm^{-3})$	小球悬浮高度 h/cm

2. 试样密度的测定

把测试数据记入表 1.12.3 中，根据梯度管的标定曲线和测得的试样在梯度管中的悬浮高度，测定试样的密度。

表 1.12.3　试样悬浮高度测量值

试样名称			
悬浮高度测量值/cm			
平均高度/cm			
测试密度/$(g \cdot cm^{-3})$			

3. 试样结晶度的计算

从手册上查找对应高聚物的 ρ_c 和 ρ_a(表 1.12.4 列出了部分高聚物的晶态与非晶态密度)，将所得到的试样密度 ρ 实验数据代入式(1.12.1)，计算试样的结晶度 x_c^w。

表 1.12.4　部分高聚物的晶态与非晶态密度

高聚物	密度/($g\cdot cm^{-3}$)	
	ρ_c	ρ_a
高密度聚乙烯	1.014	0.854
全同聚丙烯	0.936	0.854
等规聚苯乙烯	1.120	1.052
聚甲醛	1.506	1.215
全同聚丁烯-1	0.95	0.868
天然橡胶	1.00	0.91
尼龙 6	1.230	1.084
尼龙 66	1.220	1.069
聚对苯二甲酸乙二醇酯	1.455	1.336

【注意事项】

1. 开始混合轻液与重液时，要尽量排除双通阀 F_1 内存在的气泡；

2. 控制混合液进入梯度管内的流速为 15～20 mL/min；

3. 将小球或试样投入梯度管内或移动梯度管时，动作一定要轻要慢。

【思考题】

1. 什么叫结晶度？测定高聚物结晶度的方法有几种？

2. 把标准小球放进密度梯度管时，应注意什么？怎样操作小球才能保证不把外貌相似的标准小球弄混？

3. 实验中重液与轻液的位置能否交换？

4. 实验中容易出现的故障和处理方法有哪些？

参考文献

[1] 蓝立文，等. 高分子物理. 西安：西北工业大学出版社，1993.
[2] 何曼君，等. 高分子物理. 上海：复旦大学出版社，2007.

1.12.3　高聚物的蠕变与本体粘度

【实验目的】

1. 了解线形非晶态高聚物的蠕变现象；

2. 学会测定航空有机玻璃的本体粘度；

3. 观察高聚物材料的弹性和粘性现象，建立高聚物粘弹性概念。

【实验原理】

在外力作用下，理想弹性体可以瞬时达到平衡形变，与时间无关；但理想黏性体发生的形变却是随时间线性发展的。高分子材料的形变性质与时间有关，介于理想弹性体和理想黏性体之间，塑性对应力的响应兼具弹性固体和粘性流体的双重特性，这种性质就称为粘弹性，因此高分子材料也通常被称作粘弹性材料。高分子材料在恒定应力或恒定应变作用下的粘弹性称为静态粘弹性，最基本的表现形式为蠕变和应力弛豫；高分子材料在交变应力作用下的力学松弛称为动态粘弹性，最基本的表现形式是滞后现象和力学损耗。

在外力作用下，高聚物的力学性质随时间变化的现象称为应力松弛，其机理是：随着时间的延长，高聚物的弹性应变逐渐转变为粘性形变，从而使应力下降。蠕变是在远低于材料断裂强度的恒定外力作用下，材料的形变随时间延长而逐渐增加的现象，外力可以是拉伸、压缩或剪切，相应的应变为延伸率、压缩率或剪切应变；蠕变的机理与应力松弛类似。各类高聚物的蠕变现象差异很大，如交联或未交联橡胶、热塑性弹性体等具有较为明显的蠕变现象，而玻璃态或结晶态热塑性塑料、热固性塑料的蠕变现象相对较弱。

高聚物材料在恒定温度和恒定应力作用下发生蠕变时，将表现出明显的静态粘弹性特征，如图 1.12.4 中实线所示。该曲线上任一时刻的应变值实际上是发展到该时刻的普弹应变 ε_0、高弹应变和粘性流变的总和。其中，普弹应变 ε_0 是不随时间变化的恒定值，高弹应变 ε_e 和粘性流变 ε_η 随时间分别按式(1.12.6)、式(1.12.7)关系变化：

$$\varepsilon_e = \varepsilon_\infty (1 - e^{-t/\tau}) \tag{1.12.6}$$

$$\varepsilon_\eta = \frac{\sigma}{\eta} t \tag{1.12.7}$$

式中，ε_∞ 为平衡高弹应变；τ 为滞后时间；σ 是作用在材料上的应力；η 是材料的本体粘度。因此，任一时刻的应变总量 $\varepsilon(t)$ 为

$$\varepsilon(t) = \varepsilon_0 + \varepsilon_\infty (1 - e^{-t/\tau}) + \frac{\sigma}{\eta} t \tag{1.12.8}$$

由式(1.12.7)可见，为了得到线形高聚物在实验温度下的本体粘度，必须知道粘性流变随时间的变化规律。从图 1.12.4 可以看出，为了从总应变中分离出粘性流变随时间的变化，观察时间必须足够长，使高弹应变达到平衡值，这样，随后的蠕变应变随时间的变化就完全反映粘性流变随时间的变化。当时间足够长时，蠕变总应变随时间变化的斜率等于粘性流变随时间变化的斜率，即等于 σ/η。

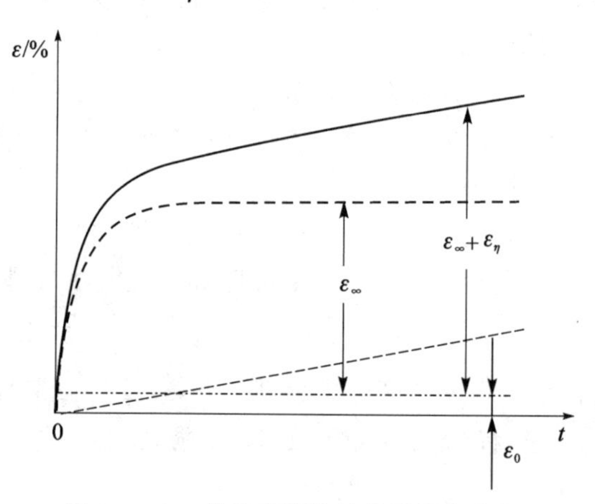

图 1.12.4　线形高聚物的典型蠕变曲线

值得注意的是，用简易蠕变仪进行实验时，可以维持载荷不变，但难以维持应力恒定，因为试样截面积是随应变的发展而不断变化的。为此，Diene 从高聚物的体积不可压缩性和遵守牛顿流动定律出发，用圆柱体试样的压缩蠕变曲线来测试高聚物的本体粘度，计算公式如下：

$$\frac{1}{h^4} = \frac{8\pi F}{3\eta V^2} t + \text{常数} \tag{1.12.9}$$

式中，h 为试样在某时刻 t 的高度；F 为试样所受的压缩载荷；V 为圆柱体试样的体积。实验过程中 F 和 V 均保持恒定，因此以 $1/h^4$ 对 t 作图可得一条直线，从直线的斜率就可得出高聚物的本体粘度 η。

【实验内容】

1. 测定非晶态线形高聚物在一定载荷和温度下(例如 140 ℃或 160 ℃)的蠕变曲线；

2. 计算非晶态线形高聚物的本体粘度 η。

【实验条件】

1. 实验试样及耗材

ϕ5 mm×5 mm 有机玻璃圆柱体试样。

2. 实验设备

简易型压缩蠕变仪（如图 1.12.5 所示）、调压变压器、电位差计、铬镍-考铜热电偶、秒表、卡尺、砝码、镊子。

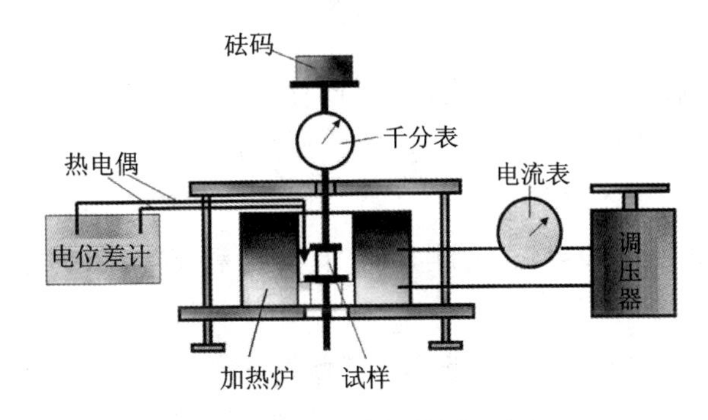

图 1.12.5 蠕变仪装置示意图

【实验步骤】

1. 用卡尺量取有机玻璃试样的高度和直径。

2. 试样两端抹上一层硅油，放入测定仪的平行板中间中央位置，并将千分表的指针调到零。

3. 测定仪升温，将温度恒定在 140 ℃并恒温 15 min。

4. 记录此时试样高度，然后加上砝码，立刻记下此时千分表的读数，作为 $t=0$ 时的变形量。之后，每隔 10 s 记录一次形变值；1 min 后，每隔 1 min 读取一次；5 min 后，可以间隔 3～4 min 读取一次。

5. 本实验自加载负荷到实验结束，大约需要 30 min 的时间，由于粘度有依赖性，要求温度的波动范围控制在±2 ℃以内。

6. 实验结束时在 140 ℃卸载载荷，在千分表指针不动时，记录示数。

7. 断电降至室温，测量试样的高度和直径。

【结果分析】

1. 利用实验测得的数据作试样高度 h 和时间 t 的关系曲线。

2. 采用厘米-达因制拟合实验数据，根据求得的直线方程计算有机玻璃的粘度 η。

3. 比较室温及 140 ℃无负载时试样的高度和直径变化，并解释实验结果。

【注意事项】

1. 实验前仔细预习，熟悉各名词定义；阅读设备使用说明，严格按操作程序开始实验。

2. 实验中有高温，注意安全以免烫伤。

3. 加热功率切勿过大，以免烧坏炉丝。

4. 试样要尽可能放在平行板中心位置，以免因偏置而受力不匀。

【思考题】

1. 什么叫做蠕变现象？

2. 蠕变实验要测量、记录什么参数？

3. 高聚物蠕变曲线中的形变可以分为哪几部分？其本质是什么？

4. 蠕变实验方法按所加载荷的形式，可分为哪几种？本实验是什么蠕变？

5. 本实验用什么测量形变和记录形变？

6. 本实验用什么设备测量、控制温度？对恒温温度的要求是什么？

7. 实验成败的关键是什么？

参考文献

[1] 蓝立文，等. 高分子物理. 西安：西北工业大学出版社，1993.

[2] 何曼君，等. 高分子物理. 上海：复旦大学出版社，2007.

[3] 焦健. 高分子物理. 西安：西北工业大学出版社，2015.

1.12.4 强迫共振法测定高聚物材料的动态力学性能

【实验目的】

1. 了解高聚物动态粘弹性对温度、频率的依赖关系；

2. 学会用强迫共振法和非共振法测定高聚物材料的动态力学性能。

【实验原理】

高聚物材料是典型的粘弹性材料。高聚物在交变应力作用下表现出来的粘弹性称为动粘弹性。表征材料动态粘弹性的参数是储能模量(E')与阻尼(E''、$\tan\delta$、ΔW 等)。实验方法有自由衰减振动法、强迫共振法、强迫非共振法和声波传播法。本实验中使用强迫共振法。强迫共振法是指强迫试样在一定频率范围内的恒幅力作用下发生振动，测定共振曲线，从共振曲线上的共振频率与共振峰宽度得到储能模量与损耗因子的方法。

任何体系在力振幅恒定的交变力作用下，其形变振幅与激振频率之间的关系如图 1.12.6 所示，该曲线称为共振曲线。当激振频率与体系固有频率相等时，体系的变形振幅达到最大(ε_{max})，即发生共振，对应频率称为共振频率 f_r，f_r^2 正比于材料的储能模量。共振曲线上振幅为 $\varepsilon_{max}/\sqrt{2}$ 时对应的 2 个频率 f_{r1} 和 f_{r2} 称为半高频率，它们之差 $\Delta f_r(=f_{r2}-f_{r1})$ 正比于体系阻尼。

在强迫共振法中，可采用弯曲、扭转和纵向振动三类形变模式。就弯曲振动而论，又有振簧法、悬线法、S 形弯曲法等类别。采用悬线法时，试样悬挂在两根细丝上，作如图 1.12.7 所示的弯曲振动。

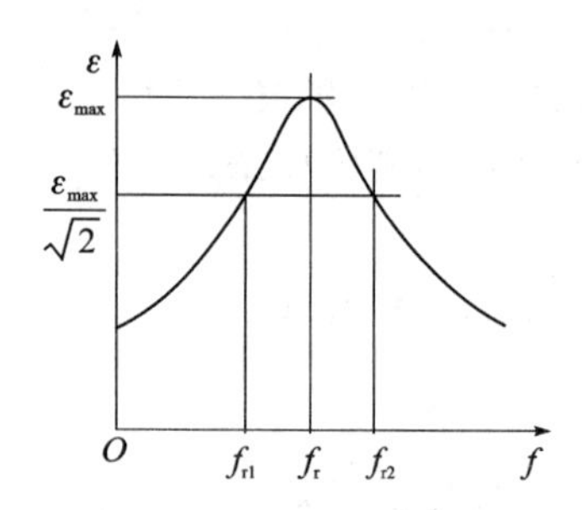

图 1.12.6 形变振幅与激振频率曲线

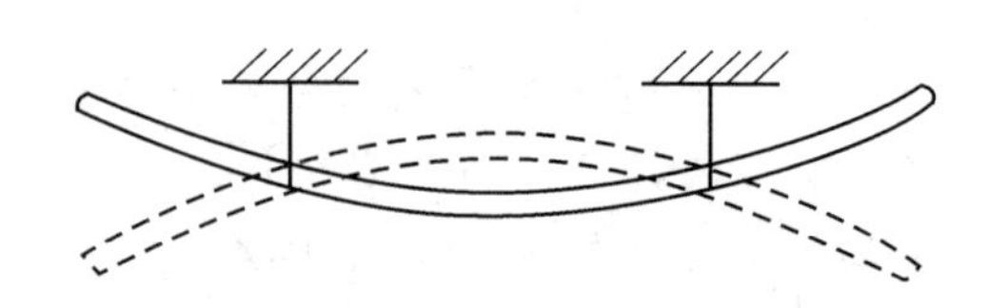

图 1.12.7 弯曲振动

为避免细丝对试样振动的干扰，悬挂位置应是振动中试样上位移为零的 2 个波节点。波节点离试样端点的理论距离是试样长度的 0.224 倍。在该方法中，对于一阶共振，试样杨氏储能模量 E' 和损耗参量 $\tan\delta$、E'' 的计算公式分别如下：

$$E'=0.943\frac{\rho L^4}{h^2}f_r^2 \tag{1.12.10}$$

$$\tan\delta=\frac{\Delta f_r}{f_r} \tag{1.12.11}$$

$$E''=E'\cdot\tan\delta \tag{1.12.12}$$

式中，ρ 为试样密度(kg/m^3)；h 和 L 分别为试样厚度与长度；f_r 为一阶共振频率。

对于非金属材料，为激振与拾振，应在试样上正对激振器与拾振器处粘贴金属薄片，试样共振情况还可以通过示波器由李萨如图形直观显示出来。

【实验内容】

1. 用悬线弯曲共振法测定高聚物在室温下的动态力学性能；
2. 用悬线弯曲共振法测定复合材料在室温下的动态力学性能。

【实验条件】

1. 实验试样及耗材

有机玻璃、玻璃钢和碳纤维复合材料；试样两端正对激振器与拾振器处粘贴小硅钢片。

2. 实验设备

强迫共振装置如图 1.12.8 所示。

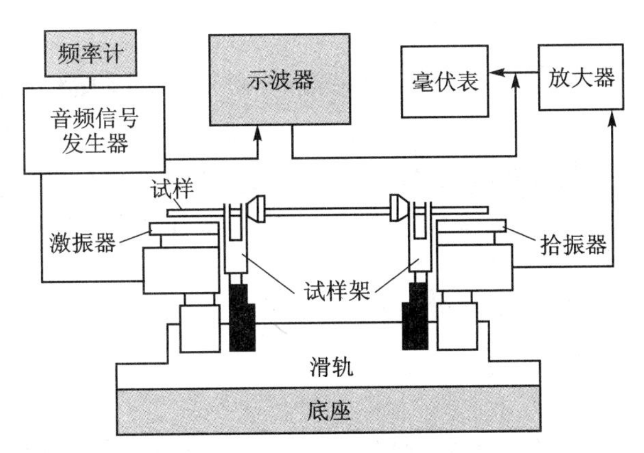

图 1.12.8　强迫共振装置图

【实验步骤】

1. 仔细阅读各电子仪器使用说明书，特别是注意事项。按图 1.12.8 连接装置。

2. 测量试样长度，计算悬线位置。用滑轨将两悬线之间的距离调到计算值。将试样搁置在悬线上。

3. 激振试样，用毫伏表检测试样振幅大小。调节激振频率，使试样振动，确定 f_r、f_{r1} 和 f_{r2}。实验时，在试样悬线上方铺少许细沙，如果共振中细沙不动，证明悬线位置正确；否则，需微调悬线位置。

4. 降低或提高频率，根据毫伏表示数，测出 f_{r1} 和 f_{r2}。

【结果分析】

1. 把实验结果填入表 1.12.5 中。

2. 根据公式(1.12.10)、公式(1.12.11)、公式(1.12.12)计算材料的动态力学性能指标。

表 1.12.5 强迫共振数据处理表

试样名称	f_r	f_{r1}	f_{r2}

【注意事项】

1. 连接弯曲共振装置各仪器前，一定要先了解各电子仪器的用法，连接后必须经教师检查后才能接上电源启动实验。

2. 为保证测试精度，悬线位置除理论计算外，一定要用细沙判断是否正确。

【思考题】

1. 实验成败的关键是什么？实验受哪些外界因素影响？

2. 如何能够尽快测出试样的 f_r、f_{r1} 和 f_{r2}？

参考文献

[1] 过梅丽. 高聚物与复合材料的动态力学热分析. 北京：化学工业出版社，2002.
[2] 蓝立文. 高分子物理. 西安：西北工业大学出版社，1993.

1.12.5 强迫非共振法测定高聚物材料的动态力学性能

【实验目的】

1. 了解动态热机械分析仪(DMA)的工作原理及其在聚合物研究中的应用；

2. 学习强迫非共振法测定高聚物材料的动态力学性能，掌握聚合物结构与性能分析方法；

3. 了解高聚物动态粘弹性对温度、频率的依赖关系，培养独立分析问题与解决问题的能力。

【实验原理】

动态热机械分析(又称动态力学分析)是指粘弹性材料在受到周期性(正弦)机械应力作用和控制发生形变时，测量和分析其力学性能与时间、温度及频率的关系的方法。用于进行测量的仪器称为动态热机械分析仪(Dynamic Mechanical Analyzer，DMA)。

高聚物材料是典型的粘弹性材料，表征材料动态粘弹性的参数有储能模量 E'、损耗模量 E''和损耗角正切 $\tan\delta$。测试方法有自由衰减振动法、强迫共振法、强迫非共振法和声波传播法。本实验中使用强迫非共振法进行测量。

1. 强迫非共振法

强迫非共振法是指强迫试样按设定频率振动，测定试样振动时的应力振幅 σ_0、应变振幅 ε_0 和应力-应变之间的相位差角 δ，按以下公式计算储能模量 E'、损耗模量 E''和 $\tan\delta$：

$$E' = \frac{\sigma_0}{\varepsilon_0}\cos\delta \tag{1.12.13}$$

$$E'' = \frac{\sigma_0}{\varepsilon_0}\sin\delta \tag{1.12.14}$$

$$\tan\delta=\frac{E''}{E'} \tag{1.12.15}$$

在强迫非共振法中，试样的形变模式可以有拉伸、压缩、弯曲（三点弯曲、单/双悬臂弯曲）和剪切等。直接测得的 E' 和 E'' 是杨氏模量还是剪切模量随实验中试样的形变模式决定。

2. 温度与频率对高聚物材料动态力学性能的影响

随着温度和频率的变化，高聚物材料的力学状态也会随之发生变化，如主转变（非晶态高聚物的玻璃化转变）、次级转变（或次级松弛）等。在转变区，材料的储能模量发生跃变，$\tan\delta$ 出现峰值或剧增到"无限大"。温度与频率之间存在时-温等效关系，图 1.12.9 分别是非晶态线形高聚物典型的动态力学性能温度谱与频率谱。由图 1.12.9(a)所示的动态力学性能温度谱可见，高聚物在不同温度下表现出三种力学状态——玻璃态、高弹态和粘流态，其 T_δ、T_γ 和 T_β 均为次级转变温度，T_g 为玻璃化转变温度，T_f 为高弹态与粘流态之间的转变温度；从图 1.12.9(b)所示的动态力学性能频谱图可以得到主转变与次级转变的特征频率，ω_α、ω_β、ω_γ 和 δ_ω 分别对应于各种运动单元的本征频率，而各频率的倒数则是各种运动单元运动的松弛时间 τ_α、τ_β、τ_γ 和 τ_ω。

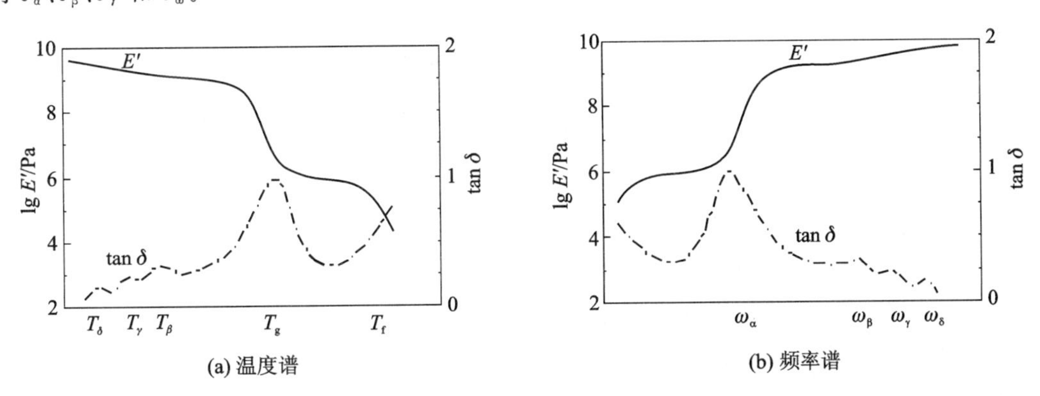

图 1.12.9　非晶态线形高聚物典型的动态力学性能频率谱与温度谱

【实验内容】

利用强迫非共振法测定高聚物的动态力学性能温度谱或频率谱。

【实验条件】

1. 实验原料及耗材

聚合物样品、液氮。

2. 实验设备

如图 1.12.10 所示的动态热机械分析仪（DMA）、液氮冷却系统、相应的配件（夹具、电子卡尺、工具）。

【实验步骤】

1. 前期准备

① 仔细阅读各电子仪器使用说明书，特别关注注意事项；

② 启动 DMA 系统，使之处于待工作状态；

③ 选择夹具尺寸，测量试样宽度与厚度，输入计算机系统。

2. 测定频率谱

① 设置应变水平、温度、频率扫描范围，输入计算机系统；

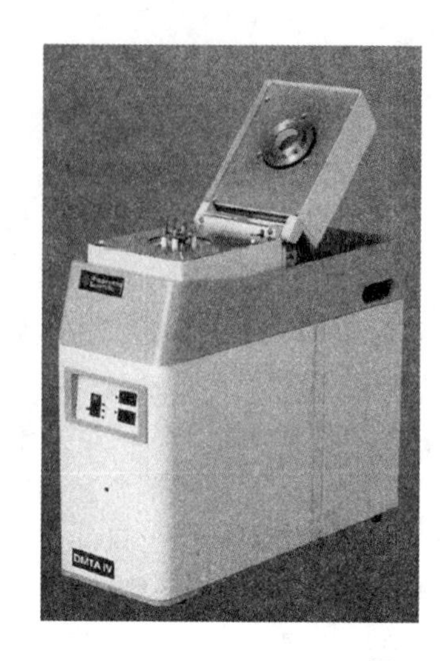

图 1.12.10　DMA 主机部分

② 打开主机盖，夹持试样，关上主机盖；

③ 开启加热系统，使炉温达到预没温度并保温数分钟；

④ 开始实验，自动做频率扫描。

3. 测定温度谱

① 让炉温自然冷却到 50 ℃以下；

② 打开主机盖，进一步冷却并更换新试样；

③ 将试样尺寸，设置的应变水平、频率、温度范围、升温速率等输入计算机系统；

④ 启动液氮冷却系统，使炉温降到 0 ℃，保温数分钟；

⑤ 开始实验，实验自动进行，直至结束。

【结果分析】

从计算机拷贝频率谱与温度谱的数据表，根据实验结果，分析聚合物试样的室温储能模量、损耗模量和 tan δ，比较它们的刚度与阻尼，解释原因。

【注意事项】

1. 进入实验室之前，必须查阅资料，熟悉有关动态热机械分析仪(DMA)的工作原理及其在聚合物研究中的应用；熟悉常规聚合物动态力学与性能分析方法及实验方法。

2. 连接实验装置前，要先了解各电子仪器的用法，连接后必须经教师检查且所设参数经教师认可后才能开始实验。

3. 为保证测试精度，需要精确测定试样几何尺寸。

4. 向液氮罐倾倒液氮时，务必戴石棉手套。

【思考题】

1. 根据高聚物动态力学性能温度谱确定主转变与次级转变的温度，分析各温度范围内高聚物的力学状态以及主转变与次级转变对应的分子运动机理。

2. 预测提高频率和加快升温速率对温度谱的影响并分析原因。

3. 根据高聚物在玻璃化转变温度附近的动态力学性能频率谱，预测当温度降低和提高时频率谱的变化，并说明理由。

参考文献

[1] 过梅丽. 高聚物与复合材料的动态力学热分析. 北京:化学工业出版社,2002.
[2] 兰立文. 高分子物理. 西安:西北工业大学出版社,1993.
[3] 过梅丽,等. 高分子物理. 北京:北京航空航天大学出版社,2005.

1.12.6　差示扫描量热法测定聚合物的热性能

【实验目的】

1. 了解差示扫描量热法(DSC)在聚合物研究中的应用;

2. 掌握测定聚合物热性能的基本研究方法与数据分析方法。

【实验原理】

差示扫描量热法 DSC(Differential Scanning Calorimetry)是在差热分析基础上发展起来的一种热分析技术,其工作原理参见实验 1.6.1“同步热分析”。

当物质的物理状态发生变化(结晶、熔融等)或发生化学反应(固化、聚合等)时,将引起物质的热性能(热焓、比热等)发生变化,因此采用 DSC 测定聚合物热性能的变化,就可以研究聚合物的物理或化学变化过程。在聚合物研究领域,DSC 技术应用非常广泛,可用于研究聚合物的玻璃化转变过程、结晶过程(包括等温结晶和非等温结晶过程)、熔融过程、共混体系的相容性、固化反应过程等。

【实验内容】

通过 DSC 对聚合物进行升温扫描,测试聚合物常规热性能,观察升温过程中热性能的变化,研究聚合物玻璃化转变过程、结晶过程(包括等温结晶和非等温结晶过程)、熔融过程、共混体系的相容性、固化反应过程等,确定其玻璃化温度(T_g)、结晶温度(T_c)、熔融温度(T_m)以及相应的结晶热(ΔH_c)和熔融热(ΔH_m)。

【实验条件】

1. 实验原料及耗材

聚合物样品、普通氮气。

2. 实验设备

差示扫描量热仪、相应的配件(坩埚和坩埚卷盘器)、分析天平(准确至 0.000 1 mg)。

【实验步骤】

1. 开　机

① 打开稳压源电源开关,待电压稳定在 220 V 后,依次打开主机、内冷器主机、数据处理微机和打印机的电源开关;

② 打开普通氮气瓶的阀门,控制气流量在 20 mL/min 左右;

③ 操作主机控制面板,将主机系统快速升温至高温,空烧一段时间后再降温至室温,待仪器稳定;

④ 根据显示器提示输入日期,进入控制系统。

2. 基线扫描

① 在主机加热炉的样品池中装入加盖后压紧封合的样品坩埚;

② 根据显示器选择测试控制。

3. 样品测试

① 选择要求输入扫描基线所需的起始温度、终止温度、横坐标和纵坐标刻度、升温速率等

参数以及样品质量等，同时，进行相应的调整和设定（试样发生玻璃化转变到结晶峰的出现再到熔融过程结束，温度范围为 300～550 K）；

② 样品测试完毕，待系统稳定后读取数据结果，选择 Save 并键入文件名，将所得数据、谱图存盘；

③ 操作控制面板，将主机系统温度重新调至室温，等待测试下一个样品。

4. 谱线分析及数据处理

① 选择分析功能，使微机处于数据分析状态；

② 分析、确定数据谱图中所显示的聚合物热性能；

③ 确定聚合物热性能；

④ 选择所需数据结果，打印被测聚合物样品的数据谱图及数据分析结果。

5. 关　机

① 当主机系统温度处于室温时，取出样品池中的样品坩埚；

② 依次关闭打印机、数据处理微机、主机、主机内冷器、稳压源电源开关；

③ 关闭氮气钢瓶阀门。

【结果分析】

根据 DSC 实验结果，分析聚合物热性能与聚合物组织结构及工艺性能之间的关系。

【注意事项】

1. 进入实验室之前，必须自己查阅资料，熟悉有关差示扫描量热仪的工作原理及其在聚合物研究中的应用；

2. 熟悉聚合物常规热性能与性能的分析方法。

【思考题】

1. 功率补偿型 DSC 的基本工作原理是什么？在聚合物研究中主要有哪些应用？

2. 如何通过 DSC 谱图确定材料的 T_g、T_c、T_m？

参考文献

[1] 拉贝克 J F. 高分子科学实验方法(物理原理及应用). 吴世康，漆宗能，等译. 北京：科学出版社，1987.

[2] 北京大学化学系高分子教研室. 高分子实验与专论. 北京：北京大学出版社，1990.

[3] Peter Gabbott. Principles and Application of Thermal Analysis. Blackwell Publishing，2008.

第三节　材料服役性能检测技术

1.13　环境腐蚀因素的电化学测定

【实验目的】

1. 了解和掌握不同环境对常用金属材料腐蚀的影响及评定方法；

2. 了解影响材料腐蚀失效的几种主要环境因素；

3. 掌握主要环境因素——溶液 pH 值的测试方法。

【实验原理】

1. 腐蚀的基本概念

各种材料，无论是金属还是非金属，都会在环境（大气、海水、土壤、光照、温度和应力等）的作用下发生变质恶化、性能降低以致完全失效，这种物质受周围环境作用而导致变质或破坏的现象就称为材料的腐蚀。由于腐蚀而引起的材料或产品的失效，称为腐蚀失效。钢铁生锈、铝锅穿孔、橡胶管老化开裂等都是常见的腐蚀实例。

材料发生什么样的腐蚀主要取决于材料及其周围介质的性质。腐蚀类型很多，也有多种分类方法。有按材料腐蚀后的外观特征分类的：若腐蚀均匀地发生在整个材料表面，称为均匀腐蚀或全面腐蚀；若腐蚀集中在某些区域，则称为局部腐蚀。也有按腐蚀介质的性质分类的，如大气腐蚀、土壤腐蚀、海水腐蚀等。若按照发生腐蚀的作用机理，大多数的材料腐蚀可以分为化学腐蚀、电化学腐蚀和物理腐蚀三大类型。其中电化学腐蚀是金属腐蚀中最普遍、最重要的类型，它是指材料与离子导电性介质发生电化学反应、反应过程中有电流产生的腐蚀过程。例如金属船体在海水中的腐蚀、输油管道在土壤中的腐蚀等。

对金属来说，腐蚀就是自发地从金属状态转变为化合态的过程，即金属被氧化的过程。发生化学腐蚀时，金属的氧化与被还原的物质之间的电子是直接交换的；而发生电化学腐蚀时，金属的氧化和介质中某物质的还原是在不同地点相对独立进行的两个过程，电子的交换是间接的。大多数金属腐蚀都属于电化学腐蚀。

2. 影响材料腐蚀的主要因素

材料究竟发生什么样的腐蚀以及腐蚀的强弱主要取决于材料及其周围介质的性质。不同的材料或不同工艺制备的同一种材料在同一介质中的腐蚀性不同，同一材料在不同环境中（如温度、pH 值、浓度不同）的腐蚀性也会有很大的差别。影响材料腐蚀的因素主要有以下几个方面：材料的性质、介质的影响、氧化剂和溶解氧、介质的 pH 值、介质中的盐类及浓度、介质温度、介质流动以及其他因素等。

3. 评定腐蚀的方法

通常可以从以下几个方面来评定材料被腐蚀的程度或材料的耐蚀性。

（1）重量法

所谓重量法就是比较试验金属在腐蚀前后的质量变化，从而确定腐蚀速度的方法。根据腐蚀产物是否容易去除或者是否完全牢固地附着在试片表面等情况，可分别采用单位时间、单位面积上金属腐蚀后的质量损失或质量增加来表示腐蚀速度。

$$V_{失}=\frac{W_0-W_1}{St} \tag{1.13.1}$$

$$V_{增}=\frac{W_2-W_0}{St} \tag{1.13.2}$$

式中，$V_{失}$、$V_{增}$ 为腐蚀速度，g/(m^{2}h)；S 为试样表面积，m^2；t 为腐蚀时间，h；W_0 为试样腐蚀前的质量；W_1 为试样清除腐蚀产物后的质量；W_2 为带有腐蚀产物的试样质量。

在金属的腐蚀过程中，其腐蚀速度并非是恒定的，其瞬间腐蚀速度可以发生变化，因此用重量法测得的腐蚀速度只是平均腐蚀速度。由于不同金属材料的密度不同，在均匀腐蚀前提下，用重量法测得的腐蚀速度即使数值相同，其腐蚀深度也不同，因此常将上述平均腐蚀速度用腐蚀深度来表征，换算公式如下：

$$D_{深}=\frac{24\times 365}{1\ 000}\times\frac{V}{\rho}=8.76\,\frac{V}{\rho} \tag{1.13.3}$$

式中，$D_{深}$ 为以腐蚀深度表示的腐蚀速度，mm/a；V 为按重量法计算的腐蚀速度，$g/(m^2 \cdot h)$；ρ 为金属的密度，g/cm^3；8.76 为单位换算系数。

重量法是经典的测定腐蚀速度的方法，可较准确地计算材料的腐蚀速度，但该方法仅适用于评定发生均匀腐蚀的金属的腐蚀速度。

(2) 电化学方法

电化学方法具有快速、简便的特点，可以通过测量材料在腐蚀介质中的电化学参数来评定材料的腐蚀程度。例如通过测量腐蚀电池的电流密度 i_{corr} 来判断材料的腐蚀速度，通过测量电极电位 φ_{corr} 来判断材料腐蚀的倾向等。其中 $\varphi-t$ 曲线法是判断腐蚀过程的重要方法，可用于判断腐蚀热力学和腐蚀过程。

金属与电解质接触时，在金属与溶液界面将产生一电位差，称为电极电位。该电极电位值会随时间不断变化，当腐蚀电池中的阴、阳极反应达到动态平衡时将趋于一稳定值，通常称之为稳定电位或自腐蚀电位 φ_{corr}。一般来说，电极电位的变化常常能反映金属表面状态的变化，如表面膜的形成过程和稳定性、是否出现局部腐蚀等。如果电位随时间的变化趋于“正”，常常表示表面膜的保护性增强了；相反地，如果电极电位向“负”变化，则表明金属表面保护膜被破坏。均匀腐蚀时，电极电位随时间的变化是较为缓慢的，而若出现局部腐蚀，电极电位通常会发生突变。

通过测定某材料在介质中的自腐蚀电位随时间的变化曲线，可以判断该材料在介质中发生腐蚀的热力学倾向。将不同材料在同一介质中最终得到的自腐蚀电位 φ_{corr}，按由低到高的顺序排列，就可得到各种金属在某种介质中的腐蚀电位序。从金属在腐蚀电位序中的位置，可以判断两种金属在指定的电解液中相接触时，哪种金属可能发生腐蚀。

(3) 表面状态的观察

根据表面状态的变化可以评价材料的腐蚀程度和腐蚀特征以及对不同材料的耐蚀性作出相对比较，这包括肉眼观察的宏观检验，也包括通过金相检验、断口分析或用三维视频显微镜、扫描电镜等表面分析仪器分析材料微观组织结构等。

(4) 体积的变化

通过体积的变化定性评定材料的腐蚀程度。

【实验内容】

选取不同材料、不同介质分别进行以下实验：

① 采用浸泡实验观察试样在不同介质中的腐蚀形态，判断腐蚀类型；

② 测量发生均匀腐蚀试样的失重或增重，计算腐蚀速度；

③ 用酸度计测量所选介质的 pH 值；

④ 测量试样在不同介质中的 $\varphi-t$ 曲线。

【实验条件】

1. 实验原料及耗材

碳钢、不锈钢、铝合金、纯铜、自备材料；H_2SO_4（20%）、HNO_3（20%、60%）、H_2O（去离子水或自来水）、NaCl（5%、20%）、NaOH（0.5%、5%）、金相砂纸、滤纸、去污粉、塑料丝。

2. 实验设备

PHS-3C 酸度计、电子天平(精确到 0.1 mg)、数字电压表、电热恒热水温箱、温度计、游标卡尺、吹风机、烧杯、计时器。

【实验步骤】

1. 腐蚀形态的观察及腐蚀速度测量

(1) 试样准备

准备 3 种待测溶液和 6 块同材试样，试样尺寸为 50 mm×20 mm×2 mm，将试样打上序号以示区别。用 180# 水砂纸、360# 水砂纸、600# 水砂纸打磨至均匀光亮。

(2) 面积测量

用游标卡尺准确测量试样尺寸，计算并记录每块试样的面积。

(3) 表面处理

试样表面用去污粉除油，然后用自来水冲洗干净，再用滤纸吸干，最后用吹风机反复吹干，使试样完全干燥冷却。

(4) 试件原重

将干燥后的试样用电子天平称重，准确度应达到 0.1 mg。

(5) 浸泡实验

将 3 种待测溶液分别量取 800 mL 并倒入 1 L 的烧杯中，将试样按编号分成 3 组，2 个一组，用塑料丝悬挂浸入待测溶液中。注意待测试样应全部浸入溶液，每个试样浸入深度要大体一致，试样上端应在液面下 20 mm，介质体积/试样暴露面积之比至少为 5 mL/cm^2。

(6) 时间记录

自试样浸入溶液开始记录时间，观察试样表面及溶液介质变化情况。1 小时后取出试样并用自来水清洗干净。

(7) 产物观察

观察腐蚀产物的颜色、分布情况及与表面结合是否牢固。

(8) 形态观察

对于腐蚀产物易清洗的试样，在产物清洗液中清除腐蚀产物，除干净后用流动自来水和蒸馏水将试样清洗干净，然后用滤纸吸干，最后用吹风机反复吹干，待试样冷却后，观察腐蚀形态。

(9) 腐蚀后重

干燥后的试样再次在天平上称重并记录。

(10) 结果计算

根据公式(1.13.1)、公式(1.13.2)、公式(1.13.3)分别计算腐蚀速率及年腐蚀深度。

2. 实验溶液 pH 值的测定

以 PHS－3C 酸度计测试溶液 pH 值为例，介绍实验操作过程。

(1) 开　机

打开电源开关，指示灯亮，预热 30 分钟。

(2) 标　定

① 将选择开关旋钮调到 pH 挡；

② 调节温度补偿旋钮，使旋钮白线对准溶液温度值；

③ 把斜率调节旋钮顺时针旋到底(即调到 100%位置)；

④ 把用蒸馏水清洗过的电极插入 pH＝6.86 的缓冲溶液中；

⑤ 调节定位调节旋钮，使仪器示数与该缓冲溶液当时温度下的 pH 值一致；取出电极并用蒸馏水清洗干净，再插入 pH＝4.00(或 pH＝9.18)的标准溶液中，调节斜率旋钮使仪器示数与该标准溶液当时温度下的 pH 值一致；

⑥ 重复步骤④～⑤直至不用再调节定位或斜率调节旋钮为止；

⑦ 仪器完成标定，定位调节旋钮及斜率调节旋钮不应再有变动。

(3) 测　量

将电极用蒸馏水冲洗并用滤纸吸干，插入待测溶液中，摇动烧杯，使溶液均匀，在显示屏上读取溶液的 pH 值。测量完后用蒸馏水清洗电极头部，并用滤纸吸干。

3. $\varphi - t$ 曲线的测定

① 试样准备：准备 2～3 种待测材料各 2 块，用 360# 水砂纸、600# 水砂纸打磨至均匀光亮，用去污粉除油，蒸馏水冲洗，滤纸吸干。

② 室温下将待测试样分别浸入 2 种不同的实验溶液中，自试样浸入溶液开始计时，每隔半分钟用数字电压表测一次电位，记录电位随时间的变化。

③ 将溶液温度加热到 50 ℃，重复步骤②，研究温度对电极电位的影响。

【结果分析】

1. 观察试样在不同介质中的腐蚀形貌，判断腐蚀类型与强弱。

2. 将金属的均匀腐蚀速度测试结果记录在表 1.13.1 中。

表 1.13.1　浸泡实验原始数据

材　料	腐蚀介质	腐蚀时间 t/h	试件原重 W_0/g	腐蚀后重 W_1/g	失重 (W_0-W_1)/g	腐蚀速度 V/ $[g\cdot(m^2\cdot h)^{-1}]$	腐蚀深度 $D_{深}$/ $(mm\cdot a^{-1})$

3. 把不同条件下测试的金属电极电位记录在表 1.13.2 中，根据实验测得的数据绘制实验材料的 $\varphi - t$ 曲线，分析同一介质中不同材料的腐蚀热力学倾向。

表 1.13.2　不同条件下金属的电极电位

mV

材　料	腐蚀介质	腐蚀温度	腐蚀时间/min									
			0.5	1.0	1.5	2.0	2.5	3	3.5	4	4.5	5
		室温										
		50 ℃										
		室温										
		50 ℃										
		室温										
		50 ℃										
		室温										
		50 ℃										
		室温										
		50 ℃										
		室温										
		50 ℃										

4. 综合分析影响金属材料环境失效的主要腐蚀因素。

【注意事项】

1. 实验中需要使用大量的酸、碱等腐蚀性介质，务必采取防护措施，避免腐蚀受伤；
2. 化学试剂会发生挥发，请保持实验室通风；
3. 正确使用电子天平等易损设备；
4. 服从实验室管理规定，听从老师安排，严禁在实验室饮食。

【思考题】

1. 何谓重量法？在什么情况下适合用重量法测定腐蚀速度？
2. 浸泡实验时为什么要保证试样面积与溶液体积之比？放太多的试样或同时放几种不同类金属对腐蚀速率测定有何影响？
3. 影响金属材料环境失效的主要腐蚀因素是什么？

参考文献

[1] 李荻. 电化学原理. 3 版. 北京：北京航空航天大学出版社，2008.
[2] 刘永辉，张佩芬. 金属腐蚀学原理. 北京：航空工业出版社，1993.

1.14　材料环境失效动力学的电化学测试

【实验目的】

1. 了解常用材料腐蚀失效类型的动力学特征；
2. 了解和掌握极化曲线的测量方法。

【实验原理】

流过电极的电流密度与过电位(或电极电位)的关系曲线称为电极极化曲线。测量电极的极化曲线是研究电极过程动力学的基本实验手段。按照自变量及其控制方式，可将极化曲线的测量方法分为控制电位法和控制电流法两类。

控制电位法：以电极电位为自变量，测试时逐步改变电极电位，测定相应极化电流的大小。按照电位变化方式，又分为静电位和动电位两种类型。静电位法通常采用手动逐点改变电位，间隔一定时间(体系接近稳态)后进行电流测量，从而绘制出极化曲线；动电位法也常称作电位扫描法，测量时连续以恒定的速度改变电极电位，同时用记录仪记录电流的响应曲线，即极化曲线。

控制电流法：以极化电流作自变量，测试时逐步改变外加电流，测定相应极化电位数值，绘制出极化曲线。

控制电位法和控制电流法各有优缺点及适用范围。控制电流法使用仪器简单、易于控制，主要用于一些不受扩散控制的电极过程或电极表面状态不发生很大变化的电极反应。控制电位法需要使用恒电位仪控制电位，实验操作较为复杂，但适用范围更广。

对形状简单的极化曲线，即电极电位是极化电流的单值函数的情况，采用控制电位法和控制电流法得到的结果是相同的。但对形状复杂的极化曲线，如图 1.14.1 所示的钝化曲线，电极电位不再是极化电流的单值函数，即同一电流可能对应多个电位值，则只能用控制电位法测定，而采用控制电流法则得不到完整的极化曲线。

电极极化曲线的测量实际上就是测量极化电流和电极电位的对应关系，测试系统由两个回路组成。一是由研究电极与辅助电极构成的极化回路，测量研究电极的极化电流；二是由研

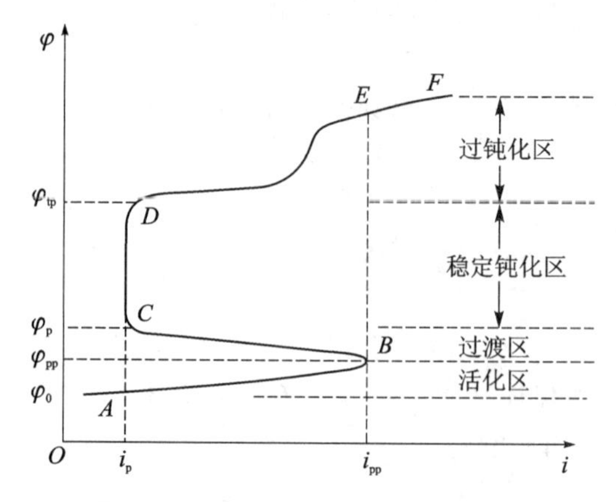

φ_{pp}—致钝电位；i_{pp}—致钝电流密度；φ_p—初始稳态钝化电位；

i_p—钝化电流密度；φ_{tp}—过钝化电位

图 1.14.1　控制电位法测得的阳极极化曲线(Ni 电极在 0.5 mol H_2SO_4 中)

究电极与参比电极构成的测量回路，测量研究电极的极化电位。为了避免影响研究电极体系的溶液组成，一般选用不溶性辅助电极，如铂片或铂网材料；在酸性溶液中可以使用二氧化铅电极，在碱性溶液中可以使用镍电极；必要时还可以将研究电极与辅助电极分别放在两个电极室，中间用烧结玻璃或微孔隔膜相连通。电极电位的测量需选用适宜的参比电极和高输入阻抗的测量仪器，否则会产生测量误差。

铝合金属于易钝金属，在潮湿大气或含有氯离子的溶液中易产生点蚀。点蚀发生在金属表面局部，以小孔状腐蚀形态存在，它是由金属钝化膜的局部破坏而产生的。用三角波动电位法可以测量出电极电位向正、逆两个方向扫描时的阳极极化曲线，这类极化曲线又称为循环伏安曲线。从循环伏安曲线上可以得到表征材料点蚀倾向的特征参数破裂电位 φ_{br} 和保护电位 φ_{pr}，如图 1.14.2 所示。破裂电位 φ_{br} 和保护电位 φ_{pr} 把具有活化-钝化转变行为的阳极极化曲线划分为三个电位区(图中 i_1 为回扫电流密度)：

① $\varphi > \varphi_{br}$，形成新的点蚀(点蚀形核)，已有的点蚀孔继续长大；

② $\varphi_{br} > \varphi > \varphi_{pr}$，不会形成新的点蚀孔，但原有的点蚀孔将继续扩展长大；

③ $\varphi \leqslant \varphi_{pr}$，原有点蚀孔全部钝化而不再发展，也不会形成新的点蚀孔。

由此可见，破裂电位 φ_{br} 的大小反映了钝化膜被击穿的难易程度。在相同介质里，哪种材料的破裂电位 φ_{br} 值越正，则表明该种材料抗点蚀萌生的能力越强，即越不容易发生点蚀；保护电位 φ_{pr} 反映了钝化膜破裂后重新钝化的自修复能力，φ_{pr} 越正，材料钝化的自修复能力越强；破裂电位 φ_{br} 与保护电位 φ_{pr} 间形成的闭合曲线的面积(称为滞后环)大小表征了蚀孔扩展的难易程度，面积越小，蚀孔扩展速率越小。

分析预测点蚀敏感性只是动电位法应用的一例，实际上，动电位法广泛应用于测量各种电极体系的极化曲线，用来研究电极过程和测量动力学参数。但要注意，在比较各种因素对极化曲线的影响时，必须在相同电位扫描速度下进行比较才有意义。

【实验内容】

用控制电位法(包括静电位法和动电位法)分别测量碳钢及铝合金在 3.5%NaCl 溶液中的极化曲线。

【实验条件】

1. 实验原料及耗材

碳钢、铝合金、砂纸、3.5%NaCl溶液、电解池、饱和甘汞电极、铂电极、封样材料。

2. 实验设备

静电位法：恒电位仪、电解池、金属电极（铝、钢等）、辅助电极（铂）、参比电极（饱和甘汞电极）、金属导线。测试线路如图1.14.3所示。

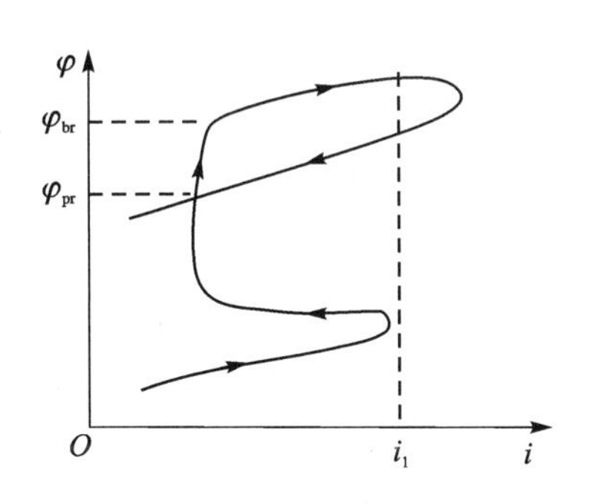

图1.14.2　具有活化-钝化转变行为的阳极极化曲线

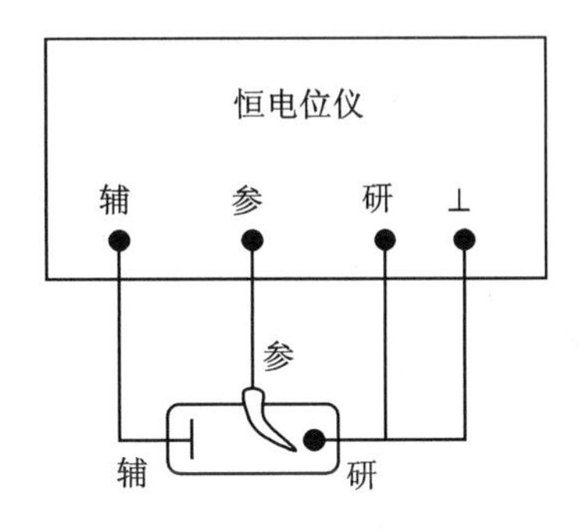

图1.14.3　静电位法测量极化曲线线路图

动电位法：电化学工作站（分析仪）、电脑（与工作站配套）、电解池、金属电极（铝、钢等）、辅助电极（铂）、参比电极（饱和甘汞电极）、金属导线。测试线路如图1.14.4所示。

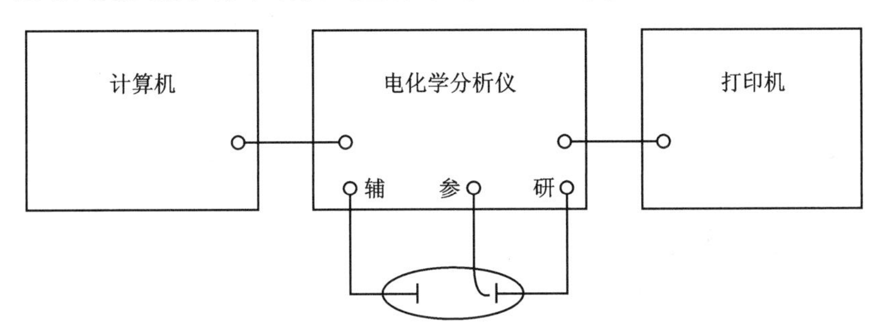

图1.14.4　电化学阻抗谱测试线路图

【实验步骤】

1. 设备连线

按图1.14.3或图1.14.4接好线路。

2. 设备预热

按照仪器使用说明，打开电源开关，预热10～15 min。

3. 配制溶液并移入

洗净电解池，配制适量3.5%NaCl溶液，随后移入电解池。

4. 电极准备

用砂纸打磨电极，自来水冲洗。已知面积（$\leqslant 1\ cm^2$）的试样水洗后立即插入被测溶液中；面积较大的试样，需将试样吹干后用蜡等绝缘物质将非工作面涂封，只保留1 cm^2面积做工作面，待绝缘膜干燥后，将试样插入被测溶液中。注意涂封过程中不得污染工作面，不得用手触摸工作面。

5. 测　量

(1) 静电位法测量极化曲线

① 开路电位测试:通断选择开关置于"断",测量选择开关置"参比",数字表显示即为参比电极相对于研究电极的开路电位。

② 把测量选择开关置于"给定",调节"给定"至所需电位值,通断选择开关置于"通",辅助电极接通,参比电极立即被恒等于给定电位。将测量选择开关换至电流挡,等待一定时间或等电流相对稳定后,读取相应的电流值。

③ 改变电极电位,重复上述测量过程,直至获得完整的极化曲线。

(2) 动电位法测量极化曲线

① 测量开路电位-时间曲线:用鼠标单击 Technique(技术)下的开路电位-时间(open circuit potential - time)曲线,时间不得少于 200 s,记录下稳定的开路电位值(注意每次测量之前都需要重新测量开路电位)。

② 选择实验技术:用鼠标单击 Setup(设置)下的 Technique(实验技术),选择所需要的实验技术。

③ 设定实验参数:单击 Setup(设置)下的 Parameters(实验参数),即可按提示设定实验参数。

④ 运行实验:单击 Control(控制)下的 Run(运行),实验即开始进行。

⑤ 保存实验数据:每条曲线做完,手动保存数据为 txt 文档。

【结果分析】

1. 静电位法:把原始数据记录在表 1.14.1 中,根据实验记录绘制极化曲线。

2. 动电位法:利用所保存的原始数据作图,得到极化曲线,纵坐标和横坐标分别标明物理量的含义及刻度值,并标明电位扫描速度。

表 1.14.1　静电位法原始实验数据

(过)电位/mV	电流密度/(mA·cm^{-2})		
	1	2	平　均
测试条件	实验材料: 试样面积:　　cm^2 参比电极:	实验溶液: 实验温度: 开路电位:　　(mV,SCE)	

3. 根据实验结果，分析所测材料腐蚀失效的动力学特点或对比不同材料腐蚀失效的难易程度，并分析原因。

【注意事项】

1. 认真阅读设备使用说明书；
2. 工作电极的工作面面积不能超过 1 cm^2；
3. 小心操作，做好防护工作，避免化学药物对人体的伤害；
4. 遵守实验室管理规定，严禁在实验室饮食。

【思考题】

1. 测电极电位时，对测量仪器有什么要求？为什么？
2. 极化回路与测量回路分别由哪些电极构成？

参考文献

[1] 李荻. 电化学原理. 修订版. 北京：北京航空航天大学出版社，1999.
[2] 刘永辉. 电化学测量技术. 北京：航空工业出版社，1993.
[3] 宋诗哲. 腐蚀电化学研究方法. 北京：化学工业出版社，1980.

1.15　材料环境失效行为的电化学阻抗谱分析

【实验目的】

1. 掌握电极体系电化学阻抗谱(EIS)的频域法测量方法；
2. 了解所选材料的电化学阻抗谱图的特点及其解析方法；
3. 了解电化学阻抗谱技术在材料环境失效中的应用。

【实验原理】

电化学阻抗谱法(Electrochemical Impedance Spectroscopy，EIS)属于暂态电化学技术，是用小幅度正弦波交流信号扰动电极，并观察体系在稳态时对扰动的响应情况，同时测量电极的交流阻抗。由于可以将电极过程用电阻(R)、电容(C)和电感(L)组成的电化学等效电路来表示，因此电化学阻抗技术实质上是研究 RC 电路在交流电作用下的特点和应用。

一般情况下，电解池的阻抗包括两个电极的界面阻抗 C、Z_f 和溶液电阻 R_L，等效电路见图 1.15.1。在实际测量中，可创造条件使辅助电极的界面阻抗忽略不计，通常方法是采用大面积铂电极作为辅助电极。由于辅助电极上不发生电化学反应，Z'_f非常大；同时，由于辅助电极的面积远远大于研究电极的面积，C'_d很大，故其容抗比 Z'_f及串联电路上的其他元件的阻抗小得多，如同短路一样。于是，等效电路被简化为如图 1.15.2 所示。应当指出，电极交流阻抗电路与由理想电阻、电容所组成的等效电路并不完全相同，因为双电层电容和法拉第阻抗都随电极电位的改变而变化，电极交流阻抗等效电路中各元件的数值是随电极电位的改变而变化的。

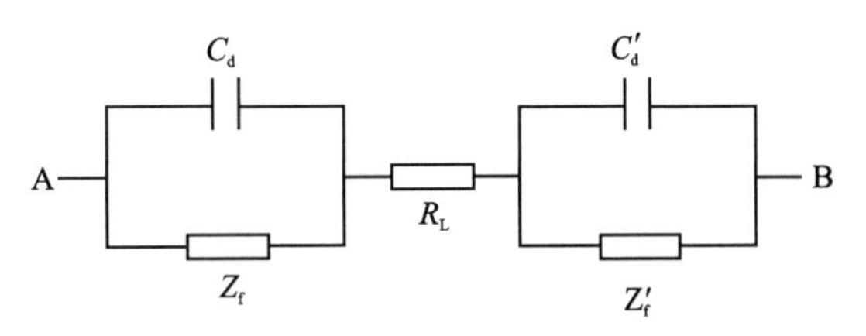

图 1.15.1　电解池交流阻抗等效电路

常用图 1.15.3 所示的复数平面图(也称 Nyquist 图)来描述阻抗随频率的变化，横坐标 x 和纵坐标 y 分别代表阻抗的实部 A 和虚部 B。该图由一系列点组成，每个点都表示某个特定频率下阻抗的实部和虚部。图 1.15.3 所示的复数平面图也是电极为活化极化控制、浓差极化可忽略时的典型阻抗图谱，其等效电路如图 1.15.2 所示。当存在浓差极化时，等效电路及阻抗谱分别如图 1.15.4 和图 1.15.5 所示。

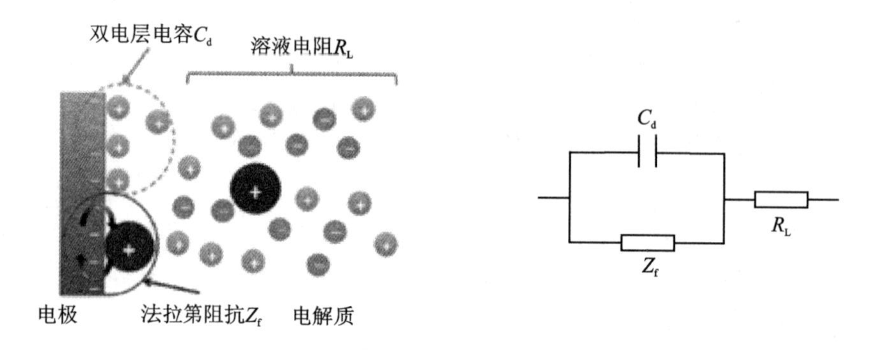

图 1.15.2 大面积惰性辅助电极电解池的等效电路

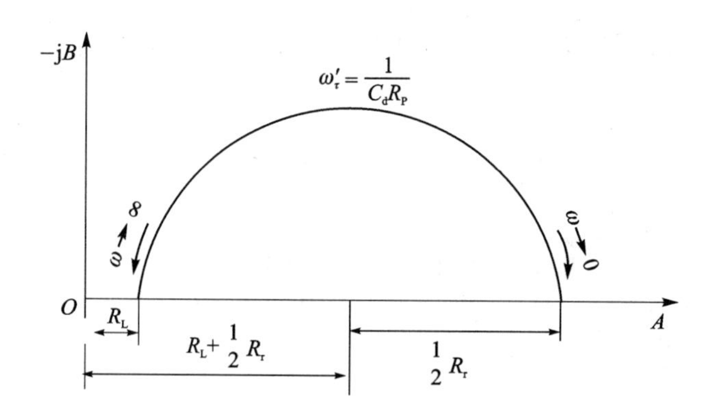

图 1.15.3 只有电化学电极极化时的电极阻抗复数平面图

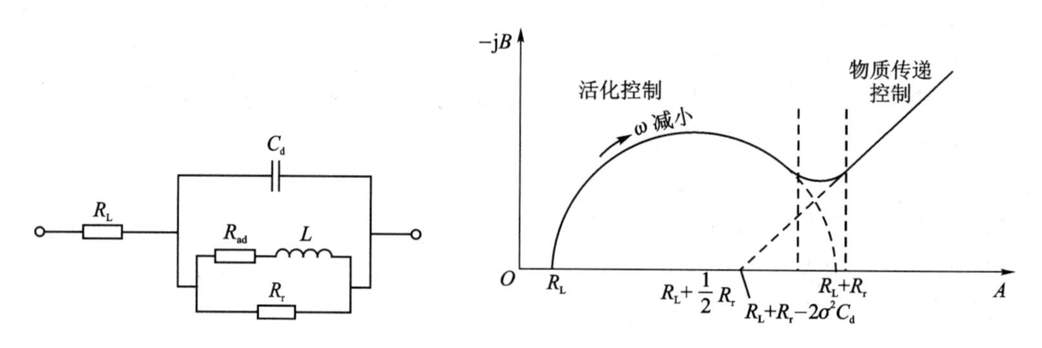

图 1.15.4 存在浓差极化时的电极等效电路　　**图 1.15.5 存在浓差极化时等效电路的阻抗谱**

含有吸附体系的等效电路及阻抗谱则更复杂。许多情况下，受吸脱附、钝化以及生成固相产物的影响，其电极系统的等效电路较为复杂，复数阻抗平面轨迹可能存在于各个象限中，并呈现各种形状，如图 1.15.6 所示。

通过实验数据处理电化学阻抗技术可同时得到 R_L、R_r 和 C_d 三个电化学参数。最常用的阻抗谱解析是先测得 Nyquist 图或 Bode 图。Bode 图以频率对数为 x 轴，以阻抗的绝对值和相角为 y 轴。可由图上特征点对应的数值计算或拟合得到等效电路参数。如图 1.15.3 所示

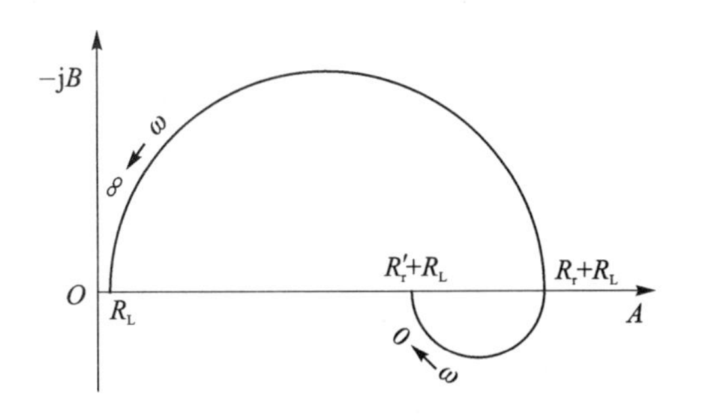

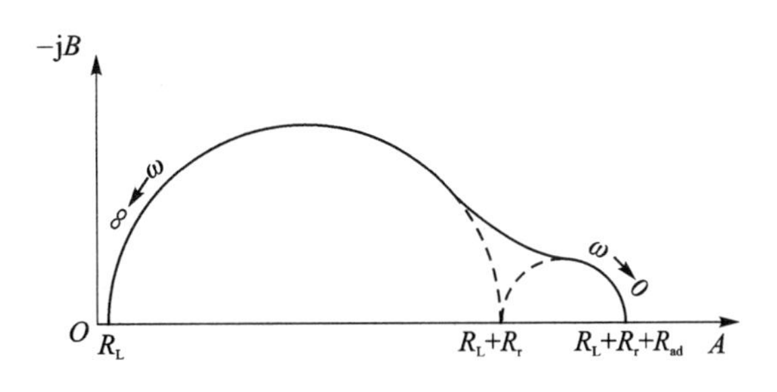

图 1.15.6　吸附体系的电化学阻抗谱

的 Nyquist 图，可以直接求出 R_L 和 R_r（腐蚀体系常用 R_p 表示），再根据下式求得界面电容 C_d 值：

$$\omega_r'=\frac{1}{C_dR_p} \tag{1.15.1}$$

式中，ω_r'为半圆顶点处对应的角频率值。

利用 Bode 图也可计算等效电路参数，如图 1.15.7 所示。由幅频特性曲线高频端和低频端水平直线的纵坐标可以求出 R_L 和 R_r；在中间频率范围，$\lg|Z|$-$\lg\omega$ 图像呈斜率为−1 的直线，把直线外推到 $\omega=1$，此时，$|Z|=1/C_d$，故可求出 C_d。当然，也可由相频特性曲线中 φ 为$\pi/4$ 所对应的角频率 ω 求出 C_d。

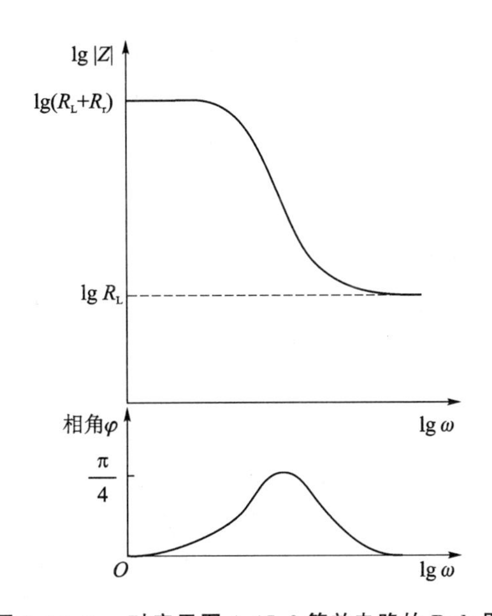

图 1.15.7　对应于图 1.15.2 等效电路的 Bode 图

金属的腐蚀速度与其极化阻力呈反比（$i_{corr}=B/R_p$），不同的腐蚀体系可以通过比较 R_p 定性判断其耐蚀性。

【实验内容】

测量金属电极（碳钢、不锈钢、纯铁、镍、铝合金、镁合金、铜等）在溶液（3.5％NaCl 中性溶液、弱酸性溶液或弱碱性溶液）中的电化学阻抗。

① 测量至少三种材料在同一种介质中的电化学阻抗，对比不同材料的耐蚀性；

② 测量一种材料在至少两种介质中的电化学阻抗，对比材料在不同介质中的耐蚀性。

【实验条件】

1. 实验原料及耗材

碳钢、不锈钢、纯铁、镍、铝合金、镁合金、铜、辅助电极（大面积铂电极）、参比电极（饱和甘汞电极等）、电解池、导线、NaCl、NaOH、H_2SO_4、去离子水。

2. 实验设备

本实验采用 CHI 600 系列电化学分析仪（工作站）进行测试，仪器由计算机控制，在视窗操作系统下工作。测试线路如图 1.14.4 所示。

【实验步骤】

1. 线路连接：按图 1.14.4 接好实验线路。

2. 设备预热：打开实验设备电源，仪器预热 10～15 min 即可进行实验。

3. 溶液配制及注入：配制所需要的待测溶液，将待测溶液注入预先清洗好的电解池。

4. 电极准备：用砂纸打磨电极，自来水冲洗；已知面积的试样（≤1 cm^2）水洗后立即插入被测溶液中；面积较大的试样，需将试样吹干后用蜡等绝缘物质将非工作面涂封，只保留1 cm^2 面积做工作面。绝缘膜干燥后，将试样插入被测溶液中。

5. 参数测量

① 开路电位测量：用鼠标单击 Control 下的 Open Circuit Potential 测出电极体系的开路电位值，重复几次直至稳定。

② 实验技术选择：用鼠标单击 Setup（设置）下的 Technique（实验技术），选中 AC Impedance（交流阻抗）。

③ 参数设定：单击 Setup 下的 Parameters，按提示设定实验参数。

④ 实验运行：单击 Control 下的 Run 便可进行实验。仪器自动进行测量并画出阻抗谱图。实验结束后，需记录半圆最高点所对应的角频率 ω。

⑤ 换上不同材质的测试电极或腐蚀介质，重复上述步骤，完成所有测试。

⑥ 保存实验数据：每条曲线做完，手动保存数据为 txt 文档。

【结果分析】

1. 由测得的电化学阻抗谱图求出体系的 R_P、R_L、C_d 值；

2. 对实验结果进行分析及讨论。

【注意事项】

1. 认真阅读设备使用说明书；

2. 工作电极的工作面面积不能超过 1 cm^2；

3. 注意电极接线是否正确；

4. 小心操作，做好防护工作，避免化学药物对人体的伤害，实验室内禁止饮食。

【思考题】

1. 测电极交流阻抗时，辅助电极为什么要使用大面积铂金电极？

2. 体系的频率范围与哪些参数有关？

参考文献

[1] 刘永辉. 电化学测量技术. 北京：北京航空学院出版社，1987.
[2] 宋诗哲. 腐蚀电化学研究方法. 北京：化学工业出版社，1980.

1.16 材料表面防护膜层环境失效评定方法

【实验目的】

1. 掌握材料表面防护膜层厚度的测试技术；

2. 掌握材料表面膜层耐蚀性能的基本评定方法；

3. 综合分析不同材料和不同膜层的耐蚀性和腐蚀失效特点。

【实验原理】

1. 表面膜层厚度测量

表面膜层的厚度往往直接影响产品的耐腐蚀性，表面膜层的厚度及硬度是衡量膜层质量、确保使用寿命的重要指标之一。测量膜层厚度的方法分为非破坏性和破坏性测量方法两大类。非破坏性测量方法包括增重法、量具法、磁性法、涡流法、β射线法、X射线荧光法和双光束显微镜法等，是目前广泛采用的测厚方法。破坏性测厚法常用的有点滴法、液流法、化学溶解法、库仑法和金相显微镜法等。实验室常用的测试方法有金相法、涡流法、磁性法等。

2. 表面膜层耐蚀性能评价

为判断材料表面膜层抵抗外界环境侵蚀的能力，通常采用人工加速腐蚀实验和电化学测试方法进行评定。具体的评定方法很多，常用的人工加速腐蚀实验有盐雾实验、全浸腐蚀实验等，电化学测试方法有动电位极化法、线性极化法、弱极化法、电化学阻抗谱法等。

(1) 全浸腐蚀实验

全浸腐蚀实验是一种经典的、实用的金属材料及膜层抗腐蚀性能的评价方法。该方法是将试样按一定的面容比浸泡在一定浓度的腐蚀介质中，观察和记录表面产生腐蚀的时间、腐蚀的类型及腐蚀程度。对于发生均匀腐蚀的材料，还可以根据材料腐蚀前后的重量变化来计算材料的腐蚀速度，评价膜层的耐蚀性能。全浸腐蚀实验虽然可以较准确地评价膜层的耐蚀性，估计材料的使用寿命，但是实验周期比较长。

(2) 点滴法

滴碱实验主要用于考察阳极氧化膜的耐碱腐蚀性能。对于阳极氧化膜来说，其耐碱腐蚀性能相对比较差，当一定浓度的氢氧化钠溶液滴在阳极氧化膜表面之后，将很快对阳极氧化膜进行侵蚀。当封孔不良或氧化膜疏松等原因导致阳极氧化膜耐碱腐蚀性变差时，其侵蚀速度将会更快，因此可通过计算阳极氧化膜被穿透的时间来评价阳极氧化膜的耐碱腐蚀性能。

(3) 电化学评定方法

电化学评定方法应用较广，相应理论研究也非常充分，包括的类型也较多，下面进行专题介绍。

3. 电化学评定方法

(1) 线性极化法

线性极化技术是一种基于金属腐蚀过程的电化学本质而建立起来的快速测量金属瞬时腐蚀速度的方法，其基本原理是：在十分靠近自腐蚀电位的微小极化电位区间内，给定的极化电位和相应的极化电流密度基本上呈线性关系，直线的斜率 $\Delta\varphi/\Delta i$ 和金属的腐蚀电流密度 i_{corr} 成反比，其函数关系可用线性极化方程式(1.16.1)或式(1.16.2)表示。

$$R_p=\frac{\Delta\varphi}{\Delta i}=\frac{\beta_a\times\beta_c}{2.3(\beta_a+\beta_c)}\times\frac{1}{i_{corr}} \tag{1.16.1}$$

$$i_{corr}=\frac{\beta_a\times\beta_c}{2.3(\beta_a+\beta_c)}\times\frac{\Delta i}{\Delta\varphi} \tag{1.16.2}$$

式中，R_p 为 $\varphi-i$ 曲线在腐蚀电位附近线性区的斜率，单位为 Ω/cm^2，称为极化阻力或极化电阻；β_a、β_c 分别为阳极、阴极极化曲线的塔菲尔斜率，可查表或通过实验获得。对于大多数腐蚀体系，该常数在腐蚀过程中可视为恒量。

令 $B=\dfrac{\beta_a\times\beta_c}{2.3(\beta_a+\beta_c)}$，则方程(1.16.2)可表示为

$$i_{corr}=\frac{B}{R_p} \tag{1.16.3}$$

当 B 的单位取 mV，$\Delta\varphi$ 的单位取 mV 时，i_{corr} 的单位为 mA/cm^2。

可以通过线性极化法求出以 i_{corr} 表征的金属的腐蚀速度，用于评价金属及其表面膜的耐

蚀性，也可以直接根据 R_p 的大小进行定性评价。

实验可采用恒电位方波法测量腐蚀极化电阻进而计算腐蚀电流。在稳定电位附近，当外加电位幅度很小($\Delta\varphi \leqslant 10$ mV)，且单向持续时间很短时，浓差极化可以忽略，电极过程主要受电化学步骤控制。因此在研究电极的腐蚀电位附近加上小幅度($\Delta\varphi \leqslant 10$ mV)的方波电位，使电极在线性极化范围内交替出现阴阳极极化，则在研究电极上就可得到如图 1.16.1 所示的方波电位及相应的暂态电流响应曲线。

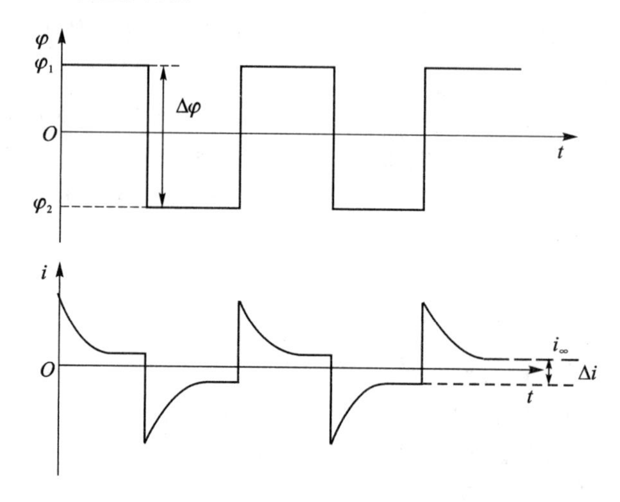

图 1.16.1　无浓差极化时方波电位与电流响应曲线

对于对称的方波电位，则有

$$\frac{\Delta\varphi}{\Delta i}=R_p \tag{1.16.4}$$

(2) 动电位极化法

用三角波动电位法测量极化曲线可以预测材料的点蚀倾向。点蚀是局限在金属表面局部的小孔状腐蚀形态，它是由金属钝化膜的局部破坏而产生的。一般情况下，容易发生钝化的金属材料(如铝合金和不锈钢)在潮湿大气或含有氯离子的溶液中易产生点蚀。通过三角波动电位极化曲线测试可以得到体系的破裂电位 φ_{br} 和保护电位 φ_{pr} 等参数，根据这些电化学参数的大小可评价材料的耐蚀性。破裂电位 φ_{br} 的大小反映钝化膜被击穿的难易程度，在相同介质里，哪种材料的破裂电位 φ_{br} 值越正，则表明该种材料抗点蚀萌生的能力越强，即越不容易发生点蚀。而破裂电位 φ_{br} 与保护电位 φ_{pr} 间形成的闭合曲线面积的大小则表明点蚀扩展的难易程度。面积越小，点蚀扩展程度越小，钝化膜自愈能力越强。详细说明请参阅实验 1.14“材料环境失效动力学的电化学测试”。

【实验内容】

1. 表面膜层制备

自行选择制备一种表面膜层，可供选择的膜层有：① 碳钢表面钾盐镀锌层；② 碳钢表面镀镍层；③ 铝合金阳极氧化膜层；④ 铝合金化学氧化膜层。

2. 表面膜层厚度测量

对材料表面膜层进行厚度测量。

3. 表面膜层耐蚀性测试

根据所制备膜层的性质，选定适当的电化学方法和加速腐蚀实验方法评定膜层的耐蚀性，并与基体材料进行对比。

可供选择的评定方法有：① 线性极化法测定碳钢/镀锌碳钢在3.5%NaCl溶液中的耐蚀性；② 动电位极化法测定有/无阳极氧化膜层的铝合金耐蚀性；③ 全浸腐蚀实验法对比观察镀锌碳钢与碳钢在3.5%NaCl溶液中的腐蚀失效情况；④ 点滴法检验铝合金化学氧化膜及阳极氧化膜的耐蚀性。

【实验条件】

1. 实验原料及耗材

碳钢、铝合金、NaCl、电解液、阳极氧化液、化学氧化液等。

2. 实验设备

直流稳压稳流电源、电子分析天平、德国 Mini Test600 测厚仪、CHI660 电化学工作站、电热恒温水热箱、电解池、辅助电极(铂)、参比电极、吹风机。

【实验步骤】

1. 表面膜层制备

(1) 镀　锌

1) 工艺流程

镀锌工艺流程如图1.16.2所示。

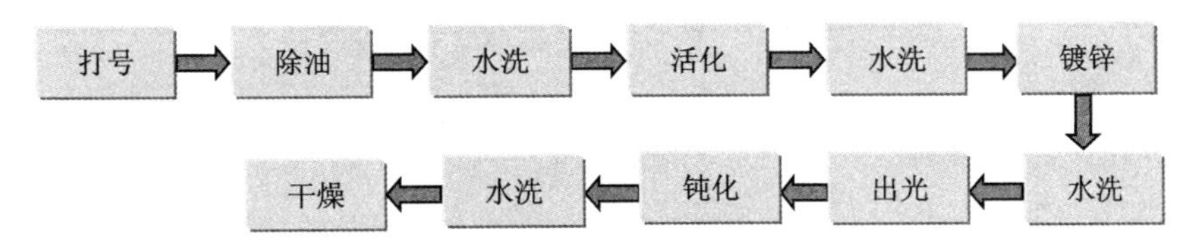

图1.16.2　镀锌工艺流程图

2) 主要工艺参数

① 除油：用去污粉擦刷。

② 活化：3%～5% HCl(体积比)，室温，20～60 s。

③ 镀锌：$ZnCl_2$ 80 g/L，KCl 200 g/L，H_3BO_3 25 g/L，组合添加剂50 mL/L，pH=4.5～6.0，电流密度D_k=2 A/dm²，时间为15 min。

④ 出光：3% HNO_3，浸泡一下即可。

⑤ 钝化：室温，20～30 s。

⑥ 干燥：吹风机吹干。

(2) 铝合金阳极氧化

1) 工艺流程

铝合金阳极氧化工艺流程如图1.16.3所示。

2) 主要工艺参数

① 除油：用去污粉擦刷。

② 除氧化皮：NaOH 20～30 g/L，Na_2CO_3 20～30 g/L，40～60 ℃，1～3 min。

③ 出光：HNO_3 300～400 g/L，室温，60～90 s。

④ 阳极氧化：H_2SO_4 160 g/L，电流密度D_A=1.3 A/dm²，时间为25 min。

⑤ 热水洗：40～50 ℃。

⑥ 封闭：蒸馏水，96～98 ℃，30 min。

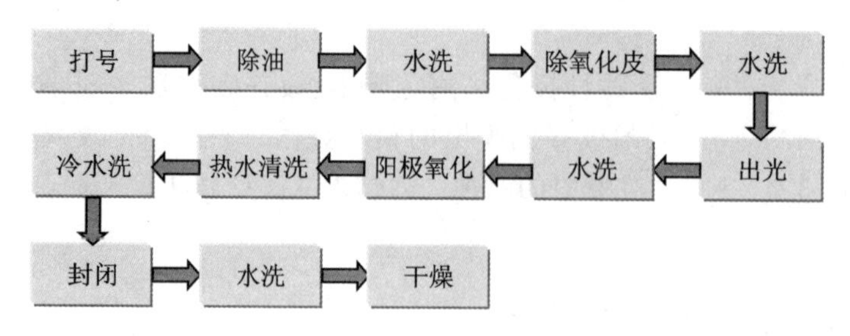

图 1.16.3　铝合金阳极氧化工艺流程图

⑦ 干燥：吹风机吹干。

(3) 铝合金化学氧化

1) 工艺流程

铝合金化学氧化工艺流程如图 1.16.4 所示。

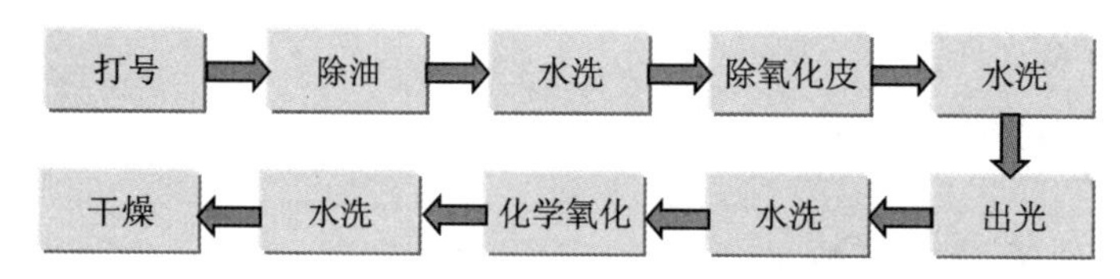

图 1.16.4　铝合金化学氧化工艺流程图

2) 主要工艺参数

① 除油：用去污粉擦刷。

② 除氧化皮：NaOH 10～15 g/L，室温，1～3 min。

③ 出光：HNO_3 300～400 g/L，室温，60～90 s。

④ 化学氧化：阿洛丁 1200S 7.5 g/L，室温，2 min。

⑤ 干燥：吹风机吹干。

(4) 镀　镍

1) 工艺流程

镀镍工艺流程如图 1.16.5 所示。

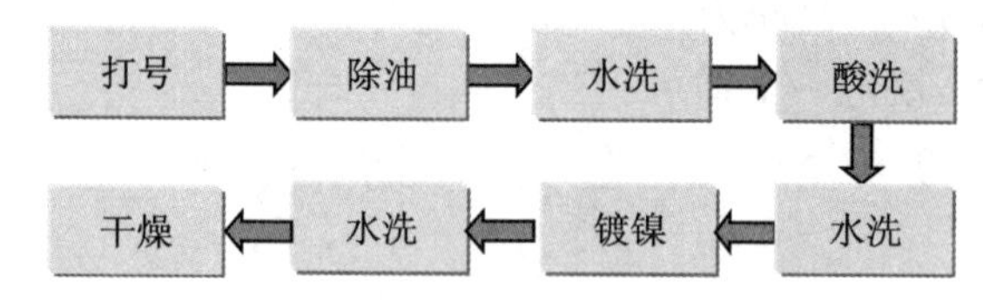

图 1.16.5　镀镍工艺流程图

2) 主要工艺参数

① 除油：用去污粉擦刷。

② 酸洗：3%～5% HCl(体积比)，室温，20～60 s。

③ 镀镍：$NiSO_4$ 400 g/L，NaCl 25 g/L，H_3BO_3 40 g/L，糖精 2 g/L，十二烷基硫酸钠 0.1～0.3 g/L，添加剂 2～4 mL/L，pH 值 4.5，电流密度 2 A/dm^2。

④ 干燥：吹风机吹干。

2. 表面膜层厚度测量

以 MiniTest 600 测厚仪为例说明。

① 按“on”键打开电源，显示屏右侧出现“Ferr”并开始闪烁，自动进入测量状态。

② 将探头垂直轻压在试样表面，当听到“嘀”的一声后提起，完成一次测量。重复测量 n 次，得到一组由 n 个数据组成的测量结果。

③ 一组测量完成之后，连续按“STARS”键 5 次，显示屏将依次显示统计数据“N”“MEAN”“STD. DEV”“MAX”“MIN”所对应的数值。其中：N 为数据的个数；MEAN 为平均值；STD. DEV 为标准差；MAX 为最大值；MIN 为最小值。依次记录该 5 项数据后，再按“STARS”键返回测量状态。

④ 数据记录完后，应立即将其从仪器中删除。按“STARS”键，当显示为“N”时，按“CLR”键，次数显示为 0，表示已将前面数据删除。再按“STARS”键重新回到测量状态。

3. 表面膜层耐蚀性评估

(1) 线性极化法

测试采用三电极体系。辅助电极采用 Pt 电极，参比电极为饱和甘汞电极。采用 CHI660 电化学工作站进行测量。

① 将电极夹头夹到电解池上，红色接头接辅助电极，白色接头接参比电极，绿色接头接研究电极，黑色(感受电极)接头悬空。连接好线路必须经教师检查后方可开始实验。

② 在计算机上打开 CHI660 应用程序界面，选择 Setup→Technique→Open Circuit Potential - Time 命令，测量腐蚀电位-时间曲线，时间不少于 600 s。

③ 选择 Setup→Technique 命令，选择 Chronamperometry(电位阶跃计时电流法)技术；在 Setup 菜单中选择 Parameters，设置实验参数。设置完成后，在 Control 菜单中单击 Run 命令，开始实验，测量电位-时间曲线。

④ 数据保存：曲线做完请存至 D 盘指定文件夹中。

(2) 动电位极化法

1) 准备电极

测试采用三电极体系。待测电极用蜡等绝缘物质将非工作面涂封，只保留 1 cm^2 面积作工作面。注意涂封过程中不得污染工作面，不得用手或尖物触摸工作面。绝缘膜干燥后，将试样放入被测溶液中。辅助电极采用 Pt 电极，参比电极为饱和甘汞电极。

2) 测　量

采用 CHI660 电化学工作站进行测量。

① 将电极夹头夹到电解池上，辅助电极接红色夹头，参比电极接白色夹头，工作电极接绿色夹头。

② 测量开路电位：用鼠标单击 Control(控制)下的 Open Circuit Potential(开路电位)测出电极体系的开路电位值。

③ 选择实验技术：用鼠标单击 Setup(设置)下的 Technique(实验技术)，选中 Linear Sweep Voltammetry(线性扫描伏安法)。

④ 设定实验参数：单击 Setup(设置)下的 Parameters(实验参数)，即可按提示设定实验参数。

⑤ 运行实验：单击 Control(控制)下的 Run(运行)，便可进行实验。仪器自动进行测量。

⑥ 数据保存：曲线做完请存至 D 盘指定文件夹中。

(3) 点滴法

先用红蓝铅笔在被检表面上画出数个圆圈，然后将点滴溶液滴入圈内，同时启动秒表，目视或用5～10倍放大镜仔细观察点滴液内的气泡，当第一个气泡产生时记下时间。

(4) 全浸腐蚀实验

将有膜和无膜的实验材料按照20 mL/cm^2的面容比浸泡在3.5%的NaCl溶液中，观察和记录表面产生腐蚀的时间、腐蚀缺陷的分布和数量，记录腐蚀前后材料的质量变化。

【结果分析】

1. 记录所测膜层厚度；

2. 根据动电位极化法实验结果绘制极化曲线，求出φ_{br}、φ_{pr}，对比分析基体材料和防护层的腐蚀失效特点；

3. 线性极化法测量：将数据填入表1.16.1中，计算腐蚀电阻及腐蚀电流，对比分析基体材料和防护层的耐蚀性。

4. 记录点滴法中的时间，求取平均值，比较膜层耐蚀性能。

【注意事项】

1. 实验前必须熟悉实验内容，规划好实验流程；

2. 实验中需要使用大量化学药品，请注意采取必要保护措施，确保人身安全；

3. 仔细阅读设备使用说明，未经老师允许，禁止私自操作设备；

4. 遵守实验室管理规定，严禁在实验室内饮食。

表1.16.1 线性极化法实验数据记录

体　系	φ_{corr}/V	$\Delta\varphi$/mV	Δi/(mA·cm^{-2})	R_p/(Ω·cm^{-2})	i_{corr}/(mA·cm^{-2})
实验条件		Fe/NaCl，B=17.2		S=　　cm^2	

【思考题】

1. 镀层(或膜层)厚度对耐蚀性有什么影响？

2. 在什么条件下才能用线性极化测试技术？

参考文献

[1] 宋诗哲. 腐蚀电化学研究方法. 北京：化学工业出版社，1987.

[2] 肖纪美. 腐蚀总论. 北京：化学工业出版社，1994.

[3] Fontana M G，Greene N D. 腐蚀工程. 左景伊，译. 北京：化学工业出版社，1982.

第二章　材料科学与工程综合实验

第一节　材料的合成与制备

2.1　金属热处理及组织性能分析

【实验目的】

1. 了解材料的热处理工艺；

2. 了解热处理工艺对材料显微组织、硬度和拉伸性能的影响；

3. 学会使用热处理设备和硬度计。

【实验原理】

金属热处理是利用金属固态相变的规律，采用加热、保温、冷却等方法，改善和控制金属组织及性能（物理、化学及力学性能等）的技术。金属热处理工艺包括退火、正火、淬火及回火，其基本过程包括加热、保温、冷却三个阶段，正确选择这三个阶段的规范是热处理成功的基本保证。不同材料的热处理规范不同，下面结合本实验涉及的材料，简要介绍金属热处理原理的应用。

1. 45# 钢

45# 钢为普通碳素结构钢，常用于小型工程和小型机器构件，如小型屋架、小型机器上的轴承等。使用过程中，常要求 45# 钢具有良好的综合机械性能，即较高的韧性和一定的强度、硬度，可通过淬火＋高温回火热处理使其达到应用要求。

碳钢的淬火温度可按 $Fe-Fe_3C$ 状态图来确定，如图 2.1.1 所示。对于亚共析钢，如 45#

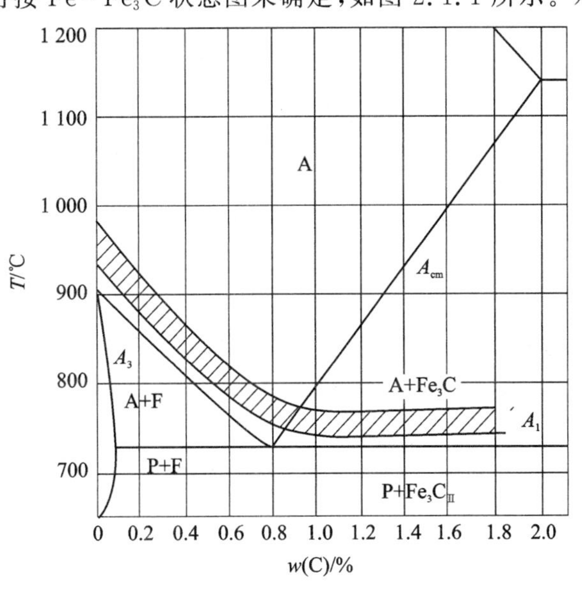

图 2.1.1　$Fe-Fe_3C$ 状态图一角

钢，淬火加热温度应在 AC_3 以上 30～50 ℃。如果在 AC_1～AC_3 之间某一温度加热，淬火后钢中有铁素体存在，不能获得高的硬度。

淬火加热的保温时间必须保证钢件内外温度一致且相变完全，保温时间的长短与钢材的种类、钢件的大小、形状、加热温度的高低以及采用的加热炉有关，具体要求可查阅热处理手册。碳钢的淬火必须采用水冷才能获得马氏体组织，如图 2.1.2 所示。若在油中冷却，其冷速小于临界冷却速度，部分奥氏体转变成屈氏体组织(更细的珠光体)，淬火后不能获得高的硬度。

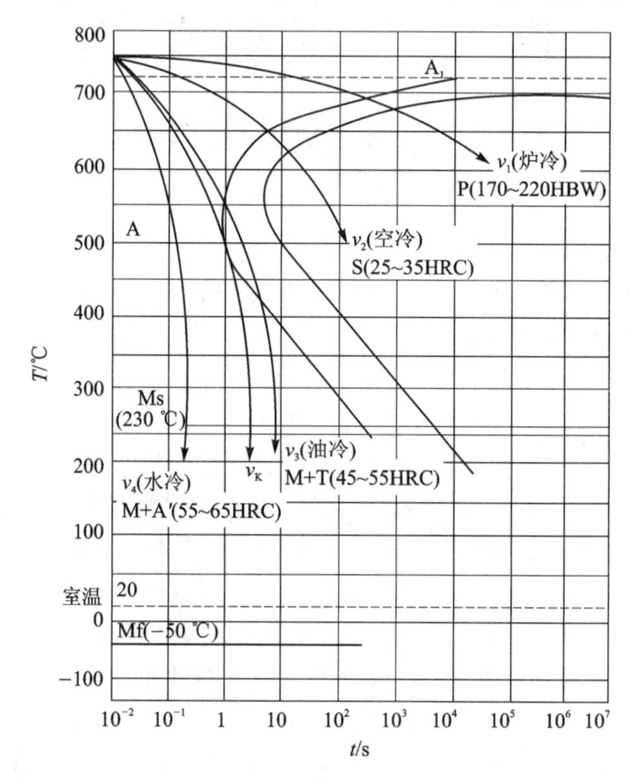

图 2.1.2　碳钢冷却曲线

淬火后的回火是赋予碳钢最后性能的热处理。一般情况下，随着回火温度的提高，淬火钢的硬度下降，韧性增加。低温回火后获得回火马氏体组织，淬火应力消除不充分，硬度略有降低，韧性略有提高；中温回火后获得回火屈氏体组织，此时硬度的降低及韧性的提高都比较显著；而经过高温回火后，获得回火索氏体组织，基本上消除了淬火应力，这时，韧性大幅度提高，硬度和强度则继续下降。

2. ZM6 合金

ZM6 合金是以钕为主要合金元素的高强耐热镁合金，常用于制造直升机发动机的减速机匣、飞机机翼翼肋和液压恒速装置支架等，也可以用来制作各种受力构件。ZM6 合金的化学成分见表 2.1.1。

表 2.1.1　ZM6 合金的化学成分

%

牌　号	代　号	技术标准	RE*	Zn	Zr	Cu	Ni	杂质总量
$ZMgRE_2ZnZr$	ZM6	GB 1177—2018	2.0～2.8	0.2～0.7	0.4～0.1	0.10	0.01	0.30

* 钕含量不低于 85%的钕混合稀土金属，其中钕和镨的总含量不低于 95%。

ZM6 合金基本的固态相变是过饱和固溶体分解，热处理工艺为淬火＋时效。为了获得最大固溶度的过饱和固溶体，淬火加热温度通常只比固相线略低。图 2.1.3 是 Mg－Nd 相图，552 ℃是合金的共晶温度，ZM6 淬火温度一般选择在 530 ℃。镁合金原子扩散能力较弱，为保证强化相充分固溶，需要较长的加热时间，加热时炉内应保持一定的中性气氛以防合金氧化。淬火加热后，通常在静止或流动空气中冷却。时效是在 200 ℃下进行的，亦需长时间加热。ZM6 合金经过固溶时效处理后，晶内弥散分布着大量的点状沉淀物 $Mg_2(Nd,Zr)$、ZrH_2 和 α－Zr 等，使得合金的强度显著增加。

3. H62 黄铜

根据国家标准 GB/T 5231—2012，H62 黄铜是含 38%Zn 的铜-锌合金。该合金强度高、塑性好，广泛用于制造销钉、垫圈、螺帽、散热件及水管、油管等。

H62 黄铜由 α 和 β′两相组成，β′相室温脆性大、冷变形能力很差，但当加热到一定温度以上时，β′相转变为 β 相，而 β 相具有良好的塑性变形能力，因此 H62 黄铜的加工变形一般都在 β 相区进行。

在 Cu－Zn 二元合金中，锌在铜中的固溶度随温度降低而增大，如图 2.1.4 所示，所以普通黄铜不能通过热处理强化。黄铜的主要热处理是退火，其中包括低温退火和再结晶退火。低温退火的目的是消除内应力，防止黄铜的应力腐蚀开裂和工件在切割加工中发生变形，退火温度为 260～300 ℃，保温时间根据需要而定。再结晶退火，包括各道冷加工工序之间的中间退火以及成品的最终退火，目的是消除加工硬化和恢复塑性。常用的再结晶退火温度为 550～650 ℃，退火的冷却可采用空冷或水冷方式。

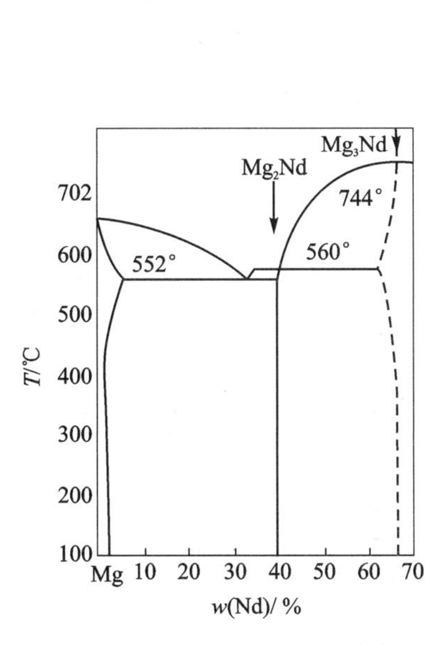

图 2.1.3　Mg－Nd 二元平衡相图

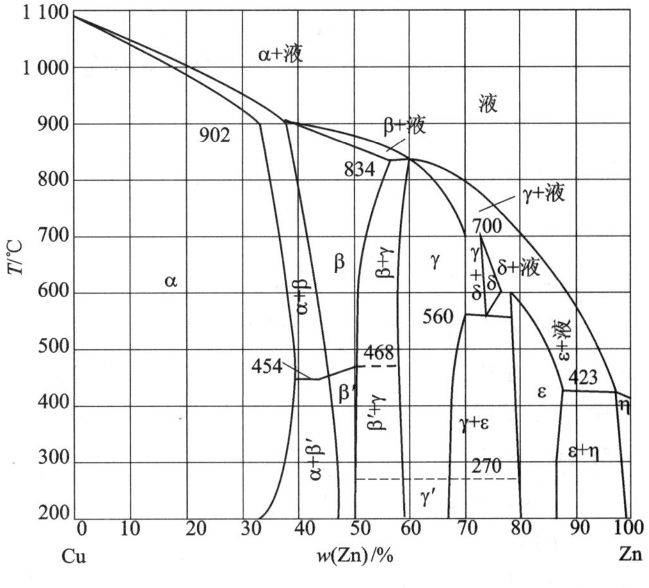

图 2.1.4　Cu－Zn 二元平衡相图

4. 3Cr13 不锈钢

Cr13 型不锈钢具有优异的性能，主要用于制作高硬度、耐磨损、耐腐蚀的零件，如医疗夹持器、轴承部件、刃具等。这类钢包括 0Cr13、1Cr13、2Cr13、3Cr13 和 4Cr13 等，它们之间的主要区别就在于碳含量的不同，共同特点是加热和冷却时具有 $\alpha \rightleftharpoons \gamma$ 转变，因此可以利用热处理方法在比较宽的范围内改善这种材料的结构和性能。

3Cr13 是一种广泛应用的铬 13 型不锈钢，其常用的热处理工艺是淬火＋低温回火。淬火温度的选择仍然由相图来确定，图 2.1.5 是 Fe－Cr－C 三元系相图中含 13％Cr 的垂直截面，与 Fe－Fe_3C 状态图（请参阅相关书籍）相比，Cr 使共析点左移，同时还使共析温度向高温方向移动，升至 795 ℃，共析成分降至 0.3％C，这样 3Cr13 便成为共析钢。为使钢中大量金属碳化物充分溶入奥氏体中，加热温度应在 AC_1 以上 100～200 ℃，即 950～1 000 ℃加热淬火。加热时可采取适当的保护措施，以防脱碳。加热后采用空冷即可得到全马氏体组织，这是因为钢中的铬元素显著增加了过冷奥氏体的稳定性，使钢的 C 曲线右移，如图 2.1.6 所示。

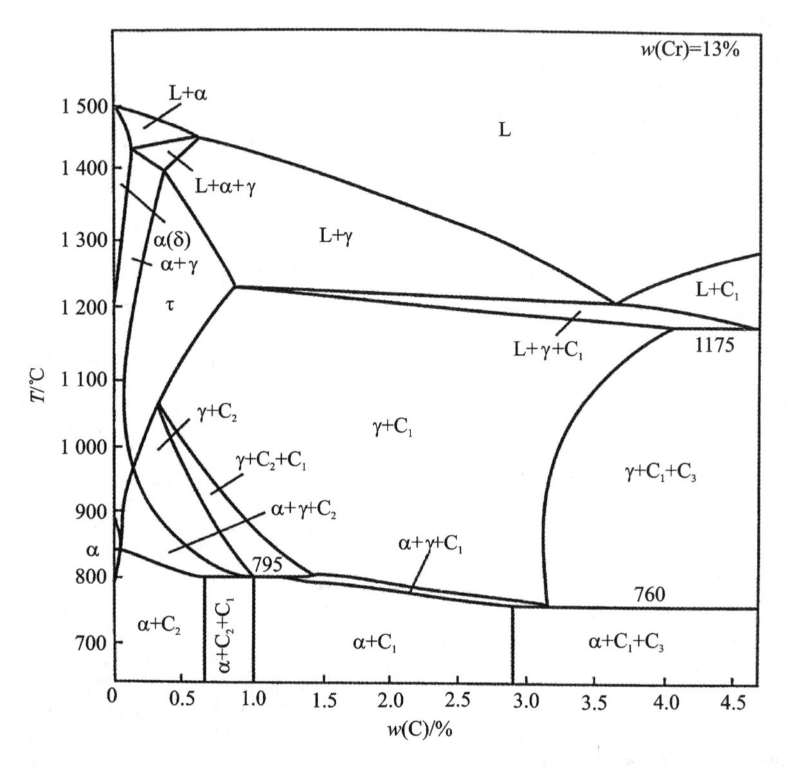

图 2.1.5　Fe－Cr－C 相图中含 13％Cr 的垂直截面

3Cr13 不锈钢淬火后的基体组织是马氏体，具有较大的应力，必须进行及时回火，否则会引起开裂。通常在 200～250 ℃回火得到回火马氏体组织，此时由于大量的铬元素仍保留在固溶体中，使得合金不仅具有较高硬度，而且耐蚀性能也好。

5. 1Cr18Ni9Ti

1Cr18Ni9Ti 是奥氏体不锈钢，与马氏体不锈钢 3Cr13 相比，除了具有很高的耐蚀性能外，还具有高的塑性，易于加工成各种形状，如薄板、管材等。加热冷却时没有 $\gamma \rightleftharpoons \alpha$ 相变，不能用热处理方法强化。该钢具有焊接性能良好、低温韧性好、无冷脆倾向、无磁性等特点，常被用于制造液压管路等零件。

奥氏体不锈钢的热处理主要有五种：固溶处理、去应力处理、稳定化处理、敏化处理与消除 σ 相处理。前三种最为常见，下面简要介绍这三种热处理工艺。

1Cr18Ni9Ti 不锈钢的平衡组织为奥氏体＋铁素体＋$(Cr, Fe)_{23}C_6$，固溶处理的目的是得到单相奥氏体组织以提高合金的耐蚀性和冷加工性。加热时应在中性或稍具氧化性的气氛中进行，固溶处理加热时间不宜过长；冷却可采用空冷，但对截面较大的锻件或抗蚀性、塑性要求

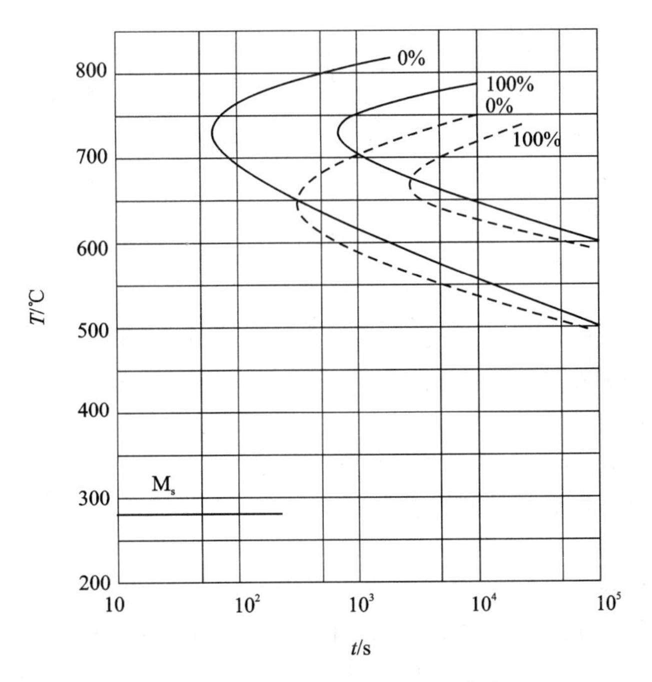

图 2.1.6　13%Cr 不锈钢的 C 曲线

严格的零件多采用水冷。去应力退火的目的是清除冷冲压（或切割加工）所造成的晶粒破碎和残余应力，可采用低回退火，温度在 300～350 ℃之间，保温 1～2 h，空冷即可。稳定化处理的目的是提高合金的耐蚀性。生产中发现，只经过固溶处理而未经稳定化处理的零件，仍然有可能产生晶间腐蚀，经过稳定化处理后，晶间腐蚀才能完全消除。稳定化处理加热温度为 850～870 ℃，保温 2～6 h，空冷或缓冷。

【实验内容】

1. 本实验设置了三种实验方案 A、B、C，如表 2.1.2 所列，每一组同学自行决定从中任选一种方案独立完成。

表 2.1.2　实验内容及方案

选　项	材　料	热处理工艺	硬度（HRC、HB）	拉伸性能
A类	45# 钢 （碳素结构钢）	淬火：850 ℃（AC_3 以上）保温 20 min；水冷		／
		淬火：750 ℃（AC_1～AC_3）保温 20 min；水冷		／
		淬火：850 ℃（AC_3 以上）保温 20 min；油冷		／
		未经热处理（供材状态：棒材、正火）		
		淬火：850 ℃（AC_3 以上）保温 20 min；水冷 回火：600 ℃（AC_1 以下）保温 40 min；空冷		
B类	ZM6 （高强耐热镁合金）	铸造状态		
		固溶处理：530 ℃保温 12 h；空冷 时效处理：200 ℃保温 12 h；空冷		
	H62 （铜锌合金）	未经热处理		
		再结晶退火处理：650 ℃保温 1.5 h；空冷		

续表 2.1.2

选项	材料	热处理工艺	硬度(HRC、HB)	拉伸性能
C类	3Cr13 (马氏体不锈钢)	未经热处理		
		淬火:950 ℃保温 1 h;空冷 回火:250 ℃保温 1 h;空冷		
	1Cr18Ni9Ti (奥氏体不锈钢)	未经热处理		／
		固溶处理:1 050 ℃保温 1 h;空冷 稳定化处理:850 ℃保温 2 h;空冷		／

2. 按选定方案完成热处理实验。

3. 测试热处理前后合金的硬度。

4. 制备金相试样,分析合金热处理前后的金相组织。

5. 测试合金热处理前后的拉伸性能。

【实验条件】

1. 实验原料及耗材

实验试样:由实验室教师事先准备好原始材料,共三类 5 种原料,见表 2.1.3,每种材料都加工成两种试样,即金相试样和拉伸试样。每种试样均留出一个空白试样不进行热处理,用作对比研究。学生自行选择试样类型。

表 2.1.3 实验试样种类及数量

A类	45#钢	金相试样 5 块	拉伸试样 2 根
B类	ZM6	金相试样 2 块	拉伸试样 2 根
	H62	金相试样 2 块	拉伸试样 2 根
C类	3Cr13	金相试样 2 块	拉伸试样 2 根
	1Cr18Ni9Ti	金相试样 2 块	—

实验耗材:水砂纸(240#、400#、600#、800#、1200#)、W3.5 金刚石研磨膏、海军呢抛光布、腐蚀剂、脱脂棉、无水乙醇、硝酸等。

2. 实验设备

① 热处理炉:SX2-4-10 箱式电阻炉,最高加热温度 950 ℃,适用于 950 ℃以下的热处理;SRJX-4-13、SRJX-8-13 箱式硅碳棒高温炉,最高加热温度 1 300 ℃,用于高温合金、耐热合金的热处理。

② 硬度计:HR-150A 型数显洛氏硬度计,压头为金刚石压头。洛氏硬度计适用于测试钢材淬火及淬火后低温回火等硬度高的试件;HBE-3000A 型电子布氏硬度计,压头为淬火钢球。布氏硬度计适用于测试有色金属、固溶处理(软化处理)的材料及淬火后高温回火等硬度较低的试件。

③ 金相显微镜:MV3000 正置式数码光学金相显微镜,放大倍率为 50×、100×、200×、500×。

④ SANS 微机控制万能试验机、划线机、千分尺、橡皮圈。

⑤ 金相制样设备:砂轮机、镶样机、手工湿磨机、抛光机、吹风机、竹夹子、培养皿、量筒、烧杯等。

【实验步骤】

以 $45^{\#}$ 钢为例，实验涉及 2 种共 7 个试样，其中一种为 5 个圆柱形试样，另一种为 2 个标准拉伸试样。实验的具体操作过程如下：

1. 热处理（4 个圆柱形试样和 1 个拉伸试样，4 个圆柱形试样分别做如下热处理①②③④，1 个拉伸试样做热处理④）；

① 淬火：850 ℃（AC_3 以上）保温 20 min，水冷；

② 淬火：750 ℃（AC_1～AC_3）保温 20 min，水冷；

③ 淬火：850 ℃（AC_3 以上）保温 20 min，油冷；

④ 淬火：850 ℃（AC_3 以上）保温 20 min，水冷；之后进行回火：600 ℃（AC_1 以下）保温 40 min，空冷。

2. 将 5 个圆柱形试样（1 个空白试样，4 个热处理试样）用砂纸磨到 $1200^{\#}$，测试试样的布氏硬度和洛氏硬度。

3. 将 2 个拉伸试样（1 个空白试样，1 个回火试样）进行拉伸性能测试。

4. 把 5 个圆柱形试样制成金相试样。

5. 观察 5 个圆柱形金相试样的显微组织，采集图像并进行分析处理。

6. 结果分析，撰写实验报告。

【数据处理】

将硬度数据、拉伸性能数据列表，金相组织图打印，根据以上三项实验结果，讨论热处理工艺与材料组织和性能之间的关系，写出综合实验报告。

【注意事项】

1. 实验前必须进行系统预习，熟悉实验流程、热处理制度和设备的操作规程；

2. 实验过程中务必注意设备和人身安全，避免高温烫伤和试验机碰伤；

3. 严格遵守实验室规章制度，未经老师许可，禁止私自操作设备；

4. 及时完成实验任务，特别是金相实验，制备好金相试样后务必尽快完成图像采集。

【思考题】

A 类：

1. $45^{\#}$ 钢淬火时，由奥氏体化炉向水中转移，若在空气中做短暂停留，材料的硬度有何变化？为什么？

2. 钢的碳含量越高，硬度越高，这种说法对吗？为什么？

B 类：

1. ZM6 合金铸态组织由哪些相组成？固溶、时效处理时组织如何变化？

2. H62 黄铜用什么方法强化？简要说明。

C 类：

1. 比较 3Cr13 和 1Cr18Ni9Ti 两种不锈钢的化学成分，说明铬、镍元素对形成马氏体不锈钢和奥氏体不锈钢的作用。

2. 1Cr18Ni9Ti 合金热处理的目的是什么？稳定化处理的温度如何确定？

参考文献

[1] 崔忠圻，刘北兴. 金属学与热处理原理. 哈尔滨：哈尔滨工业大学出版社，2018.
[2] 刘云旭. 金属热处理原理. 北京：机械工业出版社，1981.

[3]《有色金属及其热处理》编写组. 有色金属及其热处理. 北京:国防工业出版社,1981.
[4] 任颂赞,叶俭,陈德华. 金相分析原理及技术. 上海:上海科学技术文献出版社,2013.
[5] 崔占全,王昆林,吴润. 金属学与热处理. 北京:北京大学出版社,2010.
[6] 陈丹,赵岩,刘天佑. 金属学与热处理. 北京:北京理工大学出版社,2017.
[7] 凌爱林. 金属学与热处理. 北京:机械工业出版社,2008.

2.2 金属材料凝固技术

2.2.1 金属材料凝固及组织性能分析

【实验目的】

1. 熟悉金属材料凝固加工工艺,认识凝固理论及凝固技术在金属材料制备过程中的重要作用,掌握通过凝固过程控制金属凝固组织与性能的基本原理与方法。

2. 通过研究亚共晶、共晶、过共晶三种成分铝硅合金在普通砂型、金属型等凝固条件下的凝固过程与组织,深刻认识合金化学成分、凝固条件及熔体变质处理等对合金组织与性能的影响。

3. 掌握材料科学与工程的基本研究方法,培养学生的动手能力、独立分析问题与解决问题的能力。

【实验原理】

绝大多数金属材料的制备都要经历凝固过程,控制材料凝固过程(熔炼及熔体处理、浇注、凝固冷却及成型条件等)是控制材料组织、提高和挖掘材料性能潜力、开发新材料的重要途径,材料凝固理论与凝固加工制备新技术一直是材料科学与工程研究的重点之一。

通过主动控制合金的凝固条件(如凝固冷却速度、凝固冷却散热方向、孕育处理、变质处理、浇注及凝固过程液态金属的运动状态等)及合理设计合金的化学成分(如合金凝固温度范围、溶质元素再分配及凝固偏析特性等),可以有效控制金属材料的凝固组织(如晶粒尺寸及树枝晶间距、晶体生长形态、凝固偏析及化学成分均匀性、疏松及缩孔等)、力学性能、物理化学性能(如室温及高温强度、塑性、韧性、耐蚀性、抗氧化性能等)及工艺性能(如铸造工艺性能及热处理工艺性能、锻造工艺性能、焊接工艺性能、机械加工性能等)。

采取提高合金凝固冷却速度(如提高合金熔体过冷度 ΔT、降低临界晶核半径 r_c 及形核功 ΔG_c)、浇注时进行孕育处理(如直接加入或通过熔体反应形成外加晶核)、加强浇注及凝固过程中液态金属的流动(如加压浇注、超声波及电磁搅拌、机械搅拌、机械振动等)等措施,可以明显提高金属凝固形核率,进而显著细化晶粒及凝固组织(如晶粒尺寸、枝晶间距、共晶团尺寸及层片间距、显微疏松数量及尺寸等),减轻凝固偏析,提高凝固组织的成分均匀性,最终有效改善合金的使用性能(力学性能、物理化学性能等)及后续二次加工工艺性能。

通过控制合金凝固散热的方向及温度梯度,可以控制合金凝固过程中晶体的生长取向,获得具有不同晶体取向特征及特殊性能的凝固组织(如定向生长柱状晶、单晶及定向共晶、无择优取向的等轴晶等)。通过对合金熔体孕育处理/变质处理与微合金化,可以改变某些晶体的液-固界面结构、生长特性及生长形态(如 Al - Si 合金变质处理后共晶硅从针片状转变为圆滑的点状或棒状;球墨铸铁经球化处理后石墨由片状转变为球状等),从而显著改变合金的凝固组织与性能;而晶体生长形态,即界面的宏观形态则取决于界面前沿温度的分布(正的温度梯度与负的温度梯度)。

铝是地壳中蕴藏量最多的金属元素,总储量约占地壳质量的 7.45%。在金属材料中,铝及铝合金的产量仅次于钢铁材料，位居第二位，是有色金属材料中用量最多、应用最广泛的材料。铝及铝合金具有密度小、质量轻、比强度高、导电导热性能好以及耐蚀性好的特点，因此在制作形状复杂、比强度和比刚度要求较高的零部件时，广泛使用铝合金。航空航天技术的发展和铝合金的应用关系密切，目前大多数航天器、飞机、运载火箭的主要结构件依然采用铝合金来制造。在国防工业(如装甲、坦克、火箭等)及其他产业(机械、建筑、轻工业等)中，铝及铝合金的应用范围也越来越广。

本实验以应用广泛的 Al－Si 铸造合金为实验对象，研究金属材料的凝固工艺及组织性能。图 2.2.1 为 Al－Si 二元合金相图，共晶成分 Si 含量为 12.6%，共晶温度为 577 ℃。选择亚共晶(Al－6%Si)、共晶(Al－12.6%Si)、过共晶(Al－20%Si)三种典型成分 Al－Si 铸造合金，通过合金熔体变质处理，改变合金铸造凝固冷却条件(如冷却速度缓慢、温度梯度很低的普通湿砂型铸造以及冷却速度较快、温度梯度较高的金属型铸造)等措施控制凝固组织，分析合金的凝固组织并测试评价其相关力学性能(硬度、拉伸性能、冲击韧性等)，深刻认识凝固条件、熔体变质处理及合金化学成分对合金凝固组织及性能的影响。

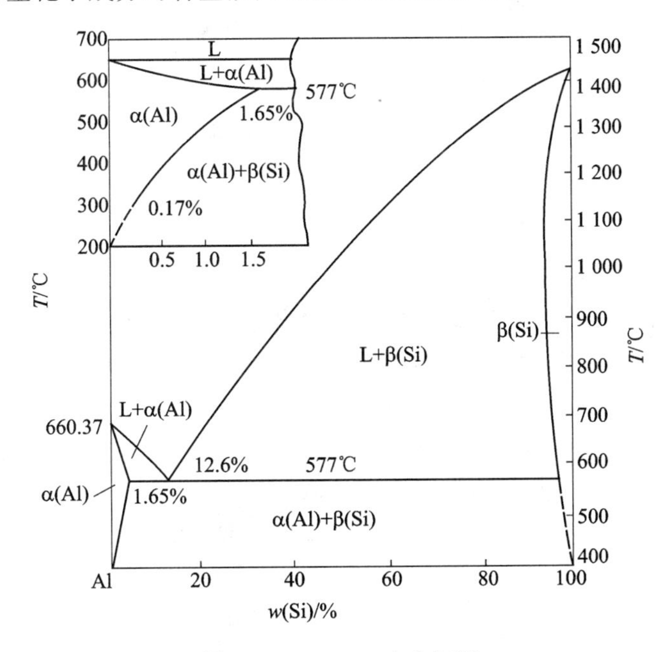

图 2.2.1　Al－Si 合金相图

Al－Si 系合金在铸造的缓慢结晶过程中，会形成紊乱分布的粗片状、针状共晶硅，还可能出现块状和不规则初晶硅，脆性相的形成会降低合金的强度和塑性。生产中用钠(盐)或磷(盐)进行变质处理，使共晶硅由粗大的片状变成细小的纤维状或层片状，从而提高合金的使用性能。钠(盐)的加入，使 Al－Si 合金的共晶温度下降，过冷度增大，从而使铸态组织中的块状共晶硅消失、粗片状共晶硅细化。图 2.2.2 中 a、b 分别为 Al－Si 合金加入钠(盐)变质处理前后的组织。磷(盐)加入共晶、过共晶成分的 Al－Si 合金中，磷和铝形成与硅晶体结构相同、晶格常数相近的化合物 AlP，可作为硅结晶时的异质晶核，促进初晶硅的形成。同时由于各相过冷度差异，在共晶转变前，一部分硅以 AlP 为核心首先形成初晶硅，所以凝固后合金的组织由 α(Al)＋细小杆状共晶硅组成的共晶组织以及分布均匀的小块初晶硅组成。图 2.2.2 中 c、d 分别为 Al－Si 合金加入磷(盐)变质处理前后的组织。

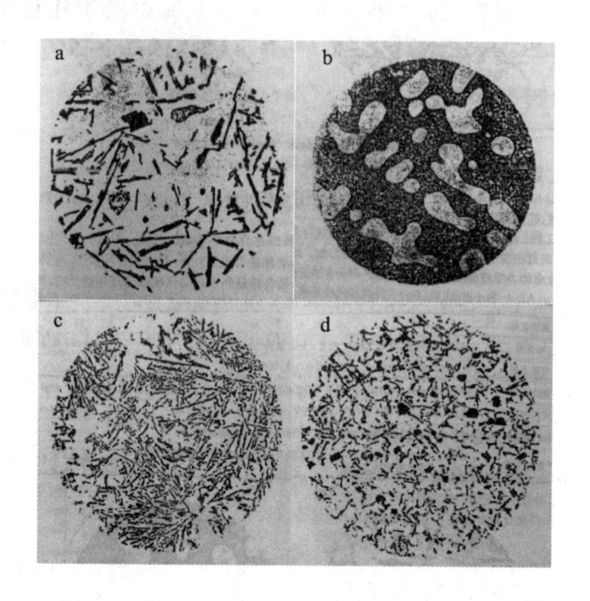

a、c—未变质状态；b—加入钠盐变质正常；d—加入磷盐变质良好

图 2.2.2　Al－Si 合金钠(盐)/磷(盐)变质处理前后的组织

【实验内容】

1. 合金凝固过程

从以下 3 项实验内容中任选一项独立完成。

① 凝固冷却条件(普通砂型铸造条件：凝固冷却速度很低；金属型铸造条件：凝固冷却速度较高)对亚共晶(Al－6%Si)或共晶(Al－12.6%Si)铝硅合金的凝固组织与性能的影响。实验内容包括：金属铸型准备及砂型造型(拉伸试样或冲击试样)、合金熔炼、试样浇注。

② 熔体变质处理对亚共晶(Al－6%Si)或共晶(Al－12.6%Si)铝硅合金的凝固组织与性能的影响。实验内容包括：金属铸型准备及砂型造型(拉伸试样或冲击试样)、合金熔炼、三元钠盐(62.5%NaCl＋12.5%KCl＋25%NaF)熔体变质处理、试样浇注。

③ 合金成分(Al－6%Si 亚共晶、Al－12.6%Si 共晶及 Al－20%Si 过共晶)对铝硅合金的凝固组织与性能的影响。实验内容包括：金属铸型准备或砂型造型(拉伸试样或冲击试样)、合金熔炼、试样浇注。

2. 组织分析

对试样进行切割、粗磨、细磨、抛光、腐蚀处理。抛光后的试样采用 0.5%氢氟酸水溶液在室温下浸蚀 5～10 s，然后在光学金相显微镜下观察金相组织，研究凝固冷却条件、变质处理、合金成分对铝硅合金凝固组织(凝固组织形态、初生相及共晶组织相对量、共晶组织形态等)的影响。

3. 力学性能测试

对试样进行硬度、冲击韧性或拉伸性能测试，研究凝固冷却条件、变质处理、合金成分对铝硅合金力学性能的影响。

4. 实验报告

学生自由组合，3～5 人为一组，按要求选择实验，自主独立完成实验并撰写实验报告。

【实验条件】

1. 实验原料及耗材

高纯铝、高纯硅、钠盐、砂纸、抛光膏、氢氟酸等。

2. 实验设备

15 kW 电阻合金熔炼炉、金属型铸造模具铸造条件、普通湿砂型铸造条件等，如图 2.2.3 所示。

(a) 15 kW电阻合金熔炼炉

(b) 金属型铸造模具

(c) 普通湿砂型铸造

图 2.2.3　铸造熔炼设备及模具

【实验步骤】

实验方案及技术路线如图 2.2.4 所示。

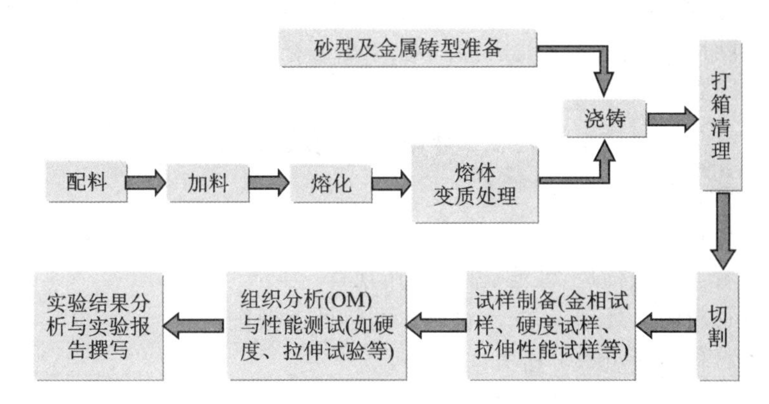

图 2.2.4　实验流程图

以 Al－6Si 合金金属型铸造为例，具体实验步骤如下：

1. 熔炼准备：

① 清炉和洗炉(电阻炉)，预热坩埚及熔炼工具；

② 准备熔剂、变质剂；

③ 准备金属型；

④ 配料计算。

2. 装料。

3. 熔炼及精炼。

4. 变质处理。

5. 浇注。

6. 显微试样制作。

7. 显微维氏硬度测试。

8. 显微组织分析。

相应操作请参见本书第一章相关内容。

【结果分析】

根据实验结果,研究凝固冷却条件、变质处理、合金成分对铝硅合金凝固组织与力学性能的影响。

【注意事项】

1. 进入实验室之前,须先查阅资料,熟悉 Al-Si 铸造合金及其铸造工艺的基本知识(Al-Si 合金成分、凝固组织、性能特点、变质处理及机理等)。

2. 熟悉金属材料制样、组织分析、硬度、冲击韧性、拉伸性能等实验技术和测试方法。

【思考题】

1. 试述通过控制合金凝固过程来调控合金凝固组织与性能的基本原理与方法。

2. 简述 Al-Si 合金变质处理的目的及变质机理。

参考文献

[1] 胡汉起. 金属凝固原理. 北京:机械工业出版社,2000.
[2] 陆文华, 李隆盛, 黄良余. 铸造合金及熔炼. 北京:机械工业出版社,2013.
[3] 余永宁. 金属学原理. 北京:冶金工业出版社,2013.
[4] 任颂赞,叶俭,陈德华. 金相分析原理及技术. 上海:上海科学技术文献出版社,2013.
[5] 邹贵生. 材料加工系列实验. 北京:清华大学出版社,2011.

2.2.2 金属材料熔铸技术

【实验目的】

1. 掌握金属材料的配料计算方法;

2. 了解真空电弧炉的构造、性能、基本操作规程;

3. 了解不同材料的热处理工艺,掌握基本的热处理操作;

4. 熟悉金属材料显微组织分析方法;

5. 熟悉两相(多相)物质 X 射线物相分析方法。

【实验原理】

1. 熔 炼

熔炼的基本任务是把某种配比的金属炉料(有时也包括一部分非金属元素)投入熔炉中,经过加热熔化及适当的液态处理(如果需要的话),得到满足要求的合金熔体。在熔化过程中,熔体与环境之间将发生许多物理、化学变化,这些变化均会影响熔体的质量。只有对这些变化或反应有比较清楚的认识,才能更好地分析和解决熔炼过程中出现的各种问题。

合金材料的组织和性能,除受到制备工艺影响外,在很大程度上取决于它的化学成分。化学成分均匀指的是金属熔体的合金元素分布均匀、无偏析现象;化学成分符合要求指的是合金的成分和杂质含量应在国家标准规定的范围内。为保证工件的最终性能和加工工艺性能(包括铸造性能),应将某些元素含量和杂质控制在最佳范围内。熔体纯洁度高是指在熔炼过程中通过熔体净化手段,降低熔体的含气量,减少金属氧化物和其他非金属夹杂物,尽可能避免在铸锭中形成气孔、疏松、夹杂等破坏金属连续性的缺陷。可见,熔炼的基本目的是熔炼出化学成分符合要求且纯洁度高的合金熔体,为铸造指定形状的铸锭创造有利条件。

2. 熔炼设备

常用的合金熔炼设备按照加热方式不同，可分为电阻炉、感应炉以及电弧炉等。本实验使用真空电弧熔炼炉，其结构示意图如图 2.2.5 所示。

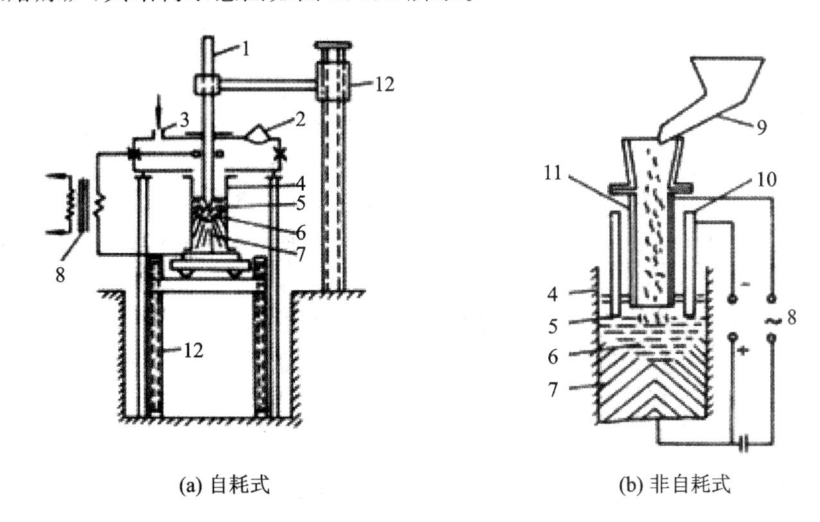

1—自耗电极；2—观察孔；3—充气或抽气口；4—结晶器；5—渣池；6—金属熔池；
7—金属坯锭；8—变压器；9—加料斗；10—附加非自耗电极；11—加料器；12—升降机构

图 2.2.5　真空电弧炉结构示意图

真空电弧熔炼是在真空下通过电极电弧产生的高温加热熔炼金属的方法，真空电弧炉采用低电压大电流，属于短弧操作。按电极类型，真空电弧炉分为自耗炉和非自耗炉两大类。

真空自耗电弧炉的电极由被熔炼材料本身制成，叫自耗电极。在电弧作用下电极前端熔化并以液滴方式转入熔池；熔炼过程中控制电极以适当速度递进，以便维持电弧及熔化过程，这与一般电弧焊时电焊条的消耗相似。真空自耗电弧炉主要用于重熔钛、锆等活泼金属和钼、铌等难熔金属以制取铸锭，例如把海绵钛电极重熔成钛锭等，也可用于精炼合金钢和高温合金。目前工业上使用的熔炉铸锭质量可达 50 t，实验室所用的小型真空自耗电弧炉，其熔炉铸锭可小到几公斤。

真空非自耗电弧炉使用高熔点金属（如钨等）或石墨作电极。工作中电极本身不消耗，炉料需通过别的途径加入炉内。这种电弧炉主要用于在真空中浇制异型铸件和在实验室中制取试验用坯锭。本实验采用真空非自耗电弧炉熔炼合金。

真空电弧炉可以用交流或直流电源供电，由于直流电弧较为稳定，因此以直流电源居多。真空电弧炉熔炼期间将产生大量的热量，因此需要冷却系统对电弧炉进行冷却；其中，大部分热量产生于电弧及熔池中，这部分热量主要靠水冷的铜坩埚导出；电极本身及与导杆相接的电极夹头也是发热源，也应在夹头上安设水冷装置；炉体本身也要求冷却，以确保炉体处于室温状态。

熔炼开始时，熔炼功率不宜过大，以保护坩埚埚底；随后逐步增大功率直至超过正常功率，以弥补坩埚底部散热导致的热量不足；原料熔化后逐步降为正常功率，进入主熔炼期。在熔炼末期，应按铸锭“封顶”加热制度降低功率以便将铸锭顶端的缩孔减到最小。

3. 退　火

熔炼后得到的金属材料不能直接应用，需要用热处理来改善材料的组织和性能。退火热处理是把金属材料或工件加热到一定温度并保持一定时间，使其缓慢冷却获得接近平衡状态的组织。退火热处理可以使经过铸造、锻轧、焊接或切削加工的材料或工件软化、成分均匀以及去除残余应力，达到改善塑性和韧性、获得预期物理和力学性能的目的。由于目的不同，退火工艺可分为不同类型，如再结晶退火、等温退火、均匀化退火、球化退火、去除应力退火以及稳定化退火、磁场退火等。

【实验内容】

1. 合金熔炼及热处理

学生自由组合成3～5人的实验小组，每一组同学从以下3项实验内容中任选一项独立完成。每项实验都包括配料、熔炼、热处理等实验内容，熔炼后各取一块试样进行退火热处理。每组要对铸态组织和退火后的组织进行观察。

① 碳元素含量及退火热处理对电弧熔炼铁碳合金组织及性能的影响；

② 硅元素含量及退火热处理对电弧熔炼铝硅合金组织及性能的影响；

③ 硅元素含量及退火热处理对电弧熔炼铌硅合金组织及性能的影响。

2. 组织分析

对退火后的试样和铸态试样进行切割、粗磨、细磨、抛光、腐蚀等处理，制备用于组织分析的试样。铁碳合金和铝硅合金的金相试样分别采用4%硝酸酒精溶液和0.5%氢氟酸水溶液浸蚀，用光学金相显微镜观察合金的金相组织；铌硅合金抛光后直接利用扫描电镜背散射技术观察显微组织。用X射线衍射仪分析合金的相组成。

【实验条件】

1. 实验原料及耗材

单质块材，包括Fe、C、Al、Si、Cu、Nb、Zr、Ti等；块体合金，包括Al-48Si合金、Al-50Cu合金等；砂纸、抛光膏，化学试剂，包括硝酸、氢氟酸、无水乙醇；高纯氩气等。

2. 实验设备

真空非自耗电弧炉、天平、热处理炉、金相显微镜、X射线衍射仪、扫描电子显微镜、硬度计、金相制样设备等。

【实验步骤】

1. 配　料

为研究组成对合金组织和性能的影响，本实验中每项实验需配制4种不同组成的配方，具体组成由学生自行决定。为了得到所需成分的合金，计算配方时必须考虑各元素在熔炼过程中的亏损量。配方的具体计算步骤如下：

① 根据目标合金的名义成分确定配方中各元素的含量，通常取合金化学成分范围值的中间值。

② 根据目标合金的总重量及各元素的含量，计算配方中各元素的应有重量。

③ 如果用中间合金作为原料，则需先计算中间合金中各元素的重量。

④ 如果使用单质作为原料，则步骤②计算的元素重量就是各单质的重量；如果原料中含有中间合金，则应补加的元素重量为步骤②计算的重量减去步骤③计算的对应元素的重量。

⑤ 验算有害杂质的含量，如未超出合金技术标准的限量即为合格；如杂质量超标，则应更换等级较高的原料或添加料。

⑥ 根据计算结果称料。

2. 熔　炼

（1）准备工作

① 首先启动升降机绿色按钮升起炉盖。

② 用干净的脱脂纱布清洗真空室内部，将坩埚表面清洗干净。

③ 在中间坩埚内放入纯金属锆或钛，作为进一步纯化炉内气体之用。

④ 在其余坩埚内放入实验原料。

（2）抽真空

① 确认真空室上的所有阀门和电源控制开关处于关闭状态。

② 确认打开冷却水开关，启动“总控制电源”开关，三相指示灯亮表示供电正常。

③ 确认气瓶的减压阀处于关闭状态，启动控制电源上的“机械真空泵”(R)控制开关，机械泵开始运行。

④ 接通复合真空计电源，打开真空阀开始抽真空；几分钟后打开充气阀往真空室充入少量氩气，接着再关闭充气阀。

⑤ 当真空度小于 5 Pa 后，关闭真空阀，打开分子泵电磁阀，启动分子泵。

⑥ 待“600”闪烁，打开闸板阀，利用分子泵对真空室抽真空。当真空度达到 1.0×10^{-1} Pa 时，真空计自动转换电离规测量，读数自动跳转电离规显示屏显示。

⑦ 待真空度达到实验要求时，关闭闸板阀和真空计。

⑧ 打开气表上的气体流量计阀门，打开充气阀往真空室充入惰性气体；当真空度达到要求时，关闭气表上的气体流量阀门和充气阀，停止充气。

（3）电弧熔炼

① 开机前确保电气连接正确。

② 确认钨电极与炉盖、真空室与坩埚盘或钨极之间的绝缘良好。

③ 检查钨极是否对准坩埚中心，调整高度，保证能够高频放电为宜。

④ 关闭照明及弧光保护装置，接通弧焊整流器电源，按下启动按钮，接通面板上的启动开关。

⑤ 引弧后，电弧直接对着坩埚里的金属，逐渐加大电流，使坩埚中的合金开始熔化。

⑥ 待金属全部熔化后，减小熔炼电流，熄灭电弧。

⑦ 熔炼完毕后，冷却十分钟，用真空室的料铲将金属料翻面，再重复熔炼 3～5 遍；熔炼完毕后，待钨电极及坩埚中的合金小锭充分冷却，打开充气阀，向炉内通入大气至正常气压，提升炉盖，取出试样，将真空室内清理干净。

（4）停　机

① 关闭充气阀，利用机械泵继续对设备真空室抽气 5～10 min。

② 关闭各个控制单元，将各个控制按钮调到初始位置。

③ 按下分子泵电源停止按钮，切断分子泵供电；当分子泵频率降到 0 时，关闭电磁隔断阀，隔断分子泵与机械泵之间的导通，关闭机械泵。

④ 关闭分子泵水冷总闸，防止分子泵中凝结水蒸气，最后关闭气瓶上的总阀门。

3. 热处理

把熔炼的合金锭切开，一半作为空白试样（原始铸态，不进行任何处理），利用热处理炉对另一半进行热处理。热处理制度请参阅相应书籍和相图，由学生自行设计。

4. 性能检测

① 把试样(包括空白试样和热处理试样)磨光、抛光；

② 利用硬度计测试合金的硬度。

金相制样方法及硬度计的使用方法请参照本书第1章相关实验介绍。

5. 组织及物相分析

① 利用X射线衍射仪测试合金的相组成；

② 把抛光后的试样腐蚀制成金相试样；

③ 利用光学金相显微镜观察合金的金相组织并拍摄金相照片；

④ 利用扫描电镜观察和分析合金的显微组织,分析合金中各相的化学成分。

金相制样方法及X射线衍射仪、光学金相显微镜、扫描电镜的使用方法,相应实验结果的分析方法等,请参照本书第1章相关实验介绍。

【结果分析】

1. 拍摄足量的金相照片,利用定量金相技术分析合金成分对相组成的影响；

2. 标定X射线衍射谱,确定合金的相组成,利用定量X射线衍射技术,分析合金中各相的含量；

3. 制表记录实验结果,绘图表示影响趋势；

4. 对比热处理前后合金的组织和性能,分析热处理对合金性能影响的原因。

【注意事项】

1. 必须预习实验,实验前确定合金的组成并充分了解合金相图和热处理制度。

2. 认真阅读设备操作手册,务必根据操作规程使用设备,注意人身和设备安全。

3. 熔炼时弧光一定要对准材料,千万不要吹到坩埚,实验前一定要打开冷却水,功率旋钮置于最小位置,实验中枪尖不得与材料接触。

4. 实验前充气时要关闭真空计,实验结束后应冷却一段时间再开炉。

5. 加磁力搅拌时,适时调节电流大小,不要将料搅到坩埚外。

6. 铜坩埚如被击穿应立即关闭电源及冷却水。

【思考题】

1. 真空熔炼和普通熔炼的优缺点?

2. 计算150 g ZL101A合金(名义成分为:6.5%~7.5% Si、0.25%~0.45%Mg、0.08%~0.20%Ti、余量Al)中各合金元素的质量。计算时,合金元素含量取中间值,烧损量和杂质忽略不计。

3. 简述热处理改善合金性能的原因。

参考文献

[1] 王义虎,朱承兴. 合金的熔炼与铸造. 北京:北京航空学院出版社,1964.

[2] 田素贵. 合金设计及其熔炼. 北京:冶金工业出版社,2017.

[3] 李晨希,王峰,伞晶超. 铸造合金熔炼. 北京:化学工业出版社,2012.

2.2.3 金属材料快速凝固技术

【实验目的】

1. 深刻认识金属材料快速凝固的特殊效应(溶质固溶度扩展、组织细化、减轻或抑制凝固

偏析、形成各种亚稳相、准晶、非晶等)及快速凝固技术在高性能金属结构材料及功能材料研究中的作用;

2. 了解金属材料激光表面重熔/快速凝固加工技术的基本原理及其理论与应用价值;

3. 熟悉材料科学与工程的基本研究方法,培养独立分析问题与解决问题的能力。

【实验原理】

1959 年美国加州理工学院的 P. Duwez 等采用一种独特的熔体急冷技术,首次使液态合金在大于 10^7 K/s 的冷却速度下进行凝固。结果发现,本来属于共晶系的 Cu－Ag 合金变成了无限固溶的连续固溶体、Ag－Ge 合金系中出现了新的亚稳相、共晶成分的 Au－Si 合金甚至凝固为非晶态结构(金属玻璃),从此在材料科学及凝聚态物理领域掀起了快速凝固技术及快速凝固非平衡材料的研究热潮。快速凝固技术已成为提高传统金属材料性能、挖掘已有材料潜力和开发高性能新材料的重要手段之一,快速凝固非平衡材料制备技术及快速凝固理论是目前材料科学与工程及凝聚态物理重要的研究方向。

金属材料快速凝固后,树枝晶间距、晶粒尺寸、共晶团粒尺寸及共晶层片间距等组织特征尺寸显著细化、凝固偏析大幅减轻甚至出现无偏析凝固组织、固溶体中溶质元素的固溶度极限显著扩展,很多合金甚至形成许多具有特殊性能的亚稳相、准晶和非晶组织。研究表明,快速凝固非平衡合金具有优异的力学性能、耐蚀性能、耐磨性能以及独特的物理性能。

激光表面重熔/快速凝固技术是材料的三大快速凝固技术之一,也是迄今为止能实现凝固冷却速度最快的快速凝固方法,其原理如图 2.2.6 所示。聚焦高能量密度的激光束以高线速度扫描辐照工件表面,在工件表面形成瞬间薄层小熔池;熔池中的高温金属液通过基材的无界面快速热传导作用迅速冷却并快速凝固(凝固冷却速度最高可达 $10^7 \sim 10^9$ K/s),从而在零件表面形成一层化学成分与基材相同、具有快速凝固非平衡组织特征(如枝晶及组织细化、溶质元素高度过饱和固溶、低偏析或无偏析、形成各种亚稳相、准晶、非晶等非平衡相等)以及特殊物理、化学、力学性能的快速凝固新材料表面层。激光表面重熔、激光表面合金化及激光熔覆等快速凝固激光表面加工技术,已迅速发展为重要的现代表面工程新技术。

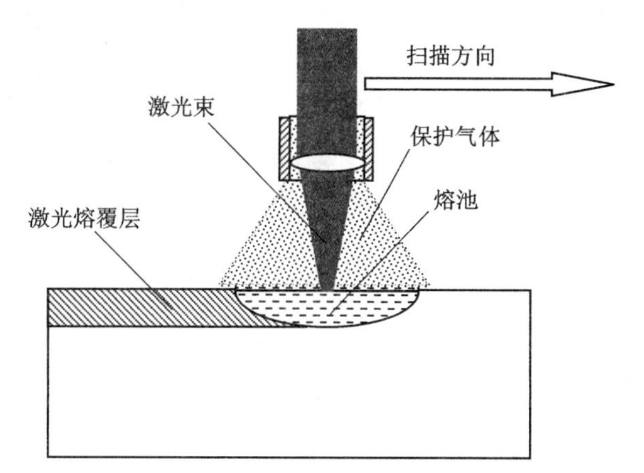

图 2.2.6　金属材料激光表面重熔/快速凝固原理示意图

根据激光与金属相互作用时金属的物理状态,激光表面加工技术可以分为以下四种类型:

① 激光照射时金属不熔化,只是组织发生变化,这类工艺称为激光表面淬火。

② 激光照射时金属熔化,表面形成熔池,冷却后组织发生变化,这类工艺称为激光表面重熔,如图 2.2.6 所示。

③ 激光照射时金属熔化，同时加入其他元素改变表面性质，这类工艺主要包括激光熔覆和激光合金化。

激光熔覆是利用激光束在基体表面熔覆一层与基体性质完全不同的、具有特定性能的涂覆材料，涂层与基材之间可实现冶金结合。熔覆材料可以是金属或合金，也可以是非金属或化合物及其混合物。

激光表面合金化是应用激光辐照加热工件使之熔化至所需深度，同时添加适当合金化元素来改变基材表面的成分和组织，形成新的非平衡组织，从而提高材料表面的耐磨损、耐疲劳和耐腐蚀性能。包括重熔合金化和熔化合金化两类。

④ 激光照射时金属表面发生气化，从而引发冲击波压力脉冲使金属表层组织强化，这类工艺称为激光表面冲击强化。

本实验利用激光表面重熔快速凝固技术，对高碳铁基合金（球墨铸铁、灰口铸铁）及高硅 Al－Si 铸造合金进行表面快速凝固加工，制备快速凝固铁基合金及铝基合金。对比分析这两种合金快速凝固后的组织及性能变化，认识金属材料快速凝固的特殊效应（如细化组织、减轻凝固偏析、形成亚稳相等），了解快速凝固技术在提高金属材料性能及新材料研究中的作用。

【实验内容】

从以下三项实验内容中任选一项独立完成。

1. 球墨铸铁或灰口铸铁高碳铁基合金的激光表面重熔快速凝固

实验内容包括：选用普通铸造球墨铸铁，如 Fe－(4.3%～6.7%)C 或灰口铸铁，如 Fe－(4.3%～6.7%)C 作为实验材料，通过激光表面重熔快速凝固处理，在普通铸造球状石墨铸铁或片状石墨铸铁表面制备出成分与基材相同，但组织与性能（高硬度、高耐磨性及高耐蚀性）与基材完全不同的快速凝固亚稳 $Fe-Fe_3C$ 系白口铸铁表面层，了解快速凝固具有的结构亚稳及组织亚稳特殊效应，研究凝固冷却速度（通过改变激光束扫描速度实现，扫描速度越高，冷却速度越快）对快速凝固组织及硬度等性能的影响。

2. 高硅 Al－Si 铸造合金激光表面重熔快速凝固

实验内容包括：选择过共晶铝硅合金（Al－20Si）作为实验材料，通过激光表面重熔快速凝固处理，改变表面快速凝固层的组织及性能，如使初生硅及共晶组织细化、共晶组织形态改变、化学成分均匀性提高等，从而提高表面层硬度、耐磨性、耐蚀性、抗疲劳等性能。认识快速凝固的组织细化与组织亚稳效应，研究快速凝固冷却速度（通过改变激光束扫描速度或改变预热温度来实现，扫描速度越高，冷却速度越快，预热温度越高、冷却速度越慢）对快速凝固组织及性能的影响。

3. 自主设计激光表面重熔快速凝固

运用所学的材料科学与工程基本知识，自主选择一种金属材料作为实验基材，设计激光表面重熔快速凝固实验条件（激光束输出功率、光束扫描速度等），认识快速凝固的特殊组织效应，研究凝固条件对凝固组织及性能的影响。

【实验条件】

1. 实验原料及耗材

普通球墨铸铁或灰口铸铁试样、高硅铝硅铸造合金。

2. 实验设备

三轴联动四坐标 8 kW CO_2 激光材料加工与快速成形设备、金相制样设备及耗材、光学显微镜、扫描电镜、硬度仪。

【实验步骤】

激光表面重熔快速凝固处理实验以教师演示为主，学生通过观察，了解设备的操作过程和注意事项；学生通过对试样的组织和性能分析，掌握激光表面重熔快速凝固技术对材料组织和性能的影响。

本实验流程如图 2.2.7 所示，具体操作过程如下：

① 准备试样（球墨铸铁、灰口铸铁、铝硅铸造合金）。每种材料至少准备 3 个试样，其中 2 个用于表面改性实验，另外一个作为空白试样用于对比研究，不做任何处理。

② 对试样进行表面预处理（涂黑或毛化）。

③ 进行激光表面重熔快速凝固处理，采用不同扫描速度对 2 个改性试样进行激光重熔。

④ 制备显微试样。

⑤ 对处理前后的试样进行硬度测试与金相组织分析。

⑥ 实验结果分析，撰写实验报告。

图 2.2.7　实验流程图

【结果分析】

1. 与铸造合金比较，分析合金快速凝固前后的组织和性能（本实验只测试硬度）变化；

2. 分析凝固冷却速度对快速凝固组织及性能的影响。

【注意事项】

1. 自主设计实验。同学须提前两周以上将自行设计的实验方案交实验指导教师，实验方案须经实验指导教师同意后方可实施。

2. 实验前必须查阅金属材料快速凝固以及激光表面重熔快速凝固技术的基本原理，了解快速凝固的特殊效应等基本知识；熟悉 Fe－C 及 Al－Si 合金相图、典型高碳铁基合金（球墨铸铁、灰口铸铁）及典型 Al－Si 铸造合金的组织与性能。

3. 熟悉金属材料显微样品制备、常规组织和性能分析测试方法。

4. 遵守实验室规章制度，注意人身安全和设备安全。

【思考题】

1. 简述金属材料快速凝固的组织结构特征及性能特点，举例说明快速凝固技术在高性能金属结构材料及功能材料研究与开发中的应用。

2. 根据你对激光表面重熔快速凝固技术的了解与认识，简述其可能的应用前景。

参考文献

[1] 王华明，张凌云，李安，等. 金属材料快速凝固激光加工与成形研究进展. 北京航空航天大学学报，2004，10:962-968.

[2] Steen W M. Laser Materials Processing. 2nd ed. London: Springer-Verlag，1998.

[3] 王家金. 激光加工技术. 北京：中国计量出版社，1992.

[4] 胡汉起. 金属凝固原理. 2 版. 北京：机械工业出版社，2000.

[5] 任颂赞，叶俭，陈德华. 金相分析原理及技术. 上海：上海科学技术文献出版社，2013.

2.2.4 金属材料定向凝固技术

【实验目的】

1. 了解定向凝固原理和实现方法、定向凝固合金的组织形态特征和性能以及定向凝固技术的应用；

2. 学会真空系统的操作流程；

3. 掌握定向凝固主要控制参数及其对组织形态的影响。

【实验原理】

定向凝固是一种单方向凝固技术，通过将熔融合金一端保持高温，另一端强制冷却，使热流沿单方向流出，而合金逆热流方向单向进行凝固。定向凝固组织是一种柱状晶，柱状晶生长方向即为热流方向的反方向；柱状晶生长过程通过晶粒竞争淘汰，会出现沿特定晶体学方向生长的择优取向现象。单晶生长是定向凝固过程的一个特例。图 2.2.8 是 XLL－500 型晶体生长炉的结构图，图 2.2.9 为定向凝固炉示意图。

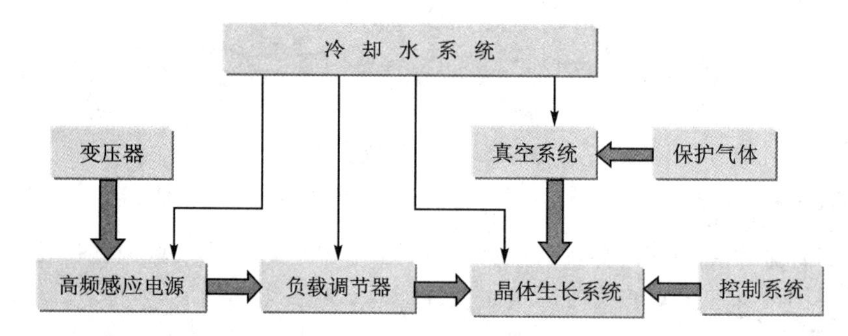

图 2.2.8　XLL－500 型晶体生长炉的结构图

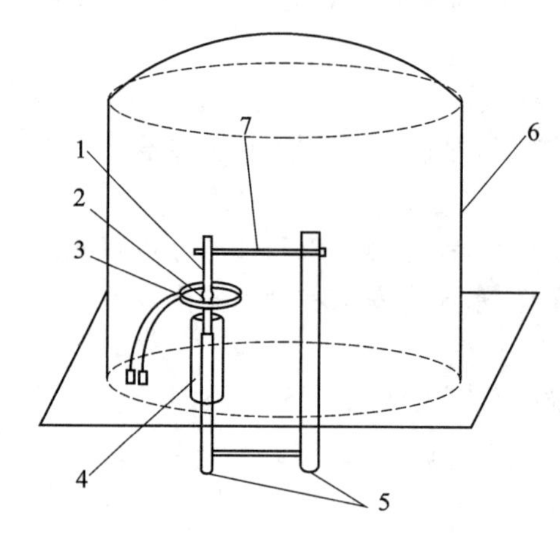

1—试样；2—熔区；3—感应线圈；4—冷却介质；5—升降装置；6—真空室；7—夹具

图 2.2.9　定向凝固炉示意图

【实验内容】

本实验为演示实验，主要由教师进行讲解和演示实验操作过程，由教师提供在不同条件下制备的样品供学生分析。

1. 学习 XLL－500 型晶体生长炉的结构、组成和各部分的作用，了解其操作过程和注意事项；

2. 分析定向凝固试样的组织与性能。

【实验条件】

1. 实验原料及耗材

金属棒、刚玉管、氩气、无水乙醇、纱布。

2. 实验设备

XLL－500 型晶体生长炉、砂轮、超声清洗机、电吹风。

【实验步骤】

1. 准备阶段

打磨金属棒外圆，确保无锈且与刚玉管之间有足够间隙可轻松来回滑动，用无水乙醇清洗金属棒和刚玉管，在超声波清洗机中清洗 5 min，电吹风机吹干。

安装刚玉管，放入金属棒，调节升降机构，使金属棒下沿在感应线圈的有效加热区。

2. 抽真空阶段

关闭炉门，抽真空，先启动机械泵，真空抽至 5 Pa 后换分子泵抽高真空，真空达到 5×10^{-3} Pa 后充入氩气保护。

3. 加热阶段

开启加热电源，调节功率旋钮，直至金属棒下端熔化，固液线清晰后固定加热功率，准备生长。

4. 生长阶段

设定生长速度参数，启动升降机构，开始生长。

5. 结　束

金属棒末端经过感应线圈有效加热区后，停止加热，关闭升降机构，待冷却 30 min 后取出样品。

收拾工具、耗材、清理设备台面，做好实验登记。

【结果分析】

利用教师提供的试样，分析定向凝固前后样品组织形态以及晶体取向发生的变化。

【注意事项】

1. 学生在进入实验室之前，必须首先熟悉相关的实验方法及原理；

2. 注意用电安全和现场秩序，实验过程中听从指导教师的安排。

【思考题】

1. 简述定向凝固实验的主要流程。

2. 定向凝固实验参数主要有哪些？对材料的组织结构和性能的影响如何？

3. 定向凝固的主要应用领域有哪些？

参考文献

[1] 周尧和. 凝固技术. 北京：机械工业出版社，1998.

2.2.5　非平衡金属材料的制备技术及结构和热性能分析

【实验目的】

1. 掌握非晶合金等非平衡金属材料的快速凝固制备方法，理解该类材料的形成机理和制备技术对材料的结构及性能的影响；

2. 掌握采用 X 射线衍射（XRD）和差示扫描量热法（DSC）表征非晶合金等非平衡金属材

料的结构和热性能的原理及分析方法。

【实验原理】

1. 非平衡金属材料的制备技术

非晶、准晶和纳米晶合金是近几十年发展出来的一类新型非平衡金属材料，具有独特的、有别于传统晶态金属材料的微观结构和性能。制备非平衡金属材料普遍采用快速凝固技术，其核心是通过提高熔体凝固时的传热速率来提高凝固过程中的冷却速率，产生明显的非平衡效应，抑制合金熔体凝固时的形核和长大过程，使合金熔体过冷至远低于平衡凝固点的温度而凝固，形成非晶、准晶及纳米晶等非平衡亚稳相。其中，合金熔体经快速凝固形成非晶合金是非平衡凝固的一种极限情况。在足够高的冷却速率下，合金熔体可避免通常的结晶过程，在过冷至玻璃转变温度以下时，内部原子冻结在液态时所处位置附近，从而形成原子排列长程无序、短程有序的非晶态结构。本实验主要介绍制备非晶合金等非平衡金属材料通常采用的基于快速凝固技术的熔体旋淬法及铜模铸造法，其原理分别如图 2.2.10 和图 2.2.11 所示。

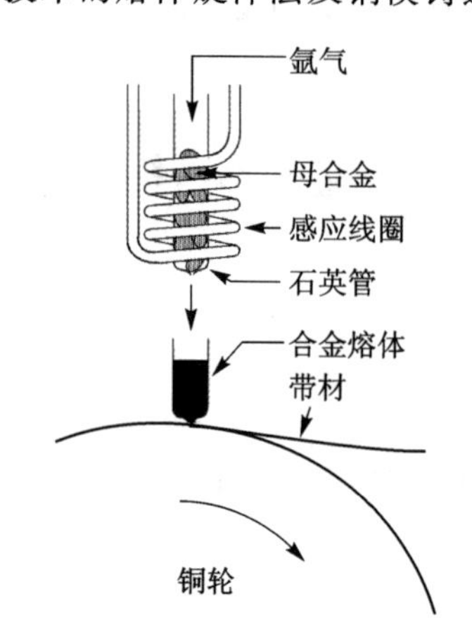

图 2.2.10 熔体旋淬法原理示意图

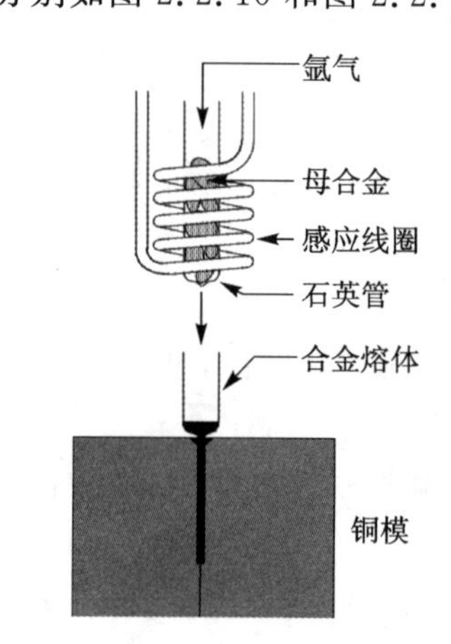

图 2.2.11 铜模铸造法原理示意图

(1) 熔体旋淬法

熔体旋淬法是制备非晶等非平衡金属材料带材的主要方法，基本原理是采用高速旋转的激冷圆辊将合金熔体流铺展成液膜并在激冷作用下实现快速凝固，从而获得连续带材。该方法已成功应用于非晶及纳米晶合金带材的工业化生产。

(2) 铜模铸造法

铜模铸造法是将合金熔体直接注入铜模的模穴中，利用铜模导热实现快速冷却，从而得到给定厚度和形状的块体非平衡金属材料，是一种实用的非平衡材料近终成形或净成形方法。

2. 非平衡金属材料的结构和热性能分析

非晶合金是一种具有代表性的非平衡金属材料，本实验以非晶合金为例进行微观结构和热性能的初步测试分析。与晶态合金原子呈三维周期性排列不同，非晶合金原子具有排列长程无序、短程有序的微观结构特点。非晶合金独特的微观结构使其在结构表征时呈现特殊的现象，其 X 射线衍射(XRD)图谱通常只出现对应于非晶态结构的漫散射峰，而不具有尖锐的晶体衍射峰；当非晶合金中含有部分晶体时，在其 XRD 图谱的漫散射峰上会叠加尖锐的晶体衍射峰。由于非晶合金处于亚稳态，按照热力学规律，有发生晶化的趋势。采用差示扫描量热法(DSC)对非晶合金进行热分析时，随着温度的升高，其 DSC 曲线会表现出对应于玻璃化转变和晶化反应的吸放热现象。

【实验内容】

1. 采用熔体旋淬和铜模铸造这两种金属快速凝固技术制备非晶合金等非平衡金属材料；

2. 采用 XRD 和 DSC 测试非晶合金材料的结构和热性能。

【实验条件】

1. 实验原料及耗材

某一经典块体非晶合金成分的母合金锭、底部有喷嘴的石英管、高纯氩气。

2. 实验设备

金属快速凝固设备、X 射线衍射仪、差示扫描量热仪。

【实验步骤】

1. 非晶合金等非平衡金属材料的制备

(1) 熔体旋淬法制备非晶合金带材

① 将母合金放入底部有喷嘴的石英管中，将石英管固定在快速凝固设备的感应线圈中，调整好石英管喷嘴与铜轮表面的间距；

② 将快速凝固设备抽真空后充入高纯氩气；

③ 开动铜轮使其高速旋转，并在高纯氩气气氛下利用高频感应加热熔化母合金，然后向石英管内加载喷射氩气，使熔体从石英管底部喷嘴喷射到高速旋转的铜轮表面，随后迅速激冷形成非晶合金带材。

(2) 铜模铸造法制备块体非晶合金等非平衡金属材料

① 将母合金放入底部有喷嘴的石英管中，将石英管固定在快速凝固设备的感应线圈中，调整好石英管喷嘴与铜模浇口的相对位置；

② 将快速凝固设备抽真空后充入高纯氩气；

③ 在高纯氩气气氛下利用高频感应加热熔化母合金，然后向石英管内加载喷射氩气，使熔体从石英管底部喷嘴喷入铜模型腔，熔体快速凝固后即得到块体非晶合金等非平衡金属材料。

2. 非平衡金属材料的结构和热性能测试

① 选择实验步骤 1 所获得的非晶合金试样，采用 X 射线衍射仪对其微观结构进行测试分析；

② 选择实验步骤 1 所获得的非晶合金试样，采用差示扫描量热仪对其热性能进行测试分析。

【结果分析】

1. 描述采用快速凝固所制备的非平衡合金试样的尺寸和外观特征，并理解其影响因素；

2. 按要求绘制所测得的非晶合金试样的 XRD 图谱，说明该 XRD 图谱的特征及机理；

3. 按要求绘制所测得的非晶合金试样的 DSC 曲线，标定特征温度，根据 DSC 曲线描述非晶合金在升温过程中的结构变化。

【注意事项】

1. 课前复习《材料科学基础》《材料现代研究方法》等书中学习过的相关基础理论；

2. 遵守实验室管理规定，做好防护工作。

【思考题】

1. 快速凝固技术如何提高合金熔体的冷却速率？

2. 非晶合金的 X 射线衍射图谱表现出有别于晶态材料的漫散射峰，产生这种现象的原因是什么？

3. 测定非晶合金的 DSC 曲线时，升温速率对非晶合金的玻璃转变温度和晶化温度有何影响？

参考文献

[1] 胡赓祥，蔡珣，戎咏华. 材料科学基础. 上海：上海交通大学出版社，2006.
[2] 陈光，傅恒志. 非平衡凝固新型金属材料. 北京：科学出版社，2004.
[3] 惠希东，陈国良. 块体非晶合金. 北京：化学工业出版社，2007.

2.3 陶瓷材料制备技术

2.3.1 陶瓷材料的合成技术*

【实验目的】

1. 了解液相法合成超微粉体的基本原理和工艺流程；
2. 掌握原料配方的计算方法；
3. 了解影响反应效果和粉体粒度的主要因素。

【实验原理】

陶瓷粉体的合成技术很多，通常可分为固相法、液相法、气相法、等离子体合成法、激光法和自蔓延高温合成法等。其中，液相法是目前实验室和工业上合成超微细粉应用最广泛的方法。与固相法、气相法相比，它具有产物的化学组成、形状、大小精确可控，颗粒表面活性好、成本低廉等特点。常见的液相法包括溶液沉淀法、溶剂蒸发法等。

化学反应沉淀法是合成单一或复合金属氧化物超细颗粒最重要的方法之一，其基本原理是：根据目标产物所含的金属离子，选择含有该金属离子的金属盐配制成溶液，在该溶液中加入合适的沉淀剂，并使之与金属离子发生化学反应，生成金属离子的氢氧化物、碳酸盐、硫酸盐或醋酸盐等沉淀物，然后用过滤等固液分离技术将沉淀物分离出来，再经干燥、煅烧分解，从而获得氧化物或复合氧化物等目标产物。根据反应过程的差异，化学反应沉淀法可分为共沉淀法、均匀沉淀法、直接沉淀法、溶胶-凝胶法和水热法等。

由于金属离子均匀地分布在配制的溶液中，因此反应得到的沉淀物成分也很均匀。通过控制溶液的浓度、pH 值、反应温度，以及采取诸如搅拌、超声振动、加入表面活性剂等适当的抗团聚措施，可以控制反应速度、沉淀团聚、形核率和长大速率等，从而调节最终粉体的粒度。因此，化学反应沉淀法容易得到高纯、化学成分均一、粒度小且均匀的超微粉体。

采用两种或两种以上的金属盐混合溶液，利用沉淀剂使多种金属离子同时被沉淀出来的方法称为共沉淀法，常用于制备多元陶瓷或复相陶瓷。如果沉淀剂由溶液自动生成，沉淀剂在溶液中均匀分布，则沉淀相可在溶液中均匀形核而析出，这种方法称为均匀沉淀法。

【实验内容】

1. 采用均匀沉淀法制备氧化锆超微粉；
2. 采用均匀沉淀法制备氧化铝超微粉。

【仪器设备】

1. 实验原料及耗材

(1) 制备 3Y－TZP 氧化锆超细粉

分析纯试剂：氧氯化锆($ZrOCl_2\cdot 8H_2O$)、硝酸钇($Y(NO_3)_3\cdot 6H_2O$)、硝酸(HNO_3)、氨水

* 佘正国，江苏大学材料学院材料科学系无机材料教研室，无机材料综合实验——结构陶瓷材料系列指导书。

($NH_3 \cdot H_2O$)、无水乙醇(每批次 500 mL×4 瓶)、聚乙二醇(相对分子量 1 500 或 1 000)。

蒸馏水或去离子水、1% $AgNO_3$ 溶液。

(2) 制备 $\alpha-Al_2O_3$ 超微粉

分析纯试剂：硫酸铝铵($NH_4Al(SO_4)_2 \cdot 12H_2O$)、碳酸氢铵($NH_4HCO_3$)、氨水($NH_3 \cdot H_2O$)、无水乙醇(每批次 500 mL×4 瓶)、聚乙二醇(相对分子量 1 500 或 1 000)。

蒸馏水或去离子水。

(3) 其他材料

pH 试纸、滤纸、滤布。

2. 实验设备

过滤装置(如图 2.3.1 所示，由布氏漏斗、吸虑瓶、抽滤管及连接软管组成)、微型高压反应釜、电动搅拌器、离心机、烘箱或真空干燥箱、实验电炉、球磨机、称量天平、1 000 mL 大烧杯或塑料杯、10～20 L 的白塑料桶、下口瓶、乳胶管、输液夹、盛放前驱体和粉体的合适容器、瓷研钵、大白搪瓷托盘、刚玉或高铝瓷坩埚、80 目或 100 目筛、不锈钢铲子、其他化学实验室常用器皿。

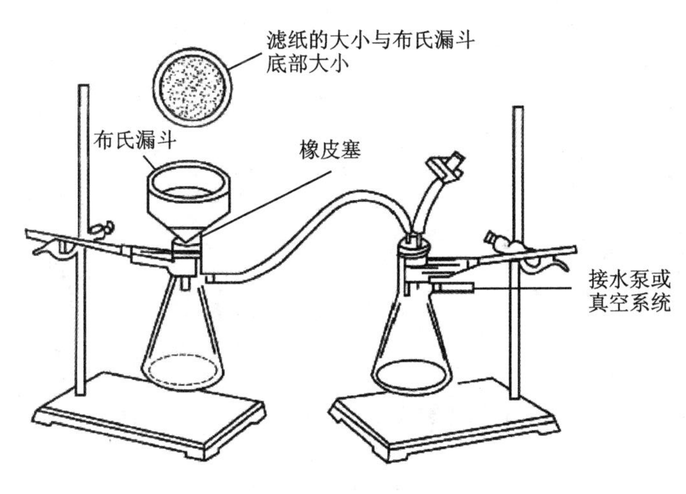

图 2.3.1　过滤装置示意图

【实验步骤】

1. 工艺流程

利用液相法制备氧化锆和氧化铝超微粉的工艺流程分别如图 2.3.2 和图 2.3.3 所示。

2. 配料计算

根据目标氧化物粉体的质量来计算主要原料的用量，主要考虑目标产物中的金属离子含量即可。根据目标产物组成的来源，从唯一来源原料开始计算，其余的用简单组成原料调配。下面以合成氧化锆为例说明配方的计算过程，计算过程中要注意原料的纯度或有效含量。

例　以分析纯 $ZrOCl_2 \cdot 8H_2O$ 和 $Y(NO_3)_3$ 为原料，试计算合成 100 g 含 3%(摩尔分数) Y_2O_3 的四方相 ZrO_2 (3Y - TZP) 所需的原料质量。已知 ZrO_2、Y_2O_3、$ZrOCl_2 \cdot 8H_2O$、$Y(NO_3)_3$ 的摩尔质量分别为 123.2 g/mol、225.8 g/mol、322.2 g/mol、383.1 g/mol。

解：首先计算 100 g 产物中含有 ZrO_2 和 Y_2O_3 的质量，计算如下：

ZrO_2：$100 \times 123.2 \times 97 \div (123.2 \times 97 + 225.8 \times 3) = 94.6(g)$

Y_2O_3：$100 - 94.6 = 5.4(g)$

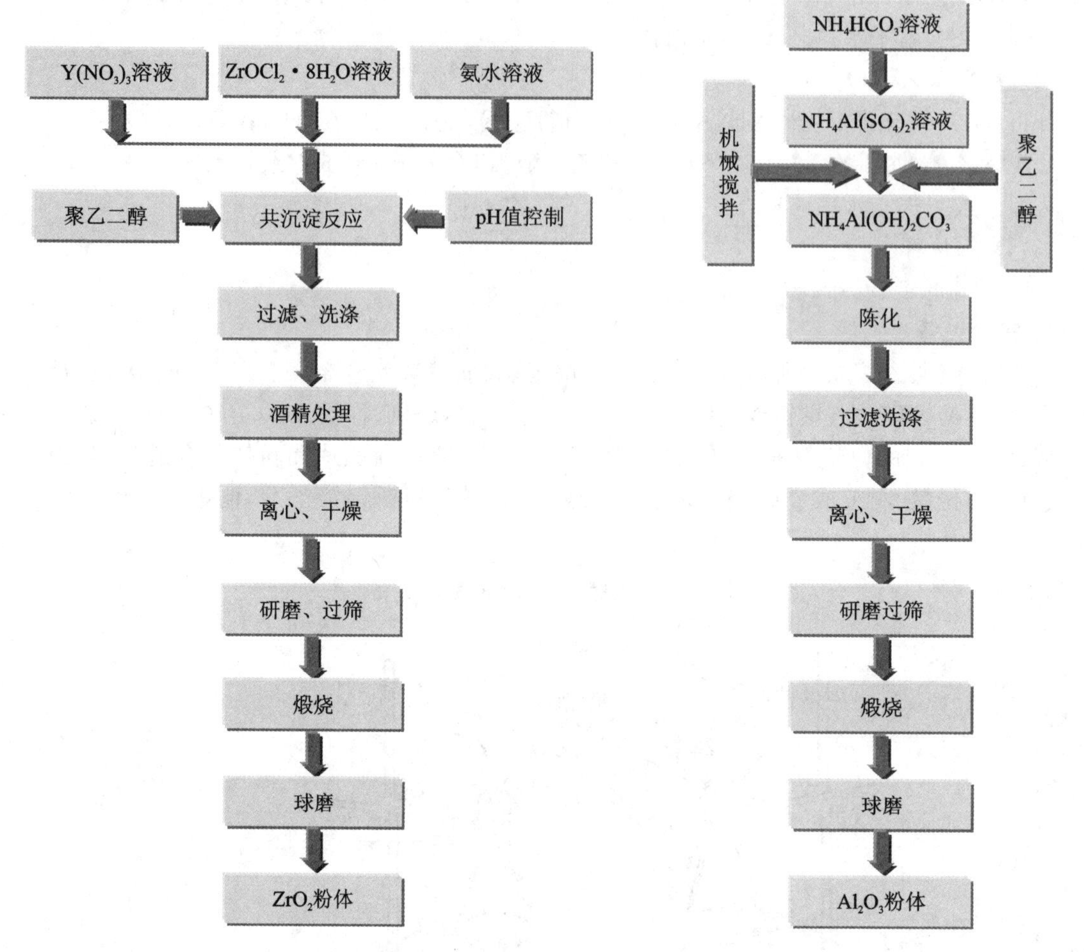

图 2.3.2　液相法制备氧化锆超微粉工艺流程

图 2.3.3　液相法制备氧化铝超微粉工艺流程

然后计算产物中含有的 Zr^{4+}、Y^{3+} 的摩尔数。

Zr^{4+} 的摩尔数：

$$94.6 \div 123.2 = 0.768(\text{mol})$$

Y^{3+} 的摩尔数：

$$(5.4 \div 225.8) \times 2 = 0.048(\text{mol})$$

最后计算所需原料的质量，计算过程如下：

由于 $ZrOCl_2 \cdot 8H_2O$ 是产物中 Zr^{4+} 的唯一来源，且 1 mol 的 $ZrOCl_2 \cdot 8H_2O$ 只含有 1 mol 的 Zr^{4+}，所以提供 0.768 mol 的 Zr^{4+} 需要的 $ZrOCl_2 \cdot 8H_2O$ 摩尔数也是 0.768 mol，对应的质量为

$$0.768 \times 322.2 = 247.4(\text{g})$$

同样道理，由于 $Y(NO_3)_3 \cdot 6H_2O$ 是产物中 Y^{3+} 的唯一来源，且 1 mol 的 $Y(NO_3)_3 \cdot 6H_2O$ 只含有 1 mol 的 Y^{3+}，所以提供 0.048 mol 的 Y_2O_3 需要 $Y(NO_3)_3 \cdot 6H_2O$ 的摩尔数也是 0.048 mol，对应的质量为

$$0.048 \times 383.1 = 15.3(\text{g})$$

考虑到整个工艺过程的得率(最后实验得到的粉量与目标量之比)，应该对原料的用量加

以适当放大。液相法的得率一般高于 85%，本实验可按放大 10%来计算原料 $ZrOCl_2 \cdot 8H_2O$ 和 $Y(NO_3)_2$ 的用量。因此，最后的原料用量为

$ZrOCl_2 \cdot 8H_2O$：

$$247.4 \times 1.1 = 272.1(g)$$

$Y(NO_3)_3 \cdot 6H_2O$：

$$15.3 \times 1.1 = 16.9(g)$$

制备 Al_2O_3 时，由于只有金属离子 Al^{3+}，无需考虑不同原料的配比问题，较为简单，参照上述过程计算即可。但要注意的是，根据金属离子的传递关系，2 mol 的 $NH_4Al(SO_4)_2 \cdot 12H_2O$ 才能生成 1 mol 的 Al_2O_3，计算时务必加以注意。另外，本实验所用试剂的纯度均为分析纯，如果试剂不纯，则在计算用量时需要除以纯度。

沉淀剂的用量不必精确计算，通常只需保证其浓度，配制出足够富余的溶液备用即可。制备 3Y - TZP 粉所用的氨水浓度为 25%（体积分数），即将氨水和蒸馏水按 1∶3的体积混合稀释；制备 Al_2O_3 时，碳酸氢铵 NH_4HCO_3 溶液浓度为 2.5 mol/L。

表面活性剂（如聚乙二醇）的用量按合成产物目标量的 2%计算。本实验以单次实验最终合成 100 g 或 200 g 粉料为计算依据，称量好备用。

3. 溶液配制与反应前准备

① 为保证合成纯度高和组成准确的粉体，合成过程中所使用的容器、器材与溶液、沉淀前驱物、粉体接触的部位等，均应先用蒸馏水清洗干净，有些还需烘干；合成过程中要避免灰尘和其他杂质的污染。

② 母液（$ZrOCl_2 \cdot 8H_2O$ 溶液）的浓度对最终粉体的粒度有影响。本实验定为 0.4 mol/L，据此计算母液用水量；将称量好的 $ZrOCl_2 \cdot 8H_2O$ 和 $Y(NO_3)_3 \cdot 6H_2O$ 放入大烧杯，然后添加蒸馏水，用玻璃棒搅拌使之完全溶解。如果溶液中有不溶杂质，可用过滤装置过滤溶液，再把吸滤瓶中无色、澄清的滤液倒入反应桶。最后用少量蒸馏水涮洗吸滤瓶内壁并倒入反应桶。

③ 配制浓度为 25%（体积分数）的氨水溶液作为沉淀剂，置于下口瓶中备用；用水溶解聚乙二醇表面活性剂，可适当加热，充分溶解后倒入母液。

④ 安置好微型高压反应器。注意高压反应器的反应桶和下口瓶的相互位置，务必使通过下口瓶滴液软管流出的沉淀剂可以顺利、准确地滴入反应桶的母液中。

⑤ 连接好过滤装置，剪裁好滤纸、滤布。

4. 反应沉淀

松开下口瓶滴液管的输液控制夹，使氨水溶液滴入母液中发生沉淀反应。滴入速度以保证反应液 pH 值维持在 9～10 为宜，开始阶段要快一些（母液酸性大），以后 pH 值会较稳定，故每隔数分钟检查一次 pH 值。在反应进行过程中，可看到白色的糊状沉淀不断产生，待完全沉淀后，停滴氨水，并继续保持此压力下反应 30～40 min。

5. 洗涤与过滤

将沉淀物进行几次“洗涤—过滤”的循环操作。洗涤的主要目的是去除沉淀物含有的大量氯离子，过滤则是为排除洗涤水和前驱物内的部分游离水，故两种操作交替进行。

用不锈钢铲从反应桶中铲出沉淀物并置于塑料容器内，然后加蒸馏水搅拌清洗。每次用蒸馏水约 2 L，并滴入少量氨水，使洗涤液的 pH＝9，最后一次不加氨水。每次清洗都要把全部溶液倒入过滤装置的布氏漏斗并以流水抽滤。也可直接在漏斗中洗，把铲起的沉淀物适当搅碎后加水清洗，注意操作过程中不要使滤布折皱或滤纸破裂，pH 值同上。

可用 $AgNO_3$ 溶液来检验洗涤是否完成以及氯离子是否清洗干净。方法为:取少许(1~2 g)沉淀物加 20 mL 蒸馏水搅拌、加热煮沸后用小漏斗过滤,向滤液中滴入 1~2 滴硝酸,再滴入 1~2 滴 $AgNO_3$ 溶液,如无白色絮状物沉淀(AgCl)产生,即认为合格,否则还要再洗,一般洗 7~8 次即可。

过滤操作必须在压差下才能顺利进行。本实验为负压吸滤,打开水龙头以水流使吸滤瓶中产生负压即可进行。过滤时需注意以下几点:① 检查漏斗和吸滤瓶间橡皮塞、吸滤瓶与抽滤管及水龙头之间各连接管等连接处,不得漏气;② 在布氏漏斗的滤板上平铺一层滤纸(滤纸直径应略小于滤板直径),以水润湿,并稍加负压抽吸使滤纸平整紧贴,再铺上滤布(直径可略大于滤板直径),同样以水润湿并平整紧贴;③ 欲过滤的固液混合物或溶液,可分几次慢慢倒入,以免冲洗时使滤布、滤纸移动;④ 在过滤中若滤饼干裂,用不锈钢铲将裂口轻轻压平;⑤ 观察滤液有无浑浊,如有浑浊,则说明滤纸破裂发生了透滤。

6. 酒精处理

氧化锆前驱体的结构是以—OH 桥接的四聚体类型结构,这种—OH 桥键能很大,易形成坚硬的团聚体,最终妨碍粉体粒度的微细化,降低其烧结活性,故欲获得超微细、高活性的氧化锆粉体,关键措施就是要防止或减少硬团聚的产生。用无水酒精(或其他有机溶剂)迅速取代前驱物中的配位水分子及附着水是解决此问题的重要方法。

具体操作是:将上述用蒸馏水清洗过滤处理后的最终前驱物置于容器中,并用无水酒精浸泡,用量以浸没为度;用铲子将前驱物滤饼搅碎并充分搅拌后静止 1 h;然后把前驱物酒精混合液均匀分装于离心机的离心杯内(一定使各杯质量平衡,或四只或对称两只),高速(3 000 r/min)离心 20 min,将烧杯内上部清液倒去;将下部半干的前驱物,如上述方法再度浸泡、静止、离心处理一遍。

7. 干燥、研细与过筛

把半干的前驱体摊开、平铺在搪瓷托盘,然后置于烘箱(真空干燥箱或普通烘箱),设定烘干温度为 80 ℃。等前驱体基本烘干后取出,用研钵研细、过 80 目或 100 目筛,然后再置于烘箱,在 110 ℃下完全烘干。

8. 煅　烧

烘干后的粉状物仍是未分解的前驱体,必须经高温煅烧使 ZrO_2 的前驱体分解、晶化,同时使其所含的残余水、结晶水、有机物及 NH_4^+、Cl^- 分解挥发。把烘干后的粉状前驱体置于刚玉坩埚或素瓷坩埚中,煅烧时盖住坩埚,但要留有缝隙以供气体逸出。煅烧工艺为:升温速率约 100 ℃/h,500 ℃保温 1 h,900 ℃保温 1 h,炉冷至 100 ℃以下取出。

9. 球　磨

煅烧完成晶型转变的 ZrO_2 粉具有板结现象,需采用球磨工艺去除粉体的团聚。以无水乙醇为球磨介质球磨 24 h,取出再经离心甩干,最后置于烘干炉在 110 ℃下完全烘干。研细过 100 目筛,即可获得成品粉体,储存备用,并做好标记。

10. 氧化铝超细粉制备

制备氧化铝超细粉的实验步骤与氧化锆基本相似,除一些共性问题外,还应注意以下几点:

① 本实验中 $NH_4Al(SO_4)_2 \cdot 12H_2O$ 母液的浓度定为 0.3 mol/L,配制好后置于反应桶中,母液中同样要加入表面活性剂(如聚乙二醇 1000,用量为粉重的 2%,以水溶解后加入母液中);沉淀剂溶液(NH_4HCO_3 溶液)浓度定为 0.25 mol/L,配制好后置于下口瓶中备用。

② 反应时两种溶液的混合方式对粉体的粒径及分布有显著影响。本实验采用将 NH_4HCO_3 溶液缓慢滴入母液并施以机械搅拌的混合方式，pH 值控制在 9～10，反应后继续搅拌 2 h。

③ 沉淀物静止 2 h 陈化，冬季可置于适当的发热源附近。

【结果分析】

1. 详细计算实验中原料配方；

2. 分析实验过程中观察到的实验现象；

3. 分析影响反应效果和粉体粒度的主要因素。

【注意事项】

1. 实验过程中涉及腐蚀性化学药品、高温和多种玻璃器皿，务必遵守实验规程，服从教师安排，注意人身和设备安全。

2. 实验前必须仔细阅读实验指导书，预习有关实验步骤和各步骤中的注意要点，建议阅读粉体工程的相关资料。

3. 本实验步骤多、持续时间长，各小组可事先做好分工安排，每人重点负责某几个步骤和相关准备工作，体现合作精神。但前后步骤必须交代清楚并互相检查核对，确保无误；同时每人对全过程都要了解，并掌握关键的工艺参数。

4. 实验全部完成后，清洗所有容器、烧杯、漏斗、滤瓶、筛子、研钵及其他器具。

【思考题】

1. 你认为在超微细粉体制备过程中影响粒度的主要因素有哪些？

2. 使用酒精处理和添加聚乙二醇有何作用？

参考文献

[1] 李世普. 特种陶瓷工艺学. 武汉：武汉工业大学出版社，1997.

[2] 黄培云. 粉末冶金原理. 北京：冶金工业出版社，1991.

[3] 果世驹. 粉末烧结原理. 北京：冶金工业出版社，1998.

[4] 张华诚. 粉末冶金实用工艺学. 北京：冶金工业出版社，2004.

[5] 刘军，佘正国. 粉末冶金与陶瓷成型技术. 北京：化学工业出版社，2005.

[6] 殷庆瑞，祝炳和. 功能陶瓷的显微结构、性能与制备技术. 北京：冶金工业出版社，2005.

[7] 姜建华. 无机非金属材料工艺原理. 北京：化学工业出版社，2005.

2.3.2 燃烧合成制备技术

【实验目的】

1. 了解燃烧合成的基本概念、原理、方法和特点；

2. 了解燃烧合成过程的一般现象和一般研究方法；

3. 深刻认识燃烧合成在现代材料合成方法中的重要性。

【实验原理】

1. 燃烧合成简介

燃烧合成（Combustion Synthesis，CS）也称自蔓延高温合成（Self - Propagating High Temperature Synthesis，SHS），是利用化学反应自身放热制备材料的新技术。燃烧合成的基本要素是：

① 利用化学反应自身放热，不需要外部提供能量或只需要提供较少能量；

② 通过燃烧波的自维持反应得到所需成分和结构的产物；

③ 通过改变热的释放速率和燃烧波的传输速度来控制合成过程的速度、温度、转化率和产物的成分及结构。

人们很早就发现了化学反应的放热现象。1825 年，Berzelius 发现非晶锆在室温下燃烧并生成氧化物；1829 年，Moissen 叙述了氧化物和氮化物的燃烧合成；1895 年，Goldchmidt 用铝粉还原碱金属和碱土金属氧化物，发现固相—固相燃烧反应，并描述了放热反应从试样一端迅速蔓延到另一端的自蔓延现象。20 世纪初，最著名的一类自蔓延反应——铝热反应已得到工业应用。但是将燃烧合成与冶金、机械等技术结合起来，并发展成为具有普遍意义的材料制备新技术，还应归功于原苏联科学家的努力。1967 年，原苏联科学院化学物理研究所的 Borovinskaya 等人在研究 Ti、B 混合物的燃烧问题时，观察到了燃烧反应的自蔓延现象，并将这种初始反应物都是固体的燃烧过程称为"固体火焰"。这一现象的发现为合成一些用传统方法很难得到的难熔化合物找到了一种新方法。1972 年，原苏联科学院化学物理研究所开始生产难熔化合物粉末，如 TiC、Ti(CN)、$MoSi_2$、AlN 和六方 BN 等，1975 年开始把 SHS 技术与烧结、热压、热挤压、爆炸、堆焊和离心铸造等技术结合起来以制备陶瓷、金属陶瓷和复合管材等致密材料。原苏联用 SHS 技术合成的化合物达 300 多种。

SHS 技术具有产品纯度高、能耗低、工艺简单等特点，而且可以用来制备非平衡态、非化学计量比和功能梯度材料。SHS 的产品目前约有五六百种，包括无机粉末、硬质合金、耐火材料、发光材料、形状记忆合金、超导材料、金属粉末和化学肥料等。

2. 燃烧合成热力学

对燃烧体系进行热力学分析是 SHS 研究过程的基础。绝热燃烧温度 T_{ad} 是描述 SHS 反应特征的最重要的热力学参量，指的是某燃烧体系在绝热条件下可能达到的最高温度。绝热温度可以用来判断反应能否自我维持、预测燃烧产物的状态，还可以为设计反应体系提供依据。Merzhanov 等人提出以下经验判据，即 $T_{ad} \geqslant 1\,800$ K，SHS 反应才能自我持续完成。Munir 发现在一些 T_{ad} 低于其熔点 T_m 的化合物体系中，$\Delta H^\circ_{298}/C_{p298}$ 与 T_{ad} 之间成线性关系，由此提出仅当 $\Delta H^\circ_{298}/C_{p298} \geqslant 2\,000$ K ($T_{ad} \geqslant 1\,800$ K)时，反应才能自我维持。

Munir 总结了 T_{ad} 的计算方法。设有如下绝热反应：

$$A + B \rightarrow AB \tag{2.3.1}$$

① 如果 $\Delta H^\circ_{f298} < \int_{298}^{T_m} C_{ps} dT$，则 $T_{ad} < T_m$，可通过下式计算 T_{ad}：

$$\Delta H^\circ_{f298} = \int_{298}^{T_{ad}} C_{ps} dT \tag{2.3.2}$$

式中，ΔH°_{f298} 为 298 K 时化合物 AB 的生成焓；C_{ps} 为 AB 的热容；T_m 为熔点。

② 如果 $\int_{298}^{T_m} C_{ps} dT < \Delta H^\circ_{f298} < \int_{298}^{T_m} C_{ps} dT + \Delta H_m$，则 $T_{ad} = T_m$。此时有：

$$\Delta H^\circ_{f298} = \int_{298}^{T_{ad}} C_{ps} dT + \gamma \Delta H_m \tag{2.3.3}$$

式中，ΔH_m 为 AB 的熔化热；γ 为熔化的 AB 所占的比例。

③ 如果 $\Delta H^\circ_{f298} > \int_{298}^{T_m} C_{ps} dT + \Delta H_m$，则绝热温度通过下式计算：

$$\Delta H^\circ_{f298} = \int_{298}^{T_m} C_{ps} dT + \Delta H_m + \int_{T_m}^{T_{ad}} C_{pl} dT \tag{2.3.4}$$

式中，C_{pl} 为液态化合物 AB 的热容。

3. 燃烧理论及动力学

燃烧合成动力学主要研究燃烧波附近高温化学转变的速率等规律，燃烧波传播速率是目前人们普遍采用的一个 SHS 动力学参量，它直接反映了燃烧波前沿的移动速度。

在大多数的燃烧合成过程中，燃烧波前沿都存在一个近似光滑的表面(平面或很小的曲面)，该表面一般以恒定的速率逐层传播。研究燃烧速率与各种参数之间的关系是主要的研究内容。燃烧速率的精确数值一般来说并不重要，但燃烧速率与各种参数之间的关系却很有价值。这些参数可分为两组，一组参数用来描述反应原料，例如化学成分、颗粒形状和尺寸、试样形状、尺寸和密度等；另一组参数用来描述反应条件，例如环境的成分和压力、压坯的最初温度、初始燃烧强度、附加的外部影响因素等。

燃烧波结构是指燃烧波附近温度随距离变化的分布图，它含有许多有价值的信息，根据燃烧波结构可推测燃烧的动力学过程。燃烧波结构分为四种基本类型，如图 2.3.4 所示。类型Ⅰ为经典情况，燃烧波由加热区和反应区组成，反应区比加热区窄，窄反应区原理是经典燃烧理论的基础。类型Ⅱ为宽反应区，它由扩展区和后燃区组成，是经典的 SHS 多相活化过程。类型Ⅲ的特点是在温度分布曲线上有一个明显的拐点，该点二阶微分为零。拐点的存在是由两个化学反应造成的，其中只有一个反应影响燃烧面的扩展。类型Ⅳ的特点是存在一个等温区，如图 2.3.4 中平台所示；等温区隔开了高温反应区和燃烧面，等温平台的存在是由于化学反应和相变同时作用的结果。

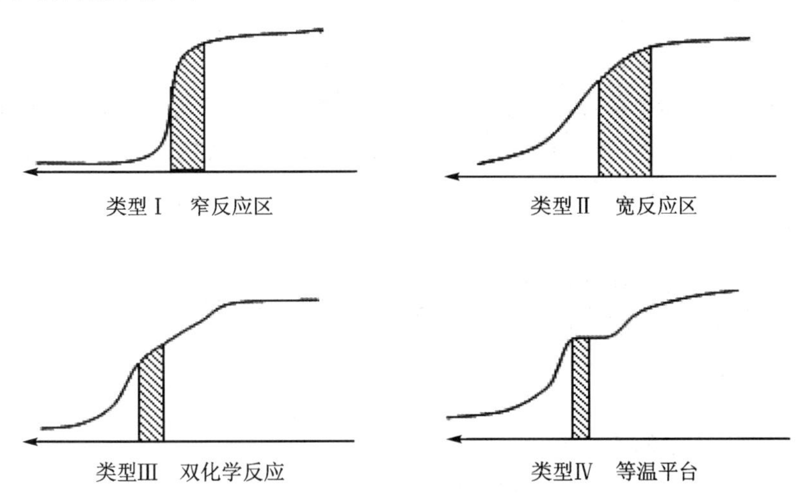

图 2.3.4　四种燃烧波结构示意图

类型Ⅰ结构的燃烧波波速取决于物质的完全转化，燃烧的最高温度在忽略热量损失的情况下由热力学计算得到。这种经典类型的燃烧波被称为第一类燃烧波，有时也被称为 Zeldovtch 波。类型Ⅱ～Ⅳ结构的燃烧波，波速取决于物质的部分转化，转化是在低于绝热燃烧温度的情况下进行的，转化温度不能由热力学计算得到。这些非经典类型的波被称为第二类燃烧波。

Merzhanov 总结了各种类型燃烧波速率与主要参数之间的关系，获得如下等式：

$$u = A(T,\eta)\exp(-E/RT) \tag{2.3.5}$$

式中，u 为燃烧波速率；T 为主要燃烧阶段的温度；η 为在 T 温度下的物质转化率；E 为过程激活能；函数 A 是指数小于 1 的幂指数函数，在不同情况下有不同的分布形式。

4. 燃烧机制

燃烧机制是指物质燃烧过程中所发生的化学反应、物理化学变化、物质传输规律以及这些变化之间的关系。目前对二元系统的燃烧机制研究较多,但对有化合物作为反应物的燃烧合成机制研究得还很少。燃烧机制可以归纳为以下四种类型:

(1) 固相扩散机制

燃烧体系中的所有物质,包括反应物、中间产物及最终产物都处于固体状态(固体火焰),固相反应以扩散方式进行,这种反应的控制机制是固相扩散。对于这种燃烧体系,最理想的情况是两种反应物粉末能够包覆混合,即其中一种物质的颗粒被另外一种物质包裹。如果颗粒足够细,就能提供一个相当大的反应面积,以补偿低固相扩散系数对提高燃烧速率的不利影响。

(2) 气体传输机制

对于含有两种以上粉末的较为复杂的燃烧系统来说,粉末颗粒之间的接触面积较小,燃烧速率较低;如果添加气体传输介质,则可提高这些系统的燃烧波传播速率;在这种情况下,体系的燃烧除了受固相扩散控制外,还受气体传输机制控制。

气体传输机制如下:在反应物料 $A_{固}+B_{固}$ 中加入气体载体 $D_{气}$(气体传输添加剂),在较低温度(T_1)下,$A_{固}$ 和 $D_{气}$ 反应生成气相物质$(AD)_{气}$,在较高温度(T_2)时,$(AD)_{气}$ 分解并和 $B_{固}$ 反应形成产物 $C_{固}$ 和 $D_{气}$,反应表达式如下:

$$A_{固}+D_{气}\rightarrow (AD)_{气} \tag{2.3.6}$$

$$(AD)_{气}+B_{固}\rightarrow C_{固}+D_{气}\quad (T_2>T_1) \tag{2.3.7}$$

(3) 溶解析出机制

对于一些绝热温度高于金属反应物熔点的体系,金属相处于液态,随着燃烧波向前传播,固态组元被液态组元溶解,在液相中发生反应并从中沉积出生成物。这一过程不断进行,直到反应结束。

(4) 气体渗透机制

在固-气燃烧体系中,气体反应物能否进入燃烧区是一个关键因素。对于燃烧合成来说,仅仅依靠粉末添料或压坯中所含的气体反应物是远远不够的,气体必须从环境中渗透到样品内部,所以这种燃烧体系受气体渗透机制控制。

【实验内容】

1. 观察(Ti+C)体系的燃烧合成过程及现象;
2. 计算(Ti+C)体系的绝热燃烧温度;
3. 测量燃烧温度及燃烧速率;
4. 分析燃烧产物的相结构。

【实验条件】

1. 实验原料及耗材

钛粉、石墨粉。

2. 实验设备

自蔓延高温合成设备、钨丝、36V 电源、压片机、模具、热电偶、测温设备、墨镜、X 射线衍射仪、扫描电镜。

【实验步骤】

实验流程如图 2.3.5 所示。

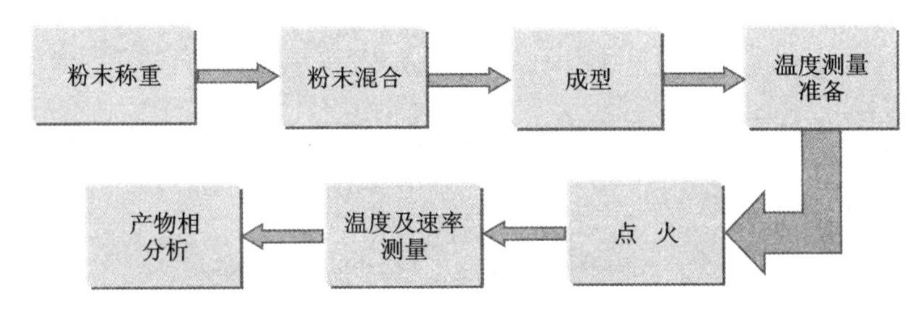

图 2.3.5 实验流程图

具体实验过程如下：

1. 粉末称重

根据 Ti+C=TiC 反应方程式，按化学计量比称取反应物 Ti 粉和 C 粉，粉末总质量根据需要制备的 TiC 粉末产品质量而定。

2. 粉末混合

用混料机或研钵将粉末混合均匀。

3. 粉末成型

将混合好的粉末压制成型，成型试样的孔隙率约为 30%～40%。孔隙率过大，不利于化学反应的充分进行；试样密度过高，则空隙率过小，试样在合成时很难被点燃。

4. 点火装置和测温装置的准备和安装

将点火用的钨丝绕成螺线形并与压制好的粉末压坯一端接触。钨丝两端接好导线，电压为 36 V。用两根钨-铼热电偶测温，热电偶测温端应放置在试样的中心部位，测量好两根热电偶之间的距离，之后将两根热电偶与温度采集计算机相连，如图 2.3.6 所示。

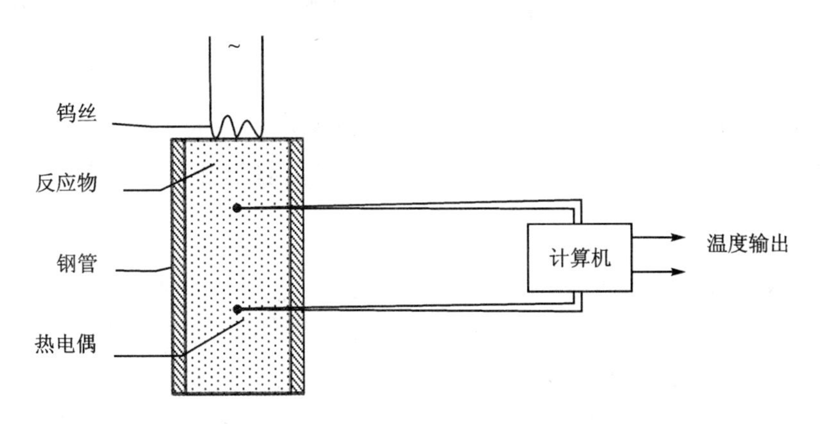

图 2.3.6 燃烧温度和燃烧速率测量装置示意图

5. 点 火

合上点火开关，钨丝通电并发出强光，放出大量的热，将混合粉末点燃。

6. 产物相组成

待燃烧结束，产物充分冷却后，选取少量样品用研钵研碎，利用 X 射线衍射仪测试产物的相组成。

7. 形貌分析

利用扫描电镜观察产物的形貌，确定粉体的成分。

【结果分析】

1. Ti+C体系绝热温度计算

设 Ti+C 体系的绝热温度低于产物 TiC 的熔点，即 $T_{ad} < T_m$，$\Delta H^{\circ}_{f298} < \int_{298}^{T_m} C_{ps} dT$，可通过下式计算 T_{ad}：

$$\Delta H^{\circ}_{f298} = \int_{298}^{T_{ad}} C_{ps} dT \tag{2.3.8}$$

式中，ΔH°_{f298} 为 298 K 时化合物 TiC 的生成焓；C_{ps} 为 TiC 的热容。

热容的一般表达式为

$$C_p = a + b \times 10^{-3} T + c \times 10^{5} T^{-2}$$

为了简化计算，这里可假设 $C_p = a$ 或 $C_p = a + b \times 10^{-3} T$。对于 TiC，$a = 49.45$ J/(K·mol)，$b = 8.0 \times 10^{-4}$ J/(K·mol)，$c = 3.58 \times 10^{-5}$ J/(K·mol)，$\Delta H^{\circ}_{f298} = -183\ 502$ J/mol。代入式(2.3.8)，计算可得 $T_{ad} \approx 3\ 413$ K。

2. 计算燃烧波的传播速度

取计算机记录的热电偶测量的最高温度的时间差，根据实验前测量的热电偶之间的距离即可计算燃烧波的传播速度。

3. 确定产物的相组成

利用 X 射线衍射仪确定产物的相组成；样品制备、测试方法及结果分析请参阅本书实验 1.3“晶体材料 X 射线衍射分析”相关内容。

4. 形貌与成分

利用扫描电镜拍摄产物颗粒的形貌像，大致测量粉体粒度分布，利用能谱仪分析不同颗粒的成分；样品制备、测试方法及结果分析请参阅本书实验 1.4“扫描电镜及能谱仪的工作原理和应用”相关内容。

【注意事项】

1. 本实验反应温度很高，压片过程中还有高机械压力，请务必注意人身安全；
2. 反应过程中可能放出灼热的强光，请不要用眼睛直接观察；需要观看时请佩戴墨镜；

【思考题】

1. 概述燃烧合成的基本概念、原理、特点。
2. 叙述燃烧合成 TiC 实验过程中观察到的现象。
3. 计算 Ti+C 燃烧体系的绝热温度。
4. Merzhanov 等人提出了判断某一反应体系能否发生自蔓延反应的经验判据，即 $T_{ad} \geq 1\ 800$ K，SHS 反应才能自我持续完成。试问，如果某一反应体系的理论绝热温度小于 1 800 K，自蔓延过程就一定不能发生吗？
5. 如果产物的相组成不是单一的 TiC，试说明原因。根据 SHS 反应动力学，请提出可能的实验方案纯化产物相组成。

参考文献

[1] 殷声. 自蔓延高温合成技术和材料. 北京：冶金工业出版社，1995.

2.4　高分子材料合成技术

2.4.1　有机玻璃的解聚及甲基丙烯酸甲酯的本体聚合

【实验目的】

1. 通过有机玻璃热裂解，了解高分子解聚反应；
2. 通过甲基丙烯酸甲酯的精制，进一步巩固有机实验的基本操作；
3. 了解本体聚合的基本原理和特点，熟悉有机玻璃的制备方法。

【实验原理】

裂解反应是指在化学试剂(水、酸、氧等)或在物理因素(热、光、电离辐射、机械能等)的影响下，高聚物的分子链发生断裂而使聚合物分子量降低或者使分子结构发生变化的化学反应。

聚合物的热稳定性、裂解速度以及产物的特征是与聚合物的化学结构密切相关的，大量实验结果表明，凡含有季碳原子或不含受热易发生化学变化基团的聚合物在裂解时较容易析出单体，即发生解聚反应；反过来，不加其他介质，只有单体本身在引发剂或热、光、辐射的作用下进行的聚合，称为本体聚合。

聚甲基丙烯酸甲酯(PMMA)长链分子上的碳原子为季碳原子，在加热时容易发生解聚反应，其解聚过程是按游离基反应机理进行的。高聚物降解的程度主要取决于大分子的结构，通常在大分子中含有季碳原子时，可以获得较高收率的单体分子，若季碳原子上取代基被氢原子置换，则单体收率就很小。

有机玻璃解聚的主要产物是甲基丙烯酸甲酯，它的收率大于 90%，此外还有少量低聚物、甲基丙烯酸及其他物质；如有机玻璃中含有邻苯二甲酸二丁酯，经高温后就分解成苯二甲酸酐、丁烯及丁醇等杂质，同时还有部分邻苯二甲酸二丁酯也会随着单体挥发出来，因此裂解后的产物还需要经过水蒸气蒸馏、洗涤、干燥和精馏，才能供聚合使用。

甲基丙烯酸甲酯通过本体聚合方法可以制得聚甲基丙烯酸甲酯，也称有机玻璃。聚甲基丙烯酸甲酯由于其结构中具有庞大的侧基，不易结晶，为无定型固体，它最突出的性能是具有很高的透明度，透光率可达 92%。另外，由于密度小，其制品比同体积无机玻璃制品轻巧得多，同时它又具有一定的耐冲击强度与良好的低温性能，是航空工业与光学仪器制造工业的重要原材料。

甲基丙烯酸甲酯的本体聚合是在引发剂引发下，按自由基聚合反应历程进行的。引发剂通常为偶氮二异丁腈和过氧化二苯甲酰，其聚合反应通式如下：

$$nH_2C=\overset{\overset{\displaystyle CH_3}{|}}{C}-COOCH_3 \longrightarrow \left[CH_2-\underset{\underset{\displaystyle COOCH_3}{|}}{\overset{\overset{\displaystyle CH_3}{|}}{C}} \right]_n$$

图 2.4.1 为甲基丙烯酸甲酯在过氧化二苯甲酰引发剂作用下进行聚合反应的变化规律，其中Ⅰ～Ⅴ代表引发剂含量不同，从Ⅰ到Ⅴ逐渐增加。图中曲线表明：在本体聚合反应开始前有一段诱导期，聚合速度为零，体系无粘度变化；在转化率超过 20%之后，聚合速率显著加快，称为自动加速现象；而转化率达 80%之后，聚合速度显著降低，最后几乎停止聚合，此时需要升高温度才能使之完全聚合。值得注意的是，在本体聚合的自动加速过程中，反应放热比较集中，此时若控制不当，体系将发生爆聚而使产品性能变坏。因此，本体聚合的关键是严格控制

不同阶段的反应温度,及时释放聚合热。

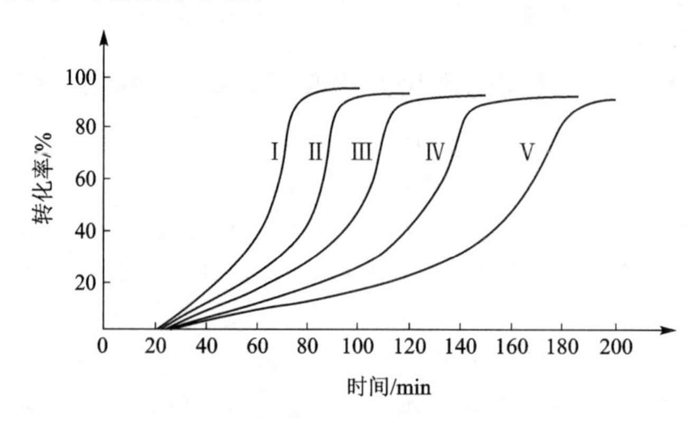

图 2.4.1 甲基丙烯酸甲酯本体聚合时间与转化率曲线

聚合配方中引发剂的含量,应视制备的模具厚度而定,表 2.4.1 列出了偶氮二异丁腈引发剂的用量与模具厚度之间的关系。

表 2.4.1 模具厚度与引发剂用量之间的关系

模具厚度/mm	1～1.5	2～3	4～6	8～12	14～25	30～45
偶氮二异丁腈/%	0.06	0.06	0.06	0.025	0.020	0.005

由于甲基丙烯酸甲酯单体比重只有 0.94 g/cm^3,而其聚合物比重为 1.17 g/cm^3,故有较大的体积收缩,因而生产上一般先做成甲基丙烯酸甲酯的预聚体,然后再进行浇模,这样一方面可以减少体积收缩,另一方面预聚体具有一定粘度,若采用夹板模具时可避免产生液漏现象。

【实验内容】

1. 有机玻璃的解聚;
2. 甲基丙烯酸甲酯单体的精制;
3. 精单体纯度的定性分析;
4. 有机玻璃的制备。

【实验条件】

1. 实验原料及耗材

有机玻璃边角料、偶氮二异丁腈(精制)、过氧化二苯甲酰(精制)、浓硫酸、碳酸钠、无水硫酸钠、氯化钠。

2. 实验设备

短颈圆底烧瓶、三口烧瓶、直形水冷凝管、真空接收管、三角漏斗、分液漏斗、烧杯、试管、平板玻璃、橡皮片、电加热套、循环水真空泵、蒸馏烧瓶、超级恒温水浴、T 形管、锥形瓶、滴管、玻璃导管、橡胶管、软木塞、电子分析天平、鼓风干燥烘箱、阿贝折射仪、红外光谱仪。

【实验步骤】

1. 有机玻璃的解聚

称取 20～30 g 有机玻璃边角料放入 250 mL 短颈圆底烧瓶中,在加热套内加热至 200～350 ℃进行解聚,蒸出物通过直形水冷凝管冷却,接收在三口烧瓶中;解聚温度控制在馏出物逐滴馏出为宜,过快或过慢都有不利影响。解聚完毕,称量粗馏物,计算粗单体收率并进行精制。

2. 甲基丙烯酸甲酯单体的精制

(1) 水蒸气蒸馏、洗涤和干燥

水蒸气蒸馏是分离和纯化有机化合物的常用方法。有机玻璃的裂解产物除了单体外，还含有低聚体和其他杂质。如果直接精馏，会使精馏瓶中温度过高，造成精馏过程中产物聚合，影响单体质量和产量。因此，在精馏前首先用水蒸气蒸馏进行初步分离，除去高沸点杂质。水蒸气蒸馏按图 2.4.2 所示进行，直到收集馏出液不含油珠时为止。

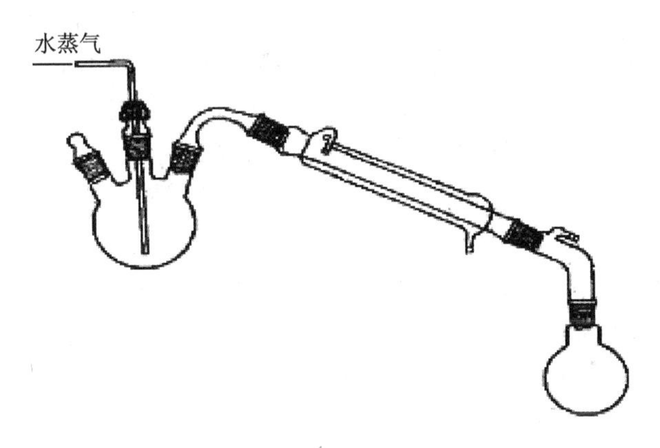

图 2.4.2　水蒸气蒸馏装置

将馏出物用硫酸清洗一次(硫酸用量为单体量的 3%～5%)，洗去粗单体中的不饱和烃类和醇类等杂质，然后用水清洗两次以除去大部分残留硫酸，再用饱和碳酸钠溶液清洗一次，进一步洗去酸类杂质，最后用饱和食盐水洗至单体呈中性。用无水硫酸钠干燥，以备进一步精制。

(2) 减压蒸馏

甲基丙烯酸甲酯沸点与蒸汽压之间的关系如表 2.4.2 所列。将上述干燥后的单体用减压蒸馏法进行精制，收集沸点在 46～47 ℃/98～100 mmHg 范围内产品，留待聚合用。称量精单体量并计算精单体收率。

表 2.4.2　甲基丙烯酸甲酯沸点和蒸汽压关系

沸点/ ℃	−30.5	−10.0	1.0	11.0	25.5	34.5	47.0	63.0	82.0	100.6
压力/mmHg	1	5	10	20	40	60	100	200	400	760

注：1 mmHg=133.322 Pa。

3. 精单体纯度的定性分析

(1) 折射率法

折射率是物质的重要光学常数之一，体现物质的光学性能、纯度等。阿贝折射仪能测定透明、半透明液体或固体的折射率 n_D(其中以测透明液体为主)，配备恒温器可改变测试温度，测试 20 ℃时的折射率。纯净的甲基丙烯酸甲酯为无色透明液体，折射率 $n_D^{20}=1.414\ 2$，通过阿贝折射仪测试精单体的折射率，可定性表征精单体的纯度。

(2) 红外光谱法(选做)

利用傅里叶变换红外光谱仪，采用 KBr 压片或涂膜的方法对精单体结构进行表征，得到红外谱图，通过分析官能团或者对照甲基丙烯酸甲酯标准谱图，定性分析精单体纯度。

4. 甲基丙烯酸甲酯的本体聚合

(1) 引发剂用量对本体聚合反应的影响

采用若干支洁净干燥的试管为聚合容器，选用不同的引发剂用量，如单体质量的0.1%、0.5%、1.5%、2%、3%等，自主设计甲基丙烯酸甲酯本体聚合实验，观察甲基丙烯酸甲酯聚合情况，并记录实验结果。

(2) 有机玻璃的制备

将精馏过的甲基丙烯酸甲酯单体倒入200 mL的锥形瓶中，再精确称量单体质量0.135%的偶氮二异丁腈引发剂加入瓶中，摇动使其溶解。塞上带玻璃管的软木塞，在85 ℃水浴中回流，进行预聚合；预聚时要不断振荡锥形瓶，并观察反应物粘度的变化；当预聚物变成黏性薄浆状(比室温下甘油粘度略黏一些)时，撤去热源，迅速用冷水冲淋冷却锥形瓶，准备灌模。

将制得的预聚物小心地灌入洁净干燥的1 cm×10 cm试管中，灌注高度以不超过试管高度的一半为宜(灌注过多，有可能使气泡不易逸出而留在聚合物内)；静止片刻或在60 ℃水浴中加热数分钟，直到试管内无气泡为止，再用玻璃纸将试管口封住。

将已灌浆的试管置于45～50 ℃的恒温水箱或恒温烘箱中进行低温聚合；大约8 h后，逐步升温至80 ℃(如在水箱应转移到烘箱中)，保温1 h，再升温至110 ℃处理保温2 h；自然冷却后将试管砸碎，观察有机玻璃棒表面质量情况，如透明度、缺陷、气泡、颜色等。

如采用玻璃夹板作模具，预聚物(转化率约为8%～10%)在55～60 ℃水浴中恒温2 h，硬化后，升温至95～100 ℃，保温1 h。取出模具，撤去玻璃夹板后，可得到一块透明光滑的有机玻璃板。

【结果分析】

1. 根据所测实验数据计算甲基丙烯酸甲酯精单体的产率；

2. 定性分析精制的甲基丙烯酸甲酯单体的纯度；

3. 根据实验测得的甲基丙烯酸甲酯单体的产率、折射率和红外吸收光谱图等，分析有机玻璃的解聚和甲基丙烯酸甲酯单体精制实验的成败及原因；

4. 根据自主设计的甲基丙烯酸甲酯本体聚合的实验所获得的结果，分析讨论引发剂用量对甲基丙烯酸甲酯本体聚合反应的影响。

【注意事项】

1. 甲基丙烯酸甲酯易挥发，并有一定的毒性，注意操作时不要撒出；

2. 测定试样折射率时，滴管口不要磕碰折射仪镜面，清洗折射仪镜面时，用镜头纸单方向轻轻擦拭；

3. 在预聚时必须将引发剂均匀地溶解在单体中，否则在引发剂团聚处将发生爆聚现象；

4. 单体预聚时间不可过长，反应物稍变黏稠即可停止反应，并迅速用冷水淋洗冷却；

5. 模具的试管或玻璃片要尽可能洗干净并彻底烘干，否则聚合中易产生气泡。

【思考题】

1. 聚甲基丙烯酸甲酯热裂解的反应机理是什么？热裂解粗产物含有哪些组分？

2. 裂解温度的高低及裂解速度对产品质量有什么影响？

3. 画出裂解反应装置图，并说明为什么采用这样的装置。你认为这种装置还可以做哪些改进？

4. 裂解粗馏物为什么要采用水蒸气蒸馏的办法进行初次分馏？

5. 采用本体聚合制备有机玻璃的方法有哪些优缺点？

6. 单体预聚合的目的是什么？

7. 在本体聚合反应过程中，为什么必须严格控制不同阶段的反应温度？

8. 根据自制产品外观的优缺点（如气泡、颜色等），结合实验过程分析讨论其主要原因和关键步骤。

参考文献

[1] 潘祖仁. 高分子化学. 北京：化学工业出版社，2011.

[2] 汪建新，娄春华，王雅珍. 高分子科学实验教程. 哈尔滨：哈尔滨工业大学出版社，2009.

[3] 卿大咏，何毅，冯如森. 高分子实验教程. 北京：化学工业出版社，2011.

2.4.2　聚乙烯醇缩甲醛的制备

【实验目的】

1. 掌握聚乙烯醇缩甲醛的制备方法；

2. 了解缩醛化反应的特点及影响因素。

【实验原理】

聚乙烯醇分子中含有大量的羟基，可以进行醚化、酯化及缩醛化等化学反应，其中，缩醛化反应在工业上具有重要意义。聚乙烯醇是维尼纶纤维的原料，也可用作胶黏剂和分散剂。聚乙烯醇经纺丝拉伸、缩醛等工序可制得强度高、密度大的人造纤维，即维尼纶纤维。

聚乙烯醇水溶液在浓盐酸催化下与甲醛缩合制得的聚乙烯醇缩甲醛胶水，又名107胶，为无色透明溶液，易溶于水。由于性能优良、价格低廉，广泛应用于建筑业，有“万能胶”之称，可用于粘接瓷砖、壁纸、外墙饰面等，还用于制鞋业粘贴皮鞋衬里和做文具胶水等。聚乙烯醇与醛的缩醛化反应可能有三种：生成六元环结构的分子内部反应、分子之间交联反应以及生成五元环缩醛化物的反应。一般缩醛化反应主要在分子内部进行，生成六元环结构，其反应式如下：

$$\sim\sim CH_2-\underset{\displaystyle OH}{\underset{|}{CH}}-CH_2-\underset{\displaystyle OH}{\underset{|}{CH}}-\sim\sim + HCHO \xrightarrow{HCl} \sim\sim CH_2-\underset{\displaystyle O}{\underset{|}{CH}}-CH_2-\underset{\displaystyle O}{\underset{|}{CH}}\sim\sim + H_2O$$

$$\text{（两个 O 之间以} -CH_2- \text{相连）}$$

聚乙烯醇缩甲醛分子中的羟基（—OH）是亲水性基团，而缩醛基是疏水性基团，缩醛化程度越高，水溶性越差，聚乙烯醇缩甲醛随缩醛化程度的不同，性质和用途各有不同。控制一定的缩醛度，可使生成的聚乙烯醇缩甲醛既有较好的耐水性，又有一定的水溶性。聚乙烯醇缩甲醛胶水的粘度与聚乙烯醇的用量有关，要获得适宜的缩醛度保证胶水质量，必须严格控制反应物配比、催化剂用量、反应时间和反应温度。胶水在碱性条件下稳定，而缩醛化反应在酸性条件下是可逆反应，因此为避免反应逆向进行需控制酸度。在放置过程中胶水的pH值随温度下降而降低，故降温前将pH值调节为8～9。为保证产品的稳定性，缩醛化反应结束后需用NaOH中和至中性。

【实验内容】

制备聚乙烯缩甲醛。

【实验条件】

1. 实验原料及耗材

聚乙烯醇、2.5 mol/L盐酸、8%NaOH、甲醛（含量37%～40%）、滴管、pH试纸。

2. 实验设备

机械搅拌器、250 mL 三口烧瓶、球形回流冷凝管、水浴锅、温度计、量筒、移液管、天平。

【实验步骤】

1. 称取聚乙烯醇 3.5 g；
2. 向 250 mL 三口烧瓶中加入蒸馏水 25 mL，同时加入称取的 3.5 g 聚乙烯醇；
3. 加热三口烧瓶至 100 ℃，同时搅拌使聚合物溶解；
4. 降至 85～90 ℃，加入 2.3 mL 甲醛水溶液；
5. 搅拌 15 min 后加入 0.25 mL 浓度为 2.5 mol/L 的盐酸，调节溶液 pH 值为 1～3；
6. 90 ℃下搅拌 30 min，体系逐渐变黏稠；
7. 当有气泡或者絮状物产生时，迅速加入 0.75 mL 浓度为 8%的 NaOH 溶液，再加 15～20 mL 蒸馏水，调节 pH 值至 8～9；
8. 冷却降温得到透明黏稠液，此即为某种市售胶水。

【结果分析】

根据实验结果体会和讨论实验的关键步骤。

【注意事项】

1. 制备聚乙烯醇缩甲醛时，甲醛用量不可过大，反应时间不可过长，否则会因缩醛度太大而出现沉淀。
2. 滴加盐酸时可逐步加入，否则不易调 pH 值。
3. 聚合过程中体系容易发生凝胶化，需提前准备好氢氧化钠溶液，发现爬杆现象应立即加碱终止反应。

【思考题】

1. 聚乙烯醇与甲醛反应的原理是什么？
2. 产物最终为什么 pH 值需要调节到 8～9？试讨论缩醛对酸和碱的稳定性。

参考文献

[1] 潘祖仁. 高分子化学. 北京：化学工业出版社，2011.
[2] 汪建新，娄春华，王雅珍. 高分子科学实验教程. 哈尔滨：哈尔滨工业大学出版社，2009.
[3] 郑震，郭晓霞. 高分子科学实验. 北京：化学工业出版社，2016.

2.4.3 硼酸三苯酯的合成

【实验目的】

1. 通过硼酸三苯酯的制备，熟悉高分子树脂含硼有机单体的合成方法，了解酯化反应的特点以及酯化反应的控制方法；
2. 通过硼酸三苯酯的后处理过程，学习和巩固有机实验的基本操作；
3. 掌握有机合成反应过程的基本控制方法，培养分析问题、解决问题和实践动手能力。

【实验原理】

1. 酯化反应

醇与羧酸或含氧无机酸生成酯和水，这种反应叫酯化反应。酯化反应属于可逆反应，一般情况下反应进行不彻底，依照反应平衡原理，要提高酯的产量，需要从产物中分离出其中一种或使一种反应物过量，从而使反应朝正方向进行。在酯化反应中，醇作为亲核试剂对羧基的羰基进行亲核攻击。有质子酸存在时,羰基碳缺电子多而有利于醇与它发生亲核加成;如果没有质子酸的存在,酸与醇的酯化反应很难进行。硼酸的酸性来源不是本身释放出质子,硼加合水分子的氢氧根离子而释放出质子。

硼酸三苯酯是制备含硼型耐烧蚀材料的一种常用单体,分子式为 $C_{18}H_{15}BO$,分子量为290.12,密度为1.134 g/cm^3,熔点为98～101 ℃。硼酸三苯酯是由硼酸和苯酚在邻二甲苯溶剂和酸性催化剂的作用下发生酯化反应,经回流脱水而得到的产物,其反应式如下:

$$C_6H_5OH + H_3BO_3 \xrightleftharpoons[\Delta]{\text{催化剂}} (C_6H_5O)_3B + 3H_2O$$

在反应过程中,可生成硼酸一苯酯、硼酸二苯酯和硼酸三苯酯,苯酚过量时得到硼酸三苯脂。通过反应溶剂与水共沸,利用分水器分馏除去副产物水。根据脱水量多少可初步判断反应进程,预测酯化程度。

2. 薄层色谱法

薄层色谱法(Thin Layer Chromatography,TLC,又称薄层层析)是分析化学,特别是有机化合物分析领域的一种快速分离和对少量物质进行定性分析的重要实验手段,可用于化学反应进程的控制和检测、反应副产物的检出以及中间体的分析,可以跟踪反应进程。

薄层色谱法通常是指以吸附剂为固定相的一种液相色谱法。先将固定相涂布在玻璃等载板上,形成均匀的薄层,再将待分离样品溶液点在薄层的一端;待溶剂挥发后将载板置于展开室中,当其被流动相的蒸汽所饱和后,将随流动相展开。待分离样品的组分在流动相流过固定相的过程中,不断地被吸附剂吸附,又被流动相溶解、解吸,再吸附、再解吸,从而向前移动,进行不同程度的解吸。由于化合物的吸附能力与它们的极性成正比,极性越强吸附较强,在吸附剂上移动的距离越短。薄层色谱提供的定性信息用比移值(R_f)表示,定义为溶质移动的距离与流动相移动的距离之比。可根据原点至主斑点中心的距离及原点距展开剂前沿的距离的比值来计算比移值 R_f。在固定的条件下(吸附剂、展开剂、板层厚度、温度等),对于一定组成的化合物,其比移值 R_f 是一定的,该比值是化合物的物理常数,其大小只与化合物本身的结构有关,因此可以根据 R_f 值鉴别化合物。

3. 薄层色谱分析基本流程

(1) 铺　板

无需自制,采用市售硅胶板(含硅胶、羧甲基纤维素钠)。

(2) 点　样

点样用内径为0.3 mm的玻璃毛细管。点样斑点越小越好(样品溶液的含量越小越容易得到好的分离结果),点样原点直径一般为3 mm,尽可能避免多次点样,点样原点直径过大会降低分辨率与分离度,点样原点一般距离底边1 cm,展开距离为5～7 cm,点与点之间的距离最小为0.5 cm。

(3) 展　开

展开剂的选择需要考虑样品的极性、溶解度和吸附剂的活性等因素。薄层的展开在密闭容器中进行。点样的位置必须在展开剂液面之上,当展开剂上升到薄层的前沿(离前端5～

10 mm)或多组分已明显分开时，取出薄层板放平晾干，用铅笔做记号标示溶剂前沿位置，之后即可显色。

(4) 显　色

如果化合物本身有颜色，可直接观察它的斑点。如果本身无色，可先在紫外灯光下观察有无荧光斑点(有苯环的物质都有)，用铅笔在薄层板上划出斑点的位置；如在紫外灯光下不显色，则可放在含少量碘蒸气的容器中显色来检查色点(因为许多化合物都能和碘生成黄棕色斑点)，显色后，立即用铅笔标出斑点的位置。

【实验内容】

1. 硼酸三苯酯的合成及薄层色谱监控；

2. 硼酸三苯酯的后处理；

3. 红外光谱表征单体结构。

【实验条件】

1. 实验原料及耗材

苯酚、硼酸、邻二甲苯、对甲苯磺酸、硫酸、草酸、乙酸乙酯、石油醚、硅胶板(100～200 目)、氮气。

2. 实验设备

三口圆底烧瓶、分水器、机械搅拌器、油浴锅、球形回流冷凝管、斜型干燥管、烧杯、氮气袋、量筒、温度计、天平、薄层色谱系统(包括紫外显色仪、称量瓶、薄层硅胶板、0.3 mm 内径玻璃毛细管、镊子、铅笔、刻度直尺，其中铅笔和刻度尺自备)、循环水真空泵、漏斗、抽滤瓶、旋转蒸发仪、真空干燥箱、表面皿、红外光谱仪。

【实验步骤】

1. 硼酸三苯酯的合成与薄层色谱分析

① 在装有机械搅拌、分水器、球形回流冷凝器和氮气进出导口的三口烧瓶中，加入 40 mL 邻二甲苯、15.5 克苯酚(0.16 mol)和 3.1 克硼酸(0.05 mol)；

② 以微小鼓泡的方式将氮气通入邻二甲苯溶剂中，排除体系中的空气；

③ 通氮气约 30 min 后加入苯酚的 1%摩尔量的酸性催化剂，加热至 129.5 ℃使反应混合物回流反应 3 小时；

④ 通过脱水量来判断反应进行的程度，直至无水分脱出为止。

在反应过程中可利用薄层色谱监控反应过程中原料和中间产物的变化过程，计算 R_f 值；利用分水器收集回流冷凝的水，粗略计算硼酸三苯酯的反应收率(单体合成实验方案可自行设定，可选择不同的酸性催化剂、改变催化剂用量、设置不同反应物配比或改变反应时间等，完成目标产物硼酸三苯酯的合成，以上方案仅供参考)。

2. 硼酸三苯酯的后处理

① 待上述反应结束后，通过抽滤除去未反应的硼酸；

② 通过减压蒸馏或旋蒸，去除溶剂和未反应的苯酚，得到含有少量苯酚的硼酸三苯酯粗品；

③ 采用少量冷的二氯甲烷对得到的硼酸三苯酯粗品进行淋洗抽滤，并将产物收集于表面皿中；

④ 将表面皿放入真空干燥箱干燥恒重，之后称重计算产品收率。

3. 单体红外结构的表征

利用傅里叶变换红外光谱仪，采用 KBr 压片法对单体的红外结构进行表征，定性分析单体的纯度。

【结果分析】

1. 通过薄层色谱法，测定苯酚与硼酸三苯酯的比移值(R_f)；

2. 通过脱水量估算硼酸三苯酯的产率，并针对转化率高低分析原因；

3. 分析硼酸三苯酯的红外吸收光谱图，对单体的纯度进行定性分析。

【注意事项】

1. 苯酚对皮肤、黏膜有强烈的腐蚀作用，称量时注意做好防护，若不慎接触到皮肤，可立即用酒精进行冲洗；

2. 实验采用油浴锅进行加热，注意温度控制，逐步升温防止过冲；

3. 薄层色谱分析点样时要在一条直线上，且不可刺破薄层，点样大小需适宜(一般不超过 3 mm)，避免样点过大，造成拖尾、扩散等现象，影响分离；

4. 旋蒸时注意防止爆沸与倒吸。

【思考题】

1. 简述酯化反应的基本原理、特点以及影响因素，平衡反应需注意哪些事项？

2. 分析硼酸三苯酯制备的反应机理，阐述该反应的副产物是什么，如何通过水量来判断反应进程，如何控制反应更有利于生成目标产物？

3. 简述薄层色谱法的基本原理及其在有机物分离中的应用。

4. 结合实验过程及结果，分析讨论实验成败及其关键步骤。

参考文献

[1] 何建玲. 有机化学基础教程. 北京：北京大学出版社，2011.

[2] Lenskiia M A, Shul'ts E E, Androshchuk A A. Russian Journal of Organic Chemistry, 2009,45(12):1772-1775.

[3] 陈学国. 色谱分析技术原理与应用. 北京：中国人民公安大学出版社，2014.

[4] 谭晓明，黄乃俞，尚永华，等. 高羟甲基含量硼酚醛树脂的合成及表征. 塑料工业，2001,29(4):6-8.

2.4.4　硼酚醛树脂的制备及耐热性分析

【实验目的】

1. 熟悉高分子树脂的制备，了解高分子聚合反应；

2. 通过硼酚醛树脂的制备，了解聚合反应过程中，反应温度、反应物配比、反应时间等工艺条件对反应过程及产品质量控制的重要影响；

3. 培养学生对高分子改性材料的创新开发能力。

【实验原理】

酚醛树脂(PF)是一种以酚类化合物与醛类化合物经缩聚而制得的一大类合成树脂。采用不同种类的酚、醛或不同类别的催化剂以及不同摩尔比的酚与醛可生产出不同的酚醛树脂，包括：线型酚醛树脂、热固性酚醛树脂和油溶性酚醛树脂、水溶性酚醛树脂。优质的酚醛树脂具有优异的机械性能、耐热性能、耐烧蚀性能、电绝缘性能、尺寸稳定性能、成型加工性能以及阻燃性能，在航空领域、军事装备领域、建筑业、汽车及运输业等方面得到了广泛应用。但传统未改性酚醛树脂脆性大、韧性差、耐热性差，因此要获得性能优异的酚醛树脂，必须进行改性，提高其耐热性和韧性。

酚醛树脂的改性是在酚醛结构中引入热稳定性好、柔韧性高、耐磨以及高强度、高健能的一些化学基团或元素，与酚醛在性能上互相取长补短，产生协同效应，提高使用性能。酚醛树脂的改性方法主要包括有机物改性、无机物改性和纳米材料改性等。硼改性是目前酚醛树脂改性中较为成功的方法之一。硼酚醛树脂就是通过在酚醛树脂结构中引入无机硼元素来制备的，其改性的根本原因在于引入硼元素后，在酚醛树脂中形成了 B—O—C 酯键，而 B—O 键能($774.04\ kJ\cdot mol^{-1}$)远大于 C—C 键能($334.72\ kJ\cdot mol^{-1}$)，同时减少了体系中的游离酚羟基，使酚醛树脂的热分解温度提高 100～140 ℃；另外 B—O—C 酯键以三向交联结构存在，高温烧蚀时本体粘度大，且生成坚硬的高熔点碳化硼，提高了酚醛树脂的耐冲蚀和耐烧蚀性能；此外，B—O 健还具有较好的柔顺性，因而改性后酚醛树脂的脆性降低，力学性能有所提高。因此，硼酚醛树脂可用作火箭、导弹、飞行器等航空航天领域耐烧蚀结构材料、高温制动摩擦材料的树脂基体以及防火涂料等等。

普遍认为合成酚醛树脂的 pH 值理想范围为 $pH<3$ 或 $pH=7\sim11$。硼酚醛树脂的合成方法有多种，甲醛水溶液法和多聚甲醛法较为普遍。其中多聚甲醛法是先将硼酸与苯酚进行酯化反应，生成硼酸苯酯后，再与甲醛或多聚甲醛反应生成硼酚醛树脂。硼酸苯酯(在水溶液中硼酸三苯酯会水解成硼酸二苯酯和硼酸一苯酯，统称为硼酸苯酯)、苯酚与甲醛的共聚缩合反应分两步完成。在碱性催化剂的作用下，首先进行羟基化，然后羟基化后的苯酚、硼酸苯酯利用羟甲基缩合共聚生成聚合物。

合成后的酚醛树脂中含有大量未反应的官能团，在一定温度下，可继续反应直至生成复杂的三维网络结构，即固化。在固化过程中，随着固化程度的加深，体系粘度不断增加，直至凝胶化现象出现，体系进入玻璃态，形成交联网络结构。硼酚醛树脂的合成和固化过程的化学反应很复杂，因此硼酚醛树脂的合成和固化机理也很复杂。一般认为，硼酚醛树脂在合成和固化过程中，酚羟基、苄羟基和硼酸参与了反应，形成了硼酯键、醚键、亚甲基和羰基等。

【实验内容】

1. 硼改性酚醛树脂的制备；

2. 硼改性酚醛树脂红外结构的表征；

3. 硼改性酚醛树脂的耐热性评价。

【实验条件】

1. 实验原料及耗材

硼酸三苯酯、甲醛水溶液、苯酚、KOH、NaOH、HCl、草酸。

2. 实验设备

三口圆底烧瓶、球形冷凝管、楔形干燥管、小烧杯、量筒、温度计、油浴锅、机械搅拌器、圆底烧瓶、循环水真空泵、旋转蒸发仪、真空干燥箱、电子天平、红外光谱仪、同步热分析仪。

【实验步骤】

1. 硼改性酚醛树脂的制备

① 在装有机械搅拌器、球形回流冷凝管、温度计的三口烧瓶中加入 3.63 g 硼酸三苯酯、含有 7.6 g 甲醛的甲醛溶液、4.7 g 苯酚。

② 混合均匀后加入 KOH(8.2 mol/L)水溶液作为催化剂。

③ 调节反应体系的 pH 值为 8～11。

④ 搅拌并升温至 90 ℃开始反应。反应过程中取样测定树脂在(160±5)℃时的凝胶化时间，当产物凝胶时间达 30～70 s 时出料，停止反应。

⑤ 待体系降温至室温后进行旋蒸，除去水和低沸点物。

⑥ 采用真空干燥箱进一步干燥。可通过改变反应物原料配比、催化剂种类及用量、反应温度及反应时间等研究其对树脂合成的影响。

2. 硼改性酚醛树脂红外结构的表征

利用傅里叶变换红外光谱仪，采用 KBr 压片法对树脂进行结构表征。

3. 硼酚醛树脂的耐热性评价

利用同步热分析仪对纯树脂及固化后的树脂进行热分析，惰性气体保护，升温速率可选择 10 或 20 K/min，通过分析树脂在室温～900 ℃下的热分析曲线，对其耐热性进行评价。实验方法参见实验 1.6.1“同步热分析”。

【结果分析】

1. 反应过程中取样，测定并记录树脂在(160±5)℃下的凝胶化时间，控制出料时机；

2. 根据改性后树脂的红外谱图，解析树脂特征官能团，分析是否成功合成了硼改性酚醛树脂；

3. 结合实验合成的硼改性酚醛树脂的热分析结果与目前市售硼改性酚醛树脂或者文献中硼改性酚醛树脂的热分析数据，综合分析并评价实验所得硼改性酚醛树脂的耐热性。

【思考题】

1. 简述耐烧蚀材料的种类、性质及应用。

2. 简述酚醛树脂改性方法以及硼改性酚醛树脂的合成方法。

3. 高分子材料结构表征都有哪些实验方法。

4. 简述评价材料耐热性的方法和指标。

参考文献

[1] 谭晓明，黄乃俞，尚永华，等. 高羟甲基含量硼酚醛树脂的合成及表征. 塑料工业，2001，29(4)：6-8.

[2] 邱军，王国建，冯悦兵. 不同硼含量硼改性酚醛树脂的合成及其性能. 同济大学学报(自然科学版)，2007，35(3)：381-383.

[3] 唐路林，李乃宁，吴培熙. 高性能酚醛树脂及其应用技术. 北京：化学工业出版社，2008.

[4] 何金桂，薛向欣，李勇. 硼酚醛树脂的合成及应用研究进展. 辽宁化工，2010，39(1)：48-51.

[5] 赵敏，孙均利，等. 硼酚醛树脂及其应用. 北京：化学工业出版社，2015.

2.5　纳米及能源材料的合成与制备

2.5.1　超薄二维材料的制备及其电化学性能研究

【实验目的】

1. 掌握纳米材料(单原子层二维材料)的制备和测试方法；

2. 熟悉纳米材料(单原子层二维材料)的电化学分析方法；

3. 巩固专业基础理论和基本知识，培养学生分析问题、解决问题的能力。

【实验原理】

2004 年，英国曼彻斯特大学的 Geim 等将胶带粘在石墨上然后再撕扯下来，利用此简单方法首次制备并观察到单层石墨烯，开启了石墨烯材料的研究热潮。石墨烯具有理想的单原子层二维晶体结构，由六边形晶格组成，这种特殊的结构赋予了石墨烯材料独特的热学、力学和电学性能。目前，已经将石墨烯应用于锂离子电池电极材料、超级电容器、太阳能电池电极材料、储氢材料、传感器、光学材料、药物载体等方面，展示了石墨烯材料广阔的应用前景。随着石墨烯研究的日趋成熟，类石墨烯（MoS_2、WS_2、BN 等单原子层）也正成为当今新材料中的"明星"。

溶剂剥离法的原理是将少量的石墨或其他具有层状结构的材料分散于溶剂中，形成低浓度的分散液，利用超声波的作用破坏材料层间的范德华力，此时溶剂可以插入材料层间进行层层剥离，制备出石墨烯和类石墨烯。此方法不会像氧化-还原法那样破坏材料的结构，可以制备高质量的石墨烯和类石墨烯。

【实验内容】

1. 液相剥离

直接把石墨、膨胀石墨（EG，一般通过快速升温至 1 000 ℃以上把表面含氧基团除去来获取）或其他具有片层结构的材料（MoS_2、WS_2、BN 等）加在某种有机溶剂（NMP、IPA、DMF 等）或复合溶剂中，借助超声波的作用制备一定浓度的单层或多层石墨烯或类石墨烯溶液。

2. 分　离

利用离心的方式，把未剥离的石墨烯和类石墨烯从溶液中分离出来，保留已经剥离的单原子层石墨烯和类石墨烯。

3. 表　征

利用扫描电镜、透射电镜和原子力显微镜表征制备的单原子层二维材料的形貌和结构等。

4. 电化学性能

把制备处理的材料制备成电极，测试其超级电容器或电池性能。

【实验条件】

1. 实验原料及耗材

鳞片石墨、膨胀石墨、MoS_2、WS_2、BN、NMP、IPA、DMF、硫酸、双氧水、氢氧化钠、去离子水、待测溶液等。

2. 实验设备

超声波、离心机、真空烘箱、剪切机、容量瓶、烧瓶、天平、量筒、移液管、电化学工作站、充放电仪、冷冻干燥机、辊压机、四探针、原子力显微镜、ICP、扫描电镜、透射电镜等。

【实验步骤】

1. 石墨烯和类石墨烯的液相剥离

① 石墨和类石墨的改性：采用硫酸等插层石墨和层状材料。

② 中和改性石墨和类石墨烯的分散液。

③ 10 mg/mL 的改性石墨和类石墨分散液：称取 1 000 mg 改性石墨或者其他层状材料并置于烧杯中，然后加入 10 mL 有机溶剂（NMP、IPA、DMF）和水的混合溶剂中，摇匀。

④ 超声处理 15 h 以上，并保持超声温度低于 30 ℃。

2. 石墨烯和类石墨烯的分离和干燥

① 采用抽滤或者离心的方式收集石墨烯和类石墨烯；

② 重复洗涤三次以上；

③ 采用冷冻干燥法干燥石墨烯或类石墨烯。

3. 石墨烯和类石墨烯的物性测量

① 把烘干的石墨烯和类石墨烯溶于硝酸；

② 利用 ICP 测试二维材料中的杂质含量；

③ 在四探针上测量二维材料的导电性；

④ 在原子力显微镜上测量二维材料的厚度。

4. 二维材料的电极制备

把二维材料制备成测试电极的工艺流程如图 2.5.1 所示，包括混料、涂布、压片、干燥和切片等过程。

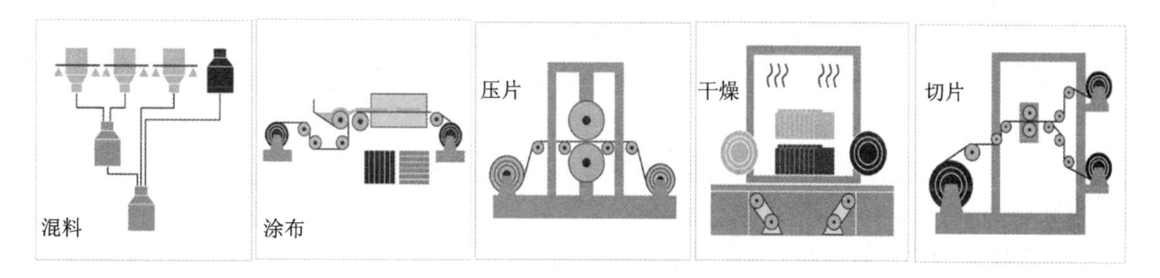

图 2.5.1　电池电极制备工艺示意图

(1) 混　料

在二维材料、导电剂和黏结剂中加入极性溶剂后经混料机混合成均匀的浆料，要求料浆中各组分尽可能分散均匀，且无活性物质溶解或结构破坏。

(2) 涂　布

把混合均匀的料浆涂布在铜箔或者泡沫镍上，涂层厚度控制在 150～300 μm，且厚度偏差保持在 1～2 μm 范围之内。

(3) 压　片

在干燥流水线上逐步升温至 150 ℃干燥除去溶剂，以减少压片过程中产生气泡，避免极片产生裂缝；利用滚压设备对涂层进行滚压。

(4) 干　燥

可在真空干燥箱中进一步干燥除去极片中的水分，达到水分低于 0.5%。

(5) 切　片

通过高精度切割技术，需要时可采用激光切割达到高精度尺寸；避免产生毛刺、碎屑。

5. 二维材料电极的电化学性能

① 采用恒流充放电仪测试二维材料电极的电化学性能；

② 采用交流阻抗仪测试二维材料电极的动力学性能。

【结果分析】

1. 超声时间和功率对产物产率、形貌和成分等的影响？

2. 剥离二维材料和原料的电化学性能有哪些区别？并分析其原因。

【注意事项】

1. 认真阅读设备使用说明书;

2. 小心操作,做好防护工作,避免化学药物对人体的伤害;

3. 遵守实验室管理规定,服从老师安排,严禁在实验室饮食。

【思考题】

1. 液相法剥离石墨烯和类石墨烯溶剂的选择标准是什么?

2. 二维材料用作电化学材料的优势是什么?如何分析其电化学结果?

参考文献

[1] Hernandez Y, Nicolosi V, Lotya M, et al. High-yield production of graphene by liquid-phase exfoliation of graphite. Nature Nanotechnol, 2008, 3(9): 563-568.

[2] Ciesielski A, Samori P. Graphene via sonication assisted liquid-phase exfoliation. Chem. Soc. Rev, 2014, 43(1): 381-398.

[3] Varrla E, Backes C, Paton K R, et al. Large-Scale Production of Size-Controlled MoS_2 Nanosheets by Shear Exfoliation. Chem. Mater, 2015, 27(3): 1129-1139.

2.5.2 一维银纳米线的制备

【实验目的】

1. 掌握利用多元醇法制备 Ag 纳米线的方法;

2. 掌握基本化学仪器的使用方法和规范操作;

3. 培养化学实验的设计能力、安全意识和实验严谨作风。

【实验原理】

采用聚乙烯基吡咯烷酮(PVP)为成线助剂,以乙二醇作为还原剂和溶剂,在 160 ℃下还原 $AgNO_3$ 而制备出形貌规则的 Ag 纳米线。$AgNO_3$ 被乙二醇还原后,生成具有一定尺寸分布的 Ag 纳米颗粒;随后,尺寸较大的 Ag 纳米颗粒通过 Ostwald 熟化机制逐渐长大,而尺寸较小的 Ag 纳米颗粒则逐渐消失。在 Ag 纳米颗粒的生长过程中,PVP 作为一种聚合物表面活性剂,可以通过 O—Ag 键化学吸附在 Ag 纳米晶的表面,通过与 Ag 晶面间的吸附和解附作用控制 Ag 晶粒不同晶面的生长速度,使 Ag 纳米颗粒的生长以一维方式进行。

【实验内容】

1. 利用多元醇法制备一维 Ag 纳米线;

2. 利用透射电镜观察得到样品的形貌。

【实验条件】

1. 实验原料及耗材

乙二醇、$AgNO_3$ 溶液、聚乙烯基吡咯烷酮(PVP)、去离子水、无水乙醇、一次性吸管、离心管、微栅膜等。

2. 实验设备

圆底烧瓶、玻璃棒、油浴锅、磁子、离心机、天平以及透射电子显微镜等。

【实验步骤】

1. 纳米线的合成

① 分别配制 6 mL 浓度为 0.10 mol/L $AgNO_3$ 的乙二醇溶液和 6 mL 浓度为 0.15 mol/L

聚乙烯基吡咯烷酮(PVP)的乙二醇溶液。

② 在 50 mL 的三口烧瓶中加入 10 mL 乙二醇并放置在油浴锅中,在磁力搅拌的同时升温至 160 ℃。

③ 待反应体系温度恒定后,将配制好的 6 mL 浓度为 0.10 mol/L 的 $AgNO_3$ 溶液和 6 mL 浓度为 0.15 mol/L 的 PVP 溶液同时缓慢滴入三口烧瓶中,控制滴加时间在 10 min 左右。

④ 滴加完毕后,体系在 160 ℃下恒温反应 1 h。

⑤ 反应结束后停止搅拌并关闭控温系统,等待体系冷却至室温。

⑥ 用约 5 倍体积的丙酮稀释所得乳黄色液体(悬浮有银纳米粒子和银纳米线),超声分散 15 min。

⑦ 将悬浮液分装在离心管中,确保离心管质量相等,且需对称放置在离心机中;以转速 4 000 r/min 离心分离 30 min;离心管上层产物为较轻的银纳米粒子,下层为所需的银纳米线,将离心管中上层产物除去。

⑧ 重复⑥、⑦过程 2~3 次。

⑨ 用无水乙醇清洗银纳米线 2~3 次,去离子水清洗一次。

2. 形貌观察

① 取微量产物置于 5 mL 的离心管中,然后加入无水乙醇,并用超声分散 10 min 左右。

② 静置 1 min 左右,用滴管滴取上层液体 1~3 滴于微栅膜上。

③ 自然风干后备用。

④ 利用透射电镜观察纳米线的形貌,具体操作和要求见本书实验 1.5“透射电镜的工作原理及应用”。

【结果分析】

1. 记录反应过程中溶液颜色变化;

2. 测试纳米线的直径分布,观察纳米线的均匀性。

【注意事项】

1. 该反应为无水体系,切忌在反应体系中引入去离子水。

2. 油浴锅的使用过程中,注意高温,避免烫伤;升温过程需注意设置温度与体系实际温度的差别。

3. PVP 和 $AgNO_3$ 溶液滴加需同步进行。

【思考题】

1. 体系中 PVP 和乙二醇的作用分别是什么?

2. 请画出实验装置图。

参考文献

[1] Sun Yugang, Yin Yadong, Mayers B T, et al. Uniform Silver Nanowires Synthesis by Reducing $AgNO_3$ with Ethylene Glycol in the Presence of Seeds and Poly(Vinyl Pyrrolidone). Chem. Mater. ,2002, 14:4736-4745.

[2]Sun Yugang, Xia Younan. Large-Scale Synthesis of Uniform Silver Nanowires Through a Soft, Self-Seeding, Polyol Process. Adv. Mater. , 2002, 14(11):833-837.

2.5.3 有序介孔镍铝氧化物的制备

【实验目的】

1. 理解软模板法制备有序介孔镍铝氧化物的实验原理；
2. 掌握基本化学仪器的使用方法和规范的实验操作；
3. 培养化学实验的设计能力、安全意识和严谨性；
4. 了解比表面积测试原理及数据分析。

【实验原理】

按照国际纯粹和应用化学协会(IUPAC)的定义，多孔材料可以根据孔直径的大小分为三类：孔径小于 2 nm 的材料为微孔材料；孔径 2～50 nm 的材料为介孔材料；孔径大于 50 nm 的材料为大孔材料。介孔材料常见的制备机理是：采用表面活性剂分子聚集体为模板，利用溶胶-凝胶、乳化或微乳等化学过程，通过有机物和无机物之间的界面作用，组装生成孔径在 2～50 nm 之间、孔径分布较窄且具有规则孔道结构的无机多孔材料，此即目标产物介孔材料。介孔材料的合成主要有两大类模板：软模板和硬模板。其中，阴离子表面活性剂、阳离子表面活性剂、非离子表面活性剂、嵌段共聚物等可作为软模板。本实验采用嵌段共聚物聚环氧乙烷-聚环氧丙烷-聚环氧乙烷(简称 P123，EO20PO70EO20)为模板来制备介孔材料。

有序介孔镍铝氧化物的制备：将异丙醇铝、硝酸镍与 P123 完全溶解在无水乙醇中，通过加入硝酸控制异丙醇铝的水解速率；在溶剂挥发过程中，P123 在乙醇中形成胶束，聚环氧丙烷(PPO)形成疏水的核，聚环氧乙烷(PEO)形成亲水壳；经过一定时间的搅拌，无机物种和有机分子自组装形成有机/无机相，经过溶剂蒸发诱导自组装(Evaporation - Induced self - Assembly，EISA)过程形成有序有机/无机介孔相；再经过高温热处理去除有机模板，最终得到具有有序介孔结构的镍铝氧化物。

【实验内容】

1. 采用溶剂挥发诱导自组装的方法来制备有序介孔镍铝氧化物；
2. 测试得到的介孔材料的比表面积并进行分析。

【实验条件】

1. 实验原料及耗材

异丙醇铝($Al(i-OPr)_3$)、六水合硝酸镍($Ni(NO_3)_2 \cdot 6H_2O$)、浓硝酸(70wt%*)、无水乙醇(EtOH)。

2. 实验设备

烧杯、搅拌器、磁子、电子天平、移液枪、马弗炉以及美国康塔 Quadrasorb SI 等。

【实验步骤】

制备不同镍含量的有序介孔镍铝氧化物，以 MA - xNi 表示，其中 MA 为介孔氧化铝，x 为镍的摩尔分数，$x=n_{镍}/(n_{镍}+n_{铝})$。

实验分组，不同小组制备不同镍含量的样品，以 $n_{镍}+n_{铝}=10$ mmol 为准。注意：整个实验过程都在室温下进行，同时用 PE 薄膜覆盖在烧杯上，利用磁子进行剧烈搅拌。具体实验过程如下：

① 称取 1.00 g P123 和一定质量的 $Ni(NO_3)_2 \cdot 6H_2O$ 溶于 10 mL EtOH 中形成溶液 A，

* wt%表示质量百分数。vol%表示体积百分数。at%表示原子百分数。

在室温下搅拌；称取一定量的 $Al(i-OPr)_3$ 溶于 10 mL EtOH 中，并逐滴加入 1.6 mL 浓硝酸形成溶液 B，在室温下搅拌。

② 当溶液 A 和溶液 B 各自溶解后，将 B 加到 A 中形成溶液 C，3 mL EtOH 用于转移，之后搅拌溶液 C，搅拌时长 5 h。

③ 搅拌结束后，将溶液 C 倒在蒸发皿中，放在 60 ℃的烘箱中进行溶剂挥发，保温时长 48 h。

④ 最后进行煅烧（升温过程：室温至 100 ℃，速率 4 ℃/min，保温 60 min；再升到 400 ℃，速率 1 ℃/min，保温 240 min；之后自然冷却至室温）。

⑤ 采用美国康塔仪器公司的 Quadrasorb SI 设备测试样品的比表面积。

【结果分析】

1. 记录反应过程中溶液 A、B 形成透明溶液的时间和样品的颜色变化；

2. 对比和分析不同镍含量对样品比表面积的影响。

【注意事项】

1. 本实验用到浓硝酸，实验过程一定要带橡胶手套，在通风厨中进行滴加硝酸，确保人身安全。

2. 确保在搅拌过程中，磁子位于中心位置，形成良好的漩涡，谨防搅拌过程中溶液发生飞溅。

3. 实验操作要规范，一定要在指导老师的指导下进行操作。

【思考题】

1. 请写出随着溶剂的挥发表面活性剂所形成胶束的形态变化，即溶剂挥发致自组装（EISA）原理。

2. 本实验中用的是 69%～70%的浓硝酸，能否用低浓度的硝酸取代？为什么？

参考文献

[1] Morris S M, Fulvio P F, Jaroniec M. Ordered Mesoporous Alumina-Supported Metal Oxides. J. Am. Chem. Soc. 2008,130:15210.

2.5.4　光电化学太阳能电池的制备和测试

【实验目的】

1. 了解和掌握量子点敏化太阳能电池的结构、组成和工作原理；

2. 掌握量子点敏化太阳能电池的基本测试技术和数据分析。

【实验原理】

1. 量子点敏化太阳能电池的结构、组成和工作原理

量子点敏化太阳能电池（Quantum Dot－sensitized Solar Cells，QDSCs）主要由光阳极、电解质和对电极三部分构成，如图 2.5.2(a)所示。其中，光阳极主要包括 TiO_2 多孔薄膜和量子点（如 CdSe、CdS 等）；电解质主要为 S^{2-}/S_n^{2-} 液态电解质；电极常为 Cu_2S 材料。

电池的工作原理如图 2.5.2(b)所示，可分为 5 个过程。

过程 1：量子点吸收可见光，量子点中的电子从价带跃迁到导带。

过程 2：电子快速注入到宽禁带半导体（如 TiO_2）纳米结构，量子点价带中留下空穴。

过程 3：宽禁带半导体纳米结构将电子传输到导电玻璃，并通过外电路流向对电极。

过程 4:电解质的还原态物质与量子点中的空穴发生反应生成氧化态物质。

过程 5:电解质中的氧化态物质扩散到对电极,得到电子转变为还原态物质,即完成一个完整的电池回路。

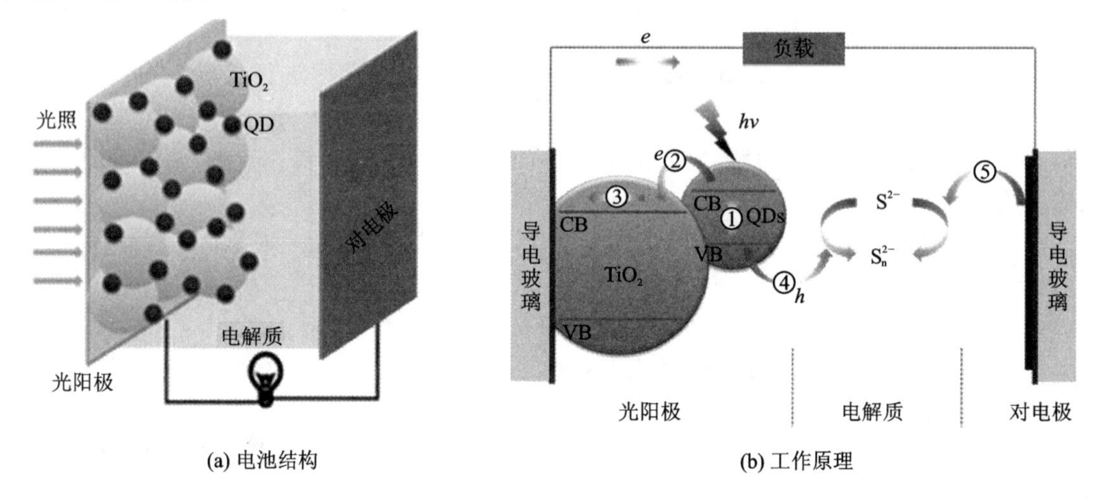

(a) 电池结构　　(b) 工作原理

图 2.5.2 量子点敏化太阳能电池结构和工作原理

2. 太阳能电池的表征技术和参数

(1) 太阳能电池的等效电路

理想太阳能电池等效电路如图 2.5.3(a)所示,其中太阳能电池相当于一个电流为 I_{ph} 的恒流电源与一只正向二极管并联。流过二极管的正向电流称为暗电流 I_D,其值决定于关系式:

$$I_D = I_0\left[\exp\left(\frac{qV}{kT}\right)-1\right] \tag{2.5.1}$$

流过负载的电流为 I,负载两端的电压为 V,I 和 V 的关系如下:

$$I = I_{ph} - I_0\left[\exp\left(\frac{qV}{kT}\right)-1\right] \tag{2.5.2}$$

式中,I_0 为二极管反向饱和电流;q 为电子电量;k 为玻耳兹曼常数;T 为温度。

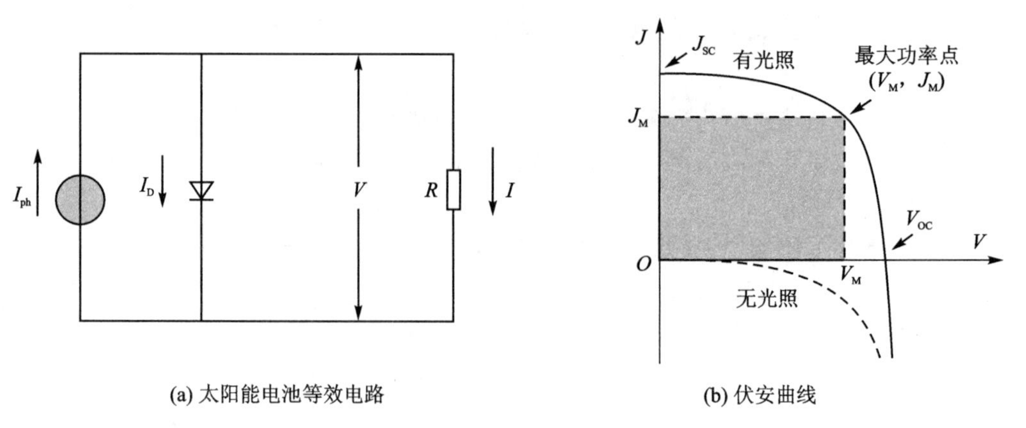

(a) 太阳能电池等效电路　　(b) 伏安曲线

图 2.5.3 太阳能电池等效电路和伏安曲线

(2) 太阳能电池的伏安曲线

通过测试负载的 I 和 V,得到太阳能电池的伏安曲线,如图 2.5.3(b)所示;无光照时为暗电流-电压曲线，由关系式(2.5.1)决定；有光照时为光电流-电压曲线($I-V$)，由关系式(2.5.2)决定。

(3) 开路电压(V_{OC})

开路电压(V_{OC})是太阳能电池能输出的最大电压，此时输出电流为零。通过把输出电流设置成零，便可得到太阳能电池的开路电压方程。

(4) 短路电流强度(J_{SC})

短路电流(I_{SC})是指当电池两端的电压为零时流过电池的电流(或者说电池被短路时的电流)。短路电流源于光生载流子的产生和收集，对于电阻阻抗最小的理想太阳能电池来说，短路电流就等于光生电流，因此短路电流就是电池能输出的最大电流。

为消除太阳能电池对面积的依赖，通常用短路电流密度 J_{SC}(单位为 mA/cm^2)而不是短路电流来评价电池性能。

(5) 转换效率(η)

伏安特性曲线上对应最大功率的点称为最佳工作点，受光照太阳能电池的最大功率点对应的功率与入射到该太阳能电池上的全部辐射功率的百分比则称为转换效率(η)，即

$$\eta = V_m I_m / A_t P_{in} \tag{2.5.3}$$

式中，V_m 和 I_m 分别为最大输出功率点的电压和电流；A_t 为太阳能电池的总面积；P_{in} 为单位面积太阳入射光的功率(实验采用的 $P_{in}=100\ mW/cm^2$)。

(6) 填充因子(FF)

填充因子(Fill Factor，FF)表示太阳能电池的最大功率($V_m I_m$)与开路电压和短路电流乘积($V_{oc} I_{sc}$)之比，即

$$FF = I_m V_m / I_{sc} V_{oc} \tag{2.5.4}$$

(7) 量子效率(IPCE)

量子效率，又称入射单色光子-电子转化效率(Monochromatic Incident Photon - to - electron Conversion Efficiency，IPCE)，即太阳能电池所收集的载流子数量与入射光子数量的比例。量子效率既可以与波长相对应，又可以与光子能量相对应。如果某个特定波长的所有光子都被吸收，并且其所产生的少数载流子都能被收集，则这个特定波长的所有光子的量子效率都是相同的，而能量低于禁带宽度的光子的量子效率为零。

【实验内容】

根据掌握的量子点敏化太阳能电池的结构组成和工作原理，确定不同电池部件的组成和材料，设计各部件材料的合成方案和测试方法，将各部件进行电池组装并测试其性能。

1. TiO_2 多孔薄膜制备

① 导电基材准备；

② TiO_2 致密膜沉积；

③ TiO_2 浆料制备；

④ TiO_2 多孔薄膜制备。

2. 量子点沉积

① Na_2SeSO_3 溶液配制；

② CdS 量子点沉积；

③ CdSe 量子点沉积；

④ ZnS 钝化层沉积；

⑤ SiO_2 钝化层沉积。

3. 对电极及电解质的制备

① 对电极制备;

② 电解质配制。

4. 电池的组装和测试

① 电池组装;

② 电池性能测试。

【实验条件】

1. 实验原料及耗材

① TiO_2 多孔薄膜制备:FTO 导电玻璃、蒸馏水、乙酰丙酮钛、丁醇、TiO_2 纳米粉、乙基纤维素、松油醇、乙醇等。

② 量子点沉积:Se 粉、$Cd(NO_3)_2$、Na_2SeSO_3 溶液、Na_2S、$ZnSO_4$、乙醇、正硅酸乙酯、氨水等。

③ 对电极及电解质的制备和测试:纯铜基材、Na_2S、单质硫等。

④ 电池的组装和测试:光阳极、对电极、电解质等。

2. 实验设备

① TiO_2 多孔薄膜制备:超声清洗仪、旋涂仪、加热台、烘箱、磁力搅拌器等。

② 量子点沉积:水浴锅、磁力搅拌器等。

③ 对电极及电解质的制备:磁力搅拌器等。

④ 电池的组装和测试:太阳光模拟器、电化学工作站、IPCE 测试仪。

【实验步骤】

实验方案及技术路线如图 2.5.4 所示。

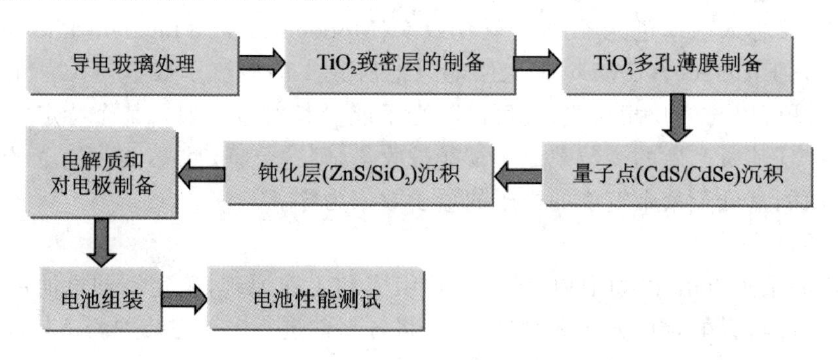

图 2.5.4 技术路线图

1. TiO_2 多孔薄膜制备

(1) 导电基材准备

① 用玻璃刀在 FTO 导电玻璃的非导电面划出 6 块面积为 20 mm×30 mm 的小方块;

② 先用自来水冲洗,再加去污粉用试管刷轻刷表面,冲洗干净后放入大烧杯,依次用蒸馏水和乙醇各超声清洗 15 min;

③ 清洗结束后将洁净的玻璃浸入无水乙醇中保存,取用时用镊子取出并吹干。

(2) TiO_2 致密膜沉积

① 沿划痕将 FTO 导电玻璃裁为 20 mm×30 mm 的小片,用万用表确定其导电面,在导

电面的端部粘贴胶带，如图 2.5.5(a)所示；

② TiO_2 致密膜旋涂液的配制，0.15 mol/L(乙酰丙酮基)钛酸二异丙酯的正丁醇溶液 5 mL(约 0.275 g/5 mL)，搅拌 30 min；

③ 用旋涂仪在 FTO 玻璃上制备 TiO_2 致密膜，旋涂转速为 2 000 r/min，时间为 20 s，依次旋涂每片 FTO 玻璃的导电面；

④ 旋涂后将 FTO 玻璃放置在加热板上(预热至 125 ℃)，在 125 ℃下保温 5 min，然后冷却至室温，取下胶带。

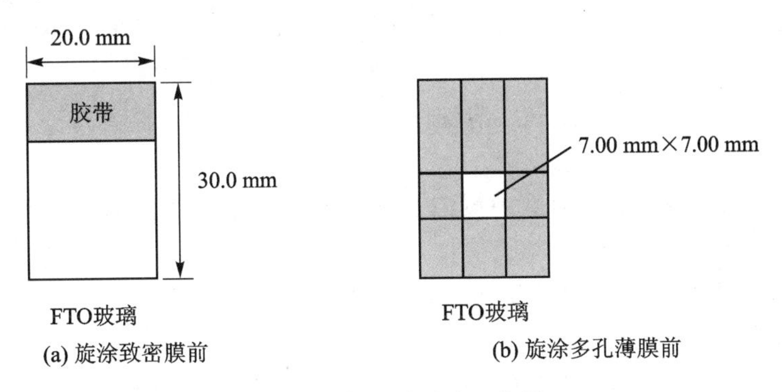

(a) 旋涂致密膜前　　(b) 旋涂多孔薄膜前

图 2.5.5　胶带贴法示意图

(3) TiO_2 浆料的制备

① 称量 1 g TiO_2 纳米粉并加入 5 mL 乙醇，超声分散 15 min；

② 在上述溶液中，加入 5 mL 松油醇并搅拌 15 min，得到溶液Ⅰ；

③ 称量 0.3 g 乙基纤维素加入 8 mL 乙醇中，搅拌 30 min，得到溶液Ⅱ；

④ 将溶液Ⅱ加入到溶液Ⅰ中，搅拌 15 min，得到溶液Ⅲ；

⑤ 将溶液Ⅲ放置于 120 ℃烘箱中加热 1.5～2 h，除去乙醇，得到最终浆料。

(4) TiO_2 多孔薄膜的制备

① 在 FTO 的导电面四周粘贴胶带，在中间部位形成 7 mm×7 mm 的方格，如图 2.5.5(b)所示；

② 用刮刀在方格部位均匀刮涂 TiO_2 浆料，刮涂结束后取下胶带；

③ 将刮涂好的 FTO 玻璃放入箱式电阻炉中，在 100 ℃下保温 5 min，然后在 550 ℃下保温 1 h，冷却后取出。

2. 量子点敏化

(1) CdS 量子点沉积

① 分别配制 0.5 mol/L $Cd(NO_3)_2$ 乙醇溶液(17.7 g，150 mL)和 0.5 mol/L Na_2S 水溶液(18 g，150 mL)。

② 将光阳极在 $Cd(NO_3)_2$ 溶液中浸泡 1 min 后取出，然后在去离子水中浸泡 5 s，再用去离子水洗瓶冲洗每一片 FTO 的两个表面以去除表面残留物并吹干。

③ 在 Na_2S 溶液中浸泡 1 min，在去离子水中浸泡 5 s，再次用去离子水洗瓶冲洗每一片 FTO 的两个表面以去除表面残留物并吹干。

④ 重复②和③过程 15 次，得到 $FTO/TiO_2/CdS$。

(2) CdSe 量子点沉积

① 配制 Na_2SeSO_3 溶液：23.7 g/L 硒粉+75.6 g/L Na_2SO_3 溶液混合，然后在 90 ℃恒温

加热，磁力搅拌器中保温 7 h，最后冷却至 50 ℃。

② 先将(1)中得到的试样在 0.5 mol/L $Cd(NO_3)_2$ 乙醇溶液(用(1)配制好的溶液)中浸泡 5 min 后取出，在去离子水中浸泡 5 s，用去离子水清洗去除表面残留物并吹干。

③ 然后将其浸入 Na_2SeSO_3 溶液中 30 min，在去离子水中浸泡 5 s，用去离子水清洗去除表面残留物并吹干。

④ 重复②和③过程 3 次，得到 $FTO/TiO_2/CdS/CdSe$。

(3) ZnS 钝化层的沉积

① 配制 0.5 mol/L $ZnSO_4$ 水溶液(21.5 g，150 mL)和 0.5 mol/L Na_2S 水溶液(18 g，150 mL)；

② 把上面得到的试样先在 $ZnSO_4$ 溶液中浸泡 5 min 后取出，在去离子水中浸泡 5 s，用去离子水清洗去除表面残留物并吹干；

③ 然后在 0.5 mol/L Na_2S 溶液中浸泡 5 min，在去离子水中浸泡 5 s，用去离子水清洗去除表面残留物并吹干；

④ 重复②和③过程 2 次，得到 $FTO/TiO_2/CdS/CdSe/ZnS$。

(4) SiO_2 钝化层的沉积

① 先配制 0.01 mol 正硅酸乙酯(0.312 g)的乙醇(150 mL)溶液，然后加入 0.1 mol 氨水(0.525 g)，在室温条件下搅拌 60 min；

② 将上面得到的 $FTO/TiO_2/CdS/CdSe/ZnS$ 试样浸入到该溶液中，在室温下浸泡 60 min 后取出，用无水乙醇清洗掉表面残留的溶液并用吹风机吹干，最后得到 $FTO/TiO_2/CdS/CdSe/ZnS/SiO_2$ 光阳极。

3. 对电极制备和电解质配制

(1) 对电极制备

① 配制 0.5 mol/L Na_2S 水溶液 50 mL。

② 纯铜基材剪切。先在大面积铜片上画出和光阳极对应大小面积(20 mm×30 mm)的铜对电极基材，再用剪刀将其剪出、压平。

③ 纯铜基材表面打磨。用 800# 和 1500# 砂纸，将铜电极的一面打磨成光亮表面。

④ 用去污粉清洗铜片表面，经过自来水清洗后，将铜片置于去离子水中超声清洗 30 min，取出吹干，再置于无水乙醇中超声清洗 30 min，取出吹干。

⑤ 将清洗后的铜片按图 2.5.6 所示贴好胶带。

⑥ 将贴好胶带的铜片置于 Na_2S 水溶液中，放置反应 10 min，取出用去离子水清洗，并吹干待用。

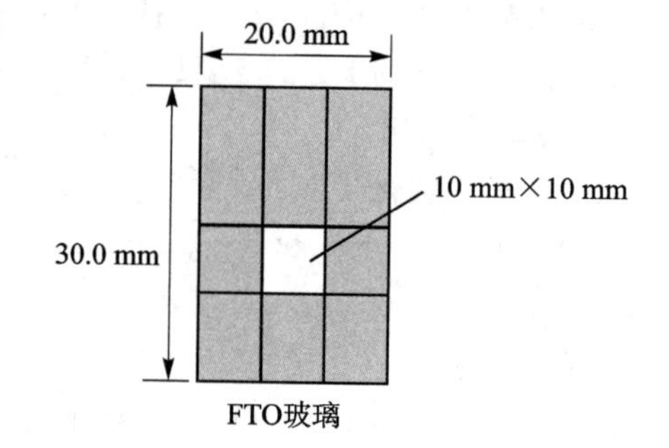

图 2.5.6　铜片基材的胶带处理

(2) 电解质配制

① 配制 2 mol $Na_2S\cdot 9H_2O$ 和 3 mol 升华硫组成的多硫电解液，去离子水溶剂的体积为 10 mL，在 60 ℃下进行搅拌溶解 2 h；

② 密封保存待用。

4. 电池组装和电池性能测试

(1) 电池组装

① 用打孔器将 3M 胶带打孔，把胶带取下，贴于光阳极表面，用于固定电池面积；

② 在胶带固定出孔中滴加电解质，用对电极的反应处与孔对齐，并压在光阳极上，用夹子夹住两边，得到电池；

③ 给每个电池进行标号。

(2) 电池性能测试

① 暗电流-电压 $J-V$ 曲线测试。采用电化学工作站对电池性能进行测试，接电极时，工作电极接 Cu_2S 对电极，参比电极和对电极接光阳极。用循环伏安法测试暗电流-电压 $J-V$ 曲线，扫描速度为 0.01 V/s，扫描电压范围为 0～0.7 V。

② 光 $J-V$ 曲线测试。打开太阳光模拟器，将电池的光阳极面对准光源，用循环伏安法测试光电流-电压 $J-V$ 曲线，测试参数与上同。

③ 光-暗 $J-V$ 曲线测试。测试过程与②类似，只是在测试 $J-V$ 曲线过程中，每隔 5 s 用纸板将光源挡住，并保持 5 s 后将挡板移开，重复以上过程直至测试完成。

④ 转换效率计算：

开路电压：V_{oc}；短路电流：J_{sc}；最大功率点电压：V_m；最大功率点电流：J_m；

填充因子：$FF=(V_m J_m)/(V_{oc} J_{sc})$；转换效率：$\eta=(V_m J_m)/P_{in}$。

⑤ 入射单色光子-电子转化效率(IPCE)的测试。

【结果分析】

1. 列出 QDSCs 各部分的实验条件和各阶段得到的结果，并进行简单分析。

2. 处理电池的性能测试结果，得到转换性能的主要参数，分析比较不同量子点敏化的 QDSCs 的性能。

【注意事项】

1. 认真阅读设备使用说明书；

2. 小心操作，做好防护工作，避免化学药物对人体的伤害；

3. 遵守实验室管理规定，严禁在实验室饮食。

【思考题】

1. TiO_2 多孔薄膜在 QDSCs 中的作用是什么？

2. CdS 和 CdSe 量子点有什么不同？为什么要沉积两种量子点？

3. ZnS 和 SiO_2 钝化层在 QDSCs 中起到什么作用？

参考文献

[1] 李荻. 电化学原理. 3 版. 北京：北京航空航天大学出版社，2008.
[2] 刘永辉. 电化学测量技术. 北京：北京航空学院出版社，1993.
[3] 高扬. 太阳能电池物理. 上海：上海交通大学出版社，2011.
[4] 杨术明. 染料敏化纳米晶太阳能电池. 郑州：郑州大学出版社，2007.

第二节 金属材料成型技术

2.6 金属材料的轧制过程及流变规律

【实验目的】

1. 熟悉并掌握同步轧制工艺原理及操作过程；

2. 对不同材质或热处理状态的合金进行轧制，研究影响合金轧制成形能力的因素；

3. 掌握轧制过程的流变规律及其在金属材料塑性加工中的应用。

【实验原理】

1. 金属轧制原理

轧制加工是金属材料生产和加工的重要工艺。轧制是指靠旋转的轧辊与轧件之间的摩擦力将轧件拖入辊缝而使之受到压缩产生塑性变形的过程，如图 2.6.1 所示。轧件在轧辊作用下发生塑性变形的区域称为轧制变形区，在简单轧制条件下，此即轧件在进出轧辊处的断面与辊面所围成的区域。在轧制变形区存在轧件的前滑区和后滑区。在前滑区内轧件受到的摩擦力指向轧制的反方向，而后滑区内受到的摩擦力指向轧制方向，即前、后滑区轧件受到的摩擦方向相反，这是轧制加工的一个特点。轧制变形区的主要参数有咬入角和变形区长度。

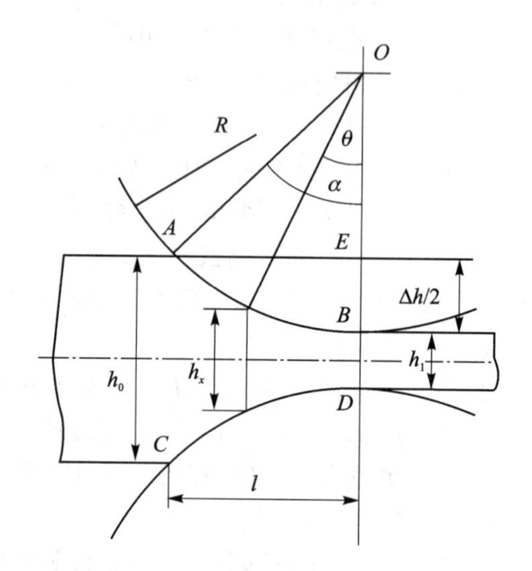

图 2.6.1 金属材料轧制原理图

轧件开始进入轧辊时，轧件与轧辊的最先接触点和轧辊中心的连线与两轧辊中心连线所构成的圆心角，称为咬入角。稳定轧制时，咬入角即为轧件与轧辊相接触的圆弧所对应的圆心角 α，可用下式表示：

$$\alpha = \sqrt{\frac{\Delta h}{R}} \tag{2.6.1}$$

式中，Δh 为轧件厚度变化量；R 为轧辊直径。

在满足屈服条件的前提下，轧制过程能否开始取决于轧辊是否能将轧件拖入辊缝。设轧件与轧辊之间的摩擦系数 $\mu = \tan\beta$，则咬入条件和稳定轧制的条件分别为

$$\alpha \leqslant \beta \tag{2.6.2}$$

$$\alpha \leqslant 2\beta \tag{2.6.3}$$

轧件与轧辊之间接触弧的水平投影长度，称为变形区长度 l，其计算公式为

$$l = \sqrt{R\Delta h} \tag{2.6.4}$$

在轧制过程中，轧辊对轧件的作用力要同时产生两个效果，即将轧件拖入辊缝，同时使之产生塑性变形。轧制力 P 的计算公式为

$$P = qF = n_\sigma KF = n_\sigma 1.15\sigma_s F \tag{2.6.5}$$

式中，q、F、n_σ、σ_s 分别为平均单位压力、变形区水平投影面积、应力状态系数和变形抗力；其中 $F = lb$，l 为变形区长度，b 为轧件平均宽度。

轧制过程中，变形区的金属将发生强烈的塑性变形。金属的塑性是指金属材料在外力作用下发生永久变形而不破坏其完整性的能力，是衡量压力加工工艺性能优劣的重要指标。金属的塑性越好，其轧制成形能力就越好。衡量金属塑性高低的指标称为塑性指标，一般用材料开始发生破坏时的塑性变形量来表示，包括材料的伸长率 δ 和断面收缩率 ψ 等。

2. 金属塑性变形能力的影响因素

金属塑性变形实质上是固态金属在外力作用下发生的塑性流动。具有一定塑性的金属坯

料，当内应力满足一定条件时，便发生塑性变形。金属材料的塑性不仅与材料自身性质有关，还与变形条件（变形温度、变形速度）和变形方式（应力、应变状态）等有关。

随变形温度升高，金属原子动能增加，热运动加剧，削弱了原子间的结合力，减小了位错滑移阻力，使金属的变形抗力减小，塑性提高，塑性成形性能得到改善。变形温度升高到再结晶温度以上时，加工硬化不断被再结晶软化消除，金属的塑性成形性能可进一步提高，因此，加热往往是金属塑性变形中很重要的加工条件。

变形速度是指单位时间内变形程度的大小。变形速度对金属塑性成形性能的影响较复杂。一方面，由于变形速度增大，金属在冷变形时的硬化趋于严重，在热变形时，来不及通过再结晶消除由变形产生的加工硬化。这样，随着变形程度的增大，加工硬化现象逐渐积累，使金属的塑性变形能力下降。另一方面，金属在变形过程中，有一部分能量将转化为热能。当变形速度很大时，热量来不及散发，导致变形金属的温度升高。这种现象称为"热效应"，有利于改善金属的塑性变形能力。

金属材料在塑性变形时的应力状态不同，对塑性的影响也不同。拉应力促进滑移面分离，在材料内部产生应力集中时易破坏材料的完整性，而压应力则与之相反。因此，在三向应力状态下，压应力的数目越多，其塑性越好；反之，拉应力的数目越多，其塑性越差。

不同成分金属，塑性不同，其塑性成形性能也不相同。一般来说，纯金属的塑性成形性能优于合金；同种金属材料内部如果组织结构不同，其塑性成形性能也有很大的差异。固溶体或纯金属等单相合金的塑性成形性能较好。

晶态材料压力加工时，在材料内部将产生大量的非平衡缺陷，导致材料的力学性能发生变化。除极低温度之外，大部分点缺陷将在形变过程中被排出材料体外。因此，在常温变形时保留在金属内部的缺陷主要是位错。随温度升高，材料将发生回复、再结晶以及晶粒长大。

3. 塑形变形规律

金属塑性变形时遵循的基本规律主要有：最小阻力定律、加工硬化和体积不变规律等。

（1）最小阻力定律

塑性变形过程中，如果金属质点存在几个可能的移动方向，则金属质点将选择阻力最小的方向进行移动，如图 2.6.2 所示，这就是最小阻力定律。最小阻力定律符合力学的一般原则，它是塑性成形加工中最基本的规律之一。

最小阻力定律不仅可以用来分析压力加工过程中的金属流动，还可以用来指导制定压力加工工艺，可以通过调整某个方向的流动阻力来改变这个方向上的金属流动量，以便合理成形和消除加工缺陷。例如，在模锻过程中，可以通过增加金属流向分型面的阻力或降低流向型腔的阻力，来保证锻件充满型腔。

（2）加工硬化及卸载弹性恢复规律

金属在常温下随着变形量的增加，强度和硬度增加、变形抗力增大、塑性和韧性下降的现象称为加工硬化。材料的加工硬化使变形抗力增加，阻碍材料的继续变形。表示变形抗力随变形程度增大而增大的曲线称为硬化曲线，如图 2.6.3 所示。由图可知，如果在弹性变形范围内卸载，没有残留的永久变形，应力、应变按照同一直线回到原点，如图中 OA 段所示；当变形超过屈服点 A 进入塑性变形范围，如 B 点时，此时卸载，应力-应变的关系将不再沿着加载曲线 BAO 回到原点，而是沿着另一直线 BC 回到 C 点。在 B 点，总变形量 ε_B 可以分为 ε_t 和 ε_S 两部分。其中，ε_t 为弹性应变，卸载后因弹性回复而消失；而另一部分 ε_S 为塑性变形，卸载后不消失。

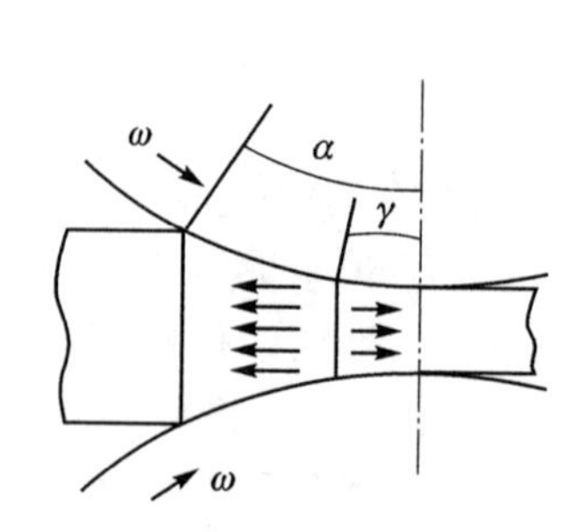

图 2.6.2　轧制过程金属的流动

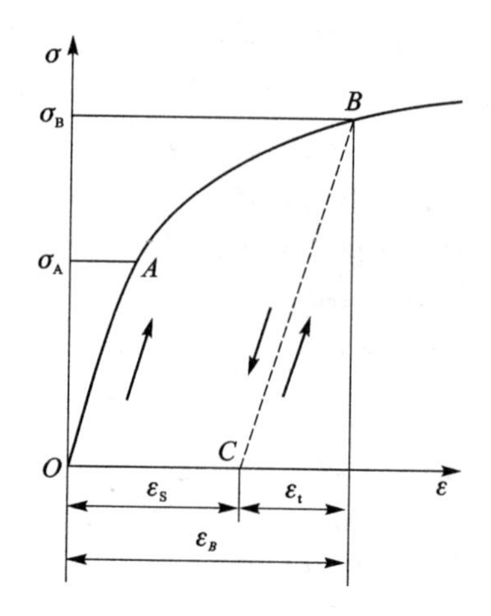

图 2.6.3　金属材料硬化曲线示意图

如果卸载后再重新加载，应力-应变关系将沿直线 CB 逐渐上升，到达 B 点，应力 σ_B 使材料又开始屈服，随后应力-应变关系仍按原加载曲线变化，所以 σ_B 又是材料在变形程度为 ε_B 时的屈服点，可见屈服应力升高。硬化曲线可以用函数式表示为

$$\sigma = A\varepsilon^n \tag{2.6.6}$$

式中，A 为与材料有关的系数，MPa；n 为材料的硬化指数。硬化指数 n 是表示材料冷变形硬化的重要参数，硬化指数越大，材料变形时硬化越显著，对后续变形不利。相同变形量下，不同材料的硬化程度不同，其表现出的变形抗力也不同。

(3) 塑性变形体积不变规律

金属材料在塑性变形时，变形前与变形后的体积保持不变。体积不变规律对塑性成形有很重要的指导意义，例如，根据体积不变规律可以确定毛坯的尺寸和确定变形工序。

本实验采用同步轧制在室温下对试样进行冷轧。所谓同步轧制是指采用上下两刚性轧辊，其直径相等、转速相同，且均为主动轧辊；在轧制过程中，轧件除受到轧辊作用外，不受其他任何外力作用，且在入辊处和出辊处的速度均匀。

【实验内容】

1. 试样准备

① 学生根据自己的兴趣选择实验材料；

② 观察实验板材表面，详细记录实验板材的表面状态、几何特征、几何尺寸等；

③ 测试板材的硬度。

2. 研究影响合金轧制成形能力的因素

(1) 不同材质的塑性

选择 3 种不同材质的合金板，根据所选材料确定热处理工艺，并分别对其进行热处理。

选择一种合适的轧制工艺，分别对不同材质的合金板材进行轧制。轧制过程观察其宏观变形规律，分析不同材料在相同变形条件下表现出来的塑性差异。

(2) 不同热处理状态同种材质的塑性

选择 3 块同质合金板和 3 种不同的热处理制度，对合金板材进行不同的热处理。

确定一种轧制工艺，对经过不同热处理后的 3 块同质合金板材进行轧制。轧制过程中注意观察其宏观变形规律，验证相同变形条件下，经过不同热处理后的同质合金板表现出来的塑性差异。

(3) 轧制工艺对相同处理状态的同种材质塑性的影响

选择3块同质合金板材,确定热处理制度,把3块合金板材在相同热处理制度下同时进行热处理。

设计3种不同的轧制工艺,分别对热处理后的合金板材进行轧制。轧制过程中注意观察其宏观变形规律,验证金属材料的塑性除了与材料自身性质有关外,是否还与变形方式(应力应变状态)和变形条件(变形温度、变形速度)有关。

3. 研究轧制过程的流变规律

(1) 最小阻力定律

观察板材发生最大变形量的方向,此方向即为轧制过程中的最小阻力方向。

(2) 加工硬化规律

测量板材轧制前后的硬度,比较其大小,研究轧制过程中的硬化规律。

(3) 体积不变定律

测量板材轧制前后标距范围内板材的尺寸变化,通过比较轧制前后标距范围内板材的体积变化,研究体积不变规律。

4. 研究轧制工艺对合金性能的影响

测试合金板材轧制前后的硬度值,研究轧制工艺对合金性能的影响。

【实验条件】

1. 实验原料及耗材

本实验提供具有不同晶体结构(Cu、Al、Pb为fcc结构,Mg为hcp结构)或不同热处理状态的铝合金板、镁合金板、铜合金板、铅合金板作为实验材料。

2. 实验设备

二辊轧机和辅助操作工具、几何测量工具、体视显微镜、硬度仪。

【实验步骤】

1. 轧制前期准备

① 了解和熟悉实验所用轧机的基本操作过程和安全注意事项;

② 测量并记录选定合金板材的形状、尺寸;

③ 测量原料的硬度。

2. 轧制实验过程

① 根据实验所需的测量内容,设计并在原料表面刻画标记线或规则的几何形状,记录标线尺寸;

② 根据材料的特性,设计合理的轧制工艺;

③ 根据选定变形工艺对材料进行轧制变形,仔细观察板材变形情况;

④ 轧制完成后,测量板材和标记的几何形状的尺寸,总结其变化规律。

3. 轧制后期处理

① 测量轧制后板材的硬度;

② 验证金属塑性变形遵循的最小阻力定律、加工硬化规律和体积不变定律;

③ 总结轧制过程中影响合金轧制成形能力的因素。

【数据处理】

1. 自行设计表格,把变形前后测量的数据列表。

2. 把所测的实验数据代入下式，计算变形率 ε：

$$\varepsilon = \frac{L - L_0}{L_0} \times 100\% \tag{2.6.7}$$

式中，L_0、L 分别为轧制前后的尺寸。

3. 根据板材纵向变形率与横向变形率的比较，验证如下结论是否正确。① 金属塑性变形的发展沿最大应力方向进行；② 塑性变形后，金属的几何形状发生变化但体积不变；③ 随着变形的进行，变形抗力逐渐变大。

4. 分析轧制变形对合金硬度的影响，验证轧制过程的加工硬化现象。

【注意事项】

1. 由于本实验所用设备为压力轧机，轧辊转速较高，对操作者有一定的安全威胁，因此特别强调在实验过程中严格遵守操作规范，注意人身安全，一定服从教师安排，未经允许不得自行启动或靠近工作中的轧机。

2. 遵守实验室管理规定，服从老师安排。

3. 实验前认真预习，了解相关基础知识，熟悉实验内容和过程。

【思考题】

1. 金属塑性的本质是什么？有何工程意义。

2. 变形温度高，金属容易发生塑性变形，是否变形温度越高越好？

参考文献

[1] 严绍华. 材料成形工艺基础. 北京：清华大学出版社，2001.
[2] 施江澜. 材料成形技术基础. 北京：机械工业出版社，2001.

2.7 塑性加工对金属材料组织和性能的影响

【实验目的】

1. 掌握塑性变形对金属材料组织和性能的影响规律；

2. 掌握塑性变形金属材料组织和性能的回复技术和机理。

【实验原理】

本实验对实验 2.6“金属材料的轧制过程及流变规律”所制备的轧制试样进行分析，因此下面仅介绍冷轧过程对合金组织和性能的影响。

1. 塑性变形的本质及加工硬化

金属轧制过程中将发生强烈的塑性变形，多晶体的宏观塑性变形主要由晶体中晶粒的晶内变形和晶界变形(晶间变形)两种微观变形构成。在冷态条件下，多晶体的塑性变形机制主要是晶内变形，晶间变形只起次要作用，而且需要有其他变形机制相协调。晶内变形方式有滑移和孪生。由于滑移所需临界切应力小于孪生所需临界切应力，故多晶体塑性变形的主要方式是滑移变形，孪生变形是次要的，一般仅起调节作用。但对于密排六方金属，孪生变形起着重要作用。晶体的滑移过程实质上是位错的移动和增殖过程。由于在这个过程中位错的交互作用，位错反应和相互交割加剧，产生不动割阶、位错缠结等障碍，阻碍位错运动。要使金属继续变形，就需要不断增加外力，克服新增障碍的阻碍作用，这便产生了加工硬化。

可见，冷塑性变形时，多晶体主要依靠位错的移动和增殖使多晶体晶内滑移变形；由于位错的交互作用，塑性变形时就产生了加工硬化。

2. 塑性变形对合金组织的影响

(1) 形成滑移带和孪生带

塑性变形过程晶体的受力状态可满足大量位错滑移系和孪生机制启动的条件，导致晶体中出现大量的滑移和孪生现象。图 2.7.1 是多晶铜拉伸后，各个晶粒滑移带的光学显微镜照片。铜是 FCC 晶体，滑移系是{111}/⟨110⟩，有 12 种组合。由图看出，每个晶粒有 2 个以上的滑移面产生了滑移。由于晶粒取向不同，滑移带的方向也不同。

图 2.7.1　多晶铜试样拉伸后形成的滑移带(173×)

(采自 C. Brady，美国国家标准局)

(2) 形成纤维组织

冷加工变形后，金属晶粒形状发生了变化，变化趋势大体与金属宏观变形一致。轧制变形时，原等轴晶沿变形方向伸长。变形程度大时，晶粒呈现为纤维状的条纹，称为纤维组织。当有夹杂或第二相质点时，它们会沿变形方向拉长成细带状或粉碎成链状。图 2.7.2 是冷轧态工业纯铁沿轧制方向的组织照片。可见，变形量不同，晶粒沿轧制方向的拉长量不同，变形量越大，晶粒拉长越严重。

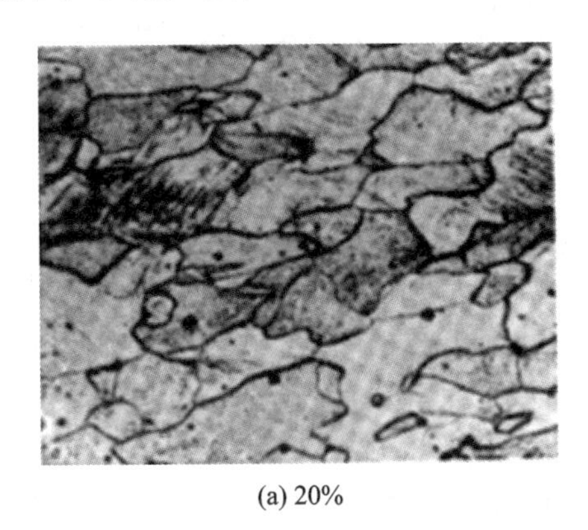

(a) 20%

(b) 70%

图 2.7.2　冷变形程度对工业纯铁组织的影响(150×)

(3) 形成变形织构

多晶体塑性变形时可使晶粒取向发生改变。当变形量很大时，多晶体中任意取向晶粒可以逐渐调整其取向而彼此趋于一致，这种由于塑性变形而使晶粒具有择优取向的组织，称为“变形织构”。

(4) 形成胞状亚结构

塑性变形主要依靠位错的运动来进行。经大变形后,晶体中的位错密度可从退火状态的 $10^6 \sim 10^7\ cm^{-2}$ 增加到变形态的 $10^{11} \sim 10^{12}\ cm^{-2}$。位错运动及交互作用的结果,导致其分布不均匀。它们先是比较纷乱地纠缠成群,形成“位错缠结”;如果变形量增大,就会形成胞状亚结构。

3. 塑形变形对合金性能的影响

由于塑性变形后,合金的组织发生了显著的变化,因而其性能也将发生变化。具体说来,随着合金轧制变形程度的增加,合金的强度和硬度都将增加,但其塑性和韧性降低,同时合金的性能将显示各向异性。图 2.7.3 显示了轧制变形量对合金硬度的影响,随着变形量的增加,合金的硬度增加。因加工硬化严重,塑性下降,青铜在拉拔时甚至可以发生脆断。

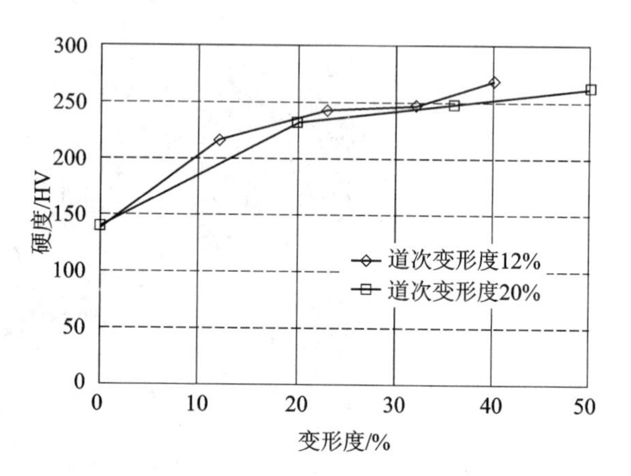

图 2.7.3 变形量对合金硬度的影响

表 2.7.1 总结了塑性加工,包括冷加工和热加工对合金组织和性能的主要影响。

表 2.7.1 塑性加工对合金组织和性能的影响

变形类型	工艺方法	组织变化	性能变化
冷变形	冷轧、拉拔、冷挤压、冷冲压、冷镦	晶粒沿变形方向伸长,形成冷加工纤维组织;晶粒破碎,形成亚结构;位错密度增加;晶粒位向趋于一致,形成形变织构	趋于各向异性;强度提高,塑性下降,造成加工硬化
热变形	自由锻、模锻、热轧、热挤压	焊合铸造组织中存在的气孔、缩松等缺陷;击碎铸造柱状晶粒、粗大枝晶及碳化物,偏析减少,晶粒细化,夹杂物沿变形方向伸长,形成流线组织,缓慢冷却可形成带状组织	力学性能提高;密度提高;趋于各向异性,沿流线方向力学性能提高

4. 形变合金的回复与再结晶

回复是晶体内过剩点缺陷和位错的消减过程,金属材料在经过扎制后将在金属内产生大量的位错等缺陷。如果将变形后的金属加热退火,就可以通过静态回复使大量缺陷消失,从而部分恢复原有性能。当然,在高温变形时也可以同时发生类似的性能转化过程,即发生动态回复。回复过程在实践中有很重要的意义,它是消减残留应力的有效方法。

值得注意的是,回复过程通常只能部分恢复材料的原有结构与性能,要想完全恢复材料的退火状态,必须进行再结晶才能达到目的。再结晶实际是其中的一些亚晶长大而形成新晶粒的过程。新晶粒中位错密度极低,因而性能发生显著变化。如果把形变金属加热到再结晶温度,就会发生再结晶过程,释放形变时储存的大部分能量,使金属重获原有塑性。图 2.7.4 示出了低碳钢再结晶全图及再结晶组织形貌。随着变形量增加,再结晶温度略有下降;在相同变形量条件下,随着温度升高,再结晶晶粒尺寸变大。

因此,轧制和热处理对合金的组织和性能的影响主要体现在:

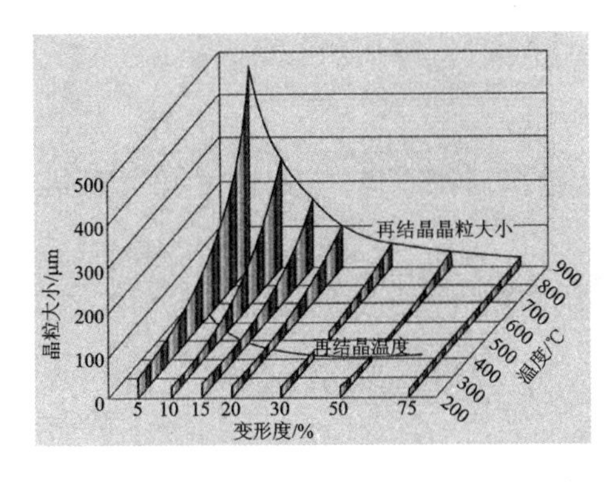

图 2.7.4　低碳钢再结晶全图和再结晶组织

① 材料变形前后，内部组织结构发生变化；

② 回复处理前后，组织变化不大，性能发生显著变化；

③ 再结晶处理前后，组织发生变化，性能也发生显著变化。

【实验内容】

本实验主要研究轧制工艺对合金板材组织和性能的影响以及变形合金组织和性能的回复。样品来自实验 2.6 的轧制试样和空白试样。具体内容包括：

1. 材料轧制前后的组织和性能的变化

测量并记录材料在变形前后的硬度，观察轧制前后材料的金相组织，分析材料塑性变形前后的组织和性能变化。

2. 回火热处理对轧制材料组织和性能的影响

根据金属热处理原理确定轧制后板材合适的去除应力温度（回复温度），并对试样进行去应力退火。测量回复后板材的硬度，观察回复后材料的组织，分析材料回火前后的组织和性能变化。

3. 研究再结晶热处理对轧制材料组织和性能的影响

根据金属热处理原理确定轧制后板材合适的再结晶温度，并对试样进行再结晶热处理。测量再结晶后板材的硬度，观察再结晶后材料的组织，分析材料再结晶前后的组织和性能变化。

【实验条件】

1. 实验原料及耗材

轧制态板材，包括铝合金板、镁合金板、铜合金板、铅合金板。

2. 实验设备

热处理炉、金相试样制备装置、金相显微镜、硬度仪。

【实验步骤】

1. 测试原始板材的硬度；
2. 观察原始板材三个方向的金相组织，包括晶粒形状、尺寸等，照相记录；
3. 测量轧制后板材的硬度；
4. 观察轧制板材三个方向的金相组织，包括晶粒形状、尺度等，照相并总结变化规律；
5. 对具有不同变形量的轧制板材进行回火热处理；
6. 测试回复后板材的硬度；
7. 观察回复后板材三个方向的金相组织，包括晶粒形状、尺度等，照相记录总结变化规律；

8. 对轧制板材进行再结晶热处理；

9. 测试再结晶处理后板材的硬度；

10. 观察再结晶后板材三个方向上的金相组织，包括晶粒形状、尺度等，拍照并总结变化规律。

组织和性能检测的具体实验方法和设备操作规程请参阅本书第一章相应内容。

【注意事项】

1. 本实验需要使用热处理炉，务必注意人身安全，避免高温烫伤；

2. 服从教师安排，未经允许不得擅自开动实验室设备；

3. 遵守实验室管理规定，注意实验室卫生、安全。

【数据处理】

对试样进行定量金相分析，确定合金晶粒尺寸和分布。具体内容包括：

1. 分析材料变形前后的硬度、内部组织的变化；

2. 分析回复处理对轧制试样组织和性能的影响；

3. 分析再结晶处理对轧制试样组织和性能的影响。

【思考题】

1. 金属在宏观变形后其内部发生了什么变化？

2. 在回复和再结晶过程中，金属内部发生了什么变化？

参考文献

[1] 严绍华. 材料成形工艺基础. 北京：清华大学出版社，2001.

[2] 施江澜. 材料成形技术基础. 北京：机械工业出版社，2001.

第三节　陶瓷材料成型技术

2.8　陶瓷材料干压成型

【实验目的】

1. 了解压制成型的过程和机理；

2. 学习和掌握压制成型的基本操作方法；

3. 掌握粉体的配方计算方法；

4. 研究成型工艺对成型效果的影响。

【实验原理】

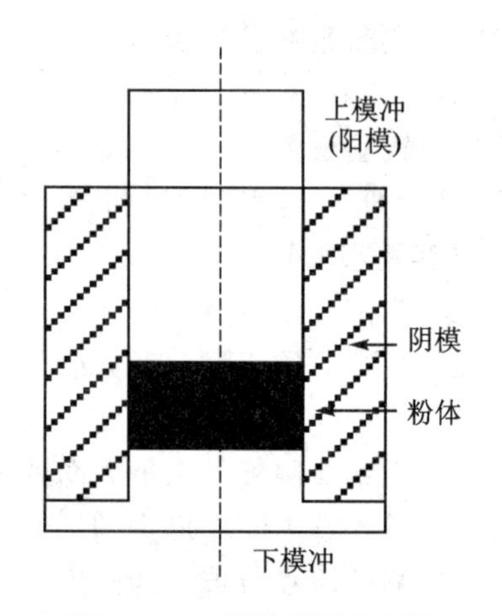

图 2.8.1　干压成型示意图

如图 2.8.1 所示，干压成型是指在较大压力作用下，将陶瓷粉末在模具中压制成一定形状坯体的粉体成型工艺；成型过程中，在压制压力作用下，模具中的粉体颗粒受到压力的挤压开始移动，相互靠拢，粉体体积收缩，同时将粉体中吸附或包裹的空气排出；当压力与粉体颗粒间的摩擦力达到平衡时，粉体便达到相应压力下的压实状态。压力越大，粉体越致密，均匀性逐渐改善；但压力过大时，将使封闭在压坯中的残余空气气压升高，在压力卸载后因气体膨胀而产生压坯层裂，导致压制失败。

压制过程中将出现如下几种现象：① 颗粒移动，粉体收缩；② 粉体强烈变形，在压坯中产生内应力，导致压坯的弹性后效；③ 两种摩擦（即粉体颗粒之间的摩擦，导致压坯横向受力不匀；粉体颗粒与模壁之间的摩擦，导致压坯纵向受力不匀）导致压坯密度分布、强度分布不匀。

1. 粉末颗粒的位移

粉末形状不规则时，容易产生拱桥效应而阻碍粉体的致密。压制过程中粉体的五种基本位移如图 2.8.2 所示，包括：彼此靠近、相互分离、相对滑移、相对转动、颗粒破碎。

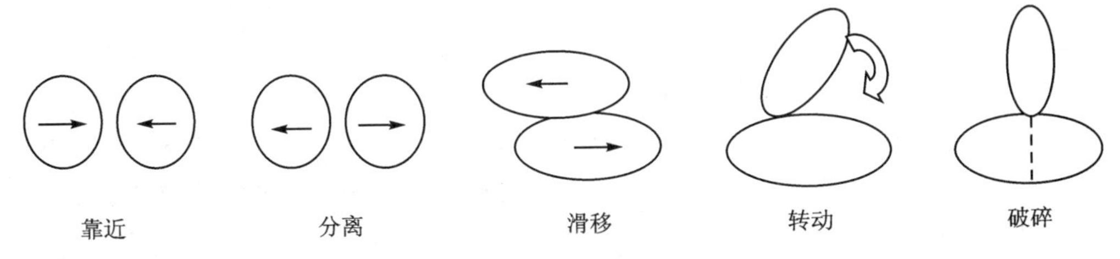

图 2.8.2　压制过程中颗粒的位移形式

2. 粉末的变形

压制过程中，颗粒发生的变形主要包括：① 弹性变形；② 塑性变形；③ 脆性断裂。脆性断裂是陶瓷压制过程中的主要变形形式，如果在粉体中加入了增塑剂，则前两种变形方式也很显著。通过变形，颗粒从压制初期的点接触转变为面接触。这里需要特别关注的是弹性变形，这将产生弹性后效，导致脱模后压坯变形甚至开裂。

在压制过程中，从压坯密度随压制压力变化的规律来看，脆性材料的压制曲线可分为如图 2.8.3 实线所示的三个阶段。Ⅰ阶段为滑移阶段，颗粒以滑移为主，使疏松的粉体中大量的孔隙被充填；随着压力增加，密度增加很快。Ⅱ阶段密度几乎不变，此阶段粉体中出现了较大的压制阻力，虽然压制压力增加，但不能使粉体中的孔隙度降低。Ⅲ阶段压制压力继续增加，超过粉体材料的强度极限，颗粒变形、破碎，引起新的滑移，使压坯密度继续增加。

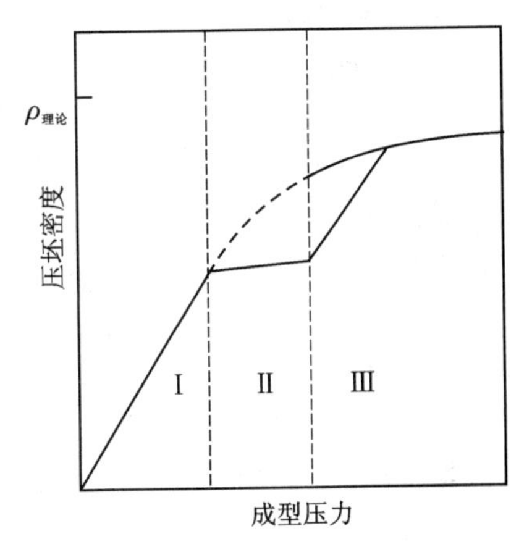

图 2.8.3　典型材料压制曲线示意图

对于金属等塑性好的材料，如图中短虚线所示，第Ⅱ阶段不明显。但硬且脆的材料，如陶瓷等，第Ⅱ阶段非常明显，如图中实线所示。

3. 影响干压成型的因素

在粉体一定的情况下，影响压制效果的因素大致包括如下几个方面：

① 压制压力。压力越高，获得的压坯密度越高。

② 粉体与阴模内壁的摩擦力。摩擦力越大，压力损失越大，获得的压坯密度越低。

③ 压坯的高径比。高径比越大，密度越不均匀。

④ 保压时间。在一定范围内，保压时间越长，越有利于残余应力的释放，利于获得形状完整的压坯。

⑤ 压制方式。在单轴压制模式下，双向压制的压坯密度比单向压制的压坯密度要均匀。

4. 配方计算方法

配方的计算方法有很多种，与坯料的组成有关。本实验采用根据坯料预定化学组成进行配料计算，举例如下：

采用纯度均为100%的 Al_2O_3、$CaCO_3$、滑石（$3MgO \cdot 4SiO_2 \cdot H_2O$）、高岭土（$Al_2O_3 \cdot 2SiO_2 \cdot 2H_2O$）为原料，配制100个重量单位、成分为93%$Al_2O_3$、1.3%MgO、1.0%CaO、4.7%$SiO_2$（wt. %）的坯料，试计算配料组成。

计算思路：根据配料组成的来源，从唯一来源原料开始计算，其余用简单组成原料调配。过程如下：

① CaO 来源于 $CaCO_3$（转化系数 56.03%），用量：$m_1 = 1/0.5603 = 1.78$。

② MgO 来源于滑石（$3MgO \cdot 4SiO_2 \cdot H_2O$）（转化系数 31.7%），用量：$m_2 = 1.3/0.317 = 4.10$。

③ SiO_2 来源于滑石及高岭土（转化系数分别为 63.5%、46.5%），由于滑石在确定 MgO 含量时已经确定了用量，同时引入了部分 SiO_2，因此余下的 SiO_2 量由高岭土提供：$m_3 = (4.7 - 4.10 \times 0.635)/0.465 = 4.51$。

④ Al_2O_3 来源于高岭土和氧化铝（转化系数分别为 39.5%、100%），同样的道理，所需 Al_2O_3 原料的用量为：$m_4 = (93 - 4.51 \times 0.395)/1.0 = 91.22$。

【实验内容】

采用模压成型，固定氧化铝的含量为75%配置原料，研究成型工艺对成型效果的影响，具体内容包括：

① 利用不同压制压力压制成型；

② 利用不同润滑方式压制成型；

③ 改变不同保压时间；

④ 保持相同压力、润滑方式，压制不同质量的压坯；

⑤ 测量压坯密度。

【实验条件】

1. 实验原料及耗材

Al_2O_3 粉末、CaO 粉末、MgO 粉末、SiO_2 粉末、纯净水、石蜡、硫酸纸等。

2. 实验设备

压片机、压制模具、卡尺、天平、混料机、搪瓷盘。

【实验步骤】

1. 配　料

固定 Al_2O_3 含量为75%，根据自己的兴趣选择一种或多种烧结助剂 CaO、MgO、SiO_2。

① 根据设计的压坯组成，用天平称取相应质量的物料。

② 把称量好的粉体在混料机上混合均匀；为确保物料的压制成型，可在混料时加入少量纯净水作为成型剂。

③ 取下混料罐，取出混合好的粉料放入搪瓷盘中备用。

2. 研究压制压力对粉体成型效果的影响

① 用天平称取相同质量的粉体5份。

② 装配好压制模具的下模冲，把称量好的1份粉体装入模具，装入上模冲。

③ 旋紧压片机上的止回阀，把装配好的模具放在压片机工作台上。

④ 上下往复旋动压力手柄，推动油泵活塞上移。当压模上模冲与压片机上压头接触时，开始对粉体加压。随着不断旋动手柄，压力不断增加。在加压过程中，要观察压力表；当接近所需压力时，缓慢旋动手柄直至达到所需压力。

⑤ 达到所需压力后，保压 1～5 min。

⑥ 松开压片机上的止回阀卸载。

⑦ 取下模具，取出上模冲。

⑧ 利用脱模套和脱模杆脱模；注意观察脱模压力。

⑨ 测量压坯的直径和高度，计算压坯体积。

⑩ 称量压坯质量，计算压坯的密度。

⑪ 改变压制压力，重复上述步骤②～⑩，直至把 5 份粉体压制完毕。

⑫ 把实验结果记入表中，绘出压坯密度 ρ -压制压力 P 曲线(压制曲线)。

3. 研究润滑方式对粉体成型效果的影响

① 用天平称取相同质量的粉体 5 份。

② 根据压制压力对粉体的压制效果，选择合适的压制压力。

③ 保持压制压力不变，分别在以下润滑模式下压制成型：(a)润滑阴模内壁；(b)润滑上模冲；(c)润滑下模冲；(d)润滑上下模冲；(e)同时润滑阴模内壁和上下模冲外壁。

④ 测量压坯的直径和高度，称量压坯质量，计算压坯体积和密度。

⑤ 改变润滑模式压制成型，直至把 5 份粉体压制完毕。

⑥ 把实验结果填入表中。

4. 研究保压时间对粉体成型效果的影响

① 用天平称取相同质量的粉体 5 份。

② 根据上述实验选择合适的压制压力、润滑方式，并在本实验中保持不变。

③ 在如下保压时间下分别压制粉体：1 分钟、2 分钟、3 分钟、4 分钟和 5 分钟。

④ 测量压坯的直径和高度，称量压坯质量，计算压坯体积和密度。

⑤ 改变保压时间，直至把 5 份粉体压制完毕。

⑥ 把实验结果填入表中。

⑦ 绘出压坯密度 ρ -保压时间 t 曲线。

5. 研究粉体质量对粉体成型效果的影响

① 用天平称取不同质量的粉体 5 份，依次按 0.50W、0.75W、W、1.25W、1.50W 称取。

② 选择合适的压制压力、润滑方式、保压时间并在本实验中保持不变。

③ 依次把 5 份粉体压制完毕。

④ 测量压坯的直径和高度，称量压坯质量，计算压坯体积和密度。

⑤ 把实验结果填入表中。

⑥ 绘出压坯密度 ρ -压坯质量 W 曲线。

【结果分析】

1. 自行设计表格，把实验参数和结果填写在表格里；

2. 根据实验结果分别绘制压制压力、润滑方式、保压时间、粉体质量对压坯密度的影响曲线；

3. 根据绘制的曲线总结规律，并根据压制原理对实验结果进行解释。

【注意事项】

1. 实验开始前，务必仔细阅读压片机的使用说明书，掌握压片机的使用方法和注意事项。

2. 压制过程中务必注意人身安全；切不可压制压力过大；压制前，务必确保模具完好，检查模具是否出现裂纹或损坏。

【思考题】

1. 压制过程中，为了让坯体中的气体充分逸出，下列哪种操作是正确的？

(1) 快速加压；(2) 先轻后重、多次加压；(3) 达到最大压力后立即卸压。

2. 装粉质量通过哪种方式影响压坯密度？

参考文献

[1] 李世普. 特种陶瓷工艺学. 武汉：武汉工业大学出版社，1997.
[2] 黄培云. 粉末冶金原理. 北京：冶金工业出版社，1991.
[3] 果世驹. 粉末烧结原理. 北京：冶金工业出版社，1998.
[4] 张华诚. 粉末冶金实用工艺学. 北京：冶金工业出版社，2004.
[5] 刘军，佘正国. 粉末冶金与陶瓷成型技术. 北京：化学工业出版社，2005.
[6] 殷庆瑞，祝炳和. 功能陶瓷的显微结构、性能与制备技术. 北京：冶金工业出版社，2005.
[7] 姜建华. 无机非金属材料工艺原理. 北京：化学工业出版社，2005.

2.9 陶瓷材料的烧结

【实验目的】

1. 了解陶瓷材料的烧结和性能检测工艺流程；

2. 掌握烧结体实际密度、线收缩率的测定方法；

3. 了解烧结温度、烧结助剂对陶瓷烧结的作用及其对烧结体性能的影响；

4. 学会陶瓷烧结工艺的优化过程。

【实验原理】

烧结是粉末或粉体压坯在适当的温度和气氛中(包括真空)受热所发生的现象和过程，是压坯在高温下的致密化工艺。在烧结过程中，压坯的密度和强度显著提高，物理性能和力学性能显著改善。

根据烧结过程中温度的变化，可以把陶瓷烧结分为三个阶段，即升温阶段、保温阶段和降温阶段。

在升温阶段，坯体中往往出现挥发性组分的排出、有机粘合剂的分解、液相的产生、晶粒的重排与长大等微观现象。在操作上，考虑到烧结时挥发性组分的排除和烧结炉的寿命，需要在不同阶段有不同的升温速率。

保温阶段指升到最高温度(通常也叫烧结温度 T_s)后的保温过程。粉体烧结涉及组成原子、空位的扩散传质，是一个热激活过程。温度越高，烧结越快。烧结温度与物料的结晶化学特性有关，晶格能大，高温下质点移动困难，不利于烧结，因此烧结温度就高；烧结温度还与材料的熔点存在一定的对应关系，对陶瓷而言，一般是其熔点的 0.7～0.9 倍，而对于金属而言，是其熔点的 0.4～0.7 倍。

冷却阶段是指陶瓷材料从最高温度到室温的冷却过程。冷却过程中伴随有液相凝固、析晶、相变等物理化学变化。冷却方式、冷却速度快慢对陶瓷材料最终相的组成、结构和性能等都有很大的影响，所以所有的烧结实验都需要精心设计冷却工艺。

如果烧结温度过高，则可能出现材料晶粒长大、分解等严重影响材料性能的问题。晶粒尺寸越大，材料的韧性和强度就越差，而这正是陶瓷材料的最大问题。可见，要提高陶瓷的韧性，就必须降低晶粒尺寸，降低烧结温度和缩短保温时间。但是，如果烧结温度太低，没有充分烧结，材料颗粒间的结合不紧密，颗粒间仍然是靠机械力结合，没有足够的冶金结合，这样的材料强度很低，可能根本就不能使用。

由于分类依据不同，存在较多的烧结类型。根据烧结过程中是否存在液相，可分为固相烧结和液相烧结；根据烧结室是否存在气氛，可分为真空烧结和气氛烧结；根据烧结过程中是否加压，又可分为无压烧结（一般为大气压）和压力烧结等。当然还有一些比较特殊的烧结类型，如微波烧结、放电等离子烧结、热压烧结以及热等静压烧结等。下面介绍两种最典型、也最常见的烧结类型，即固相烧结和液相烧结。

1. 固相烧结

固体表面张力是固相烧结的驱动力。如图 2.9.1 所示，固相烧结过程可分为三个阶段。

烧结初期，也称为粘结阶段或烧结颈形成阶段。相互接触的颗粒，通过互扩散或其他物质传输机制，使物质向接触点迁移，形成烧结颈或连接区。颗粒间的接触从点接触变成颈接触或面接触。这时形成的界面是分开的。随着烧结过程继续进行，界面可以相遇构成网络，在界面表面张力作用下，界面发生迁移，颗粒开始长大，烧结初期结束。

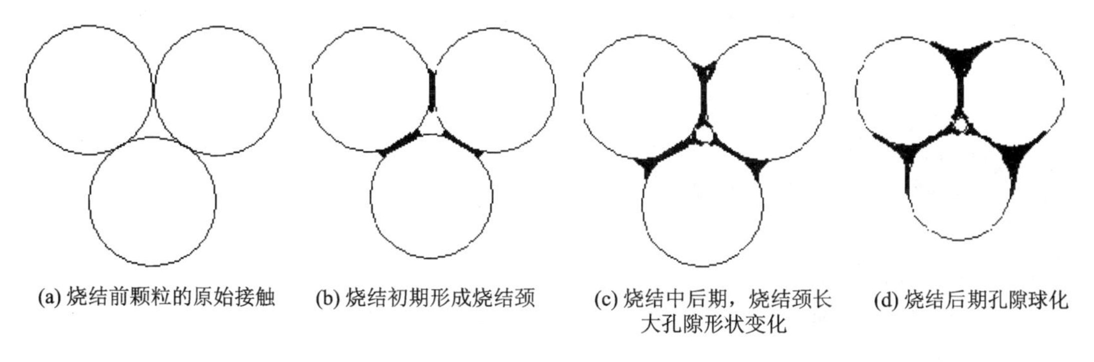

(a) 烧结前颗粒的原始接触　(b) 烧结初期形成烧结颈　(c) 烧结中后期，烧结颈长大孔隙形状变化　(d) 烧结后期孔隙球化

图 2.9.1　固相烧结过程示意图

烧结中期，也称为烧结颈长大阶段。弯曲界面向曲率中心迁移，曲率半径小的迁移快，颗粒大多为多边形，大于 6 边的颗粒容易长大，小于 6 边的颗粒容易被大颗粒吞没（120°夹角的界面最稳定）。烧结中期，气孔为连续相，呈棱角状态，当颗粒生长，气孔横截面不断减小，最后气孔不能互相连通而中断，成为单个孤立的气孔。中期结束。

烧结后期，也称为孔隙球化和缩小阶段。在此阶段，烧结颈进一步长大，形成大量的闭孔。此时气孔多位于三颗粒交点，也有些包埋在颗粒内部，呈球形，尺寸变小或消失。

三个阶段的相对长短由烧结温度 T_s 决定：T_s 低，可能只出现烧结初期阶段；T_s 越高，第二、第三阶段出现的时间越早。

可见，对固相烧结而言，在烧结初期形成烧结体骨架，烧结中期颗粒长大，空隙填充，而烧结后期主要是消除残存气孔或气孔球化。

2. 液相烧结

随着液相的产生，颗粒在液相粘性流动或毛细管力作用下发生重排，烧结体迅速收缩直至出现拱桥效应，然后再通过溶解-析出继续完成致密化过程。如图 2.9.2 所示，液相烧结也可以分为三个阶段。

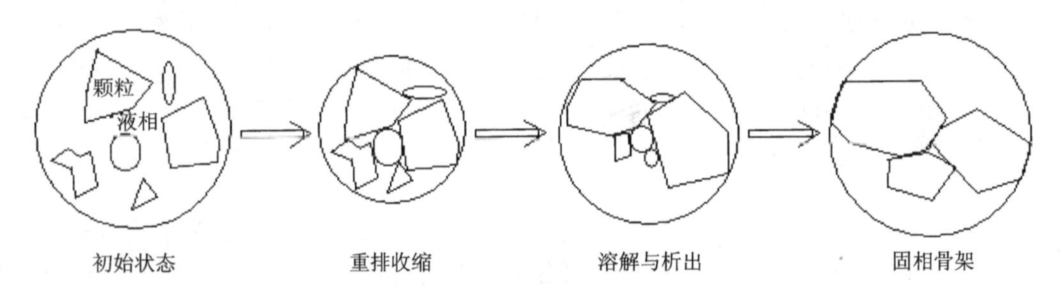

图 2.9.2 液相烧结过程示意图

(1) 液相产生与颗粒重排阶段

颗粒在液相内近似呈悬浮状态,受液相表面张力和毛细管力的作用发生位移,实现颗粒位置的重排,达到致密效果。此阶段,烧结体密度迅速增大。

(2) 固相溶解和析出阶段

小颗粒、颗粒表面的棱角、凸起部分优先溶解,并在大颗粒表面析出,结果使小颗粒趋于更小,甚至消失,大颗粒趋于长大。此阶段,致密化减缓。

(3) 固相骨架形成阶段

在前两阶段固体颗粒已充分靠拢,此阶段颗粒接触表面产生固相烧结,形成坚固的固相骨架,剩余液相充填于骨架的间隙中。此阶段,以固相烧结为主,致密化过程显著减缓。

【实验内容】

1. 压制 25 瓷原坯并进行烧结;

2. 测试烧结体的密度和收缩率;

3. 分析烧结温度、烧结助剂对 25 瓷烧结过程及烧结体性能的影响。

【实验条件】

1. 实验原料及耗材

Al_2O_3 粉末、CaO 粉末、MgO 粉末、SiO_2 粉末、纯净水、石蜡等。

2. 实验设备

烧结及压制实验所需设备:最高温度不低于 1 500 ℃的高温烧结炉、精确度为 0.01 g 的天平、承烧板若干、游标卡尺、压片机、压制模具、混料机、硫酸纸、研钵、液体槽、石蜡锅、酒精灯。

性能检测所需仪器及材料:电子天平、真空泵、真空干燥器、压力表、液体槽、支架、吊篮、烘箱、小烧杯、镊子、橡皮管。

【实验步骤】

1. 烧结实验

本实验采用液相烧结工艺来烧结氧化铝。液相烧结具有烧结温度低、烧结体致密的特点。添加烧结助剂可以在较低温度下产生液相,降低烧结温度,促进烧结致密化过程的进行。

如果制备纯度为 99%的氧化铝材料,烧结温度可高达 1 750 ℃以上。但如果在原料中有 MgO、CaO、SiO_2 等烧结助剂,则在烧结过程中会形成液相,从而可以适当降低烧结温度。如纯度为 75%的氧化铝,烧结温度可降低至 1 300~1 400 ℃。

(1) 模压成型

固定氧化铝的含量为 75%,根据自己的兴趣选择不同配比的烧结助剂,要求至少 3 种不同配方。每一种配方的原料必须足够压制一定数量的生坯所需。根据计算的配方组成,称量原料并利用混料机充分混合均匀。本实验采用模压成型，具体的压制工艺请参阅本书实验2.8“陶瓷材料干压成型技术”相关内容。本实验设定3个烧结温度，即1 250 ℃、1 350 ℃、1 450 ℃，每一温度需要4个原料完全相同的试样，因此，每一种配方的原料需要压制12个试样，3种配方则共需要36个压坯。

(2) 烧结准备

在放入烧结炉前，对压坯的质量、尺寸进行测量。本实验采用圆柱形试样。测量试样高度h、试样的直径D。把这些数据记录在表2.9.1中，以备测定材料的烧结收缩率。

将制好的坯体放在承烧板上，各个样品不能相互接触；承烧板要求表面洁净，放样品的表面要光滑平整；在预定烧结温度下，承烧板本身不与样品发生任何物理和化学反应。将试样按顺序放入炉中，准确记录各自的位置。放置试样时要注意使所有试样都处在烧结炉的恒温区，以确保烧结温度的均一性。

表2.9.1 压坯烧结前后的尺寸变化

<table>
<tr><td>试样名称</td><td colspan="2"></td><td>测试人</td><td colspan="2"></td><td>实验日期</td><td></td></tr>
<tr><td>原料配方</td><td colspan="7"></td></tr>
<tr><td>压制工艺</td><td colspan="7"></td></tr>
<tr><td>烧结工艺</td><td colspan="7"></td></tr>
<tr><td rowspan="2">样品编号</td><td colspan="3">烧结前</td><td colspan="3">烧结后</td><td>收缩率</td></tr>
<tr><td>h_1/cm</td><td>D_1/cm</td><td>W_1/g</td><td>h_2/cm</td><td>D_2/cm</td><td>W_2/g</td><td>ε/%</td></tr>
<tr><td>1</td><td></td><td></td><td></td><td></td><td></td><td></td><td></td></tr>
<tr><td>2</td><td></td><td></td><td></td><td></td><td></td><td></td><td></td></tr>
<tr><td>3</td><td></td><td></td><td></td><td></td><td></td><td></td><td></td></tr>
<tr><td>4</td><td></td><td></td><td></td><td></td><td></td><td></td><td></td></tr>
</table>

(3) 烧 结

关好炉门，对烧结炉进行程序设计。升温过程中，室温～700 ℃采用手动控制，升温速率是10～30 ℃/min。700～1 600 ℃升温速率一般为2～10 ℃/min。烧结的保温时间一般为120 min。降温时采用自然降温。200 ℃时可以打开炉门空冷。等待样品冷却后取出，进入下一步实验工作，即性能检测。

2. 性能检测

性能检测包括外观检测、烧结尺寸变化、样品的有效密度、相对致密度等。

(1) 外观检测

将烧结好的试样从炉中取出，观察试样表面是否有裂纹，裂纹的大小、深浅和个数；观察试样是否发生了变形、弯曲，把观察结果记录在表2.9.2中。

表2.9.2 烧结体外观变化情况

<table>
<tr><td>试样名称</td><td></td><td>测试人</td><td></td><td>实验日期</td><td></td></tr>
<tr><td>样品编号</td><td colspan="2">裂纹数量</td><td colspan="2">裂纹长度</td><td>是否变形</td></tr>
<tr><td></td><td colspan="2"></td><td colspan="2"></td><td></td></tr>
<tr><td></td><td colspan="2"></td><td colspan="2"></td><td></td></tr>
<tr><td></td><td colspan="2"></td><td colspan="2"></td><td></td></tr>
<tr><td></td><td colspan="2"></td><td colspan="2"></td><td></td></tr>
</table>

(2) 尺寸变化

利用游标卡尺测定压坯烧结后的尺寸(包括高度 h 和直径 D)并记录在表 2.9.1 中,则烧结体的体积收缩率 ε 为

$$\varepsilon = \frac{D_1^2 h_1 - D_2^2 h_2}{D_1^2 h_1} \times 100\% \tag{2.9.1}$$

(3) 烧结体密度的测定

烧结体中或多或少存在一些孔洞,根据计算过程中对孔洞的处理方法不同,烧结体的密度分为真密度、似密度和有效密度,它们的区别在于计算时考虑的体积范围不同。真密度不计孔洞体积,在不考虑材料中点缺陷的前提下,可近似认为真密度与烧结材料的理论密度一致;而似密度则计入烧结体中的闭孔体积,但不包含开孔体积;有效密度包括开孔和闭孔体积。本实验以测试烧结体的有效密度为例。

计算烧结体有效密度的关键是要知道试样的体积(包含闭孔和开孔)和质量。本实验采用排水法来测定烧结体的有效密度。

根据阿基米德原理,用液体静力称重法来测定。清洁试样表面,然后在空气中称重 W_1;把试样置于石蜡锅中封闭开孔,仔细擦干烧结体外部的蜡液,再称重 W_2;最后把封孔后的试样置于纯净水中称重 W_3,把相应测量结果记入表 2.9.3 中,则烧结体的有效密度 $\rho_{有效}$ 为

$$\rho_{有效} = \frac{W_1}{W_2 - W_3} \quad (\mathrm{g/cm^3}) \tag{2.9.2}$$

表 2.9.3 烧结体有效密度的测量

试样编号	W_1/g	W_2/g	W_3/g	$\rho_{有效}/(\mathrm{g \cdot cm^{-3}})$

(4) 烧结体相对密度的计算

相对密度 $\rho_{相对}$ 是指烧结体有效密度与理论密度的比值,常用百分数来表示:

$$\rho_{相对} = \frac{\rho_{有效}}{\rho_{理论}} \times 100\% \tag{2.9.3}$$

对于多相混合物,理论密度可用下式计算:

$$\rho_{理论} = \sum_{1}^{n} \rho_i g_i \tag{2.9.4}$$

式中,$\rho_{理论}$、g_i 分别为第 i 个组元的理论密度和重量百分比。

【结果分析】

1. 把实验参数和结果填写在表格里;
2. 根据实验结果分别绘制烧结温度与收缩率、烧结体密度的关系曲线;
3. 根据绘制的曲线总结规律,并根据烧结理论对实验结果进行解释。

【注意事项】

1. 实验开始前,务必仔细阅读压片机的使用说明书,掌握压片机和烧结炉的使用方法及注意事项。

2. 压制过程中务必注意人身安全，切不可压制压力过大；压制前，务必确保模具完好，检查模具是否出现裂纹或损坏。

3. 必须严格按照烧结炉的使用规则进行操作，以免损坏设备；烧结炉功率较大，温度较高，要注意设备的冷却水是否正常；烧结时间较长，实验过程中必须值守，不允许擅离职守。

【思考题】

1. 原料中不同的成分对材料烧结性能有什么影响？

2. 不同的烧结温度对材料的性能有什么影响？

参考文献

[1] 李世普. 特种陶瓷工艺学. 武汉：武汉工业大学出版社，1997.
[2] 黄培云. 粉末冶金原理. 北京：冶金工业出版社，1991.
[3] 果世驹. 粉末烧结原理. 北京：冶金工业出版社，1998.
[4] 张华诚. 粉末冶金实用工艺学. 北京：冶金工业出版社，2004.
[5] 刘军，佘正国. 粉末冶金与陶瓷成型技术. 北京：化学工业出版社，2005.
[6] 殷庆瑞，祝炳和. 功能陶瓷的显微结构、性能与制备技术. 北京：冶金工业出版社，2005.
[7] 姜建华. 无机非金属材料工艺原理. 北京：化学工业出版社，2005.

2.10　陶瓷材料热压烧结

【实验目的】

1. 掌握热压烧结的基本原理和特点；

2. 了解热压炉的基本构造；

3. 掌握热压炉的基本操作要领；

4. 了解热压烧结的主要影响因素。

【实验原理】

热压烧结与常规烧结方法不同，是指将粉体充填到模具中，在对粉体加压成型过程中，同时对粉体加热烧结，同步完成粉体的成型和烧结的方法。由于加热加压同时进行，粉料处于热塑性状态，有助于颗粒之间的接触以及原子扩散和流动传质，不仅极大地降低了粉体的成型压力（成型压力为干压成型的 1/10 左右），而且还可以降低烧结温度（比常规烧结低 150～200 ℃），缩短烧结时间（有些热压烧结只需保温 10～20 min 即可），从而抑制陶瓷晶粒长大，得到晶粒细小、致密度高、力学和电学性能优良的产品。采用热压烧结，可以在原料中不加或少加烧结助剂或成型助剂，产品纯度高。

热压烧结的致密化机理为：初期为颗粒重排及塑性流动，孔隙大量消失，密度急剧上升，致密化过程很快；后期为空位扩散，致密化过程较缓。采用热压烧结工艺，在对坯体加热的同时进行加压，烧结不仅仅通过扩散传质来完成，塑性流动也起了非常重要的作用，坯体的烧结温度将比常压烧结低很多；有液相时，增加压力利于颗粒重排，增加粉体的塑性变形和流动，同时利于压坯中的气孔、空位通过晶界扩散而消除（压力取向的空位扩散），因此热压烧结是降低陶瓷烧结温度、提高烧结体密度的重要技术之一。

就氧化铝陶瓷而言，常压下烧结 99 瓷必须烧至 1 750 ℃以上才能致密，但在 20 MPa 条件下热压烧结时，烧结温度可降至 1 500 ℃左右；如果采用热等静压烧结，当烧结压力为 400 MPa 时，烧结温度可降至 1 000 ℃。热压烧结技术不仅显著降低氧化铝瓷的烧结温度，而且能较好地抑制晶粒长大，晶粒更小，烧结体强度高。如 Al_2O_3 的烧结，常压烧结时抗弯强度约为 350 MPa，热压烧结时抗弯强度可达 700 MPa 以上。另外，热压烧结能够获得致密高强的微晶氧化铝陶瓷，特别适合烧结透明氧化铝陶瓷和微晶刚玉瓷。此外，由于氧化铝的烧结过程与阴离子的扩散速率有关，而还原气氛有利于阴离子空位的增加，可促进烧结的进行。因此，真空烧结、氢气氛烧结等是实现氧化铝低温烧结的有效辅助手段。

一般地，能用常规烧结的材料均可用热压烧结来成型致密，并且烧结体密度远远高于常规烧结的结果，另外，热压烧结还可适用于无法用常规方法来烧结的材料，如非氧化物陶瓷、金属/陶瓷复合材料、难熔材料等。其优点在于：成型压力小，烧结温度低，烧结时间短，制品密度高，晶粒细小；其缺点在于：过程及设备复杂，生产控制要求严，产品尺寸精度低，模具材料要求高，能源消耗大，生产效率较低，生产成本高。

图 2.10.1 是真空热压炉照片。热压炉的基本构造可以分为两个部分：一部分为包含加热系统的炉体，另一部分为加压系统。炉体通常为圆柱形双层壳体，用耐热性好的合金钢制成，夹层内通以冷却水对炉壁、底、盖进行冷却，以保护金属炉体；常用高纯石墨作为加热系统的加热元件，通过控制石墨发热元件两端的电压或流过石墨发热元件的电流来改变发热元件的输出功率，从而达到控制温度的目的。由于石墨电阻小，因此加在石墨发热元件上的电压较低，但流经的电流很大。为防止炉内的热量散失以及保护炉体，在发热元件与炉体之间设置有隔热层；另外，为防止石墨的高温氧化，热压时必须在真空或非氧化气氛下进行，所以炉体需要具有很好的气密性，符合真空系统要求，并带有由机械真空泵、扩散泵和真空管路组成的真空系统。加压系统通常为电动液压式单轴上下方向加压系统。高强石墨模具置于发热元件围成的炉膛恒温区，模具由模套、上下压头组成。上（或下）压头能在模套内运动，以实现对粉体材料的压制。

图 2.10.1　真空热压炉

【实验内容】

1．热压烧结 Al_2O_3 陶瓷粉体；

2．测试烧结体的密度。

【实验条件】

1．实验原料及耗材

Al_2O_3 和 MgO 陶瓷粉体、纯净水、β－BN 粉、酒精。

2．实验设备

烧结及压制实验所需设备：真空热压炉、高强石墨模具及石墨衬套、垫片、烧杯、小毛刷、研钵、天平。

性能检测所需仪器及材料：电子天平、游标卡尺、真空泵、石蜡锅、真空干燥器、压力表、液体槽、支架、吊篮、烘箱、小烧杯、镊子、橡皮管。

【实验步骤】

1. 粉体准备

为了与实验 2.9 对比，本实验采用组成为 75% Al_2O_3 +25% MgO 的粉体，每一个压坯质量为 10～20 g。根据实验 2.8 介绍的配方计算方法，用天平称取原料。由于所需原料较少，不宜采用混料机进行混料，故本次实验采用研钵手混。

2. 工艺设定

为了与实验 2.9 烧结的材料对比，本实验设定烧结温度为 1 250 ℃。从室温开始，升温速率为 30 ℃/min，通电加热时同时开始加压，烧结压力 30 MPa，保温时间 30 min。本实验采用的热压烧结制度如图 2.10.2 所示。

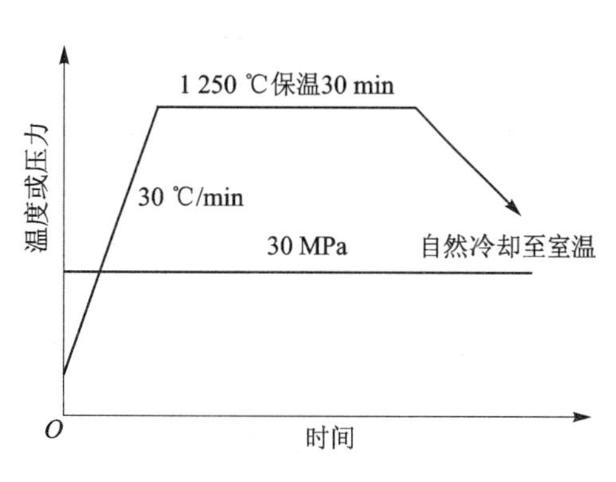

图 2.10.2 热压烧结制度

3. 模具准备

在烧杯中用酒精配制 BN 悬浮液，然后用小毛刷将其涂刷于模具的阴模内壁、上压头四周及下接触面、下压头上接触面以及衬套的内外表面、垫片的全部表面，以防止热压时压坯粘模而导致脱模困难。

4. 装粉、装模

将模、衬套装配在一起，再将下压头装入模腔，放入一枚保护垫片，将适量粉体装入模腔，表面刮平，再放入一枚保护垫片，最后将上压头插入，并轻轻旋动直至没有明显的卡滞现象。

将装好粉料的模具装在热压炉内的下压头座上，保证平稳，其上放加压压头。启动热压机加压系统，使上活塞缓慢下移直至与模具上压头接触，并对粉体进行预压直至两者牢固接触；盖好隔热垫，关闭炉门，上紧螺栓，装炉完成。

5. 抽　气

打开设备真空系统，按规定流程对炉体进行抽气直至真空度达到实验要求。

6. 设置烧结制度

打开循环水系统；打开各冷却水进出口阀门；打开主电源控制开关；设置实验参数，包括压力、温度、升温速率、保温时间等。

7. 烧结实验

启动控制程序，开始热压烧结实验。

8. 烧结结束工作

待控制程序执行完毕，关闭加热系统停止加热，保持冷却水处于开通状态让设备冷却；关闭加压系统停止加压；关闭真空系统的高阀和扩散泵电源。

9. 脱模、取样

当炉膛冷至室温后，关闭进水阀停止通水；打开放气阀，等炉内气压达到大气压后即可打开炉门，取出模具，压出衬套、垫片及试样。

10. 抽真空

关闭炉门,然后用机械泵对炉体抽真空以保证真空热压炉处于真空状态,利于下次实验的顺利进行。

11. 性能检测

采用实验 2.9 的方法测试样品的有效密度,并计算相对密度。

【结果分析】

对比实验 2.9 中相同组成、相同烧结温度的烧结体密度,结合烧结原理,说明热压烧结不仅致密过程快而且烧结体致密度高的原因。

【注意事项】

1. 实验开始前,务必仔细阅读设备使用说明书,掌握热压烧结炉的使用方法及注意事项。

2. 必须严格按照热压烧结炉的使用规则进行操作,以免损坏设备;烧结炉功率较大,温度较高,要注意设备的冷却水是否正常;烧结时间较长,实验过程中必须值守,不允许擅离职守。

【思考题】

1. 对比实验 2.9,试比较热压烧结与常规烧结的优缺点?

2. 热压烧结的致密化机理是什么?为什么能获得力学性能更高的材料?

参考文献

[1] 李世普. 特种陶瓷工艺学. 武汉:武汉工业大学出版社,1997.
[2] 黄培云. 粉末冶金原理. 北京:冶金工业出版社,1991.
[3] 果世驹. 粉末烧结原理. 北京:冶金工业出版社,1998.
[4] 张华诚. 粉末冶金实用工艺学. 北京:冶金工业出版社,2004.
[5] 刘军,佘正国. 粉末冶金与陶瓷成型技术. 北京:化学工业出版社,2005.
[6] 殷庆瑞,祝炳和. 功能陶瓷的显微结构、性能与制备技术. 北京:冶金工业出版社,2005.
[7] 姜建华. 无机非金属材料工艺原理. 北京:化学工业出版社,2005.

2.11 高温隔热陶瓷的制备及表征

【实验目的】

1. 了解航空航天领域对高温隔热材料的需求和特点;通过传热学的基本知识,了解高性能高温热材料的基本特性。

2. 熟悉多孔陶瓷制备工艺;了解陶瓷胶体成型技术和表征方法;了解多孔陶瓷烧结技术的特点;了解高温隔热性能表征方法。

3. 初步掌握高温隔热材料的研究方法,培养学生的动手能力及独立分析问题与解决问题的能力。

【实验原理】

1. 胶体稳定性及其影响因素

胶体成型是目前重要的陶瓷成型方法之一,该方法的关键问题是胶体(陶瓷浆料)的调控。陶瓷粉体颗粒在电解质溶液中会带电,其电荷的多少及正负与介质的 pH 值、离子强度、分散剂的种类和添加量等诸多因素有关,通过调控这些因素可以控制陶瓷浆料的稳定性和流动性。本实验用 Zeta 电位仪和流变仪分别表征不同 pH 值条件下,陶瓷粉体颗粒的 Zeta 电位和浆料的流变特性,揭示其影响规律。

2. 多孔陶瓷的胶体成型

多孔陶瓷有多种成型方法，而利用较低固体含量陶瓷浆料，直接通过可控胶体粒子的自组装，构成多孔陶瓷骨架的制备方法，具有工艺简便、孔隙率及孔径易控的特点。也就是说，先制备分散均匀的陶瓷浆料，通过调控料浆的 pH 值改变粉体颗粒间的相互作用力，使之相互吸引组装，形成陶瓷粉体多孔结构；然后通过干燥和烧结，直接获得多孔陶瓷材料。

3. 高温隔热特性及其影响因素

材料的隔热性能一是取决于材料本征热导率，二是取决于材料孔隙率及孔径。如氧化铝、氧化锆是热导率较低的陶瓷材料。具有高气孔率的纳米孔气凝胶是隔热性能优异的绝热材料，但气凝胶由于具有超高的比表面积，因而其高温稳定性和机械强度差；另一方面，气凝胶是半透明材料，其抗高温辐射传热性能也差。本实验采用超细陶瓷粉体制备高隔热性能、高耐高温性能的多孔隔热材料，并通过添加具有不同折射率的陶瓷颗粒，利用散射提高材料的抗高温辐射传热特性。

【实验内容】

1. 陶瓷浆料制备、流变特性表征及胶体成型；
2. 多孔陶瓷的烧结；
3. 多孔陶瓷的表征；
4. 探讨组成及制备条件对多孔陶瓷隔热特性的影响。

【实验条件】

1. 实验原料及耗材

氧化铝、氧化锆、碳化硅粉体、分散剂、去离子水。

2. 实验设备

流变仪、Zeta 电位仪、高温炉、隔热特性表征系统(自制)。

【实验步骤】

本实验需在三个单元时间完成。将学生分成三大组，每个单元时间三组学生轮换如下三个模块的实验。每组学生再分成三小组，每个小组负责一个试样配方的实验，大组内实验数据共享。

1. 陶瓷浆料的制备与表征

(1) 浆料配比计算(实验前算好)

配制固相含量为 15vol%的浆料(水 85vol%)，所有同学在进行该部分实验时均使用 Al_2O_3 粉料为原材料，实验开始前需根据固相含量计算好实验所需粉体的质量(以 100 mL 去离子水为基准)。

(2) 浆料流变特性表征

① 配制三种不同 pH 值含 15vol% Al_2O_3 的浆料(以 100 mL 去离子水为基准)，调制 pH 值分别为 3、7、9 的三种水溶液，按配比分别加入分散剂(三个大组所添加的分散剂剂量不同)和 Al_2O_3 粉料并搅拌至分散均匀，测其 pH 值。

② 流变特性测试。将配好的浆料导入流变仪试样杯，测试流变特性。

(3) 浆料分散稳定性表征

采用电泳法测量上述所得浆料的 Zeta 电位。

2. 陶瓷浆料的成型与烧结

① 配制浆料：三组同学采用凝胶注模成型法分别制备固体含量为 20vol%的 3 种浆料，料

浆的固相组成分别为：纯 Al_2O_3、15vol% ZrO_2－85vol% Al_2O_3、15vol% SiC－85vol% Al_2O_3（每小组配一种且各小组的预混液的配比不同）。

② 取少量分散好的浆料测量其 pH 值，并以该值为基点分别向酸性和碱性调节浆料的 pH 值，观察、记录浆料的流动性。

③ 将浆料导入准备好的模具（每个配方三个试样），蒙上保鲜膜，放入 80 ℃的恒温水浴锅中；约 30 min 后将固化的湿坯取出，待其降至室温后，将保鲜膜戳孔若干，室温晾干。

④ 坯体的干燥及烧结。烘箱干燥条件：40 ℃/2 h＋100 ℃/6 h。干燥后在马弗炉中烧结，烧结条件：900 ℃/ 2h。

3. 多孔陶瓷的表征

① 烧结特性表征。测量外形尺寸，计算烧结收缩率；采用阿基米德排水法测试三种配方烧结试样的表观密度、气孔率。

② 隔热特性测试。分别将三种试样置于高温隔热特性表征系统，记录试样表背温及热流透过量随时间的变化。画出表背温差及热流透过率与表温的关系。

【结果分析】

1. 研究浆料 pH 值、分散剂的添加量对流变特性的影响，根据所测得的实验结果，讨论浆料 pH 值、分散剂含量、胶体颗粒的表面电位之间的关系。

2. 研究浆料的 pH 值、单体与交联剂的配比对坯体固化时间、坯体强度及干燥和烧结收缩等方面的影响，说明胶体成型的机理及特点。

3. 研究气孔率、第二相对多孔陶瓷导热及辐射隔热性能的影响，讨论其机理。

【注意事项】

1. 预习实验和胶体学、传热学基础知识。

2. 本实验共享各组不同条件实验数据，形成研究型实验，探讨各因素的影响。

3. 本实验涉及高温设备，禁止触碰高温区域，避免烫伤。

【思考题】

1. 胶体学知识在陶瓷材料制备过程的应用；

2. 传热学与隔热材料设计应用。

参考文献

[1] Cohen Stuart M A. 胶体科学. 北京：科学出版社，2012.
[2] 陈大明. 先进陶瓷材料的注凝技术与应用. 北京：国防工业出版社，2011.
[3] 赵镇南. 传热学. 北京：高等教育出版社，2008.

第四节　高分子材料成型技术

2.12　高分子材料熔体流动速率的测定技术

【实验目的】

1. 了解高分子材料熔体流动速率测定的基本原理和方法；

2. 掌握熔融指数测定仪的结构和使用方法；

3. 掌握高分子材料种类、分子量及分子量的分布对其流动性的影响规律。

【实验原理】

衡量高分子材料流动性的主要参数有溶体流动速率(也称熔融指数)、表观粘度、流动长度、可塑度、门尼粘度等,其中溶体的流动速率是最常见、最简单、最容易测定的一个物理参数。高分子材料加热到熔点以上将变成黏稠的熔体,在压力作用下可产生流动。高分子熔体的流动速率是指高分子熔体在不同温度和压力下,每 10 min 通过规定的标准口模的质量,用 MFR (Melt Flow Rate)表示,单位为 g/10 min,可见,高分子材料的流动速率是随温度和压力的变化而变化的。实验过程中料筒内各段的温度稍有变化,也将导致高分子熔体的流速存在差异。为了减小误差,必须以相同的时间间隔从通过口模的高分子材料上连续截取 5 件试样,且要求试样表面组织光滑细腻、无气泡。称量后取其平均值进行计算,计算方法见式(2.12.1),计算结果取小数点后两位有效数字。

$$\text{MFR}=\frac{w}{t}\cdot 600 \tag{2.12.1}$$

式中,MFR 为熔体流动速率,g/10 min;w 为切取试样质量平均值,g;t 为样条切断间隔时间,s。

测定不同树脂的溶体流动速率时,所选用的负荷压强、测试温度、试样的用量以及取样时间间隔等有所不同,具体的实验条件选择可参见国家标准 GB/T 3682—2000《热塑性塑料熔体质量流动速率和熔体体积流动速率的测定》。对于同一种高分子材料而言,熔体流动速率越大,粘度越小,分子量亦越低,交联程度也越小,成型容易;反之,分子量亦越大,交联程度就越高,成型困难。

【实验内容】

1. 测定不同高分子材料的熔体流动速率

从 PE、PP、PS、ABS 中至少选择 3 种,选择合适的熔体压力(从 0.325 kg、1.200 kg、2.160 kg、5.000 kg 中选择一个),在相同塑化温度和熔体压力下测试熔体流动速率,分析不同高分子材料熔体流动速率差异。

2. 研究高分子材料熔体流动速率随塑化温度的变化规律

从 PE、PP、PS、ABS 中任选其一,在熔点以上每升高 5～10 ℃为一个测试温度;熔体压力从 0.325 kg、1.200 kg、2.160 kg、5.000 kg 的砝码中任选一个,研究塑化温度对高分子材料熔体流动速率的影响。

3. 研究高分子材料熔体流动速率随熔体压力的变化规律

从 PE、PP、PS、ABS 中任选其一并确定一个塑化温度,分别测定熔体压力为 0.325 kg、1.200 kg、2.160 kg、5.000 kg 时的熔体流动速率,研究熔体压力对高分子材料熔体流动速率的影响。

测试条件可参照表 2.12.1 自行设计。建议选择同一种材料进行内容 2 和 3 的实验,以免更换原料带来的设备清洗和参数调整等问题,节约实验时间。

【实验条件】

1. 实验原料及耗材

PP(聚丙烯)、PE(聚乙烯)、PS(聚苯乙烯)、ABS(丙烯腈-丁二烯-苯乙烯塑料)、棉纱布、石蜡。

2. 实验设备

RZY－400 或 RZY－400A 型熔体流动速率仪(如图 2.12.1 所示)、电子天平、烧杯、镊子、纱布、线手套、搪瓷盘等。

【实验步骤】

1. 烘料:将高分子材料放入搪瓷盘内,把搪瓷盘放到烘箱内,在 70 ℃下烘干 2 h。

2. 装口模:按图 2.12.2 所示,将炉体底部拉板沿水平方向向里推进,用清洗棒穿上口模轻轻放入料筒。

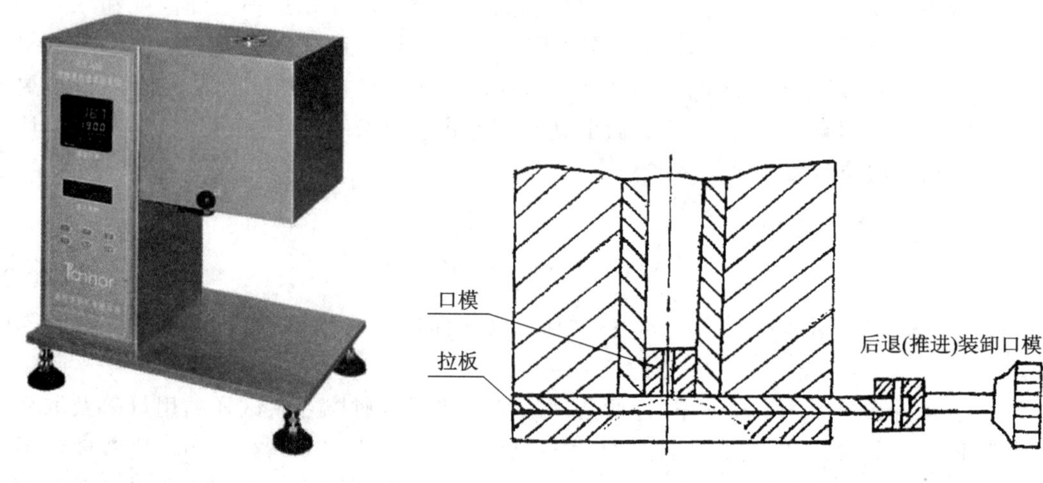

图 2.12.1 RZY-400 型熔体速率仪

图 2.12.2 口模装配

3. 升温:将活塞套上导向套一起放入料筒,然后开始升温;从表 2.12.1 中选定测试条件,高分子材料测试条件可参照表 2.12.2 建议选取,表中的序号对应表 2.12.1 中的序号。

表 2.12.1 标准测试条件

序 号	标准口模内径/mm	试验温度/ ℃	口模系数/(g·mm^2)	负荷/kg
1	1.180	190	46.6	2.160
2	2.095	190	70	0.325
3	2.095	190	464	2.160
4	2.095	190	1 073	5.000
5	2.095	190	2 146	10.000
6	2.095	190	4 635	21.600
7	2.095	200	1 073	5.000
8	2.095	200	2 146	10.000
9	2.095	220	2 146	10.000
10	2.095	230	70	0.325
11	2.095	230	258	1.200
12	2.095	230	464	2.160
13	2.095	230	815	3.800
14	2.095	230	1073	5.000
15	2.095	275	70	0.325
16	2.095	300	258	1.200

表 2.12.2 建议实验测试条件

材 料	序 号
聚乙烯 (PE)	1、2、3、4、6
聚丙烯 (PP)	12、14
聚苯乙烯(PS)	5、7、11、13
丙烯腈-丁二烯-苯乙烯共聚物(ABS)	7、9

4. 设置取样参数:设定温度,根据显示屏提示设定取样数量和取样间隔时间 t(可参考表 2.12.3)。

表 2.12.3 试样加入量与切样时间间隔

流动速率/[g·(10 min)$^{-1}$]	试样加入量/g	切割时间间隔/s
0.1～0.5	3～4	120～240
>0.5～1.0	3～4	60～120
>1.0～3.5	4～5	30～60
>3.5～10	6～8	10～30
>10～25	6～8	5～10

5. 加料:称取充分烘干的物料 3～8 g,戴厚手套取出活塞杆和导向套,用加料漏斗分 3～5 次将物料加入到料筒中,每次加完后需用压料杆将物料压实,然后将活塞杆和导向套重新放入料筒,加料与压实过程须在 1 min 内完成。

6. 取样:用手或小砝码加压,使活塞杆上的下刻线在 1 min 内降到导向套上表面处,然后加上选定的负荷,当下刻线进入料筒时开始取样,连续取 5 个无气泡试样,冷却后用电子天平称重。如需测量其他温度或压力下的熔体流动速率,应将余料全部挤出再重复上述步骤。

7. 计算:待试样冷却后,用电子天平称重,取其平均值按公式(2.12.1)计算高分子材料熔体流动速率。

8. 清洗:测试完成后,应首先取出活塞杆,并立即用棉纱或铜网清洗;然后拉出炉体下方的拉板,用清料杆将口模缓慢压出,并立即用清洗棒清洗内孔,用棉纱布清洗外表面;在清料杆上缠绕少许棉纱清洗料筒。以上操作要趁热进行,可使用石蜡等辅助清洗,一定要戴隔热手套,注意防止烫伤!全部清洗完毕后将温度设定为 0,关闭开关。

9. 打扫工作场地,将工具清理后放回工具箱。

【结果分析】

1. 把实验测得的数据列表表示;有条件的可将测试结果用计算机整理,以图、表方式直观显示测试结果。

2. 注意,如果试样质量的最大值与最小值之差超过平均质量的 10%,实验结果无效,必须重新测定。

3. 根据计算结果绘制熔融指数随温度或压力变化曲线,总结并分析高分子材料种类、分子量及分子量的分布对其流动性的影响规律。

【注意事项】

1. 实验过程必须严格遵守操作规程,爱护设备,尤其是料筒和活塞杆不得磕碰。

2. 实验有高温,整个实验过程必须带手套,防止烫伤,尤其是清理料筒时,必须带两副以上手套。

3. 在清理设备时,一定要小心,不要将口模丢失。

【思考题】

1. 测定高分子材料熔体流动速率的主要目的是什么?熔体流动速率的大小能反映高分子材料的哪些性质?

2. 影响高分子材料流动性的因素有哪些?

3. 简述高分子材料熔体刚刚流出口模时会发生什么现象?为什么?

参考文献

[1] 殷勤俭,周歌,江波. 现代高分子科学实验. 北京:化学工业出版社,2012.

[2] 王国成,肖汉文. 高分子物理实验. 北京:化学工业出版社,2017.

[3] 国家质量技术监督局. 热塑性塑料熔体质量流动速率和熔体体积流动速率的测定:GB/T 3682—2000. 中国标准出版社,2000.

2.13 二元高分子共混改性与3D打印耗材的制备

【实验目的】

1. 了解高分子材料挤出机基本结构和工作原理;

2. 掌握微型挤出拉丝机的使用方法和操作程序;

3. 掌握高分子材料共混改性原理与主要改性方法,分析影响共混改性的因素,培养研究新材料的思维能力和动手能力。

【实验原理】

高分子材料共混是指两种或两种以上高分子材料经混合制成宏观均匀物质的过程。根据共混原理,共混改性可分为物理共混、化学共混和物理/化学共混三大类型;而根据共混方法,可分为熔融共混、溶液共混和乳液共混三个类别。共混改性是高分子材料改性最为简便且卓有成效的方法,可有效实现高分子材料的性能优势互补。

在高分子材料共混过程中,不同高分子材料之间的相容性是决定共混产物性能的重要因素。相容性是指共混物各组分彼此相互容纳、形成宏观均匀材料的能力。不同聚合物对之间相互容纳的能力有着很悬殊的差别。某些聚合物对之间可以具有极好的相容性,某些聚合物对之间则只具有有限的相容性,当然也有一些聚合物对之间几乎没有相容性。由此,可按相容的程度划分为完全相容、部分相容和不相容聚合物对。通常情况而言,相容性较好的高分子材料之间形成的共混产物会具有单一的玻璃化转变温度,而不相容的高分子材料的共混产物则会拥有相互分离的玻璃化转变温度。

对于热塑性高分子材料的共混改性,最常用的改性方法是挤出共混成型。借助螺杆的旋转挤压作用,使受热熔融塑化的高分子材料在压力推动下连续通过机头口模,经冷却定型得到具有特定断面形状的连续制品,根据挤出机口模形状的不同,可以成型不同形状的样品,如片材、管、棒等。本次实验选取圆形口模,因此共混改性后挤出的产物为线状。通过调节螺杆转速以及收集耗材绕线盘的张力,可调节线状产物的直径。通常情况下,3D打印所采用的耗材直径为1.75 mm,因此在本实验中,通过调节挤出拉丝机,制备作为3D打印耗材使用的、直径为1.75 mm的线材。

【实验条件】

1. 实验原料及耗材

通用高分子材料、封口袋、棉纱。

2. 实验设备

微型挤出拉丝机(如图 2.13.1 所示)、FDM 型 3D 打印机、高速搅拌机、搪瓷盘、鼓风烘箱、镊子、天平、游标卡尺、剪刀、材料试验机、扫描电镜。

图 2.13.1　微型单螺杆挤出拉丝机实物图

【实验内容】

1. 探讨共混材料配比对改性材料力学性能的影响

从 PP、HDPE、PS、HIPS、PPO 等高分子材料中选择 2 种，以 90/10、80/20、70/30、60/40、50/50、40/60、30/70、20/80、10/90(wt%)的配比进行共混改性，并挤出制备成线材。对线材进行拉伸性能测试，研究共混配比与材料力学性能之间的关系。

2. 探讨共混工艺条件对改性材料力学性能的影响

选择 3 种混合温度或螺杆转速，按 PS/PPO＝50/50(wt%)的配比进行共混改性，并制备成线材。对线材进行拉伸性能测试，研究共混配比与材料力学性能之间的关系。

3. 探讨共混材料配比对改性材料 3D 打印制件力学性能的影响(选做实验)

从 1 或 2 制备的线材中选出 3～5 组，作为 3D 打印的耗材，利用 FDM 型 3D 打印机在相同打印参数下制备出哑铃型力学性能拉伸试样，进行拉伸测试，利用 SEM 观察断口形貌，分析二元共混耗材的聚集态结构与性能之间的关系。

【实验步骤】

1. 按设计的配方称量好高分子材料，将原料倒入搪瓷盘放入烘箱烘干(70 ℃/2 h)。将挤出机电源接通并将冷却水阀门打开，开启挤出机温控。

2. 从烘箱内取出烘干物料，放入高速搅拌机混合 2～3 min，取出备用。

3. 当挤出机温度达到预定温度后，继续恒温 15 min(机头有熔融料流出)。之后按下主机启动按钮，主机开始运转。此时顺时针旋转手柄，使螺杆逐渐加速，达到预定转速后，将混合好的物料放入料斗内；将收料装置放置在冷却水末端准备接料。

4. 当机头内有熔料连续挤出时，舍弃前端不均匀的挤出料。把后面的料条用镊子夹住引入水槽，注意要从挡块下方通过使其在冷水中进行冷却，随后从水槽的孔中拉出，送入牵引辊。机头挤出正常后，将挤出料条导入收料筒固定，收集共混挤出线材。

5. 挤出完毕后调节手轮，逆时针旋转使其转速为最小(缓慢调节)，达到零时，按下按钮关闭主机。

6. 重复步骤 3～5 直至把所有设计配方共混完毕。

7. 关闭牵引辅机和收卷辅机，关闭总电源，冷却一段时间后再关水并清理实验场地，长时间不用应清空冷却水槽中的水。

8. 性能检测

① 利用游标卡尺测量线材的直径；

② 利用材料试验机测试线材的拉伸性能；

③ 利用 FDM 型 3D 打印机制备哑铃型力学试样，利用材料试验机测试拉伸性能；(选做)

④ 利用 SEM 观察断口形貌。(选做)

【结果分析】

1. 将实验材料配方及成型工艺条件与拉伸性能共同列表汇总，以便分析和总结规律；

2. 结合工艺参数对实验过程发生的现象，如料条的表面质量、粗细、连续性等问题进行分析。

【注意事项】

1. 实验中一定要严格遵守操作规程，在料筒温度未达到要求时，绝对不能开机，以防螺杆被扭断；

2. 在操作过程中，严防面部正对出料口模，防止熔融料产生喷射将人烫伤；

3. 女生需注意将头发盘起，防止头发过长卷入传动齿轮中；

4. 一旦停水，此实验不能进行。

【思考题】

1. 论述自己选材的主要依据。任何两种高分子材料都能通过挤出共混提高力学性能吗？试述理由。

2. 试分析影响挤出共混效果的工艺因素。

3. 试分析材料组分对3D打印成型工艺性能的影响。

参考文献

[1] 王琛. 高分子材料改性技术. 北京：中国纺织出版社，2007.

[2] 殷勤俭，周歌，钟安永，等. 现代高分子科学实验. 北京：化学工业出版社，2012.

[3] 焦剑. 高分子物理. 西安：西北工业大学出版社，2015.

2.14 高分子材料3D打印耗材挤出成型工艺

【实验目的】

1. 了解高分子材料挤出机基本结构和工作原理；

2. 学会挤出机的使用方法和操作程序，了解制备3D打印耗材的制备方法，培养研究新材料的思维能力和动手能力。

【实验原理】

挤出成型是借助于螺杆的旋转挤压作用，使受热熔融塑化的高分子材料在压力推动下连续通过机头口模，经冷却定型得到具有特定断面形状的连续制品的成型方法，是基于高分子材料受热可以熔融、给它压力可以流动、冷却以后可以定型的特点进行成型的。挤出成型是一种连续的成型过程，制品的形状由口模决定，可以成型各种片材、管、棒等。

挤出机是用于挤出成型的设备，其基本结构如图2.14.1所示，其使用和操作过程将在实验步骤中介绍。

图2.14.2是挤出机心脏部位——料筒和螺杆的示意图，一根等距不等深（螺棱的距离相等而螺槽的深度不等）的大螺杆悬浮在料筒的中心，螺杆的螺棱与料筒内径的间隙约为0.15 mm；在螺杆的最前端与机头之间有一块过滤板，通过过滤板将熔料过滤，使一些没有塑化好的颗粒和杂质不能进入机头，同时建立机头压力，改变高分子材料的运动方向，使熔料从旋转运动变为直线运动。通过调节熔料的牵引比可获得所需外型尺寸的产品。

按一定配比混合好的高分子材料在挤出机料筒内受到料筒外加热线圈传导热的影响以及料筒内料与料、料与螺杆、料与料筒之间互相挤压、剪切、摩擦等作用生成的热量的影响，温度

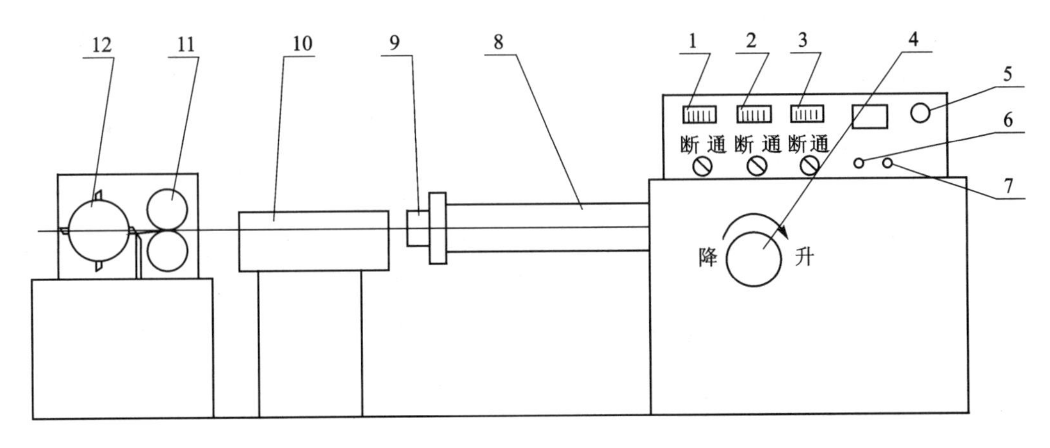

1—加料段温度调节表；2—熔融段温度调节表；3—机头口模段温度调节表；4—调速手柄；5—电源指示灯；6—主机停止；7—主机启动；8—料筒；9—口模；10—冷却水槽；11—牵引；12—切粒

图 2.14.1　共混造粒挤出机基本结构

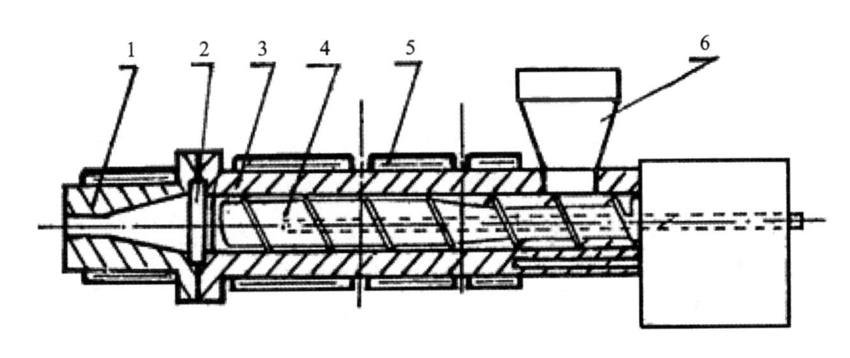

1—机头口模；2—过滤板；3—料筒；4—螺杆；5—加热圈；6—料斗

图 2.14.2　料筒与螺杆的基本结构

越来越高，使得高分子材料在随着螺杆旋转不断向机头方向推进的过程中逐渐由固态变成粘流态。为此，根据在挤出过程中的作用，螺杆和料筒通常可分外三段，即加料段（玻璃态）、熔融段（熔点以上，也叫粘流段）和均化段（熔点以上）。螺杆不断地旋转将料压实并建立起机头压力，从而挤出连续型材。

【实验内容】

从 PP、PE、PS、ABS 高分子材料中任选 1～2 种原料粒料进行挤出，并制备成线型 3D 打印耗材。通过调节温度、转速确定适当工艺参数。对不同原料挤出成型的线材进行拉伸测试，得到线材性能，随后将线材进行 3D 打印，成型出拉伸力学实验试样，进行拉伸性能测试。

【实验条件】

1. 实验原料及耗材

PP、PE、PS、ABS 等高分子材料、高分子材料袋、棉纱。

2. 实验设备

ϕ25 挤出机一台、高速搅拌机、烘箱、高分子材料桶、搪瓷盘、腻子刀、镊子、电子天平、剪刀、卡尺、盒尺。

【实验步骤】

1. 称量好高分子材料，将料倒入搪瓷盘内并放入烘箱烘干（70 ℃/2 h）。

2. 将挤出机电源接通并将冷却水阀门打开，开启挤出机温控；当挤出机温度达到预定温度后，继续恒温 15 min（机头有熔融料流出）。将烘干的高分子材料倒入料斗，之后按下主机启动按钮，主机开始运转。此时顺时针旋转手柄，使螺杆逐渐加速，达到预定转速，注意观察主机功率，不要超高 90%；将收料装置放置在冷却水末端准备接料。

3. 当机头内有熔料连续挤出时，舍弃前端不均匀的挤出料。把后面的料条用镊子夹住引入水槽，注意要从挡块下方通过使其在冷水中进行冷却，随后从水槽的孔中拉出，送入牵引辊。机头挤出正常后，将挤出料条导入收料筒固定，收集挤出线材。

4. 挤出完毕后调节手轮，逆时针旋转使其转速为最小（缓慢调节），转速降到 0 后，按下按钮关闭主机。

5. 关闭牵引辅机和收卷辅机，关闭总电源，冷却一段时间后再关水并清理实验场地，长时间不用应清空冷却水槽中的水。

【结果分析】

1. 记录实验材料种类和成型工艺条件，测量挤出线材的直径，分析其影响因素；

2. 对实验过程发生的现象，如料条的表面质量、粗细、连续性等问题，结合工艺参数进行分析。

【注意事项】

1. 实验中一定要严格遵守操作规程，在料筒温度未达到要求时，绝对不能开机，以防螺杆被扭断；

2. 在操作过程中，严防面部正对出料口模，防止料产生喷射将人烫伤；

3. 女生需注意将头发盘起，防止头发过长卷入传动齿轮中；

4. 一旦停水，此实验不能进行。

【思考题】

试分析影响挤出成型 3D 打印耗材品质的因素。

参考文献

[1] 王琛. 高分子材料改性技术. 北京：中国纺织出版社，2007.

[2] 殷勤俭，周歌，钟安永，等. 现代高分子科学实验. 北京：化学工业出版社，2012.

[3] 焦剑. 高分子物理. 西安：西北工业大学出版社，2015.

2.15 高分子材料挤出吹塑成型工艺

【实验目的】

1. 了解高分子材料挤出吹塑成型制备薄膜的工艺原理；

2. 了解高分子材料吹膜机结构特点及使用方法。

【实验原理】

1. 挤出吹塑成型工艺

挤出吹塑是塑料薄膜的一种常用成型方法，将干燥的热塑性高分子材料粒料加入料斗中，靠粒料本身的重量从料斗进入螺杆，当粒料与螺纹斜棱接触后，旋转的斜棱面对塑料产生与斜棱面垂直的推力，将塑料粒子向前推移；推移过程中，由于塑料与螺杆、塑料与机筒之间的摩擦以及粒子间的碰撞摩擦，同时还由于料筒外部加热而逐步溶化。熔融的塑料经机头过滤掉杂质后从模头模口出来，经风环冷却、吹胀，经人字板、牵引辊、卷取将成品薄膜卷成筒。挤出吹塑工艺具有设备投资少、产品纵横强度较均匀、无需切边、厚度和宽度变化灵活等特点。吹塑成型最常用的原料包括 PE、PP、PVC 及 PC 等热塑性高分子材料。吹膜成型机主要由挤出机、机头、模头、冷却装置、稳泡架、人字板、牵引辊、卷取装置等组成，如图 2.15.1 所示。

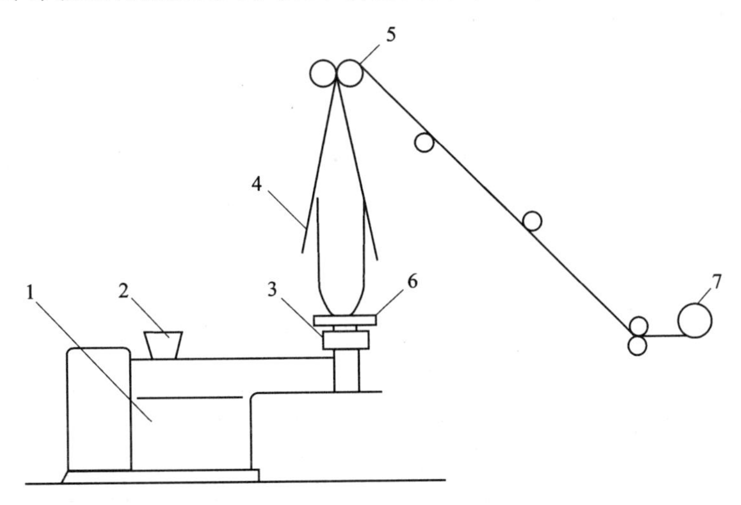

1—挤出机；2—加料斗；3—机头；4—人字形夹板；5—牵引辊；6—风环；7—卷取

图 2.15.1 吹膜机工作原理

【实验内容】

1. 观察挤出吹塑成型薄膜过程；

2. 测试不同工艺条件下（温度、辊张力）成型薄膜的厚度和力学性能。（选做）

【实验条件】

1. 实验原料及耗材

LDPE 低密度聚乙烯、棉纱。

2. 实验设备

SCM 吹膜试验机、搪瓷盘、测厚仪、万能材料试验机。

【实验步骤】

1. 开机并预热：插好电源线，打开吹膜机右侧主机电源开关，根据工艺设定好料筒各段温度并打开加热开关，预热 30 min。

2. 加料：预热阶段完成后向料筒中加入干燥好的粒料。

3. 挤出牵引：启动主机，调节螺杆转速（速比 30），打开滚筒牵引开关，设定牵引速度，用手将挤出的熔体慢慢上引使其沿牵引辊前进。

4. 吹胀：待牵引出的熔体表面稳定后打开仪器自带的小气筒开关，手动向熔体中压入空气使挤出的熔体胀大。当胀大的熔体表面没有破损、膨胀比达到实验要求且不再发生明显变化时停止压入空气。

5. 冷却定型：打开吹膜机左侧风环开关对挤出的熔体进行冷却。

6. 收卷：打开卷辊开关，将表观质量较好的薄膜缠绕到卷辊上收集所制得的薄膜。记录实验时的工艺条件，称量卷绕 1 min 成品的质量，并测量其长度及厚度。

7. 实验完毕：逐步降低螺杆转速，趁热清理机头的残留塑料。

8. 性能检测：

① 利用测厚仪测量薄膜的厚度；

② 利用材料试验机测试薄膜的拉伸性能。(选做)

具体操作步骤请参见本书第一章相应内容或对应设备说明书。

【结果分析】

记录实验材料种类和成型工艺条件,测量薄膜的宽度和厚度,分析其影响因素。

【注意事项】

1. 熔体挤出前,操作者不得位于口模的正前方,以防止意外伤人;
2. 操作时严防金属杂质和小工具落入挤出机料斗内,操作时必须戴手套;
3. 吹塑过程中要密切注意各项工艺条件的稳定,不应有波动。

【思考题】

1. 试简述吹塑成型原理。
2. 影响高分子材料吹塑成型薄膜制品尺寸和质量的因素有哪些?

参考文献

[1] 李洪飞,苑会林,王婧. 吹塑成型 PVF 薄膜工艺研究. 塑料工业,2005,33(10):28-30.
[2] 董钜潮. 多层共挤吹膜技术. 工程塑料应用,2000,28(3):29-31.
[3] 闫宝瑞,郭俊超,郭奕崇. 吹膜过程多参数测控系统. 自动化仪表,1999,20(5):28-31.

2.16 高分子材料注射成型工艺

【实验目的】

1. 了解注射成型工艺及原理;
2. 了解高分子材料注射机和注射模具的结构特点及使用方法;
3. 掌握高分子材料力学性能试样的注射成型制备方法;
4. 掌握注射成型工艺条件的确定及其对制品力学性能的影响。

【实验原理】

1. 注射成型工艺

高分子材料注射成型是指粒状或粉状高分子材料在加热的注射机料筒中均匀熔融塑化,然后由螺杆或柱塞将熔料推挤到闭合模具型腔中,经过一定时间的冷却成型,制得制品的加工方法。注射成型是高分子材料主要成型方法之一,具有成型周期短、生产效率高、制品精度好、成型适应性强、易实现自动化生产等特点。

注射成型机由挤出机、模具的开合部分、锁模部分、液压传动系统及控制系统组成,图 2.16.1 所示为立式注射机示意图。

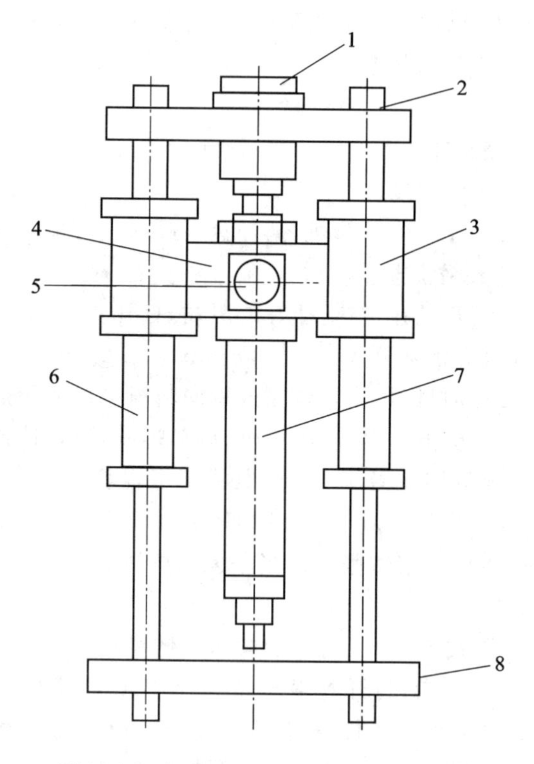

1—液压马达;2—推力座;3—注射油缸;4—注射座;5—加料口;6—座移油缸;7—塑化部件;8—上模板

图 2.16.1 立式注射机示意图

由于螺杆与料筒的长径比小,在料筒与

螺杆区域只是将高分子材料加热熔融，不具备共混改性功能。将挤出共混粒料，由加料口放入注射机料筒内，由螺杆旋转将熔料前推至料筒最前端。高分子颗粒在前进过程中，由于受到加热线圈及摩擦生热的影响，将逐渐由固态变成粘流态，并储存在喷嘴与料筒的前端待用。随后螺杆轴向移动将熔料经喷嘴注入到封闭的模腔，冷却定型后，打开模具即制得所需制品，其过程如图 2.16.2 所示。

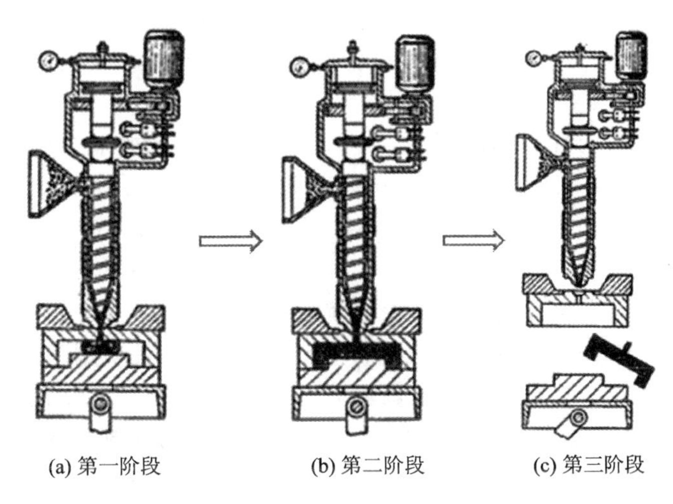

(a) 第一阶段　(b) 第二阶段　(c) 第三阶段

图 2.16.2　注射机成型原理

2. 注射成型工艺主要影响因素

注射成型工艺的核心问题是要得到塑化良好的聚合物熔体并顺利注射到模具中，在控制的条件下冷却定型，最终得到符合质量要求的制品。因此，对于种类确定的材料而言，注射成型最重要的工艺条件是温度、压力和时间。

(1) 温　度

温度是注塑成型技术的关键因素，包括模具温度、料筒温度及喷嘴温度。

模具温度对注塑成型制品质量有重要影响，对结晶条件及结晶度有决定性作用。冷却速度小以及结晶速率大时，高模具温度有利于 PET 分子键的松弛，减小分子取向。一般而言，模具温度低时，断裂伸长应力和悬臂冲击强度会升高而挠曲模量和拉伸屈服强度会降低。

料筒温度对物料的流动性及塑化性有显著影响。原料在料筒中加热熔化，如温度过高则容易氧化，最终影响产品性能。通常料筒温度升高，物料的成型流动性、制品表面光泽度及冲击强度增加，而取向度、收缩率、内应力及翘曲度降低。

喷嘴温度直接影响物料流动性和塑化性，影响制件的性能。喷嘴温度高，制品光泽度增加、熔料粘度降低，但可能引起熔料分解，损害制品性能。

(2) 压　力

注塑成型工艺中压力是很重要的因素，包括塑化压力、注射压力及保压压力。

塑化压力增加会提高熔体温度，熔体温度均匀，减小塑化速度，提高制品结构性能。

提高注射压力可以提高熔体的流动性、改善流体充模速度以及降低成型过程中的收缩率。压力大小以及保压时间与制品的性能有直接关系，同时加压速度也能够影响制件质量。

提高保压压力可以防止树脂在冷却过程中的回流，使熔体充模更充分，降低树脂在冷却过程中的收缩率，但压力过大会出现脱模困难等问题。

（3）时　间

主要包括注射时间、保压时间和冷却时间。

注射时间在质量合格的前提下越短越好。注射时间影响制品的内应力及生产周期，原则上制品越薄的地方注射时间越短，越厚的地方为控制其收缩问题需酌情延长注射时间。

保压时间主要控制制品缩水及结构尺寸，调校产品的变形度。选择保压来控制制品缩水需依缩水位置而定，并非所有缩水都可以用保压来解决。例如缩水位置在熔体填充的末端，使用保压来控制缩水则会造成临近水口位的位置应力过大，造成顶白、粘模、或引起制品翘曲变形等。

冷却时间主要影响模具的冷却速度。快速冷却可减小制品收缩，但对结晶型塑料制品来讲，应注意快速冷却所造成的负面影响，如制品的尺寸稳定性差，制品不同部位收缩的差异大，翘曲变形大。因此，对结晶型高分子制品应该适当提高模温，降低冷却速率。

【实验内容】

1. 观察注射成型压力与成型试样表观形貌和密度之间的关系。至少选择 3 个压力，从 PP、PE、PLA、PS、PA、ABS 以及共混改性材料中选择一种作为注射用高分子材料。

2. 观察注射成型温度对成型试样表观形貌和密度之间的影响。至少选择 3 个温度，从 PP、PE、PLA、PS、PA、ABS 以及共混改性材料中选择一种作为注射用高分子材料。

3. 测试不同的注射成型压力与材料力学性能之间的关系（冲击、弯曲、拉伸）。至少选择 3 个压力，从 PP、PE、PLA、PS、PA、ABS 以及共混改性材料中选择一种作为注射用高分子材料。

4. 测试不同的注射成型温度与材料力学性能之间的关系（冲击、弯曲、拉伸）。至少选择 3 个温度，从 PP、PE、PLA、PS、PA、ABS 以及共混改性材料中选择一种作为注射用高分子材料。

【实验条件】

1. 实验原料及耗材

PP、PE、PS、PA、ABS 及共混改性材料、脱模剂、棉纱。

2. 实验设备

KT－100 立式塑料注射成型机、试样模具（拉伸、冲击试样）、镊子、搪瓷盘、冲击试验机、万能材料试验机。

【实验步骤】

1. 开机：插上插头，打开注射机右侧控制柜柜门，合上电源开关，控制柜面板显示屏亮。

2. 升温：打开冷却水开关，向右转动控制柜面板上的“电热开关”（黑色），利用控制柜正面的仪表设定各区段温度。达到设定温度后，需恒温 30 min。

3. 加料：将物料倒入加料漏斗（银色）中。

4. 启动油泵：轻按控制柜面板上的“油泵”键启动油泵，等待约 2 min 再进行下一步操作。

5. 参数设定：按控制面板上“压力”键进入压力设定界面，用箭头键移动光标并输入数值，按“设定”键确定，分别设定合模压力、注射压力、保压压力、开模压力、顶出压力等注射参数；按“时间”键进入时间设定界面，用同样的方法设定注射时间、保压时间、冷却时间、顶出时间等参数。

6. 对空注射：为清洗料桶和喷嘴，在注射成型前应对空注射。轻按控制柜面板上的“手动”键转为手动模式，再轻按“座退”键，将注射座升至最高，按“储料”键加料至自动停止，按“射料”键注射，反复5～8次，用镊子清理喷嘴，再按住“座进”键，使喷嘴顶住模具浇口。

7. 手动注射成型：双手同时按住机器前方的两个绿色按钮，使模具闭合并达到合模压力（注意观察控制面板上方的压力表），然后按住“储料”键加料，按住“射料”键完成注射和保压，按住“储料”键为下一次注射加料，经适当时间冷却后，按住“开模”键开模，按“顶进”键将成型的制品顶出模腔，最后取出制品。

8. 半自动注射成型：确认参数设定合适后，轻按控制柜面板上的“半自动”键转为半自动模式，操作者双手同时按住机器前方的两个绿色按钮，使模具闭合并达到合模压力，此后，注射机将自动运行，操作者只需最后取出制品。

9. 关机：注射成型完毕后，首先应将料斗中的余料放出，将料桶中的物料全部射出，对部分高分子材料还应用PE或PP清洗料桶；然后清理模具，如长时间不用应涂油防腐，合模；轻按“油泵”键关闭油泵；向左转动“电热开关”停止加热；打开控制柜柜门，关闭电源开关，拔下插头。

10. 收拾周围环境卫生，冷却一段时间后再关闭冷却水开关。

【结果分析】

1. 详细记录注射成型工艺条件并绘制成表格。

2. 将工艺流程周期用图表示清楚。

【注意事项】

1. 实验中一定要严格遵守操作规程，一旦停水实验不能进行；

2. 不要用手触摸料筒，严防烫伤；

3. 实验结束时，每人可保存冲击、拉伸试样各两个，供力学性能实验使用。

【思考题】

1. 试简述注射成型原理。

2. 什么是注射成型周期？其确定依据是什么？

3. 影响高分子材料成型制品质量因素有哪些？

参考文献

[1] 汪建新，娄春华，王雅珍. 高分子科学实验教程. 哈尔滨：哈尔滨工业大学出版社，2009.

[2] 殷勤俭，周歌，钟安永，等. 现代高分子科学实验. 北京：化学工业出版社，2012.

2.17　LCM工艺流动充模过程研究

【实验目的】

1. 了解LCM工艺过程；

2. 了解LCM工艺参数的选择原则；

3. 了解工艺参数对LCM工艺效果的影响。

【实验原理】

1. LCM技术

复合材料液体成型（Liquid Composite Molding，LCM）技术是树脂传递模塑（RTM）、结构反应注射成型（SRIM）、Seemann法成型工艺（SCRIMP）、真空辅助树脂传递模塑（VARTM）以及树脂膜渗透工艺（RFI）等一类复合材料成型工艺的总称。

LCM工艺的原理如图2.17.1所示，其主要原理为首先在模腔中铺放好按性能和结构要求设计好的增强材料预成型体，然后采用注射设备将专用树脂体系注入闭合模腔或加热熔化模腔内的树脂膜；模具具有周边密封、紧固系统以及由CAD辅助设计的注射及排气系统，以保证树脂流动顺畅并排除模腔中的全部气体和彻底浸润纤维；模具还具有加热系统可进行加热固化以成型复合材料构件。

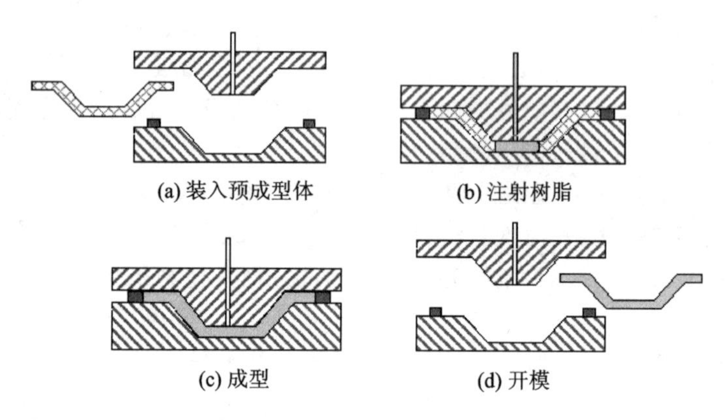

图 2.17.1　RTM 工艺示意图

LCM工艺与其他复合材料成型工艺的本质区别在于，LCM工艺纤维/树脂的浸润是由低粘度的树脂在闭合模腔中流动渗入增强材料预成型体，同时排除增强材料织构中的气体而完成的，如图2.17.2所示。由图可以看出，与传统工艺(如手糊成型、喷射成型、缠绕成型、模压成型和预浸料/热压罐成型等)相比，LCM工艺纤维/树脂流动浸润过程具有很大的不同，其特点可总结如下：

① 纤维/树脂的浸润由树脂在流动充模过程中同时完成(发生在闭合模腔内)，随后树脂迅速固化成型，因此LCM是典型的一步浸润机理。

② 纤维/树脂流动浸润过程中包含多种复杂的流动浸润过程和机理，如层间和束间的宏观流动浸润和纤维束内的微观流动浸润，如图2.17.2所示。

③ 树脂在具有各向异性的多孔介质中进行长程流动完成纤维/树脂的浸润，同时树脂自身也具有复杂的化学流变特性。

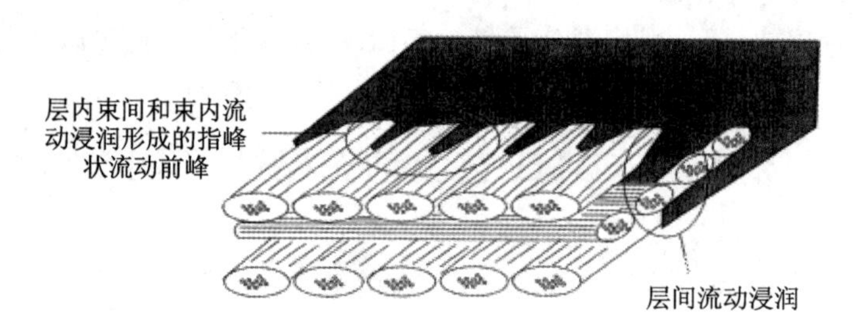

图 2.17.2　LCM 工艺树脂/纤维流动浸润示意图

因此，LCM工艺具有与传统多步浸润机理不同的工艺基础理论。相比于手糊、真空袋、热压罐等传统复合材料成型工艺，LCM成型工艺的优缺点如表2.17.1所列。

2. LCM 工艺的影响因素

LCM工艺的影响因素较多，包括注射工艺参数、注射方式、增强体参数、树脂性能等等，都影响LCM工艺过程中树脂流动前锋的运动形式，从而影响制品质量和工艺效率。

树脂粘度和注射压力对充模时间影响很大，是影响复合材料制件质量的重要因素。充模时间与树脂粘度基本成正比关系。粘度越大,流动速度就慢,充模时间就长,效率不高;粘度太小则容易造成缺陷。充模时间与注射压力成反比,符合达西定律。当注射压力较小时,随注射压力的增大,树脂充模时间随压力变化比较显著;当压力较大时,压力对树脂充模时间的影响减弱,随压力增大,充模时间几乎无明显变化。当然,制备过程中不仅要考虑提高注射压力对充模效率的积极作用,还要考虑压力增大可能会造成纤维变形而最终影响制品质量,再则压力过大,成型效率提高并不十分明显。

表 2.17.1 LCM 类工艺的优缺点

优 点	缺 点
制件尺寸精度高	预成型体制备和装配困难
表面质量好	模具设计必须建立在良好的树脂流动模拟分析基础之上
可低压成型(经常低于 0.7 MPa)	模具密封要求高
模具费用较低	需要专用的低粘度树脂体系
可设计性好	充模过程不可见
制品力学性能好(缺陷＜1%)	工艺控制困难
可成型形状复杂的大型整体构件	

不同注射方式对充模时间的影响很大。例如,注射口和溢料口的数量和位置将影响充模时间和树脂流动模式,采用多孔注射工艺可使树脂在达到凝胶点之前充分浸润增强纤维,避免产生气泡和干斑;中心点注射方式的充模时间最短;当注射点位置固定时,放气点位置对注射时间的影响不明显。

树脂渗透率对充模时间也有影响,一般说来,充模时间与渗透率成反比。当渗透率较小时,随渗透率的增加,充模时间急剧减小;而当渗透率增长到一定程度时,随渗透率的增加,对充模时间影响不大。增强体的形状主要通过影响树脂渗透率的方式来影响 LCM 工艺。

【实验内容】

1. 研究不同注射形式对树脂充模过程的影响,包括模具中心注射、短边中心注射和长边中心注射三种形式;

2. 根据矩形模具尺寸,学生自主设计不同零件形状,研究不同零件形状对树脂充模过程的影响,包括注射口位置、溢料口位置、注射时间和流动前锋位置等;

3. 分析 LCM 工艺的主要影响因素。

【实验条件】

1. 实验原料及耗材

增强体材料、玻璃纤维织物、充模液体树脂替代液(玉米油)。

2. 实验设备

高分子材料注射成型机、模具、剪刀、粘度测量仪等。

【实验步骤】

1. 根据模具尺寸将增强材料裁剪成所需尺寸及层数;

2. 将裁好的增强材料铺放在模具中;

3. 合模,检查模具密封性;

4. 安装注射系统;

5. 测试树脂粘度;

6. 自主设计 2～3 种零件形状和注射方式及溢料口位置；

7. 根据设计，完成增强材料铺放、合模、注射树脂，观察树脂在模腔中的流动状态，并记录树脂流动前锋位置和充模时间；

8. 更换注射方式（或增强材料形状），重复上述步骤直至完成所有实验。

【结果分析】

1. 把所测得的实验结果列表或作图。不同注射形式可采用列表方法，不同构件形状可采用作图对比方法。

2. 根据实验结果所列图表，分析影响 LCM 工艺的主要因素。

【注意事项】

1. 选择不同注射方式时，应注意其他条件（如纤维织物类型、纤维织物的含量等）保持一致，便于对比分析；

2. 选择不同形状时应注意所选形状所能说明的影响因素。

【思考题】

1. LCM 工艺的主要工艺参数是什么？

2. 影响 LCM 工艺的成功的主要因素有哪些？为什么？

参考文献

[1] Timothy G. Gutowski. Advanced Composite Manufacturing. Massachusetts Institute of Technology, Cambridge, MA, A Wiley-Interscience Publication, 1997:393-456.

[2] Rudd C D, Long A C, Kendall K N, et al. Liquid Molding Technologies. Woodhead Publishing Limited, 1997:100-123.

[3] 刘万辉，于玉城，高丽敏. 复合材料. 哈尔滨:哈尔滨工业大学出版社，2011.

2.18　复合材料增强体渗透率的测定技术

【实验目的】

1. 了解复合材料增强体渗透率的含义及作用；

2. 掌握复合材料增强体渗透率的测试方法；

3. 了解影响复合材料增强体渗透率的主要因素。

【实验原理】

渗透率是描述织物或者增强体对树脂流动阻力的物理参数，可以用来表征树脂通过玻璃纤维织物等多孔介质的难易程度，是孔隙率的函数。在复合材料加工过程中，树脂在增强材料预成型体中的流动浸润可视为是一种渗流过程，其流动规律应遵从 Darcy 定律。Darcy 定律是 19 世纪物理学家 Darcy 在研究液体对土壤的渗透过程中发现的一种流体在多孔介质中的渗流规律，其数学表达式为

$$Q=-\frac{K}{\eta}\cdot A\cdot\frac{\Delta P}{\Delta L}\tag{2.18.1}$$

式中，Q 为流过截面 A 的流量；ΔP 为流体在流距长度 ΔL 上的压力降；η 为流体粘度；K 是多孔介质的一个特性常数，称为渗透率，反映流体在多孔介质中流动的难易程度。考虑纤维预成型体多孔介质的各向异性，LCM(Liquid Composite Molding，即复合材料液体成型)工艺中树脂与增强材料预成型体中的流动浸润需采用各向异性流动的 Darcy 定律式(2.18.2)和流体连

续性方程式(2.18.3)描述：

$$\boldsymbol{v}=-\frac{\bar{\bar{\boldsymbol{K}}}}{\eta}\cdot\Delta P \tag{2.18.2}$$

$$\frac{\partial u}{\partial x}+\frac{\partial v}{\partial y}+\frac{\partial w}{\partial z}=0 \tag{2.18.3}$$

式中，$\boldsymbol{v}$ 是树脂流动速度矢量；ΔP 是沿流动方向的压力降；$\bar{\bar{\boldsymbol{K}}}$ 是渗透率张量；u、v 及 w 分别为速度 $\boldsymbol{v}$ 在 x、y 及 z 方向的分量。

考虑预成型体各向异性时，有

$$\bar{\bar{\boldsymbol{K}}}=\begin{bmatrix} k_{xx} & k_{xy} & k_{xz} \\ k_{yx} & k_{yy} & k_{yz} \\ k_{zx} & k_{zy} & k_{zz} \end{bmatrix} \tag{2.18.4}$$

式中，k_{ij}($i=x$、y、z；$j=x$、y、z)为相应方向上的渗透率分量。树脂流动充模过程是一动边界过程，因此仅在各向同性渗透率和等温注射(η=Constant)条件下，单向或一维流场(Unidirectional or 1D flow)及二维放射流场(Planar radial or 2D flow)时，树脂流动充模过程可以有简析解，其余情况下的流动充模过程均为非线性行为，很难直接得到简析解。

一维单向流动主要指单管流动或二维线形注射流动，其中二维线形注射在理想情况下流动前峰是平移推动的，在垂直于流动方向上不发生质流交换，从而实际树脂填充过程也是一维单向流动。假设流动方向为 X 方向(单位 cm)，时间参量用 t 表示(单位 s)，压力用 P 表示(单位 MPa)，粘度用 η 表示(单位 Pa•s，其中 1 cp=1 mPa•s)，渗透率用 K 表示(单位 cm^2)，则根据达西定律有

$$\mathrm{d}x/\mathrm{d}t=\frac{\mathrm{d}P}{\mathrm{d}x}\frac{K}{\eta} \tag{2.18.5}$$

考虑一维流动特性，则又有

$$\frac{\mathrm{d}P}{\mathrm{d}x}=\frac{P}{x} \tag{2.18.6}$$

上式中，P 为流动方向上流体中某时刻两点间的压力差；x 为此两点间的距离。将式(2.18.6)代入到式(2.18.5)中，经整理有

$$x\,\mathrm{d}x=\frac{K}{\eta}P\,\mathrm{d}t \tag{2.18.7}$$

将式(2.18.7)两边同时积分，有

$$\int_0^x x\cdot\mathrm{d}x=\int_0^t K/\eta\cdot p\cdot\mathrm{d}t \tag{2.18.8}$$

最后积分结果为

$$t=\frac{\eta}{2KP}x^2 \tag{2.18.9}$$

根据式(2.18.9)可知，$t-x^2$ 关系图为一条直线，因此可以得到直线的斜率；在 η 与 P 已知的情况下，通过该直线的斜率即可求得渗透率 K。

【实验内容】

1. 测试不同织物相同纤维体积含量的渗透率；
2. 测试相同织物不同纤维体积含量的渗透率；
3. 比较织物类型和纤维体积含量对渗透率的影响规律。

【实验条件】

1. 实验原料及耗材

可供选择的被测纤维织物类型:纤维平纹织物(不同纤维体积含量)、经编织物(不同纤维体积含量)、针织短切毡(不同纤维体积含量)、树脂替代液注射液体(玉米油)。

2. 实验设备

高分子材料注射成型机、模具、尺子、计时器、粘度测量仪。

【实验步骤】

1. 将待测纤维织物(方格布)根据模具尺寸进行剪裁。

2. 将剪裁好的纤维织物铺放在模具中,平纹布铺放6、8、10、12层,短切毡铺放2、3、4、5层,合模,检查模具密封情况。

3. 对渗透率测试液进行粘度测试,并记录粘度值。

4. 调节注射设备至适当压力范围,一般为0.2～0.4 MPa,温度为室温,将直尺放置于模具面板。

5. 注射树脂,记录树脂流过单位距离的时间。

【结果分析】

1. 把所测实验数据列表,表分三列,分别为时间、距离、距离的平方。

2. 将所测实验数据以时间为 X 轴、距离的平方为 Y 轴作图,求出斜率;根据式(2.18.9)计算渗透率。

3. 根据所求渗透率以纤维类型、纤维体积含量(层数)列表、作图,分析渗透率的变化规律。

【注意事项】

1. 树脂注入端的纤维织物应对齐;

2. 密封胶应贴紧纤维织物,否则容易产生流道效应,影响渗透率测试结果;

3. 树脂注入后,应在树脂到达织物端部开始计时。

【思考题】

影响复合材料增强体渗透率的主要因素是什么?

参考文献

[1] Timothy G. Gutowski. Advanced Composite Manufacturing. Massachusetts Institute of Technology, Cambridge, MA, A Wiley-Interscience Publication, 1997:393-456.

[2] Rudd C D, Long A C, Kendall K N, et al. Liquid Molding Technologies, Woodhead Publishing Limited, 1997:100-123.

2.19 预浸料的制备与热压罐成型工艺

【实验目的】

1. 了解湿法预浸料制备和预浸料物理性能测试方法;

2. 了解复合材料热压罐成型工艺方法;

3. 了解排布机、热压罐等设备使用方法和注意事项;

4. 理解复合材料热压罐成型工艺中关键的物理化学变化,深化学生对复合材料热压罐成型工艺原理和工艺控制基本理论的认知,培养学生综合运用所学知识进行独立实验和思考的能力。

【实验原理】

1. 预浸料的制备

预浸料是树脂体系浸渍连续纤维或织物形成树脂体系与增强体的复合物，是制备复合材料的中间材料。根据制备方法不同，预浸料分为湿法预浸料（溶液浸渍法）和干法预浸料（热熔法）。溶液法又分为滚筒缠绕法和连续浸渍法，本实验采用的滚筒缠绕法是指将浸渍树脂基体后的纤维束或织物缠绕在一个金属圆筒上，每绕一圈，丝杠横向进给一圈，这样纤维束就可以平行地缠绕在金属圆筒上，待绕满一周后，沿滚筒母线切开，即形成一张预浸料。

2. 预浸料基本物理性能测试

本实验测试预浸料的基本物理性能，包括预浸料纤维面密度、挥发组分含量和树脂含量。测试过程依据测试标准 HB 7736.5—2004《复合材料预浸料物理性能试验方法》中第三部分《纤维面密度的测定》、第四部分《挥发份含量的测定》和第五部分《树脂含量的测定》进行。

3. 复合材料热压罐成型工艺原理

利用热压罐内部的高温压缩气体及其产生的压力对复合材料坯料进行加热、加压以完成复合材料的固化成型。

【实验内容】

1. 预浸料制备；

2. 预浸料基本物理性能测试；

3. 热压罐工艺制备复合材料。

【实验条件】

1. 实验原料及耗材

玻璃纤维、环氧树脂、固化剂、丙酮、辅助材料（防粘纸、透气毡、真空袋、脱模剂、压敏胶带等）。

2. 实验设备

主要设备包括烘箱、冰箱、天平、电吹风、排布机、热压罐。

【实验步骤】

1. 预浸料的制备

以环氧树脂/玻璃纤维体系单向预浸料制备为例，包括以下步骤：

① 首先配制约 500 mL、密度为 0.966 g/cm^3 左右的树脂溶液。

② 裁剪防粘纸，其长度在 190～200 cm 之间。

③ 用排布机制备预浸料：

(a) 玻璃纤维卷固定，调节旋转轴上的弹簧，使卷轴转动时玻璃纤维有一定张力；

(b) 移动胶槽导轨至合适位置，锁紧丝杠定位销；

(c) 向胶槽注入配好的胶液，使玻璃纤维通过胶槽和导纱轨，避免玻璃纤维起毛；

(d) 在正式排布前，可将玻璃纤维绕卷筒转一圈，防止玻璃纤维从卷筒上脱落；

(e) 根据纤维种类、预浸料含胶量调节“卷筒速度”，设置纤维间距、排布宽度；

(f) 正式排布前确认丝杠定位销是否锁紧以及排布的方向是否正确；

(g) 从卷筒上取预浸布时，固定防粘纸的一端，另一端沿卷筒顶部方向抽取；

(h) 排布结束，切断电源，各工作机构复位，并清理胶槽、导纱轨和卷筒等，保持排布机干净整洁。

2. 预浸料基本性能测试

(1) 预浸料试样准备

① 制备好的预浸料，需要在标准实验环境放置1～2天，去除部分挥发组分后再使用；如果使用从冷藏室取出的预浸料，在室温下至少放置6 h，待恢复室温后取样。

② 用裁纸刀从预浸料上裁取尺寸为(100±1)mm的方形试样，并记录取样方向和位置。注意：每项性能测试至少需要3块试样。

(2) 挥发物含量测定

① 称量并记录截取的预浸料试样质量 w_1，然后将其放入恒温的鼓风干燥箱中，在(120±2)℃下恒温15 min，取出试样放入干燥器中，冷却至室温。

② 迅速称量并记录干燥后的预浸料试样质量 w_2，精确至0.001 g。

③ 挥发物含量 V_c 按下式计算：

$$V_c = \frac{w_1 - w_2}{w_1} \times 100\% \tag{2.19.1}$$

式中，V_c 为挥发物含量，%；w_1 为试验前预浸料试样的质量，g；w_2 为试验后预浸料试样的质量，g。

(3) 树脂含量和面密度的测定

① 称量并记录空烧杯质量 m_0 以及预浸料质量 m_1。

② 把预浸料放入烧杯并在烧杯中加入适量丙酮溶剂浸泡试样，用玻璃棒或最小频率为40 kHz的超声振动器轻轻搅拌10 min以上，将溶液缓慢倒出，重复三次，注意不要损失纤维。

③ 将清洗、沥干后的纤维置于烧杯中，再置于已恒温的鼓风干燥箱中，干燥温度为(120±2)℃，干燥时间至少15 min。

④ 干燥后的纤维彼此间应无明显粘结现象，否则应更换溶剂重做步骤②、③。

⑤ 称量盛有干纤维的烧杯质量 m_2，精确至0.001 g。

⑥ 预浸料湿树脂含量 R_1 及干树脂含量 R_2 分别按照式(2.19.2)和式(2.19.3)计算：

$$R_1 = \frac{m_1 - (m_2 - m_0)}{m_1} \times 100\% \tag{2.19.2}$$

$$R_2 = \frac{m_1(1 - V_c) - (m_2 - m_0)}{m_1(1 - V_c)} \times 100\% \tag{2.19.3}$$

式中，m_0 为烧杯质量；m_1 为预浸料试样质量；m_2 为烧杯加纤维质量；R_1 为湿树脂含量；R_2 为干树脂含量；V_c 为预浸料挥发组分含量，%。

⑦ 预浸料纤维面密度按照下式计算

$$\rho_f = \frac{m_2 - m_0}{A} \tag{2.19.4}$$

式中，ρ_f 为纤维面密度，g/m^2；A 为试样面积，m^2。

计算三个试样的平均值为最终测试结果。

3. 热压罐工艺制备复合材料

典型复合材料热压罐成型工艺如图2.19.1所示，将预浸料铺层准备好并按照图示顺序铺放辅助材料，利用热压罐固化成型。

(1) 预浸料铺层设计、预浸料裁剪、铺贴

根据单向预浸料的铺层角度、尺寸以及预浸料布宽，对预浸料进行裁剪，按照铺层设计的

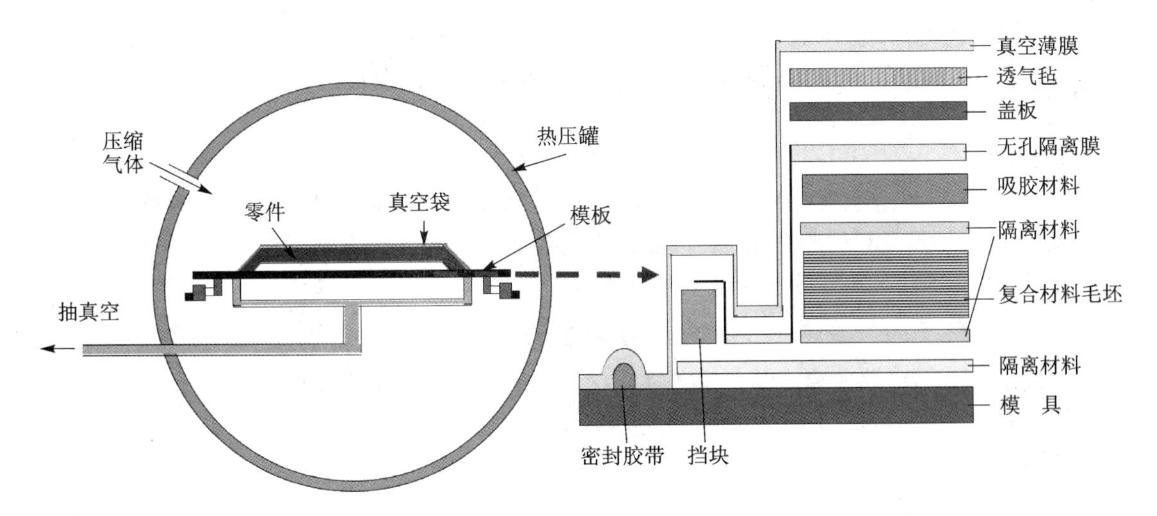

图 2.19.1 复合材料热压罐成型示意图

预浸料角度自下向上铺贴预浸料并保证预浸料叠层均匀预压实，同时，注意将防粘纸收好，确保铺层内无防粘纸以及其他夹杂物。

(2) 预浸料封装过程

先用细颗粒砂纸打磨热压罐载物车铁板表面，接着用棉纱蘸取丙酮擦拭干净，保证表面的光洁度；将一层隔离膜铺覆固定在模板上，然后铺放脱模布，再将铺覆好的预浸料叠层放置在模板上，四周用挡胶条挡住，以防止流胶；用带孔四氟布条作为层板固化过程中的导气通路并放置于挡胶条四周；在预浸料上方再铺放脱模布、吸胶材料和隔离膜；最后铺放透气毡、密封胶条、真空薄膜、真空嘴，用真空薄膜将预浸料铺层以及辅助材料封装好。注意真空袋膜应留有足够余量，以避免因架桥而拉裂真空袋；坯料的棱边处应用透气毡等材料覆盖，以防止其损伤真空袋膜而产生漏气。

打开热压罐操作系统中的真空泵，抽真空到 0.095 MPa 以上；停止抽真空，若袋子能保持真空度优于 0.1 MPa 1 min 以上不降低，可认为真空袋密封良好，如不满足要求，检测漏气位置，加固密封胶条。将载物车推入热压罐内，并在铁板上贴一根热电偶以测量模具和罐内热空气的温度差，便于在成型过程中根据模具的温度随时调节加压、加温制度，保证合适的加压、加热时间。关闭罐门，设置工艺参数进行固化。

(3) 预浸料固化工艺参数设置

在热压罐控制电脑显示端设置预浸料固化工艺参数，包括升温速率、平台温度、恒温时间、降温速率、加压速率、加压时机和外加压力等；固化过程中要始终注意罐内压力和温度变化，确保热压罐运行安全。

(4) 开罐取样

按照固化制度固化完成后，开罐取出层板；通过测厚、敲击以及目测，分析层板的成型固化质量。

【结果分析】

记录实验用设备、测试条件以及实验数据；根据实验结果，分析预浸料特性、铺层方式、工艺条件与复合材料成型质量之间的关系。

【注意事项】

1. 固化时必须在岗监控，密切注意罐内的压力和温度，确保热压罐运行安全；

2. 实验中要使用纤维、树脂等原材料，请采取必要的保护措施；

3. 遵守实验室管理规定，服从老师安排，严格按程序操作设备；

4. 严禁在实验室饮食。

【思考题】

1. 简述热压罐成型复合材料工艺参数确定方法、复合材料热压罐成型工艺原理以及复合材料制造质量与预浸料树脂含量、工艺参数的关系。

2. 试述预浸料工艺性的含义及其表征方法。

参考文献

[1] 王汝敏，郑水蓉，郑亚萍. 聚合物基复合材料. 北京：科学出版社，2011.

第三章　航空材料特色实验

第一节　特种涂层制备技术

3.1　特种涂层激光熔敷制备技术

【实验目的】

1. 了解激光快速凝固技术在先进涂层材料合成与制备中的应用；
2. 了解激光熔覆涂层制备技术的基本原理、特征及工艺过程；
3. 了解材料制备工艺、材料成分、组织结构和材料性能之间关系；
4. 培养学生自主创新意识、实验动手能力、独立分析问题与解决问题的能力。

【实验原理】

在航空、航天、石油、化工及钢铁、有色金属冶炼等现代工业装备中，许多零部件都要工作于高温、腐蚀等恶劣环境，并且需要承受强烈摩擦、磨损作用，单一材料显然难以满足上述恶劣条件对工件的服役性能要求。由于磨损、腐蚀、氧化等失效行为往往都起源于零件表面局部部位，因此采用先进的表面工程技术，在零件表面直接制备一层具有足够强韧性及优异抗氧化性能、耐摩擦磨损性能和耐腐蚀性能的先进涂层，无疑是最经济和最有效的方法。高温耐磨、耐蚀先进涂层材料及其优质涂层制备技术，是材料科学及现代表面工程前沿研究热点之一。

激光熔覆技术将快速凝固技术与新材料合成制备技术有机地融为一体，是一种发展迅速的先进表面工程技术，在先进工业和国防装备研制及生产中具有非常重要的作用，是21世纪西方工业发达国家重点发展的关键材料及制造技术。激光熔覆涂层制备技术原理如图3.1.1所示。采用聚焦高能激光束对预置或同步输送到试样表面的合金粉末进行快速熔化，在试样表面形成一个与试样基材化学成分完全不同的合金熔池。随着激光束向前移动，熔池中的高温金属液体通过基材的无界面快速热传导迅速冷却而快速凝固，最终在试样表面形成一层化学成分和显微组织均完全不同于试样基材、具有快速凝固非平衡组织和特殊物理、化学、力学性能的特种表面涂层。采用逐层激光熔覆快速成型技术还可快速制造各种高性能金属及梯度功能材料零件。

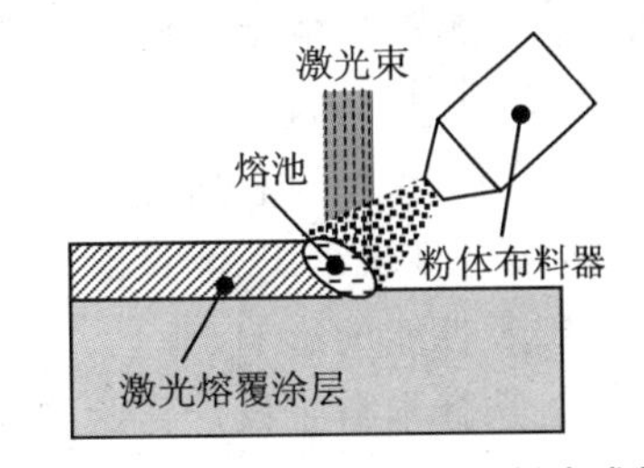

图3.1.1　激光熔覆涂层材料合成与涂层制备技术原理示意图

激光熔覆技术具有以下突出特点：

① 根据零件的具体工作条件和性能要求，可灵活设计涂层成分、组织及性能；

② 涂层材料的合成与优质涂层的制备一步完成；

③ 涂层具有致密均匀的快速凝固组织，与零件基材间为完全冶金结合；

④ 激光束能量集中、热影响区极小，在激光熔覆过程中，金属零件基材几乎无热损伤、无热变形，对零件力学性能影响很小；

⑤ 适应性强(各种表面性能、金属材料、形状、尺寸),生产效率高,易于实现自动化生产。

【实验内容】

根据自己的兴趣或掌握的材料基础知识,从以下 4 项实验内容中任选一项独立完成。

1. 激光熔覆 Ni－Cr－Si－B－C 金属基复合材料耐磨涂层

实验内容包括:选择热轧低碳钢为基材,以 Ni－Cr－Si－B－C 耐磨合金粉末(其名义化学成分为:0.6%～1.0%C, 11%～18%Cr, 2%～5%Fe,3.5%～5.5%Si,2.3%～4.0%B,余量为 Ni)为原料,通过激光熔覆技术在低碳钢试样表面制备由镍基固溶体、碳化物硬质相、硼化物硬质相及硅化物硬质相等组成的优质耐磨涂层。要求耐磨涂层组织致密、具有快速凝固组织特征,且与基材之间为冶金结合。

利用光学金相显微镜等设备分析涂层的显微组织,利用硬度仪测试涂层的硬度。

2. 激光熔覆 Cr－Ni－C 耐磨耐蚀镍基复合材料涂层

实验内容包括:选择热轧低碳钢为基材,以 Ni－Cr－C 耐磨合金粉末(名义化学成分为:32%Ni－60%Cr－8%C)为原料,通过激光熔覆技术在低碳钢试样表面制备由镍基固溶体、Cr_7C_3 等硬质碳化物组成的耐磨涂层。要求耐磨涂层组织致密、具有快速凝固组织特征,且与基材之间为冶金结合。

利用光学金相显微镜等设备分析涂层的显微组织,利用硬度仪测试涂层的硬度。

3. 激光熔覆 Cr－Ni－Si 耐磨耐蚀金属硅化物涂层

实验内容包括:选择热轧低碳钢为基材,以 Ni－Cr－Si 耐磨合金粉末(名义化学成分为:30%Ni－60%Cr－10%Si)为原料,通过激光熔覆技术在低碳钢试样表面制备主要由 Cr_3Si 等金属硅化物组成的难熔、高硬度、耐磨耐蚀涂层。要求涂层组织致密、具有快速凝固组织特征,且与基材之间为冶金结合。

利用光学金相显微镜等设备分析涂层的显微组织,利用硬度仪测试涂层的硬度。

4. 激光熔覆自主设计特种涂层

实验内容包括:选择一种金属材料作为实验基材,综合运用所学材料科学与工程基础知识,自主设计一种涂层材料,通过激光熔覆技术制备出优质涂层。

分析涂层显微组织、测试涂层性能,研究制备工艺(激光功率、激光扫描速率)对熔覆涂层质量、组织及性能的影响。

注意:选择本自主设计实验的同学须提前两周以上将自行设计的实验方案交由实验指导教师,实验方案须获得实验指导教师同意后方可实施。

【实验条件】

1. 实验原料及耗材

① 基材:20# 热轧低碳钢板,钢板尺寸不小于 50 mm(长)×20 mm(宽)×5 mm(厚);

② 熔覆粉末:60～300 目 Ni、Cr、Si、B、C 元素粉末;

③ 耗材:脱脂棉、无水酒精、50#～150# 砂纸、抛光膏、金相腐蚀液等。

2. 实验设备

配备三轴联动四坐标数控激光加工机床的材料加工与快速成型成套设备(激光源为 CO_2 激光器,功率为 8 kW)、金相制样设备(含切割机、镶样机、磨抛设备)、硬度仪、光学金相显微镜、扫描电镜、X 射线衍射仪等。

【实验步骤】

1. 熔覆试样准备

使用锯床或金相试样切割机将热轧低碳钢方棒料切成若干片厚度不低于 5 mm 的基材，并将基材待熔覆表面铣削平整，表面粗糙度 $Ra \leqslant 6.3\ \mu m$，再使用脱脂棉蘸无水酒精将待熔覆表面擦拭干净，去除油污和杂质后待用；根据设计的涂层成分，使用电子天平将各元素粉末按比例称重，并使用研钵等机械混合均匀；每种合金粉末配制质量不少于 100 g，混合后放入真空烘箱内，充分烘干后备用。

2. 粉末预铺

先将准备好的基材钢板置于激光材料加工与快速成型成套设备的运动工作平台上，确保摆放平稳、无晃动；然后将粉末预铺模板紧贴于待熔覆表面，再将混合均匀、充分烘干的合金粉末缓慢填满模板空槽；最后使用平刮板将高于模板的满溢粉末从模板顶面缓慢刮除，并在基材钢板表面预铺一层厚度一致、分布均匀的合金粉末。

3. 激光熔覆

选择合适激光熔覆工艺参数，使用激光材料加工与快速成型成套设备，对基材钢板上的预铺合金粉末进行单层多道搭接激光熔覆，最终形成一层厚度均匀、冶金结合良好、无咬边及宏观裂纹等缺陷的耐磨耐蚀特种涂层。

4. 金相试样制备

使用金相试样切割机、抛光机、镶样机等设备将熔覆试样切割并制备出合格金相试样。

5. 组织分析和性能测试

使用光学金相显微镜等设备分析涂层和基体的显微组织，使用显微硬度仪测试涂层和基体的硬度，并对比涂层与基材二者间的组织和性能差异。

利用 X 射线衍射仪分析涂层的相组成，利用扫描电镜观察涂层的形貌，利用能谱仪分析涂层中各组成相的成分(此部分实验内容自选)。

6. 结果分析和报告撰写

分析涂层显微组织、测试涂层性能，研究激光熔覆工艺(激光功率、激光扫描速率等)对熔覆涂层质量、组织及性能的影响，并据此撰写实验报告。

本实验技术路线如图 3.1.2 所示。

【结果分析】

根据激光熔覆制备的涂层组织及性能(硬度、耐蚀性、耐磨性等)特点，分析涂层组织的快速凝固过程及该涂层材料可能的应用领域。

【注意事项】

1. 在进入实验室之前，必须先自己查阅文献，了解耐磨涂层材料、涂层制备技术及激光熔覆技术的基础知识；
2. 熟悉金属材料常规组织分析方法及硬度、腐蚀、磨损等性能评价方法；
3. 学生自由组合，3～5 人为一组，按要求选择实验内容并自主独立完成实验。

【思考题】

简述激光熔覆涂层制备技术的基本原理、特点及其应用前景。

参考文献

[1] 戴达煌，等. 现代材料表面技术科学. 北京：冶金工业出版社，2004.
[2] 徐滨士，刘世参. 表面工程新技术. 北京：国防工业出版社，2002.

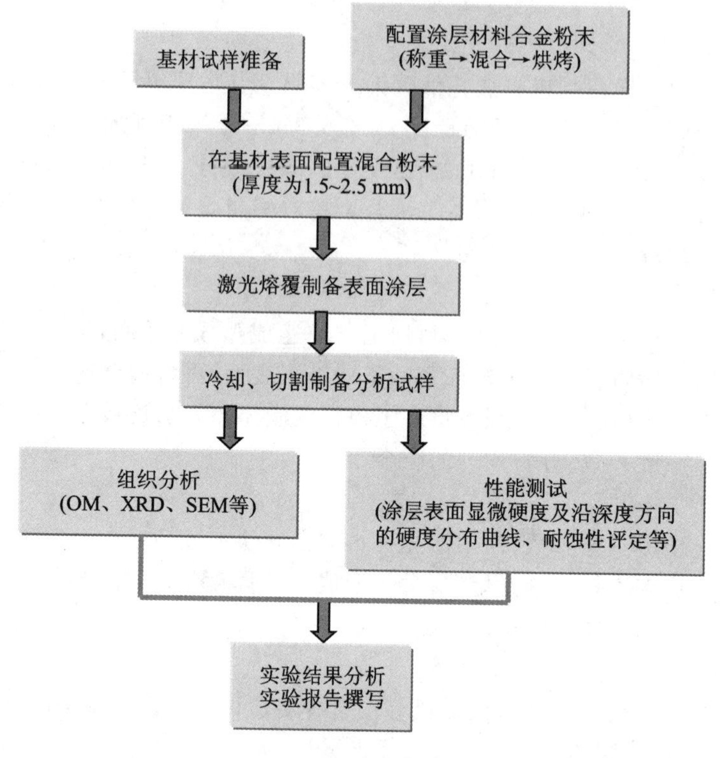

图 3.1.2 技术路线

[3] 王华明，张凌云，李安，等. 金属材料快速凝固激光加工与成形研究进展. 北京航空航天大学学报，2004，10.

[4] Steen W M. Laser Materials Processing. 2nd ed. London：Springer Verlag，1998.

[5] 王家金. 激光加工技术. 北京：中国计量出版社，1992.

3.2 特种涂层等离子喷涂制备技术

【实验目的】

1. 了解等离子喷涂技术的基本原理和实验方法；
2. 掌握分析涂层微观组织的过程和方法；
3. 掌握研究涂层抗氧化性能、耐磨损性能、耐腐蚀性能的实验原理和方法。

【实验原理】

1. 等离子喷涂的概念

利用等离子焰流将喷涂材料加热到熔融或高塑性状态，在高速等离子焰流引导下高速撞击经过粗糙处理的工件表面，同时沉积在工件表面形成涂层的一种热喷涂方法。

2. 等离子喷涂的原理

气体进入电极腔内，被电弧加热离解成电子和离子的平衡混合物，形成等离子体，其温度可高达 15 000 K。等离子体处于高压缩状态，具有很高的能量，因此在通过喷嘴后将急剧膨胀形成亚声速或超声速的等离子流。先驱母体被加热熔化，有时还与等离子体发生复杂的冶金化学反应，随后被雾化成细小的熔滴，喷射到基底上，快速冷却固结，形成沉积层，在工件表面形成高硬度、耐磨、耐热、耐腐蚀、绝缘、隔热、润滑或其他特殊物理化学性能的涂层，从而满足不同工况的需求。图 3.2.1 为等离子喷涂原理示意图。

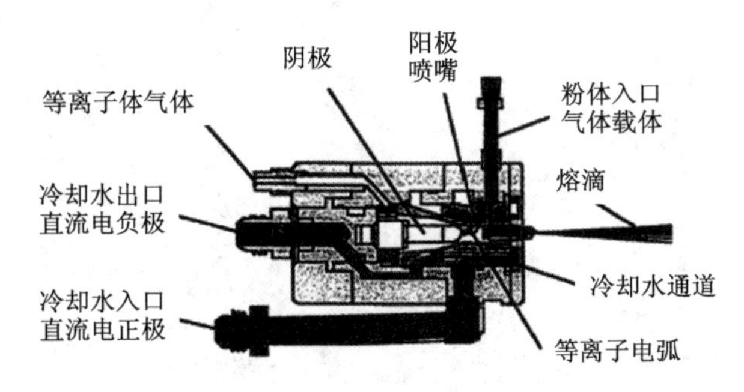

图 3.2.1　等离子喷涂原理示意图

3. 等离子喷涂方法

主要包括大气等离子喷涂(APS)、低压等离子喷涂(LPPS)、等离子喷涂物理气相沉积(PS－PVD)三种方式。

【实验内容】

1. 可选实验内容

① 等离子喷涂制备 NiCrAlY 涂层；

② 等离子喷涂制备 AlCuFeCr 准晶涂层。

2. 工艺参数

喷涂的工艺参数对涂层的性能影响很大，实验中采用的主要工艺参数如表 3.2.1 所列。

表 3.2.1　制备 NiCrAlY 和 AlCuFeCr 准晶涂层采用的喷涂工艺参数

电压/V	电流/A	氩气流量/(L·min^{-1})	氢气流量/(L·min^{-1})
55～60	550～600	40	5～20
转台转速/(r·min^{-1})	喷枪速度/(mm·s^{-1})	送粉速度/(g·min^{-1})	
10	50	30	

3. 结构和性能分析

分析涂层微观组织，测试涂层硬度及涂层抗氧化性能、耐磨损性能、耐腐蚀性能。

【实验条件】

1. 实验原料

气雾化 NiCrAlY 粉末(5～30 μm)、气雾化 AlCuFeCr 粉末(5～30 μm)。

2. 实验设备

试样制备：本实验采用北京航空工艺研究所生产的 GP－80 型等离子喷涂设备，图 3.2.2 是该设备的实物照片。整套设备由硅整硫电源、控制柜、送粉器、热交换器和喷枪五大部分组成。

结构分析：X 射线衍射仪、光学金相显微镜。

性能分析：硬度仪、高温氧化炉、分析天平、球盘磨损性能测试仪、盐雾试验箱。

【实验步骤】

本实验的设备操作和样品制备以教师讲解和演示为主，学生利用制备的试样进行组织和性能分析。简要步骤如下：

图 3.2.2　GP-80 型等离子喷涂设备

① 采用线切割把 45# 钢加工成 30 mm×25 mm×2 mm 的试样片，先用 200#、400# 砂纸磨光，然后 0.3 MPa 喷砂活化表面；

② 把经过处理的试样片装到特制的卡具上；

③ 在 60～100 ℃的烘箱中把喷涂粉末干燥 1 h；

④ 进行等离子喷涂实验操作，具体操作步骤如图 3.2.3 所示；

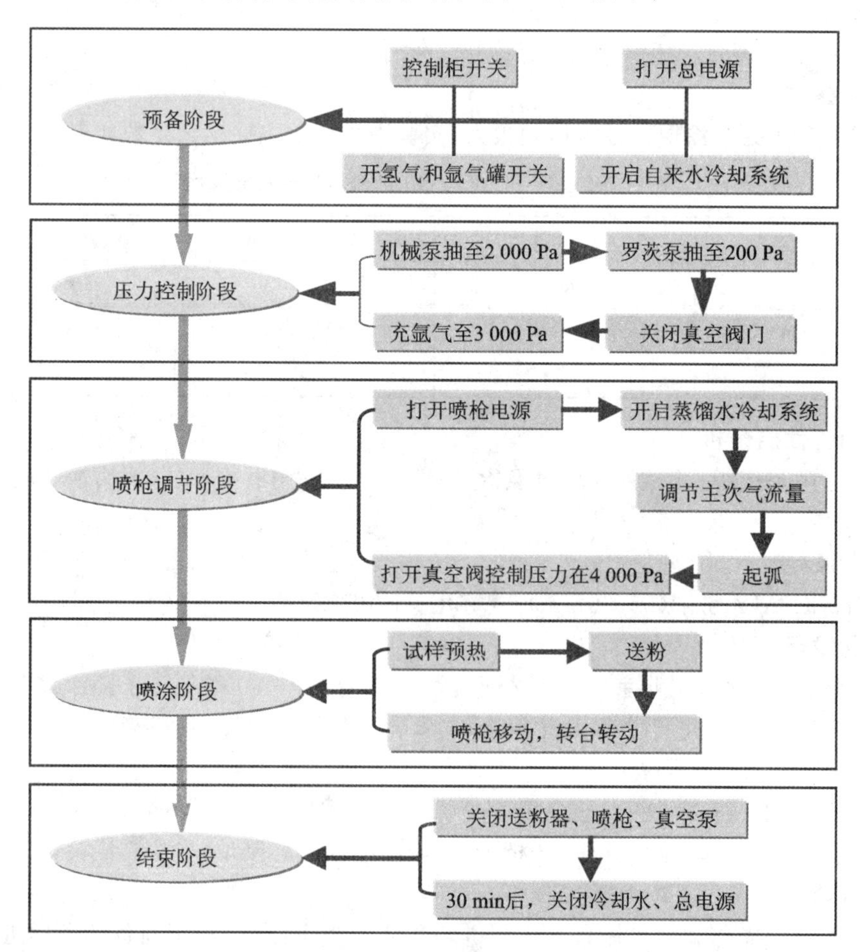

图 3.2.3　低压等离子喷涂的方法制备 NiCrAlY 涂层的工艺过程

⑤ 利用X射线衍射仪确定涂层的相组成；

⑥ 利用金相显微镜观察涂层的显微组织，测试涂层厚度和孔隙率；

⑦ 利用高温氧化炉测试NiCrAlY涂层的抗高温氧化性能；

⑧ 利用球盘磨损性能测试仪测试AlCuFeCr涂层的耐磨损性能；

⑨ 利用盐雾试验箱测试AlCuFeCr涂层的耐腐蚀性能。

【结果分析】

1. 正确标定涂层的X射线衍射谱，确定涂层的相组成；

2. 采用金相技术测量涂层的厚度、观察涂层的微观组织及计算涂层的孔隙率；

3. 利用重量变化法评价涂层的抗氧化性能、耐磨损性能和耐腐蚀性能；

4. 试说明涂层具有优异耐磨、耐蚀性能的原因。

【注意事项】

1. 实验开始前，仔细阅读设备使用说明书，熟悉等离子喷涂设备的使用方法及注意事项。

2. 严格按照等离子喷涂设备的使用规范进行操作，以免损坏设备；实验过程中必须值守，不允许擅离职守。

3. 性能和结构测试方法、实验步骤、注意事项以及结果分析方法请参阅本书第1章相关内容和专用设备的使用说明书。

4. 本实验需要使用大量的合金粉末，务必注意粉尘污染。

5. 设备工作中具有一定的噪声，请注意防护。

【思考题】

1. 简述等离子喷涂技术的原理。

2. 为什么要采用低压等离子喷涂的方法来制备NiCrAlY及AlCuFeCr准晶涂层？

参考文献

[1] 英格赫姆 H S，等. 等离子火焰喷镀工艺. METCO公司火焰喷镀手册.

[2] 胡传. 热喷涂原理及应用. 北京：中国科学技术出版社，1994.

3.3 高分子材料3D打印技术

【实验目的】

1. 通过实验使同学了解高分子材料熔融堆积及激光固化3D打印成型技术基本原理；

2. 全面掌握熔融堆积法3D打印机的使用方法和操作规程；

3. 初步掌握高分子从3D模型制作到文件格式转换，再到3D打印机实际操作的整体过程，培养学生研究新材料的思维和动手能力。

【实验原理】

本实验分为操作实验及演示实验两部分。其中，操作实验部分采用的3D打印成型方法为熔融成型FDM(Fused Deposition Modeling)，而演示实验部分采用的成型方法为立体平板印刷SLA(Stereo Lithography Apparatus)技术，也称光固化快速成型技术。

1. 熔融堆积成型技术

熔融挤出成型工艺是目前桌面级3D打印机最常用的技术，所用材料一般是热塑性材料，如PLA、ABS、PC、尼龙等，以丝状供料。材料在喷头内被加热熔化，喷头沿零件截面轮廓和填充轨迹运动，同时将熔化的材料挤出，材料迅速固化并与周围的材料粘结。每一个层片都是在前一层上堆积而成，前一层对当前层起到定位和支撑作用。每层厚度在 0.025～0.762 mm 之间，一层一层往上叠加，最后形成零件。FDM 成型工艺原理示意图如图 3.3.1 所示。

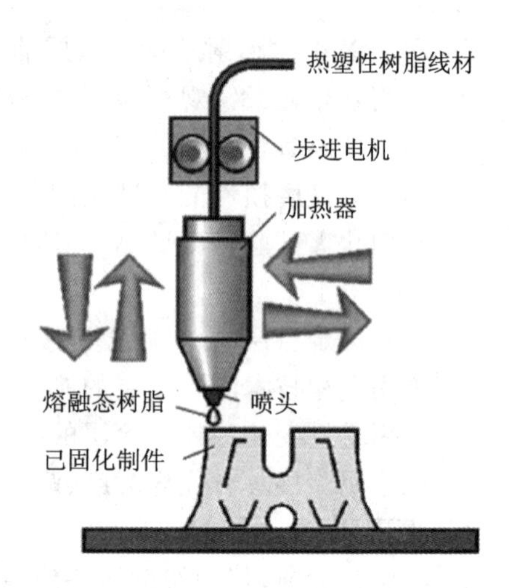

图 3.3.1　FDM 成型工艺原理示意图

FDM 工艺之关键是要确保半流动成形材料的温度刚好处于凝固点之上，因此该工艺对温度的控制要求很高。FDM 喷头的运动受水平分层数据控制，当它在 *XY* 平面移动时，半流动融丝材料从 FDM 喷头挤压出来并快速凝固，形成精确的沉积层。热塑性高分子材料 3D 打印是依据其受热可以熔融、冷却可以定型的基本规律进行熔融沉积成型的。热塑性的高分子材料（例如 PLA、ABS、尼龙等）原料丝在喷头中加热熔融，并以熔融纤维的形态从喷头挤出，随后在平台上沉积，随着喷头的往返运动最终形成薄层。

图 3.3.2 为本实验所用 FDM 成型 3D 打印机实物照片。

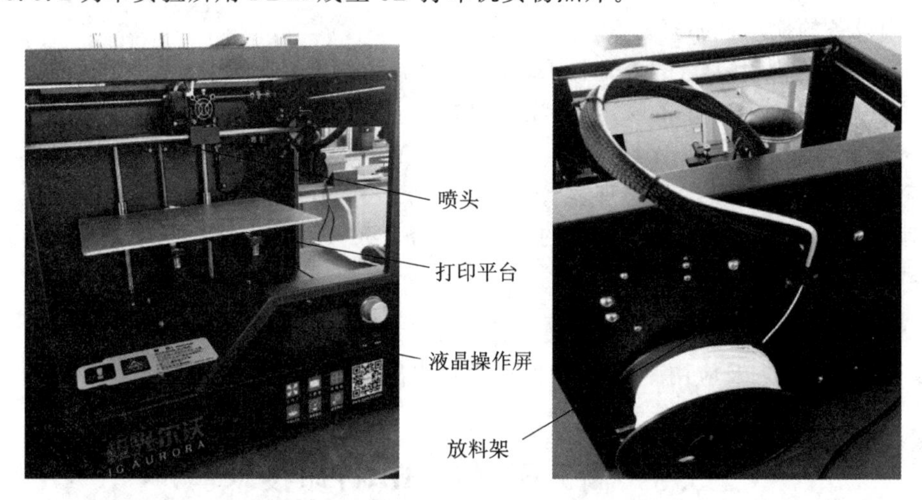

图 3.3.2　FDM 成型 3D 打印机实物照片

2. 立体平版印刷技术

立体平版印刷是最早实用化的 3D 打印工艺，于 1986 年首先推出。该工艺利用液态光敏树脂作为成型原料，利用激光作为热源。其基本原理是：根据产品实际几何形状建立数字模型，然后采用程序对数字模型进行切片处理；根据切片的几何参数设计激光的扫描路径，通过精确控制激光扫描器与升降台的运动使光敏树脂固化成型；其步骤为：使激光按照设置路径扫描液态光敏树脂表面，导致光敏树脂特定区域固化从而形成模型的一层截面，通过控制升降台运动使截面层层累积，最终形成三维产品。图 3.3.3 为该工艺的原理示意图。

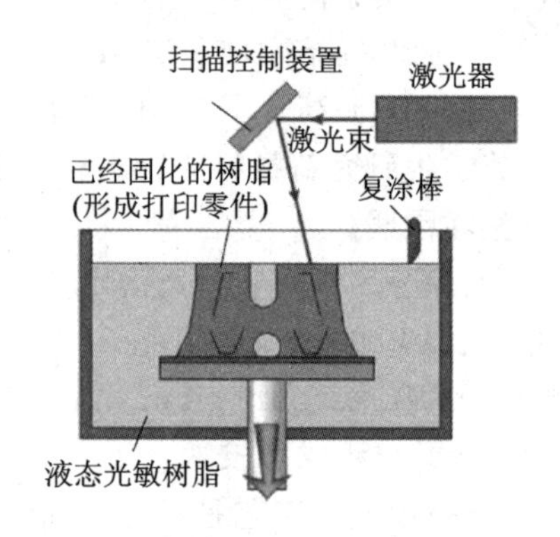

图 3.3.3　SLA 成型工艺原理示意图

立体平版印刷工艺的优点是:原材料利用率接近100%,尺寸精度很高,表面质量优异,可制作结构十分复杂的模型。缺点是:成本过高,制备工艺复杂;光敏树脂成型后,强度及耐热性等普遍较差,难以长时间保持。常见的打印用光敏树脂包括双酚A型环氧树脂、环氧丙烯酸酯、聚丙二醇二缩水甘油醚二丙烯酸酯等。

【实验内容】

1. 不同打印方向对材料拉伸性能的影响

在生成打印程序时,软件会对3D模型进行切片处理,即将3D模型分成多个薄层,随后在打印时会沿+45°/-45°的方向顺序打印每一个薄层。因此,若在切片时,将软件里的试样方向分别设置为0°和45°,便可得到2种不同"取向"的拉伸样条。对样条进行拉伸测试,比较其力学性能的差异。

2. 打印速率对材料拉伸性能的影响

通过调节打印机上的旋钮,可控制打印过程中喷头的移动速度,改变打印速率。系统默认的打印速度表示为100%,加快打印速度会降低打印产品的精细程度,而喷头移动速度过快还可能导致熔融纤维沉积后固化时间不足,刚刚沉积在表面的材料被喷头的移动拉扯,导致整个试样遭到破坏。本实验设定80%、100%和125%三种打印速率来打印高分子材料拉伸试样,测试样条的拉伸性能,比较其力学性能的差异。

【实验条件】

1. 实验原料及耗材

高分子材料(PLA)。

2. 实验设备

极光尔沃Z-603S 3D打印机、剪线钳、小刀。

【实验步骤】

1. 将设计好的3D模型导入切片软件完成切片。

2. 将切片好的打印文件导入SD卡,插入3D打印机。

3. 打开3D打印机,启动预热程序,在液晶屏上进行操作(主菜单→准备→预热PLA),将耗材筒放置在打印机背面支架上。

4. 当显示屏显示喷嘴温度达到预设温度后,将耗材头部用剪线钳剪成楔形,随后一边按压喷头上的弹簧把手,一边将耗材从上方小孔垂直插入喷嘴(进入喷嘴长度约4 cm),且观察到喷嘴外有少许耗材熔体流出,方可松开弹簧。

5. 在液晶显示屏上进行操作,选取导入SD卡的打印文件,进行打印(主菜单→由储存卡→NEW TENSILE. gcode)。

6. 以打印速率为变量的同学,在每次打印开始前,通过旋转旋钮来调至不同打印速度挡位。

7. 待打印完成后,轻轻按压平台,将平台缓缓向下移动,用刀片将打印好的试样取下。

8. 清理设备及实验室卫生。

【结果分析】

1. 把实验测得的数据填入表3.3.1中。

2. 在打印实验完成后,对样品的宏观形貌(长、宽、厚及表面状况)进行表征,实验报告上需要有具体的描述、尺寸数据和照片。

3. 测试打印试样的拉伸性能,获得拉伸试样的断裂强度等,并进行分析。

表 3.3.1　实验数据记录表

喷嘴温度/℃	热台温度/℃	打印速率/%	每层厚度/mm	边框厚度/mm	填充密度/%

【注意事项】

1. 整个实验过程中严禁触碰喷头，喷头温度大概 200 ℃，非常容易烫伤；

2. 在打印程序运行过程中，严禁私自触碰操作板及操作平台，也切勿用手触碰打印样品，须等打印结束再进行操作；

3. 有任何突发状况须告知指导教师，由指导教师负责处理。

【思考题】

1. 改变加工条件对试样表面状况有哪些影响？主要的原因有哪些？

2. 改变加工条件对力学性能有哪些影响？可能的原因有哪些？

参考文献

[1] 贺超良，汤朝晖，田华雨，等. 3D 打印技术制备生物医用高分子材料的研究进展. 高分子学报，2013，52(6)：722-732.

[2] 陈硕平，易和平，罗志虹，等. 高分子 3D 打印材料和打印工艺. 材料导报，2016，30(7)：54-59.

[3] 谢彪，王小腾，邱俊峰，等. 光固化 3D 打印高分子材料. 山东化工，2014，11：70-72.

第二节　航空材料的组织与服役

3.4　航空材料组织特征分析

【实验目的】

1. 了解典型航空材料在航空工业中的应用；

2. 了解典型航空材料的合金化特点、金相组织与性能；

3. 利用定量金相显微技术分析合金组成相的相对含量。

【实验原理】

1. IC6 合金

IC6 合金是基于我国资源优势自行研制的一种 Ni_3Al 基高温合金，它不仅具有 Ni_3Al 本身熔点高、抗高温蠕变、比重轻、抗氧化等优点，还具有镍基高温合金的某些优点，如铸造工艺性能好、在室温至高温都具有较高的屈服强度和延展性等。IC6 合金的高温(900 ℃以上)强度高于目前国内外公布的 Ni_3Al 基合金，其 1 100 ℃/100 h 的持久强度比国内外先进水平的定向凝固镍基和 Ni_3Al 基合金高出 20～25 MPa，已基本满足 1 050 ℃以下工作的燃气涡轮发动机涡轮导向叶片对高温材料的要求。

Ni－Al－Mo－B 系 γ'－Ni_3Al 基合金，成分范围为 Ni－(7.4%～8.0%)Al－(13.5%～14.3%)Mo－(0.02%～0.06%)B (wt%)，主要由 γ 和 γ' 相组成。其中，γ 为 Ni－Mo 固溶体相，γ' 为 $Ni_3Al(Mo)$ 有序金属间化合物相，是主要的强化相。

合金采用双真空熔炼，即先在 50 kg 或 5 000 kg 容量的中频真空感应炉中熔炼成成分为 Ni－7.8Al－14Mo、直径为 75～80 mm 的母合金棒材，然后采用定向凝固技术按照所需的化学成分制成柱晶棒材、试件或零件，如涡轮叶片和导向叶片等。铸造合金均需进行 1 260 ℃/10 h（真空）、油冷等均匀化处理以消除或减小偏析，细化组织。

IC6 合金室温 σ_b 为 1 170 MPa，800 ℃时 σ_b 为 1 300 MPa，在 800 ℃以下 IC6 合金的屈服强度随着温度的升高而提高，超过 800 ℃以后，随着温度的继续升高而降低，这是 γ' 基合金的一个重要特征。IC6 合金 1 100 ℃/120 MPa 的持久寿命达到 125 h。IC6 合金的这些优异性能主要归因于下列四种主要强化作用：① Mo 对 γ' 和 γ 相的固溶强化作用；② γ' 相和其他多种相的第二相强化作用；③ 高温蠕变过程中形成的筏排组织的强化作用；④ γ'/γ 界面上高密度的错配位错对运动位错的阻碍作用。

γ'－Ni_3Al 相是高温合金中最重要的强化相。20 世纪 40—60 年代，高温合金中 γ'－Ni_3Al 相的体积百分比由 12%增加至 60%左右，而合金的承温能力大约提高了 200 ℃。IC6 合金的比强度与第一代单晶合金相近，接近于第二代定向合金，是因为它含有 75%～80%（vol%）的 γ'－Ni_3Al 相。图 3.4.1 是典型的 IC6 合金微观组织，图中黑色区域为 γ'－Ni_3Al 相。

IC6 合金有时也作为等轴晶合金使用，如叶片的上下缘板、锻造用模具等。晶粒度指晶粒的大小，是考核等轴晶合金的重要指标。对于高温结构材料而言，晶粒尺寸大，合金有较高的耐热强度，晶粒尺寸小，合金有较好的抗疲劳性能。根据合金的使用状况，要求合金有不同的晶粒度。

2. Nb－Si 合金

（1）材料的特点及应用背景

目前应用于燃气涡轮发动机的镍基和钴基高温合金已经达到了温度极限，而推比 12 以上发动机的热端关键部件长期工作于 1 200 ℃以上的高温，传统的镍基和钴基高温合金已不能满足先进航空发动机的需要。Nb－Si 系金属间化合物以其适中的密度、优良的高温强度成为未来高性能燃气涡轮发动机最具潜质的材料。

Nb 的硅化物具有熔点高（Nb_5Si_3 的熔点高达 2 480 ℃）、密度低（7.16 g/cm^3）和高温强度高等优点，但室温断裂韧性偏低（<3 $MPa \cdot m^{1/2}$）且高温（900 ℃以上）抗氧化能力较差。提高韧性的理想方法是引入韧性相来制备双相或多相复合材料，如制备以 Nb_3Si（或 Nb_5Si_3）为强化相的 Nb 固溶体（Nb_{ss}）双相材料，可有机结合 Nb_{ss} 的高室温塑性和 Nb_3Si（或 Nb_5Si_3）的超高高温强度等优点；而抗氧化性能的提高则需通过合金化技术、涂层技术或两种方法同时采用才能得到圆满解决。

（2）材料的成分体系及相组成

为了获得良好的综合性能，可在 Nb－Si 二元系的基础上进一步合金化，主要合金元素有 Ti、Cr、Al、Hf 以及少量的 B、Ge、Fe、Sn、Re、Y 等。该材料一般由两相组成，即：铌固溶体相和铌硅化物相。在二元系 Nb－Si 合金中硅化物为 Nb_3Si。Nb_3Si 为亚稳态，经热处理后可分解成稳定的 Nb_5Si_3。在多元系 Nb－Si 合金中有时可直接获得 Nb_5Si_3 相。如图 3.4.2 所示为含有微量 Ge、Sn 的 Nb－16Si－22Ti－4Cr－3Al－2Hf(at%）合金的金相照片。

当 Si 含量较少时，连续的 Nb 为基，硅化物弥散其中；当 Si 含量增加时，可形成 Nb 相与硅化物相的双连体系。当 Ti 含量较高时可形成金属间化合物 Ti_5Si_3 相。当 Cr 含量较高时可形成 Cr_2Nb 基 Laves 相。Al 和 Hf 含量较高时也会形成金属间化合物相。

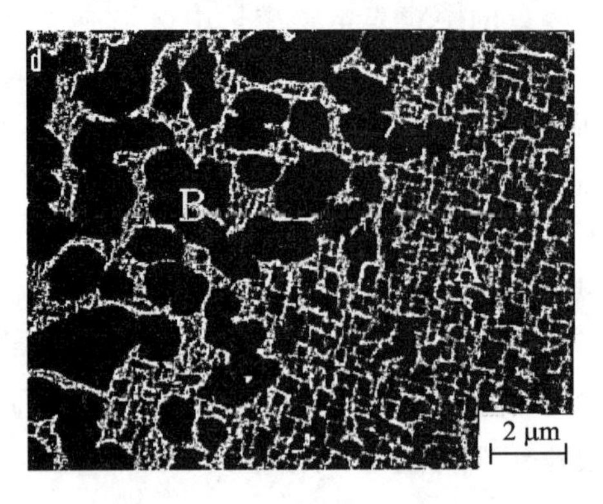

图 3.4.1　IC6 合金的典型组织

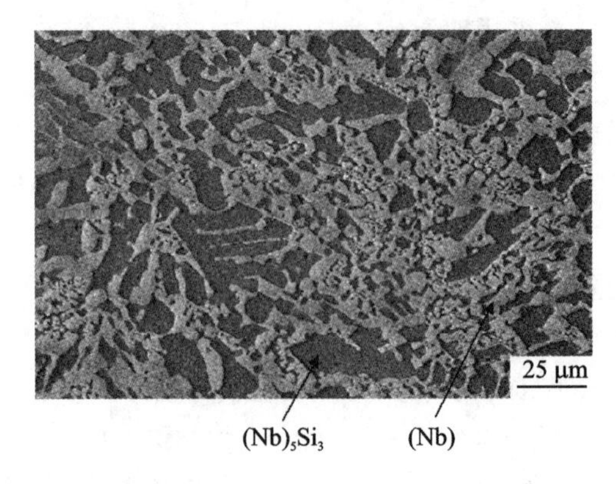

图 3.4.2　精密铸造铌硅高温合金试样截面的微观组织

(3) 材料性能

Nb_{SS} 相可极大提高合金的室温韧性，但其抗氧化性能极差；Nb_5Si_3 相可提高高温强度但对韧性有不良影响；添加 Ti 和 Al 元素虽然可显著改善材料的断裂韧性，但会降低材料的高温强度；高 Cr 的 Laves 相可提高抗氧化性能，但该相较脆。通过多组元合金化，Nb－Si 多元系合金可具有良好的抗氧化性、适当的断裂韧性(9～21 $MPa \cdot m^{1/2}$)、良好的疲劳性能、较高的高温强度(1 250 ℃时 $\sigma_b \geqslant 280$ MPa)、良好的抗冲击性能以及良好的铸造性能。

可见，硅化物相是 Nb－Si 基高温结构材料中非常重要的强化相，了解硅化物相在合金中的含量、尺寸及分布特点对预测合金的力学性能具有重要的指导意义。

【实验内容】

1. 金相观察

显微试样制作、拍摄金相照片并记录保存。

2. 相体积百分比测定

利用定量金相显微技术测试合金相的体积含量，计算公式如下：

$$A_A = \frac{\sum A_a}{A_T} = V_V \tag{3.4.1}$$

式中，A_A 是待测对象的面积分数；V_V 是待测对象的体积分数；$\sum A_a$ 为待测对象的总面积；A_T 为总的测量面积。运用此方法分析 IC6 合金中 γ′相以及 Nb－Si 系金属间化合物中铌硅化物的百分含量。

3. 晶粒度测定

应用三圆截点法测量 IC6 等轴晶合金的晶粒度。

4. Nb－Si 合金组织分析

利用扫描电镜的 BSE 功能和 EDS 附件分析 Nb－Si 合金的组织和成分。

【实验条件】

1. 实验原料及耗材

IC6 合金、Nb－16Si－22Ti－4Cr－3Al－2Hf 合金、金相浸蚀剂(用于 IC6 合金，硝酸∶氢氟酸∶甘油＝1∶2∶3或 1∶1∶3)；砂纸、抛光布、抛光膏、无水乙醇、橡皮泥、脱脂棉等。

2. 实验设备

(1) 徕卡 DM4000 光学金相显微镜

技术参数：明视场/暗视场/微分干涉/简易偏振光。载物台：76(X) mm×52(Y) mm；

Z 轴行程 25 mm；微调旋钮 1 圈的微调行程为 100 μm；最小刻度单位为 1 μm。

(2) SISC－IAS 图像分析系统，v8 版

定量金相分析软件，可进行晶粒度测量，多相面积百分比测定，孔隙率测定等。

(3) JSM－6010 扫描电子显微镜

带能谱仪(EDS)和背散射电子(BSE)探头，可对试样进行组织观察和成分分析。

【实验步骤】

1. 显微试样制作，实验步骤参见本书实验 1.2“金相显微技术”相关内容。用于扫描电镜观察的 Nb－Si 合金试样，只需抛光不需浸蚀。

2. 打开 Leica DM4000 软件，对每个试样分别采集不少于 5 个视场的金相照片。

3. 打开 SISCIASV8.0 软件，分别将图片进行标尺校正、二值分割、视场处理，然后选择“多相面积百分比测定/晶粒度测定”，分析 IC6 合金中 γ' 相以及 Nb－16Si－22Ti－4Cr－3Al－2Hf 合金中 Nb_5Si_3 相的百分含量，应用三圆截点法测量 IC6 等轴晶合金的晶粒度。

4. 利用扫描电镜观察 Nb－Si 合金的金相组织并分析各相的成分。具体操作步骤请参见本书实验 1.4“扫描电镜及能谱仪的工作原理和应用”。

5. 对实验结果进行分析并撰写实验报告。

【结果分析】

分析定向凝固和电弧熔炼态 IC6 合金中 γ' 相、Nb－16Si－22Ti－4Cr－3Al－2Hf 合金中 Nb_5Si_3 相百分含量，分析合金的组织特征，综合其他实验结果，写出实验报告。

【注意事项】

1. 进行定量金相分析时，每个样品应至少选择 5 个不同区域进行图像采集；

2. 使用 SISCIASV 8.0 软件进行定量金相分析时，在应用软件自动测量的同时，应手动检查计算过程的采样数据是否正确；

3. 实验前，查阅相关文献和资料，了解合金的相组成和特征；

4. 利用扫描电镜进行组织分析时，请与设备管理员联系实验时间；

5. 遵守实验室管理规定，注意实验室安全与卫生。

【思考题】

1. 航空结构材料主要有哪些？它们和常用结构材料相比有哪些特点？

2. 合金的强化方式主要有哪几种？机理是什么？

3. 阐述截点法测量晶粒度的优缺点。

4. 分析和总结实验材料的组织特征。

参考文献

[1] 郑运荣，张德堂. 高温合金与钢的彩色金相研究. 北京：国防工业出版社，1999.

[2] 傅恒志. 未来航空发动机材料面临的挑战与发展趋向. 航空材料学报，1998，18(4)：52-61.

[3]《高温合金金相图谱》编写组. 高温合金金相图谱. 北京：冶金工业出版社，1979.

[4] 黄乾尧，李汉康，陈国良. 高温合金. 北京：冶金工业出版社，2000.

[5] 李成功，傅恒志，于翘. 航空航天材料. 北京：国防工业出版社，2002.

[6] 冯景苏. 铌应用的新进展. 稀有金属材料与工程，1994，23(3)：7-12.

[7] 黄虹，黄金昌. 航空航天推进系统用铌基复合材料. 稀有金属与硬质合金，1999，138(9)：61-65.

[8] Zhao J C, Peluso L A, Jackson M R. Lizhen Tan. Phase Diagram of the Nb-Al-Si Ternary System Journal of Alloy and Compounds,2003, 360(1): 183-188.

[9] Ryosuke O, Suuzuki, Masayori Ishikawa, et al. $NbSi_2$ coating on niobium using molten salt. Alloys and Compounds,2002, 336(1): 280-285.

[10] Loria E A. Niobium-Base Superalloys via Powder Metallurgy Technology. JOM,1987, 39(7): 22-26.

[11] 中华人民共和国国家质量监督检验检疫总局. 金属平均晶粒度测定方法:GB/T 6394—2017. 中国国家标准化管理委员会,2017.

3.5 金属功能材料的制备与分析

【实验目的】

1. 了解形状记忆合金的特点及其在航空航天领域的应用;

2. 掌握热弹马氏体相变的基本原理;

3. 掌握金属功能材料的基本研究方法、形状记忆合金的马氏体相变特征、形状记忆效应、超弹性(伪弹性)等;

4. 培养学生的综合分析能力,拓展学生的创新思维。

【实验原理】

热弹性马氏体相变过程中,会生成许多惯析面指数不同但在晶体学上等价的马氏体,称为马氏体变体。两种或几种马氏体变体形成马氏体片群,马氏体片群中的各个单元的位向不同,有不同的应变方向。每个马氏体变体形成时,会在周围的基体中造成一定方向的应力场,使沿该方向的变体长大越来越困难。新的马氏体变体形成时会沿阻力小、能量低的方向生长,这样变体之间的应力场互相抵消,使片群整体的应变量几乎为零。由于马氏体相变的这种自适应性,材料在宏观上没有变形。如果在低温时施加应力,则相对于外应力有利的变体择优长大,不利的变体缩小,这样通过重新取向造成了试样形状的改变。当外力去除后,试样除了恢复微小的弹性变形外,其形状基本保持不变。只有将其加热到 A_f 温度以上,由于热弹性马氏体在晶体学上的可逆性,逆相变可以完全恢复原来的奥氏体相晶粒,宏观变形消失,试样也就恢复到原来的形状。这就是形状记忆的基本原理。超弹性是指处于母相(A)或 R 相状态的形状记忆合金(Shape Memory Alloys, SMA)在外力作用下产生远大于其弹性极限应变量的应变,卸载后应变可自动恢复的现象。形状记忆效应和超弹性与温度是密切相关的。同一种形状记忆合金在不同温度下会表现出不同的宏观力学性能。

【实验条件】

1. 实验原料及耗材

纯度 99%以上的 Ni、Ti,制备金相试样所需耗材。

2. 实验设备

电弧熔炼炉、光学显微镜、X 射线衍射仪、DSC 分析仪、力学性能试验机、Sartorius BS210S 电子天平、线切割机、真空热处理炉、金相制样设备等。

【实验内容】

1. 制备 NiTi 多晶合金样品,并且进行热处理;

2. 分析合金的微观组织、晶体结构、相变特性、力学性能及其对形状记忆效应的影响。

【实验步骤】

1. 样品的制备

(1) 配 方

选用纯度 99%以上的 Ni、Ti 作为原料,按目标配比称量。称量使用 Sartorius BS210S 电子天平,精度为 0.000 1 g。

(2) 熔 炼

采用氩气保护的 WS-4 型非自耗真空电弧炉进行 TiNi 多晶样品的熔炼,背底真空度为 1.9×10^{-3} Pa,充氩气保护,坩埚为水冷铜坩埚。为了确保合金成分均匀,合金锭需要反复熔炼 4 次以上。熔炼前后,原料和铸锭的质量差控制在 0.2%以内。

将熔炼好的钮扣铸锭在非自耗真空电弧炉中重新熔化,然后用水冷铜坩埚底部的吸铸装置,直接将熔融的液态金属浇铸成 $\phi6.8$ mm×130 mm 的棒状试样。

(3) 热处理

用线切割机将熔炼的钮扣锭切成 1 mm 厚的薄片,然后进行真空热处理,热处理温度为 973 K,保温时间约 2 h。

2. 金相组织观察

金相试样为热处理前后的 TiNi 合金。样品经 800#、1000#、1500#、2000# 水砂纸磨制后用粒度为 2.5 μm 的水溶性金刚石抛光膏抛光。腐蚀后进行光学金相观察。

3. X 射线衍射相结构分析

利用日本理学公司生产的 D/Max 2200 PC 型 X 射线衍射仪对合金进行晶体结构分析。测试条件为:CuK_α 射线($\lambda=0.154\ 05$ nm),扫描速度 6(°)/min,扫描范围 0~100°,工作电压 40 kV。

4. 相变特性的测定

采用 TA 2910 型差示扫描量热仪测试合金的相变点。测试过程中升降温速率为 10 K/min,测试温度范围为−40~400 ℃,测试过程中通以高纯氩气作为保护气体;为去除仪器本身的漂移,所有实验均采用基线加以校正,基线的重现约为 1 μV,温度精度<1 K,热焓精度为 3%,质量精度为 0.001 mg。在热分析曲线上用切线法确定马氏体相变和逆相变的开始与终了温度 M_s、M_f、A_s 和 A_f;吸热峰和放热峰峰值温度分别记为 A_p 和 M_p,相变焓记为 ΔH,为正相变焓(负值)绝对值和逆相变焓值的平均值。

采用 NETZSCH STA 449C 型 DSC 对部分样品进行高温相变测量,升温速率为 30 K/min,温度范围为室温至 1 572 K。

5. 力学性能测试

利用 MTS-880 型万能材料试验机进行压缩实验,测试 NiTi 合金的力学性能和形状记忆特性,加压速率为 1.67×10^{-4}/s。从铸锭上截取的试样尺寸为 3 mm×3 mm×5 mm,加压方向垂直于正方形截面;快速凝固合金铸棒样品的尺寸为 $\phi6.8$ mm×10 mm,加压方向为样品的轴向。

测量合金的压缩强度和断裂压缩率时直接加载将样品压至破坏,然后通过应力-应变曲线和压断后的试样尺寸确定样品的压缩强度(MPa)和断裂压缩率(%);采用如下方法测量合金的形状记忆性能:设样品初始长度为 h_0,将样品加压到一定的应变(总应变)后卸载,测出此时的长度(h_1),接着把卸载后的样品加热到 400 ℃,保温 5 min 后空冷,测出此时的长度(h_2),然后采用下列公式计算样品的形状记忆性能数据:

$$卸载后的预应变=\frac{h_0-h_1}{h_0}\times 100\% \tag{3.5.1}$$

$$加热后的残余应变=\frac{h_0-h_2}{h_0}\times 100\% \tag{3.5.2}$$

$$形状记忆回复应变=\frac{h_2-h_1}{h_0}\times 100\% \tag{3.5.3}$$

$$形状记忆回复率=\frac{h_2-h_1}{h_0-h_1}\times 100\% \tag{3.5.4}$$

实验方案及技术路线如图 3.5.1 所示。

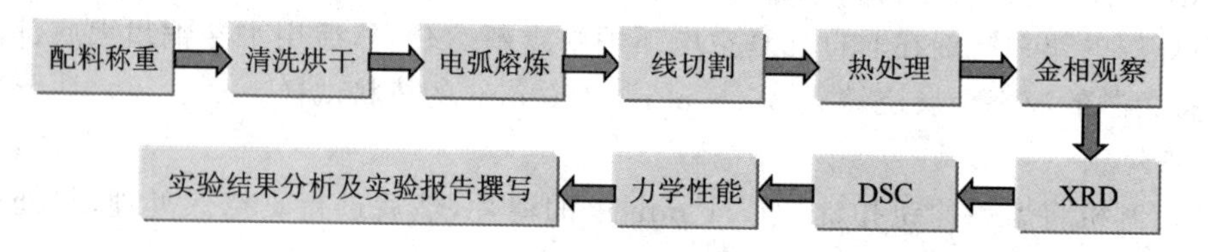

图 3.5.1 实验方案及技术路线

【结果分析】

根据实验结果，分析合金的微观组织、晶体结构、相变特性、力学性能、形状记忆效应之间的关系。

【注意事项】

1. 学生在进入实验室之前，必须查阅资料，熟悉有关合金相图、光学金相显微镜、X 射线衍射仪、DSC 分析仪、力学性能试验机的实验方法及原理；

2. 学生按要求选择实验内容并自主完成实验内容及实验报告。

【思考题】

1. 金属功能材料按功能划分共有几类？请各列举一种典型材料及其应用。

2. 简述形状记忆效应和伪弹性的区别和联系。

3. 设计出一种应用形状记忆合金的初步构想。

参考文献

[1] 徐祖耀. 形状记忆材料. 上海：上海交通大学出版社，2000.

[2] (日)舟久保熙康. 形状记忆合金. 千东范，译. 北京：机械工业出版社，1992.

3.6 航空发动机用高温合金/热障涂层服役环境模拟

【实验目的】

1. 了解热障涂层的制备过程及应用意义；

2. 了解热障涂层在服役环境下的寿命影响因素；

3. 了解电化学阻抗谱的分析原理。

【实验原理】

1. 高温合金/热障涂层及其失效机理简介

热障涂层是从 20 世纪 50 年代发展起来的一种表面热防护技术，它利用陶瓷层的低导热率、抗氧化、耐热冲击等性能，将之涂敷于高温合金工件的表面，降低合金表面工作温度，防止合金热氧化。热障涂层不仅可以提高工件的使用寿命,还可以使工件服役于本不能承受的高温环境中。热障涂层主要应用于发动机热端部件,在轮船、汽车、能源等领域的热端部件上也有广泛的应用前景。在发动机中使用热障涂层的主要优点包括:延长高温部件的使用寿命,提高燃烧温度,增加发动机的工作效率,降低冷却气体的使用量以及减小部件的瞬时应力。

热障涂层的结构主要有传统的双层结构、多层结构以及梯度结构等。双层结构热障涂层由氧化钇稳定的氧化锆(Yttria - Stabilized Zirconia,YSZ)陶瓷隔热层和金属粘结层组成。其中,金属粘结层的主要成分是 MCrAlY,其主要作用是改善陶瓷层与高温合金基体之间的物理相容性;多层结构热障涂层可以缓解涂层与基体之间物理性能的不匹配,提高涂层的整体抗氧化及抗热腐蚀性能;梯度结构热障涂层是为了解决双层涂层常常发生早期剥落失效的问题而发展起来的、成分和结构均呈梯度过渡的新型热障涂层体系,以达到缓解温度梯度形成的热应力、提高抗热震性能和延长涂层使用寿命的目的。

热障涂层的主要制备方法为等离子喷涂和电子束物理气相沉积(EB - PVD)。等离子喷涂工艺采用直流电弧产生高温等离子体作为喷涂热源。涂层材料以粉末的形式被惰性气体流送入等离子流,经过加热推进到基体表面形成涂层。EB - PVD 是将涂层材料在真空条件下熔化、蒸发、沉积到基体表面形成涂层。等离子喷涂技术制备的热障涂层为层状等轴晶,而 EB - PVD 制备的陶瓷层具有柱状晶结构,如图 3.6.1 所示。柱状晶结构可提高涂层的应变容限量,有利于提高热障涂层的使用寿命。

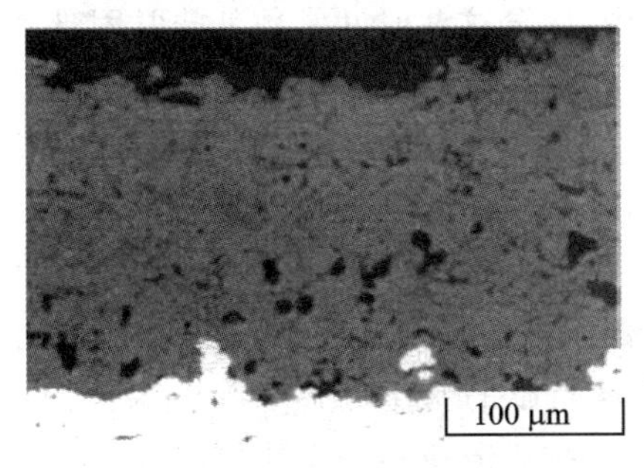

(a) 典型的等离子喷涂

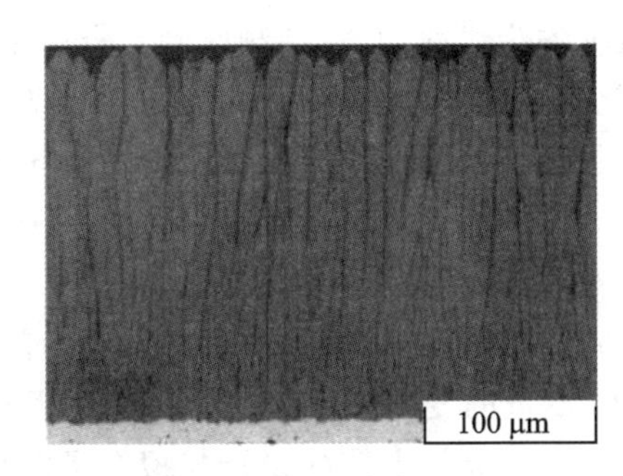

(b) 电子束物理气相沉积

图 3.6.1　典型的等离子喷涂和电子束物理气相沉积制备的热障涂层形貌

热障涂层的服役环境非常恶劣,主要失效机理包括如下几个方面:

① 热障涂层在高温环境下长时间服役发生氧化。随着服役时间的推移,在粘结层表面会形成一层主要成分为 Al_2O_3 的热生长氧化层(Thermally Grown Oxide,TGO)。伴随 TGO 的形成及生长,陶瓷层与粘结层的结合力不断下降,再加上由 TGO 引起的应力不匹配等问题,在陶瓷层与 TGO 界面产生裂纹,导致涂层分层和剥落,最终致使涂层失效。

② 由于航空燃气涡轮发动机使用的燃料中含有 Na、S、V、P 等杂质,热障涂层在服役过程中存在高温腐蚀,从而导致涂层失效。

③ 陶瓷层中 Y 的消耗,使得陶瓷层由稳定的四方相或立方相转变成单斜相并伴随体积的变化造成涂层破坏。

④ 热障涂层在服役过程中受到机械载荷的作用,机械载荷将加速涂层的破坏。

虽然采用多种方法力图提高热障涂层的性能,但由于以上原因,涂层在服役过程中仍不可避免地会出现失效问题。材料的失效意味着使用寿命的终结。如果在服役过程中热障涂层失效,将对合金基体产生很大的影响,严重危害发动机或飞行器的安全,因此研究热障涂层在服役环境下的性能具有十分重要的现实意义。下面介绍常用的无损检测方法——电化学阻抗谱法。

2. 电化学阻抗谱法无损检测原理

电化学阻抗谱法(Electrochemical Impedance Spectroscopy,EIS)是指给电化学系统施加频率不同的小振幅交流信号,测量输出交流信号电压与电流的比值(即系统的阻抗)随正弦波频率 ω 的变化,或阻抗的相位角 φ 随 ω 的变化,进而分析电极过程动力学、双电层和扩散等,研究电极材料、固体电解质、导电高分子以及腐蚀防护等机理的技术。其基本原理是将电化学系统看作是一个等效电路,这个等效电路是由电阻(R)、电容(C)和电感(L)等基本元件按串并联等不同方式组合而成的。通过 EIS 可以测定等效电路的构成以及各元件的大小,利用这些元件的电化学含义,来分析电化学系统的结构和电极过程的性质等。其基本原理可参阅本书实验 1.15“材料环境失效行为的电化学阻抗谱分析”。

最常用的电化学阻抗谱图有两种形式。一种是 Nyquist 图,也被称作复阻抗平面图或复数阻抗图。因为电极的阻抗 Z 是由实部 A 和虚部 B 组成,即:$Z=A+\mathrm{j}B$。以阻抗的虚部 B 对阻抗的实部 A 所作的图就是 Nyquist 图。根据图的形状,可以大致推断所研究电极的反应过程。Nyquist 图适用于表征体系的阻抗大小、粗略认识电极过程、了解并计算电极过程的动力学参数等。

如果体系比较复杂,存在一个以上电化学过程(即多个时间常数)时,由于 Nyquist 图中所应用的数轴均为线性的,在高频区测量点非常集中,区分这些时间常数就非常困难。在这种情况下,电化学阻抗谱中的另一种表现形式,即 Bode 图就显得非常适用。

Bode 图是用阻抗模幅值的对数 $\lg|Z|$ 或相位角 φ 对频率的对数值 $\lg\omega$ 所作的图,是一种清晰表征电化学体系与频率关系的方法。从 Bode 图中很容易区分电化学过程,每一个电化学过程都对应一个时间常数。一般情况下,$\lg|Z|-\lg\omega$ 和 $\varphi-\lg\omega$ 曲线的斜率发生变化的每一个点,即曲线的每一个拐点都对应一个时间常数。根据频率的大小,还可以推算时间常数的大小;另外,φ 值的变化还反映了阻抗中电阻和电容贡献的变化。

对阻抗谱图等效电路的设计与拟合是电化学阻抗谱分析的一个重要内容。根据对阻抗谱图以及研究电极体系的分析,提出合理的等效电路并对该电路进行数值拟合,有助于分析研究体系的变化过程;结合其他表征方法,数值拟合还可以进一步验证等效电路的合理性。

电化学阻抗谱研究方法因其无损以及对研究体系的物理性能、微观结构、化学组成、缺陷等高度敏感,被广泛应用于材料性能的评估与失效过程的监控。下面以热障涂层为例,说明电化学阻抗谱在热障涂层研究中的应用。

热障涂层体系是一个复杂的固体系统,具有多孔洞、多界面、多晶体等特点,在服役过程中,涂层的性质变得更加复杂。陶瓷层的微观组织结构和物理性能的变化、TGO 的生成和由此引起的界面数量的增加、孔隙率的变化等,显著影响热障涂层的失效模式。

由于粘结层具有不同的预氧化厚度,经过热循环以后热障涂层体系中的陶瓷层和 TGO 层都会发生不同的变化。图 3.6.2 是具有不同预氧化层厚度的热障涂层在 1 323 K、热循环 200 次以后的电化学阻抗 Bode 图谱。根据 $\lg|Z|-\lg\omega$ 和 $\varphi-\lg\omega$ 曲线的变化,可以发现,阻抗谱包含了三个部分,分别对应陶瓷层、TGO 层以及裂纹的作用。热障涂层研究中最关心的裂纹萌生及扩展主要体现在阻抗谱的低频部分;当频率较高时,不同试样阻抗模幅值变化不大。TGO 的状态改变以及由此引起的陶瓷层孔隙率、电导率发生变化,导致涂层的电阻和电容发生变化,因此阻抗谱中相位角随频率的变化较大。裂纹对阻抗谱的影响集中在低频部分

(频率小于 100 Hz),从阻抗值的变化量 $\Delta Z_{0.01\sim100\ \text{Hz}}$ 可以看出,氧化层越厚的试样,$\Delta Z_{0.01\sim100\ \text{Hz}}$ 也越大,从而证明预氧化层的厚度对裂纹的生长产生了影响,即预氧化层越厚,裂纹生长越快,阻抗值的改变也越大。另一方面,由于裂纹的产生与扩展,在裂纹处可能会破坏 TGO 层或陶瓷层,改变裂纹处的界面接触状态,引起电阻率变化,从而导致不同试样的 $\varphi - \lg\omega$ 关系曲线不同。

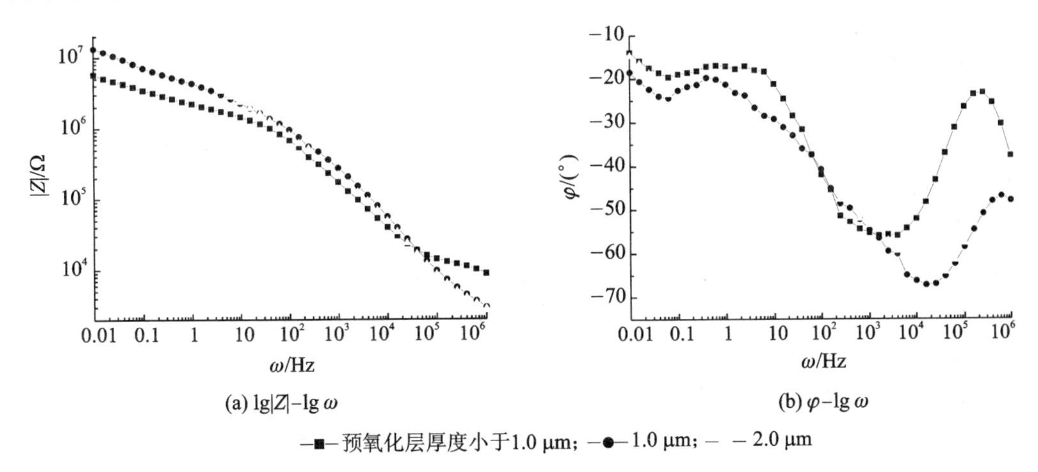

图 3.6.2　具有不同厚度预氧化层的热障涂层在 1 323 K 热循环 200 次后的电化学阻抗 Bode 图

【实验内容】

1. 热障涂层试样制备:了解电子束气相沉积设备的构造及工作原理,了解热障涂层的结构及制备工艺,熟悉试样的准备(磨制)、粘结层的制备、陶瓷层的制备等整个工艺过程。

2. 快速加热(热冲击实验)模拟装置:掌握红外线快速加热设备的工作原理,了解灯丝功率和加热温度的关系,掌握材料的热辐射率和吸收率差异对于加热温度的影响。

3. 热障涂层性能检测:熟悉阻抗谱的测量原理;现场准备测量用电极,即在陶瓷表面涂制电极与电极烧结;熟悉测试软件和分析软件的应用;掌握等效电路的拟合原理和方法。对沉积态和经过热冲击的试样进行阻抗测试,通过电路拟合计算陶瓷层和 TGO 层的电导率。通过快速加热(热冲击实验)模拟热障涂层的高温服役环境,并在热冲击过程中进行阻抗测量,实现热冲击过程中的在线无损检测。

【实验条件】

1. 实验原料及耗材

高温合金试片、NiCoCrAlY 金属靶材、YSZ 陶瓷靶材、银胶、砂纸、酒精。

2. 实验设备

制备热障涂层的电子束物理气相沉积设备、热冲击实验红外快速加热设备、Solartron 阻抗分析仪、温度数显仪、真空热处理炉、超声波清洗仪。

【实验步骤】

本实验的设备操作和样品制备以教师讲解和演示为主,学生利用现场测试的阻抗谱分析热障涂层的性能,并对涂层的失效机理进行阐述。本实验的主要步骤如下:

① 高温合金试片表面用 800# 砂纸处理并用酒精、超声清洗后待用;

② 利用电子束物理气相沉积设备制备 NiCoCrAlY 粘结层,随后在真空热处理炉中进行 1 050 ℃、2 h 热处理;

③ 采用电子束物理气相沉积设备制备 YSZ 陶瓷涂层；

④ 采用红外热冲击模拟实验装置对所制备的试片进行热冲击测试，测量样品陶瓷层温度和基体温度；

⑤ 样品表面涂刷导电银胶，在 200 ℃、400 ℃、600 ℃、800 ℃分别对热冲击前后的样品进行交流阻抗谱测试；

⑥ 撰写实验报告。

【结果分析】

1. 根据不同测试结果，拟合不同状态下涂层的等效电路；

2. 结合涂层的组成和结构，对涂层的性能进行解释，并说明涂层失效的原因。

【注意事项】

1. 实验开始前，仔细阅读设备使用说明书，熟悉电子束物理气相沉积设备、红外热冲击模拟实验装置和 Solartron 阻抗分析仪的使用方法及注意事项。

2. 严格按照实验设备的使用规则进行操作，以免损坏设备；实验过程中必须值守，不允许擅离职守。

3. 本实验需要使用高能束流设备和高温设备，须注意人身安全。

【思考题】

1. 热障涂层服役环境对热障涂层性能的影响。

2. 根据阻抗测量结果，如何进行热障涂层的性能分析？

3. 通过实验，试提出改进模拟试验器的设想。

参考文献

[1] 郭洪波. 电子束物理气相沉积梯度热障涂层热疲劳行为及失效机制. 北京：北京航空航天大学，2001.

[2] 史美伦. 交流阻抗谱原理及应用. 北京：国防工业出版社，2001.

3.7 航空常用材料腐蚀失效分析

【实验目的】

1. 培养设计腐蚀实验方案的能力；

2. 了解和掌握常用航空材料常见腐蚀失效类型的评定方法及其动力学规律。

【实验原理】

航空航天领域大量使用轻质材料和高强材料。在环境(大气、海水、光照、温度、压力)的作用下，材料都可能发生腐蚀，导致其性能下降，甚至完全失效。因此，了解常用航空材料在环境作用下的腐蚀类型及其实验室加速实验评定方法十分重要。

按照金属腐蚀的外观特征，可将金属腐蚀形态分为以下几类。

1. 均匀腐蚀或全面腐蚀

腐蚀反应发生在整个金属表面的腐蚀称为均匀腐蚀或全面腐蚀，其特征是整个金属在腐蚀过程中逐渐变薄直至最后破坏。

可采用重量法和电化学方法对材料的抗均匀腐蚀性能进行评估。

2. 电偶腐蚀

在电解质溶液中，不同金属相互接触而发生的电化学腐蚀叫电偶腐蚀。在电偶腐蚀中，电极电位较负的金属作为腐蚀电池的阳极被加速腐蚀，而电极电位较正的金属则作为阴极得到保护，腐蚀速度较小以致完全不腐蚀。一般来说，两种金属的电极电位差越大，电偶腐蚀越严重。

检测电偶腐蚀最便捷的方法是用电偶腐蚀仪测出体系的电偶电流，测试标准见 HB 5374。影响电偶电流的主要因素是两金属偶合前的电位差大小及阴阳极的面积比。

3. 点 蚀

腐蚀集中在金属表面某些活性点并向金属内部扩展的腐蚀形态叫孔蚀或点蚀，这是一种破坏性很大的腐蚀形态。孔蚀易发生在表面有钝化膜或保护膜的金属上，如铝和铝合金、不锈钢等。介质中存在活性离子，如 Cl^-、Br^-、F^- 等可诱发点蚀。铝合金在大气、淡水、海水和其他一些中性、近中性水溶液中都会发生点蚀。

实验方法可采用化学浸泡法，即将金属试样按一定面容比浸泡在一定浓度的含有活性离子的溶液里，观察和记录试样表面产生点蚀的时间及点蚀频率，按 ASTM - G46 标准进行点蚀等级评定。也可采用三角波动电位扫描法快速测量体系的破裂电位 φ_{br} 和保护电位 φ_{pr}，预测材料的点蚀倾向。相应测试方法和原理参见本书实验 1.14“材料环境失效动力学的电化学测试”。

控制电位法测不锈钢点蚀敏感性标准见 GB/T 17899—1999，测试条件：溶液为 3.5% NaCl；实验温度为(30±1)℃；扫描速度为 20 mV/min。

4. 晶间腐蚀

晶间腐蚀是指金属材料在特定介质中发生的晶界腐蚀。腐蚀沿晶界向金属内部扩展，表面还看不出腐蚀时，晶粒间的结合力已大大削弱，甚至完全丧失，造成设备突然破坏，这是一种破坏性很大的腐蚀形态。Al - Cu、Al - Cu - Mg、Al - Zn - Mg 系铝合金和不锈钢对晶间腐蚀敏感。晶间腐蚀敏感性与热处理制度有关。

晶间腐蚀实验方法是将试样浸入被测溶液中，在一定实验条件且晶粒本身几乎不被腐蚀的前提下，促使合金进行晶间加速选择性腐蚀，以加速腐蚀的结果来评定材料的晶间腐蚀敏感性。铝合金晶间腐蚀实验标准见 HB 5255，腐蚀等级评定参照 GB/T 7998—2005；不锈钢晶间腐蚀实验标准及评定见 GB/T 4334—2008。

5. 剥蚀(剥层腐蚀)

剥蚀是一种危害性很大的局部腐蚀，其主要表现形式是：腐蚀从表面开始，并沿平行于表面的晶界向金属内部扩展，腐蚀产物使未腐蚀掉的金属楔开鼓起以致从金属基体脱落，形成层状腐蚀。剥蚀是铝合金形变材料的一种特殊腐蚀形式，多见于挤压材料，以 Al - Cu - Mg 系合金发生最多。

剥层腐蚀实验方法是将试样浸入浸蚀液中，在一定实验条件下促使金属材料加速腐蚀，试验标准参见 HB 5455（等同于 ASTM - G34）。

6. 应力腐蚀

应力腐蚀断裂是指金属材料在一定的拉应力和特定的腐蚀介质共同作用下发生的腐蚀断裂。产生这类腐蚀必须同时具备特定的材料(一定的合金成分和组织)、特定的腐蚀介质和处于足够大拉应力 3 个条件。

应力腐蚀断裂过程的特点是：首先萌生微观裂纹(诱导期)，然后扩展为宏观裂纹(扩展期)，直到超过极限应力而迅速发生机械断裂(断裂期)。工程上常用的奥氏体不锈钢、铜合金、钛合金及高强度铝合金等都对应力腐蚀断裂敏感。

应力腐蚀实验方法很多，不同方法获得的实验参数往往不同，因此应根据实际需要选择合适的测量方法。应力腐蚀实验周期长，往往需要几天至十几天，甚至更长。下面给出几种常用实验方法及相关标准：

① 变形法：包括弯曲加载（ASTM G39，适用于薄板）、U 形环（ASTM G30，适用于薄板）和 C 形环（ASTM G38 或 HB 5259，特别适用于厚板的短横向、外径≥16 mm 的管材和棒材的横向实验等）。

② 恒载荷法（ASTM G49；HB 5254 适用于铝合金；HB 5260 适用于马氏体不锈钢）。

③ 慢应变速率法（HB 7235）。

【实验内容】（任选两种）

从给定的实验原料中自主选择常用航空材料和腐蚀环境，评定材料的腐蚀失效行为（如全面腐蚀、电偶腐蚀、剥蚀、晶间腐蚀、点蚀等）、动力学规律和腐蚀机理。可供选择的实验内容如下。

1. 全面腐蚀

① 采用重量法，即将金属试样按一定面容比浸泡在一定浓度的酸性水溶液中，根据试样重量变化计算材料的腐蚀速度。

② 采用电化学阻抗谱法，具体测量步骤见本书实验 1.15“材料环境失效行为的电化学阻抗谱分析”。

③ 塔菲尔（Tafel）直线外推法。

④ 线性极化法。具体测量步骤见本书实验 1.16“材料表面防护膜层环境失效评定方法”。

2. 电偶腐蚀

测定在 3.5%NaCl 溶液中各偶对的电位差、电偶电流及单个金属的自然腐蚀电位；改变溶液 pH 值至 3 或 10，测试电偶电动势、电偶电流。

3. 晶间腐蚀

测试 LY12CZ 板材（去除包铝）或 LY12CZ 型材的晶间腐蚀行为，实验条件：NaCl 57 g/L 和 H_2O_2 10 mL/L 浸泡溶液，面容比<2 dm^2/L，测试温度（35±1）℃，浸泡时间 6 h。浸泡完毕后，制备金相磨片，在显微镜下检验、测量晶间腐蚀的最大深度。

4. 剥　蚀

测试 LY12CZ 板材（去除包铝）或 LY12CZ 型材的耐剥蚀性能，实验条件：由 NaCl 234 g/L、KNO_3 50 g/L 和 HNO_3 6.5 mL/L 组成浸泡溶液、面容比<20 dm^2/L、测试温度（25±3）℃、浸泡时间 96 h。浸泡完毕后，制备金相磨片，在显微镜下检验、观测剥蚀形貌及腐蚀的最大深度，根据标准 HB5455 定性评定腐蚀等级。

5. 点　蚀

测试 LY12CZ 板材、LY12CZ 型材、不锈钢（1Cr18Ni9Ti、1Cr13 等）的点蚀行为，实验条件：NaCl 57 g/L 浸泡溶液（适用于 LY12CZ 板材、LY12CZ 型材）或 6% $FeCl_3$ +0.005 mol HCl（适用于不锈钢）。

① 采用化学浸泡法，即将金属试样按一定面容比浸泡在一定浓度的含有活性离子的溶液里，观察和记录试样表面开始产生点蚀的时间及浸泡后的点蚀频率。

② 采用三角波动电位扫描法快速测量体系的破裂电位 φ_{br} 和保护电位 φ_{pr}，预测材料的点蚀倾向。具体测量步骤见本书实验 1.14“材料环境失效动力学的电化学测试”。

【实验条件】

1. 实验原料及耗材

(1) 全面腐蚀

碳钢、纯铁、不锈钢、铝合金材料，NaCl 的中性、酸性溶液，NaOH 溶液等。

(2) 电偶腐蚀

3.5%NaCl 溶液以及 Fe－Cu、Fe－Zn、Al－Cu、Al－Zn、1Cr18Ni9Ti－Zn 等偶对(可改变阴阳极面积比分别为 1∶1、1∶10、10∶1)。

(3) 晶间腐蚀

可选择的原材料为 LY12CZ 板材(去除包铝)、LY12CZ 型材，浸泡溶液为 NaCl 57 g/L、H_2O_2 10 mL/L。

(4) 剥　蚀

可选择的原材料为 LY12CZ 板材(去除包铝)、LY12CZ 型材，浸泡溶液为 NaCl 234 g/L、KNO_3 50 g/L、HNO_3 6.5 mL/L。

(5) 点　蚀

可选择的原材料为 LY12CZ 板材、LY12CZ 型材、不锈钢(1Cr18Ni9Ti、1Cr13 等)，浸泡溶液为 NaCl 57 g/L(适用于 LY12CZ 板材、LY12CZ 型材)、6%$FeCl_3$＋0.005 mol HCl(适用于不锈钢)，详见 GB/T 17897—2016 标准。

(6) 其他耗材

砂纸、石蜡、自来水。

2. 实验设备

CHI 600A 系列电化学分析仪(工作站)、电解池、辅助电极(铂)、参比电极(饱和甘汞电极)、导线、烧杯、ZRA－2 型电偶腐蚀仪、电子天平、游标卡尺、电吹风机、镊子。

【实验步骤】

1. 电化学测试

(1) 连接线路

将线路按照图 3.7.1 接好，打开电源开关，预热 10～15 min。

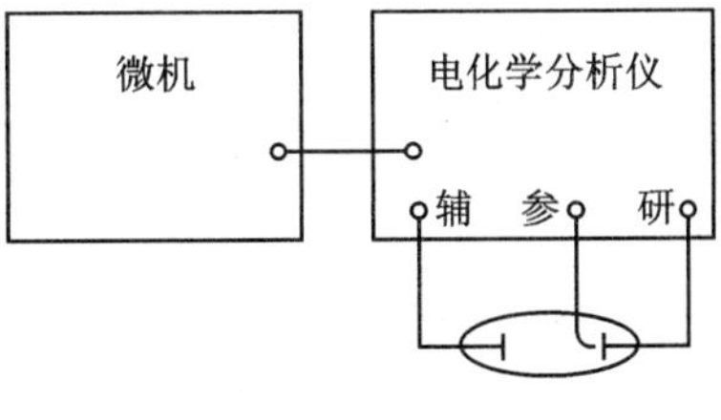

(2) 配制溶液并移入

配制适量 3.5%NaCl 溶液，随后移入洗净的电解池。

微机　电化学分析仪　辅　参　研

图 3.7.1　电化学分析仪(工作站)线路图

(3) 准备电极

用砂纸打磨电极，自来水冲洗。把已知面积(≤1 cm^2)的试样水洗后立即插入被测溶液中；面积较大的试样，需将试样吹干后用蜡等绝缘物质将非工作面涂封，只保留 1 cm^2 面积的工作面，待绝缘膜干燥后，将试样插入被测溶液中。注意涂封过程中不得污染工作面，不得用手触摸工作面。

(4) 测量开路电位

测量开路电位-时间曲线(不少于 200 s)来确定较稳定的开路电位。

(5) 选择实验技术

用鼠标单击 Setup(设置)下的 Technique(实验技术)按钮，选中所需要的实验技术。

(6) 设定实验参数

单击 Setup(设置)下的 Parameters(实验参数)按钮,即可按提示设定实验参数。

(7) 运行实验

单击 Control(控制)下的 Run(运行)按钮,便可进行实验、画出相应曲线。

(8) 结果保存

将数据另存为 txt 格式。

2. 电偶腐蚀

(1) 仪器预热

打开电源开关,仪器预热 10～15 min,电极暂不连接"电极输入"接线柱。

(2) 调　零

电源量程置于 20 μA 处,按下 Ig,此时仪器应显示 0.000;如果有偏差,则调整仪器前面板上的"调零"电位器。

(3) 溶液的配制

根据需要配制电解质溶液。

(4) 电极的准备

选择所需要的电极材料,用砂纸打磨材料表面,用水冲洗干净并放入待测溶液中。

(5) 测量并记录

用电极输入引线使工作电极和参比电极分别与仪器接线柱连接。分别测量并记录两个电极的自然腐蚀电位、电偶(混合)电位以及电偶电流。

3. 浸泡腐蚀

(1) 试样准备

将待测试样打磨好,水洗后吹干,用游标卡尺量取试样尺寸用于计算表面积,用天平称量原始质量。

(2) 腐蚀实验

将称过原始质量的试片用镊子夹持分别浸泡入不同的溶液中,开始计时,分别浸泡 10 min、30 min、60 min、120 min 后将试样取出,水洗吹干后称重,计算材料在溶液中的腐蚀速度。

(3) 形貌观察

对腐蚀后的试样表面形貌拍照记录;对于出现明显点蚀的试片,在视频显微镜下观察腐蚀坑的大小并记录结果。

4. 整理结束

整理并清洁实验台面和地面。

【结果分析】

1. 列出实验条件,附上原始数据,进行必要的数据处理;
2. 根据实验结果,分析所测试材料的腐蚀失效特点及其原因。

【注意事项】

1. 认真阅读设备使用说明书;
2. 小心操作,做好防护工作,避免化学药物对人体的伤害;
3. 遵守实验室管理规定,严禁在实验室饮食。

【思考题】

1. 什么是晶间腐蚀？简述晶间腐蚀产生的原因。

2. 产生应力腐蚀的必要条件是什么？

3. 何谓电偶腐蚀？影响电偶电流大小的主要因素是什么？

4. 什么是点蚀？哪些材料容易产生点蚀？

参考文献

[1] 刘永辉. 电化学测量技术. 北京：北京航空学院出版社，1987.
[2] 宋诗哲. 腐蚀电化学研究方法. 北京：化学工业出版社，1980.
[3] 蒋金勋，张佩芬，高满同. 金属腐蚀学. 北京：国防工业出版社，1986.
[4] 吴荫顺. 金属腐蚀研究方法. 北京：冶金工业出版社，1993.
[5] 刘永挥，张佩芬. 金属腐蚀学原理. 北京：航空工业出版社，1993.

3.8　航空材料表面防护技术与涂/镀层环境失效分析

【实验目的】

1. 了解和掌握不同表面防护层的制备技术；

2. 掌握评定表面防护层性能和环境失效行为的测试方法。

【实验原理】

对材料表面进行处理，形成一层具有优异耐蚀性能而不影响基体性质的防护层是应用最广泛的防护技术。对耐蚀防护层的基本要求是：防护层本身在介质中耐蚀、致密完整、不被介质渗透；在被保护基体上均匀分布并有一定厚度；防护层与基体结合牢固、附着力强；有良好的力学性能与物理性能。

1. 表面防护技术

表面防护层的种类很多，常见的有以下几种：

(1) 电镀层

电镀层是用电化学方法在基体材料表面沉淀出的金属防护层，其基本工艺过程是：将被保护制件作为阴极浸入要沉积的金属盐溶液，与另一金属阳极组成电解池，接通直流外电源后即可在制件表面沉积出金属防护层。电镀法的主要优点是：镀层均匀、连续、完整、结晶细致，与基体结合力强，镀层金属的化学纯度较高，具有较高的耐蚀性。

(2) 化学镀层

化学镀层是利用还原剂将溶液中的金属离子还原在呈催化活性的材料表面而形成的金属镀层。化学镀的主要特点是：镀层分布均匀，不管材料形状多么复杂，化学镀液的分散能力都接近100%；化学镀层晶粒细、致密、无孔隙，镀层外观美观，耐蚀性好；工艺设备简单，不需要电源等设备；适用面广，不仅可在金属材料表面，也可在塑料、玻璃、陶瓷等非金属材料表面沉积镀层。目前应用较多的镀层是化学镀镍和化学镀铜。化学镀镍已广泛应用于波导和电气腔体的镀层、铝镁件电镀前的底层、铜和锌基体上的镀金隔离层等。

(3) 有机涂层

用有机涂料涂覆而形成表面防护层是应用很广的一种防护技术。有机涂料通常是一种流动性物质，可以在制件表面铺展成连续的薄膜。该膜层在一定的温度下可自行固化而牢固地附着在制件表面，如日常生活中所用的油漆等。

有机涂层的防护作用主要是形成不透性膜，阻止腐蚀介质的渗透；添加缓蚀性颜料时可促使金属钝化；添加负电位的金属粉末时，可使涂层具有阴极保护作用。

(4) 转化膜

化学转化处理是指用化学或电化学方法使材料表面发生反应，生成具有防护特性的膜层，即转化膜层。

铝合金化学氧化处理是最简便的制备转化膜的方法，该工艺具有设备简单、操作方便、生产效率高、成本低、适用范围广、不受零件尺寸和形状限制等优点，但生成的氧化膜较薄，厚度为 0.5～4 μm，质软不耐磨，所以通常只适宜做油漆底层。

铝合金电化学氧化也可用来制备转化膜，相比于直接氧化处理，获得的转化膜较厚，厚度一般为 5～20 μm，硬质阳极氧化膜甚至可达 60～200 μm。制备的转化膜耐蚀性好、硬度较高、耐热性和绝缘性优良。阳极氧化膜不仅是油漆的良好底层，还可单独做防护层使用。

黑色金属的磷化处理也是常用的防护技术，磷化膜具有良好的防锈和耐蚀性。金属的磷化处理是指将金属零件浸在含有锰、铁、锌的磷酸溶液中，使其表面生成一层难溶的磷酸盐保护膜的方法，在钢铁件上应用最多。该方法具有工艺稳定、成本低、操作简单等优点，常用作油漆、电泳漆、粉末涂层的底层。

2. 防护层环境失效行为的评定

使用环境不同，对材料表面防护层耐蚀性能要求也不同。为了判断材料表面防护层抵抗外界条件侵蚀的能力，通常采用腐蚀实验方法进行评定。常用评定方法有以下 4 种。

(1) 盐雾腐蚀实验

该方法主要用于模拟海洋大气条件下金属材料涂镀层的抗腐蚀性能的评定。盐雾是指含 Cl^- 离子的盐溶液在人为条件下制造的一种雾。该方法是将材料置于盐雾腐蚀实验箱中，使盐溶液以喷雾的形式按一定形式沉降作用于材料表面，观察不同喷雾时间里材料及防护层的腐蚀程度和缺陷，按照 GB 5944—86 标准进行腐蚀等级评定。

(2) 全浸腐蚀实验

该方法是将实验材料按一定的面容比浸泡在一定浓度的腐蚀介质中，观察和记录表面发生腐蚀的时间、腐蚀的类型及腐蚀的程度。对于发生均匀腐蚀的材料，可采用重量法计算材料的腐蚀速度，评价膜层的耐蚀性；对于发生点蚀的防护层和材料，则通过记录试样表面产生点蚀的时间及点蚀频率，按 ASTM - G46 标准进行点蚀等级评定。全浸腐蚀实验是一种评价金属材料及膜层的抗腐蚀性能的经典、实用的测试方法。

(3) 周期浸润腐蚀实验

周期浸润腐蚀实验是一种模拟半工业半海洋大气腐蚀的快速实验方法，可用于鉴定及检验各种合金、涂镀层以及阳极氧化膜层等的耐蚀性。该方法是将材料交替置于腐蚀溶液及空气中，使材料经历湿润过程→由湿变干过程→干燥过程，以此为周期重复进行，通过观察不同干湿交替周期后的腐蚀程度和缺陷，按照 GB 5944—86 标准进行腐蚀等级评定。

(4) 电化学方法

用电化学方法评价材料及其膜层的耐蚀性是常用的测试方法，它具有快速、简便等优点。常用的电化学方法有极化曲线法、线性极化法、弱极化法、电化学阻抗谱法等。

【实验内容】

自主选择常用航空材料，设计并制备 2～3 种表面防护层，测定制备的防护层物理性能和耐蚀性能（分别自选 2～3 项性能指标进行测试），并与基体材料的性能进行比较，评定该防护层的环境失效行为和防护性能。

1. 防护层制备

可选择性制备以下防护层：

① 碳钢表面钾盐镀锌；

② 碳钢表面镀镍；

③ 钢铁表面磷化；

④ 钢铁表面化学镀镍；

⑤ 铝合金阳极氧化；

⑥ 铝合金化学氧化；

⑦ 铝合金或钢铁有机涂层；

⑧ 在其他实验课中已制备出的各种防护层。

2. 物理性能测试

① 厚度的测量；

② 硬度的测量；

③ 涂层光泽度的测量；

④ 涂层结合力和柔韧性的测量；

⑤ 涂层抗压痕性能的测试。

3. 耐蚀性测试

① 全浸腐蚀实验：适用于有或无表面防护层的各种材料的耐蚀性测定；

② 点滴法：适用于测试磷化膜、铝合金氧化膜及涂漆件的耐蚀性；

③ 盐雾腐蚀实验：适用于有或无表面防护层的各种材料的耐蚀性测定；

④ 周期浸润腐蚀实验：适用于涂镀层以及阳极氧化膜层等的耐蚀性测定；

⑤ 电化学测试：根据所制备的防护层的性质，选定适当的电化学方法（极化曲线法、线性极化法、弱极化法、电化学阻抗谱法等）评定防护层的耐蚀性。

【实验条件】

1. 实验原料及耗材

碳钢、铝合金、NaCl、电解液、磷化液、阳极氧化液、化学氧化液、涂料。

2. 实验设备

直流稳压稳流电源、电子天平、电热恒温水热箱、提拉涂膜机、CHI660 电化学工作站、CorrTest310 电化学工作站、盐雾腐蚀实验箱、周期浸润腐蚀实验箱、测厚仪、镜向光泽度仪、涂层性能多功能检测仪、电解池、辅助电极（铂）、参比电极、软毛刷。

【实验步骤】

可以参考下面的工艺规范和测试方法，根据所选实验内容与方法自行规划实验步骤。

1. 电镀层、铝合金阳极氧化膜和化学氧化膜制备

电镀层、铝合金阳极氧化膜和化学氧化膜的制备工艺请参见本书实验 1.16“材料表面防护膜层环境失效评定方法”相关内容。

2. 钢铁表面化学镀镍

（1）化学镀镍工艺流程

化学镀镍工艺流程如图 3.8.1 所示。

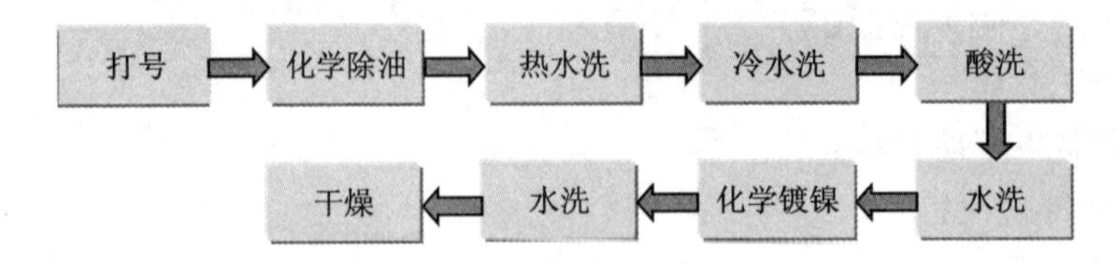

图 3.8.1　化学镀镍工艺流程图

(2) 化学镀镍主要工艺参数

① 化学除油：NaOH 20～30 g/L，Na_2CO_3 30～40 g/L，$Na_3PO_4 \cdot 12H_2O$ 30～40 g/L，洗涤剂 2～4 mL/L，温度 80～90 ℃，10～20 min；

② 热水清洗：70～80 ℃，2 min；

③ 冷水清洗：室温，喷淋，2 min；

④ 酸洗：HCl 150～360 g/L，室温，1～5 min；

⑤ 化学镀镍：$NiSO_4 \cdot 7H_2O$ 25～30 g/L，$NaH_2PO_2 \cdot H_2O$ 20～25 g/L，CH_3COONa 15 g/L，$Na_3C_6H_5O_7 \cdot 2H_2O$ 10 g/L，pH 值 4.5～5.0，温度 85～90 ℃；

⑥ 干燥：吹风机吹干。

3. 钢铁表面的磷化

(1) 磷化的工艺流程

磷化工艺流程如图 3.8.2 所示。

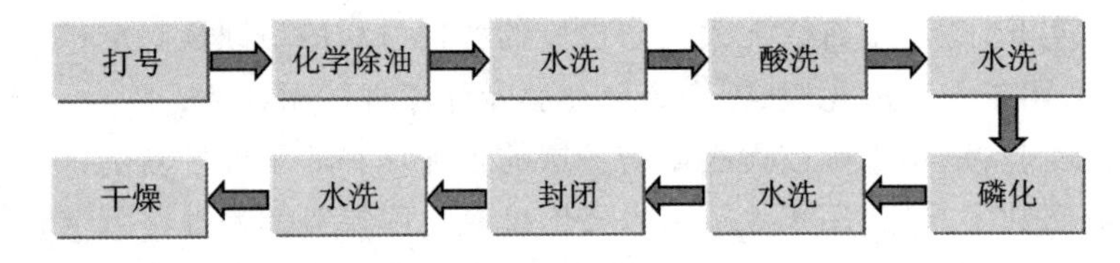

图 3.8.2　磷化工艺流程图

(2) 磷化主要工艺参数

① 化学除油：NaOH 20～30 g/L，Na_2CO_3 30～40 g/L，$Na_3PO_4 \cdot 12H_2O$ 30～40 g/L，洗涤剂 2～4 mL/L，温度 80～90 ℃，10～20 min；

② 酸洗：HCl 150～360 g/L，室温，1～5 min；

③ 磷化(可采用浸渍的方式进行磷化)：$Zn(NO_3)_2$ 180～210 g/L，ZnO 12～18 g/L，H_3PO_4 50～60 g/L，磷酸二氢铬 0.3～0.4 g/L，酒石酸 5 g/L，烷基磺酸钠 15～20 mL/L，OP 乳化剂 10～15 mL/L，温度 55～65 ℃；

④ 干燥：吹风机吹干。

4. 有机涂层的制备

用提拉涂膜机或手工喷涂方式在经过化学氧化处理的铝合金或经磷化处理的碳钢表面涂覆有机涂层，自然晾干。

5. 膜层或镀层厚度的测量

用 MiniTest 600 测厚仪进行厚度测量。

6. 涂层光泽度的测量

① 开机：打开仪器电源。

② 角度选择：多角度仪器先按下所需角度(60°)的按键，对应的指示灯即亮。

③ 定标：将仪器放在黑色高光泽标准板上，使仪器的中心标记与标准板的中心标记（缺口）对正，转动调节旋钮，使显示器的读数与标准板该角度的标称值相同。

④ 校验：将定标后的仪器放在低光泽标准板（白色陶瓷板）上，并使二者中心标记（缺口）对正，此时，显示器的读数应与白陶瓷标准板该角度的标称值相同或相差不大于 1.0 光泽度单位。

⑤ 样品测量：将标定好的仪器放在被测样品上，显示器读数即为样品该角度的光泽度值。如需求样品的平均光泽度值，可进行多点测量，然后求取平均值。

7. 涂层结合力的测量

本实验采用划格法评定涂层结合力，其步骤如下：

① 将试片放置在有足够硬度的平板上，调整好所用的刀具。1 mm 间距的多刃切割刀适用于涂膜厚度小于 60 μm 的试片。

② 将刀和支撑柱垂直于试片平面，以均匀的压力、平稳的速度切割划线，使所有切口穿透涂层，但切入底材不得太深。

③ 将试片旋转 90°，在所割划的切口上重复以上操作，以便形成格阵图形。

④ 轻扫除去表面杂质，以胶带中间与划线格平行放置，用手磨平胶带。

⑤ 以接近 60°角撕开胶带，保留胶带作为参考，检查切割部位状态。

⑥ 在试片的三个不同部位重复进行实验，记录全部实验结果。

⑦ 划格法评定涂层结合力的标准如下：

- 0 级——切割的边缘完全是平滑的，没有一个方格脱落；
- 1 级——在切口交叉处涂层有少许薄片分离，受影响划格区明显不大于 5%；
- 2 级——涂层沿着切割边缘或切口交叉处脱落明显大于 5%，但受影响处明显不大于 15%；
- 3 级——涂层沿着切割边缘部分或全部以大碎片脱落或它在格子的不同部位上部分和全部剥落明显大于 15%，但划格区受影响处明显不大于 35%；
- 4 级——涂层沿着切割边缘大碎片剥落或者一些方格部分和全部出现脱落，明显大于 35%，但划格区受影响处明显不大于 65%；
- 5 级——按第 4 类也识别不出其剥落程度。

ISO 2409 规定 0 级或 1 级为合格。

8. 涂层巴克霍尔兹抗压痕性能的测试

① 将试样漆膜朝上，放在稳固的实验台平面上。

② 在仪器的左上方加放砝码，将带有砝码的压痕刀和支撑柱轻轻地放在试板适当的位置上，放时应首先使装置的脚与试板接触，然后小心地放下压痕刀。可先在实验压痕的位置上做记号，以便压后重新找到它。放置（30±1）s，抬起装置离开试板时，应先抬压痕器，再抬装置的脚。

③ 移去压痕器后（35±5）s 期间内，将显微镜放在测定的位置上，测定并记录压痕产生的影像长度，即压痕长度，以 mm 表示，精确到 0.1 mm（显微镜标尺每 1 分刻度为 0.02 mm）。

④ 在同一试板的不同部位进行 5 次实验，计算其算术平均值。

⑤ 涂层抗压痕性能的评定：将测得的压痕长度平均值修约成最接近表 3.8.1 中第一栏中的某压痕长度值，根据该压痕长度修约值，查表可得到抗压痕性。也可通过 $100/L$ 计算抗压痕性，其中 L 为压痕长度（mm）。

表 3.8.1 压痕长度和抗压痕性之间的关系

压痕长度/mm	抗压痕性	压痕深度/μm	压痕长度/mm	抗压痕性	压痕深度/μm
0.8	125	5	1.15	87	11
0.85	118	6	1.2	83	12
0.9	111	7	1.3	77	14
0.95	105	7	1.4	71	16
1.0	100	8	1.5	67	18
1.05	95	9	1.6	63	21
1.1	91	10	1.7	59	24

9. 电化学测试

① 准备电极：测试采用三电极体系。待测电极用蜡等绝缘物质将非工作面涂封，只保留 1 cm^2 面积作为工作面。辅助电极采用 Pt 电极，参比电极为饱和甘汞电极。

② 连接线路：将电极夹头夹到电解池上，辅助电极接红色夹头，参比电极接白色夹头，工作电极接绿色夹头。

③ 测量开路电位：单击 Control(控制)下的 Open Circuit Potential(开路电位)按钮测出开路电位值。

④ 选择实验技术：单击 Setup(设置)下的 Technique(实验技术)按钮，选中所需要的实验技术。

⑤ 设定实验参数：单击 Setup(设置)下的 Parameters(实验参数)按钮，按提示设定实验参数。

⑥ 运行实验：单击 Control(控制)下的 Run(运行)按钮，运行实验。

⑦ 数据保存：曲线做完请保存至 D 盘指定文件夹中。

【结果分析】

1. 列出实验条件、原始数据、进行必要的数据处理；
2. 根据实验结果，分析所测防护层的腐蚀失效特点及其机理。

【注意事项】

1. 本实验内容较多，实验前必须做好充分准备，规划好实验流程；
2. 实验中需要使用大量化学药品，请注意采取必要保护措施；
3. 仔细阅读设备使用说明，未经老师允许，禁止私自操作设备；
4. 遵守实验室管理规定，严禁在实验室内饮食。

【思考题】

1. 制备镀层(或膜层)各工序(除油、活化、出光等)的作用是什么？对镀层(或膜层)的耐蚀性有什么影响？

2. 铝合金阳极氧化与化学氧化所得膜层工艺、性能和用途的主要差别是什么？

3. 简述选择某一电化学方法评定自制膜层耐蚀性的选用依据及理由。

参考文献

[1] 宋诗哲. 腐蚀电化学研究方法. 北京：化学工业出版社，1987.
[2] 陈亚，等. 现代实用电镀技术. 北京：国防工业出版社，2002.

3.9 材料失效分析与缺陷检测

3.9.1 失效分析

【实验目的】

1. 了解失效分析的思路、程序和步骤；

2. 学习和掌握断口的观察方法。

【实验原理】

产品丧失规定功能的现象称为失效。失效分析是判断失效模式、查找失效原因和机理、提出防止类似事故再次发生的技术活动和管理活动。通过失效分析可以减少和预防机械产品同类失效现象重复发生，从而减少经济损失和提高机械产品质量；失效分析可为技术开发、技术改造、技术进步提供信息、方向、途径和方法。失效过程往往是一个复杂的过程，需要有全过程的思维路线。

1. 失效分析程序

① 现场及相关信息的收集：调查现场失效信息是失效分析的第一步，是整个失效分析工作的基础。

② 初步确定肇事件：为快速、准确地确定失效的原因，需初步确定肇事件，并对其进行重点分析。

③ 制定具体分析思路和工作程序：依据上述①、②的分析结果，检索是否有类似事故发生，采用类比推理或逻辑推断的思路和工作程序。

④ 初步判断肇事件的失效模式：通过信息的分析、肇事件的宏观分析和微观分析，初步判断肇事件的失效模式。

⑤ 查找失效的原因：全面查找失效原因，包括肇事件自身的原因、相关失效件的影响、所处的环境和其他异常因素等。

⑥ 综合性分析：综合分析整个失效过程，整个失效过程是否描述清楚，每个证据同失效事件事实之间是否有内在联系。

⑦ 总结报告：完成分析报告，提出预防改进措施。

2. 裂纹分析

在机械事故分析中，当残骸拼凑之后，经常会碰到在同一失效件上出现多条裂纹，这就要求从中准确地找出首先开裂的部位——主裂纹。

（1）T 型法

当失效件表面两条裂纹相交时，后产生的裂纹会在先产生的裂纹处停止，两条裂纹形成 T 型，如图 3.9.1 所示。

（2）分叉法

裂纹在扩展过程中会不断分叉，形成河流花样，裂纹源位于河流主干方向，如图 3.9.2 所示。

（3）变形法

变形量大的部位为主裂纹，其他部位为二次裂纹。

（4）氧化颜色法

氧化腐蚀比较严重、颜色较深的部位是主裂纹部位；氧化腐蚀较轻、颜色较浅的部位是二次裂纹的部位。

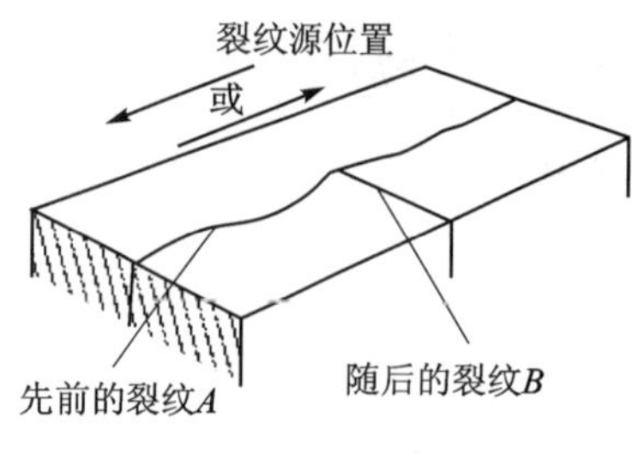

图 3.9.1　T 型法示意图

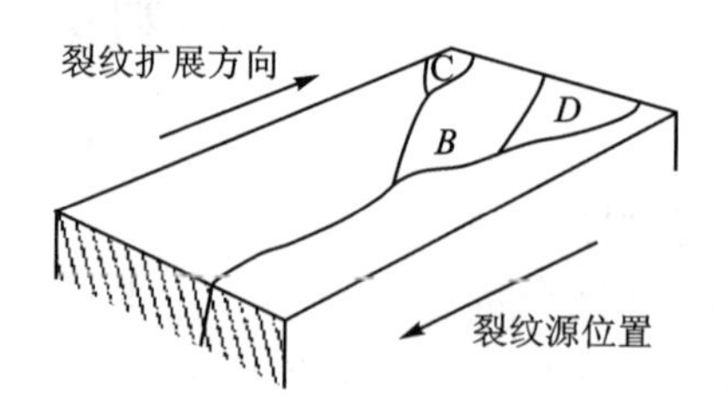

图 3.9.2　裂纹分叉示意图

(5) 疲劳裂纹长度法

疲劳裂纹长、疲劳弧线或条带间距密者为主裂纹或主断口;反之为次生裂纹或二次断口。

3. 断口分析

断口真实记录了断裂的过程,通过断口分析可以了解断裂过程中的环境、受力、材料等信息。断口分析一般包括宏观分析与微观分析两个方面,前者系指用肉眼或 40 倍以下的放大镜、实体显微镜对断口进行观察分析,可有效地确定断裂起源和扩展方向;后者系指用光学显微镜、扫描电镜、透射电镜等对断口进行观察、鉴别与分析,可以有效地确定断裂类型与机理。

断口宏观分析应重点注意观察以下 7 个方面的特征:

① 断口上是否存在放射花样及人字纹;

② 断口上是否存在弧形迹线;

③ 断口的粗糙程度;

④ 断面的光泽与色彩;

⑤ 断面与最大正应力的交角(倾斜角);

⑥ 断口特征区的划分和位置、分布与面积大小等;

⑦ 材料缺陷在断口上所呈现的特征。

【实验内容】

1. 失效分析思路介绍

授课教师举 3 个失效分析案例,介绍失效分析的思路和过程。另给每组学生提出 1 个失效分析案例,请学生自己提出分析思路和方法。

2. 断口形貌观察

在体视显微镜下观察失效件断口,判断断裂模式、裂纹扩展方向和裂纹源的位置。

【实验条件】

1. 实验原料及耗材

典型失效件。

2. 实验设备

体视显微镜、金相显微镜。

【实验步骤】

实验步骤如图 3.9.3 所示。

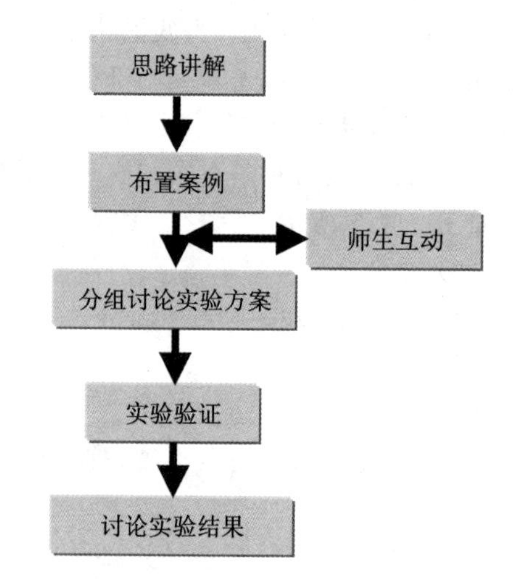

图 3.9.3　实验流程图

① 教师结合实际案例讲解失效分析的原理、过程和注意事项;

② 教师把收集的典型失效件作为待检试样分配

给学生；

③ 教师提供详细的失效件来源、信息；

④ 教师和学生充分讨论，利用教师讲解和学生掌握的知识提出分析方案；

⑤ 利用显微镜观察断口，寻找佐证、验证方案是否正确；

⑥ 分组讨论实验结果；

⑦ 撰写实验报告。

【结果分析】

1. 断裂模式分析

根据失效件的服役条件、受力方式、断口表面宏观形貌及粗糙度判断失效模式。

2. 裂纹源位置判断

根据断口表面形貌及放射线方向判断裂纹源的位置。

【注意事项】

1. 本实验以案例式教学为主，请务必从教师对案例的讲解中，体会和掌握失效分析的原理、过程和注意事项。

2. 在正式实验前，务必充分收集失效件的相关信息，经过充分讨论和分析，对失效原因进行预判，然后通过实验验证；当然在实验过程中也需要留意预判结果之外的一些现象和发现。

【思考题】

1. 如何区分应力腐蚀和氢脆两种失效模式？

2. 低周疲劳断口与高周疲劳断口的特征有何异同？

参考文献

[1] 钟群鹏，张峥，骆红云. 材料失效诊断、预测和预防. 长沙：中南大学出版社，2009.

[2] 钟群鹏，赵子华. 断口学. 北京：高等教育出版社，2006.

3.9.2　缺陷检测

【实验目的】

1. 掌握超声检测缺陷的基本原理；

2. 了解超声设备的操作界面以及实际操作规范；

3. 能够对实验结果进行正确的分析，加深无损检测技术在材料科研和工程应用方面的认识。

【实验原理】

超声检测是利用探头发射超声波扫描试件内部，通过观察探头接收到的试样表面及内部的反射波情况来确定试样内部缺陷形状、大小及位置的一种无损检测手段。如果工件内部有气孔、分层及裂纹等缺陷（缺陷中有气体），那么探头就能接收到由缺陷产生的反射波，并显示在试样的两界面波之间。缺陷波峰距两界面波之间的距离即缺陷至两界面之间的距离，缺陷大小及性质可按相关标准确定。

超声波探头是超声探伤的重要附件，工程上所用的探头分为直探头和斜探头两种。探头又叫做换能器，超声发生器发射出来的是高频电脉冲，利用探头上的压电晶体（常用锆钛酸铅）将电脉冲转换成机械振动——超声波。探头又可以接收从工件反射回来的超声波并将其转换成电脉冲，输送给接收放大电路，再显示于示波管上。

1. 超声波的传播特性

声波是由物体的机械振动所发出的波动，它在均匀弹性介质中匀速传播，其传播距离与时间成正比。当声波的频率超过 20 000 Hz 时，人耳已不能感受，即为超声波。声波的频率、波长和声速间的关系是：

$$\lambda = \frac{c}{f} \tag{3.9.1}$$

式中，λ 为波长；c 为波速；f 为频率。由公式可见，声波的波长与频率成反比，超声波具有很短的波长。

超声波探伤技术，利用了超声波的高频率和短波长所决定的传播特性，即：

① 具有束射性(又叫指向性)，如同一束光在介质中是直线传播的，可以定向控制。

② 具有穿透性，频率越高，波长越短，穿透能力越强，因此可以探测很深(尺寸大)的零件。穿透的介质越致密，能量衰减越小，所以可用于探测金属零件的缺陷。

③ 具有界面反射性、折射性，对质量稀疏的空气将发生全反射。声波频率越高，它的传播特性越和光的传播特性接近。如超声波的反射、折射规律完全符合光的反射、折射规律。利用超声波在零件中的匀速传播以及在传播中遇到界面时发生反射、折射等特性，即可以发现工件中的缺陷。因为缺陷处介质不再连续，缺陷与金属的界面就要发生反射等。图 3.9.4 所示为超声波在工件中传播过程示意图，工件中没有伤时，声波直达工件底面，遇界面全反射回来，如图 3.9.4(b)所示。当工件中有垂直于声波传播方向的伤时，声波遇到伤界面也反射回来，如图 3.9.4(c)所示。当伤的形状和位置决定的界面与声波传播方向有角度时，将按光的反射规律产生声波的反射传播，如图 3.9.4(d)所示。

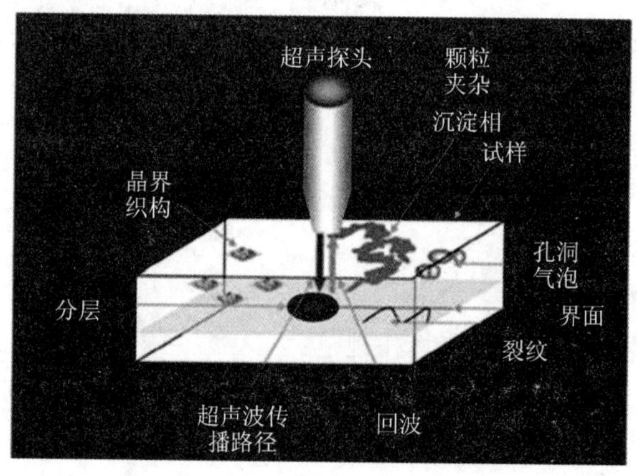

(a) 试样中的缺陷类型及超声波传播路径

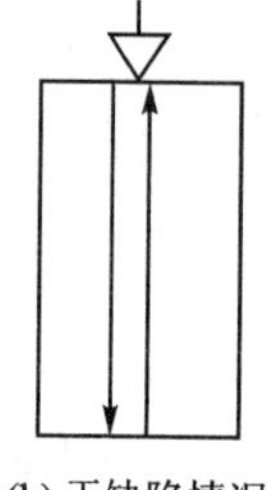

(b) 无缺陷情况

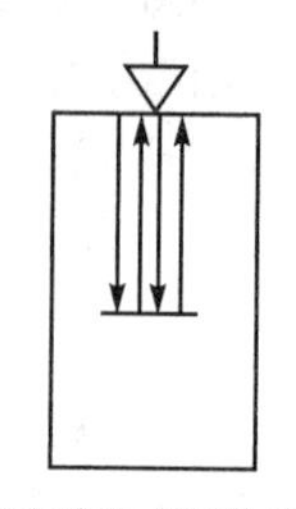

(c) 超声波垂直于缺陷界面

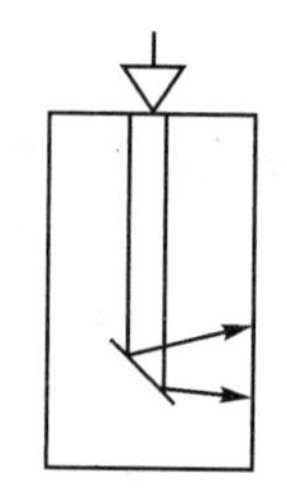

(d) 超声波不垂直于缺陷界面

图 3.9.4　超声波在工件中的传播

2. 超声 A 扫的工作原理

超声 A 扫最重要的器件是超声波发生器，它利用交流电源和振荡电路，产生高频电脉冲，并可根据扫描要求调节脉冲的频率及发射能量。超声 A 扫还具有将接收到的电脉冲依其能量的大小、时间的先后通过显示屏显示出来的功能。其工作原理如图 3.9.5 所示。发生器使示波管产生水平扫描线（一条亮线，代表时间轴），接收放大器使接收到的脉冲信号作用于示波管的垂直偏转板，并按信号收到的时间先后将水平扫描线的相应部位拉起脉冲值。始脉冲是仪器发射出去的原始脉冲信号，缺陷脉冲是超声波自工件内缺陷处返回的脉冲信号，底脉冲则是超声波自工件底部返回来的脉冲信号。由于超声波在工件内是匀速传播的，因此在工件内走过的路程越长，返回的时间也越长，所以底脉冲要比缺陷脉冲出现得晚，它们在显示屏上的水平距离反映了超声波在工件内走过的距离。因此有

$$\frac{d}{I}=\frac{b}{b_a} \quad 则 \quad d=\frac{b}{b_a}\cdot I \tag{3.9.2}$$

式中，d 为工件表面至缺陷的距离；I 为沿探测方向的工件厚度；b 为缺陷脉冲到始脉冲的扫描刻度；b_a 为底脉冲到始脉冲的扫描刻度。

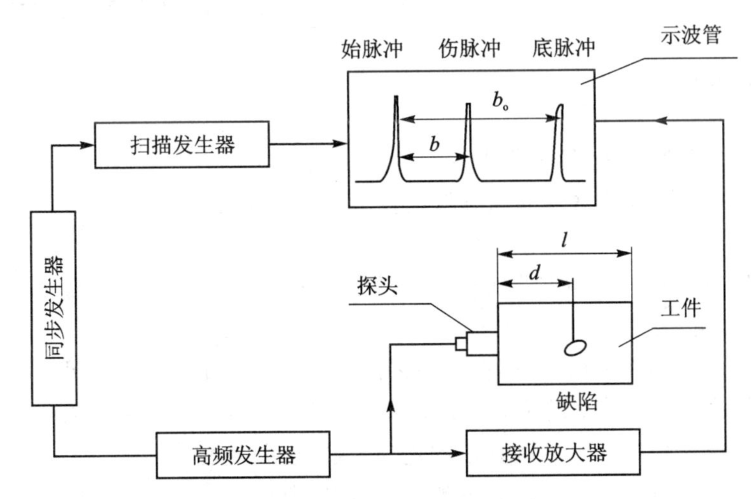

图 3.9.5　超声 A 扫工作原理

超声波在介质中传播是有能量衰减的。走过的距离越长，反射回来的能量也越小，表现在接收回来的脉冲高度要降低。如果缺陷较小，少量超声波自缺陷处反射回来，将有一个矮的缺陷脉冲，此时大部分能量抵达工件底面，底脉冲仍较高。如果缺陷面积很大，则缺陷脉冲就会高，相应的底脉冲就会很小。如遇到缺陷很大，其界面又不垂直于超声波入射的方向，见图 3.9.4(d)，则缺陷脉冲不出现（反射波接收不到），底脉冲也可能观察不到。

【实验内容】

1. 超声探伤仪基本操作；
2. 以超声标准试块为对象，熟悉超声探伤仪的使用，能够独立操作；
3. 利用 USN60，对结构件进行检测，了解超声反射原理。

【实验条件】

1. 实验原料及耗材

标准试块、雷达罩等结构件。

2. 实验设备

超声A扫检测仪两台、超声波直探头两个、耦合剂。

【实验步骤】

1. 超声A扫探伤仪的基本操作

① 熟悉设备的开启、设备操作界面等；

② 超声探头与设备的连接；

③ 耦合剂的使用方法。

2. 超声标准试块缺陷的检测

① 熟悉超声标准试块的缺陷类型；

② 利用超声直探头检测出平面型缺陷；

③ 利用超声直探头检测出体积型缺陷；

④ 对缺陷进行定位。

3. 界面缺陷的超声检测

① 以导弹雷达罩(陶瓷-橡胶-锢钢三层结构)等结构件为研究对象，了解结构特征和可能的缺陷类型。

② 选择适合的超声探头。

③ 涂覆耦合剂。

④ 设置超声探伤参数，包括入射点、扫描速度、灵敏度等。

⑤ 用调节好的仪器按照常规的纵波探伤技术进行检验。

⑥ 缺陷的定性、定量及定位：

定性：根据探头的各种移动方式所产生的动态和静态波型、方式，结合加工工艺以及缺陷波的波形变化来分析缺陷的性质。

定量：当缺陷尺寸小于声束截面时，一般采用当量法来确定缺陷的大小。常用的当量法有试块比较法、计算法和AVG曲线法。当缺陷尺寸大于声束截面时，一般采用测长法来确定缺陷的长度，测长法分为相对灵敏度测长法和绝对灵敏度测长法。

定位：一般根据示波屏上缺陷最高波位置确定其深度。

⑦ 确定缺陷的位置与尺寸。

【结果分析】

把实验结果分别记入表3.9.1中。

表3.9.1 超声探伤检测结果

探伤仪名称		探头名称	
探头频率、规格		耦合剂	
探头灵敏度		超声波声速	
试样厚度		表面状态	

续表 3.9.1

缺陷深度		缺陷大小	
评判结果			

【注意事项】

1. 实验前仔细阅读实验内容，熟悉超声波探伤原理；
2. 遵守实验室规章制度，服从老师安排；
3. 细心操作设备，注意安全使用设备。

【思考题】

1. 超声 C 扫的检测对象有什么要求？其优缺点有哪些？
2. 对于不同的材料、不同的检测要求，如何选择超声探头？
3. 如何确定缺陷的位置和大小？

参考文献

[1] 应崇福. 超声学. 北京：科学出版社，1990.

第三节　航空材料的虚拟仿真

3.10　半导体能带结构计算与虚拟仿真*

【实验目的】

1. 通过计算半导体的能带结构，了解材料计算机微观设计技术；

2. 学会建立能带结构的计算模型，掌握能带计算软件(Castep)的应用并进行能带结构计算；

3. 掌握用材料能带理论分析材料宏观性能的方法，建立微观结构与宏观物理性能之间的对应关系。

【实验原理】

多原子体系中原子核和电子运动满足薛定谔方程：

$$H\Psi = E\Psi \tag{3.10.1}$$

式中，H 为体系的哈密顿算符(Hamiltonian)；Ψ 为描述体系状态的波函数；E 为能量本征值。

半导体 Si 的晶体结构为金刚石结构，它的第一布里渊区结构如图 3.10.1 所示。

K 空间特殊 k 点的坐标值如表 3.10.1 所列。

利用数值求解薛定谔方程(具体为使用 Castep 程序计算)可以得到 $E-K$ 关系曲线，从中可以了解材料的能带结构。

【实验内容】

1. 计算半导体 Si 的能带结构；

---

* 参考 Castep 在线使用说明书。

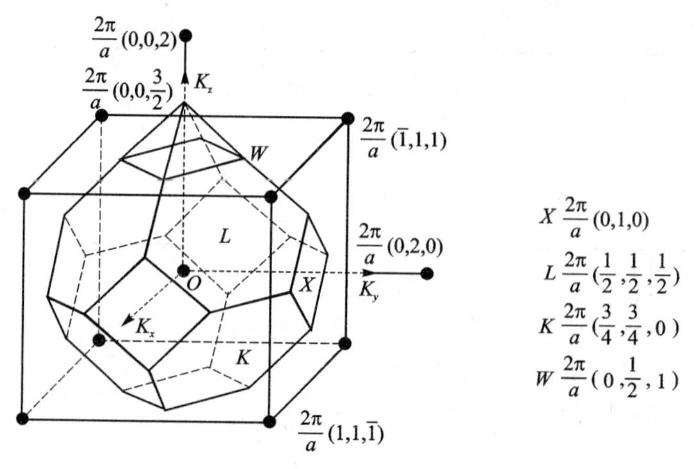

图 3.10.1　面心立方晶格的第一布里渊区结构

2. 建立 5 种不同的计算模型:Al 晶胞、原胞、3×3×3 不含空位、3×3×3 含一个空位模型、GaN 模型;

表 3.10.1　K 空间特殊位置坐标

Γ	X	K	L
$\frac{2\pi}{a}(000)$	$\frac{2\pi}{a}(100)$	$\frac{2\pi}{a}\left(\frac{3}{4}\frac{3}{4}0\right)$	$\frac{2\pi}{a}\left(\frac{1}{2}\frac{1}{2}\frac{1}{2}\right)$
Σ	Λ	Δ	
$\frac{2\pi}{a}(\sigma\sigma 0)\quad 0<\sigma<\frac{3}{4}$	$\frac{2\pi}{a}(\lambda\lambda\lambda)\quad 0<\lambda<\frac{1}{2}$	$\frac{2\pi}{a}(\delta 00)\quad 0<\delta<1$	

3. 测试不同交换关联函数对总能的影响;
4. 测试 Al 截断能量;
5. 计算 Al 晶胞的单点能、优化结构、能带结构、态密度;
6. 计算 GaN 晶胞的单点能、优化结构、能带结构、态密度;
7. 计算 Fe 晶胞的磁矩、态密度;
8. 计算 Al(111)表面的表面能,并给出表面层原子和内层原子的态密度曲线。

【实验条件】

本实验在材料设计与模拟实验室进行,利用实验室提供的计算终端,通过 CASTEP 计算软件进行模拟仿真。

【实验步骤】

1. 建立计算模型

运行 Materials Studio 软件;在菜单栏中选择 File→Import,查找并调出半导体 Si 的结构,如图 3.10.2 所示。

2. 选择计算参数

① 双击 Calculation,在弹出的对话框中有 Setup、Electronic、Properties、Job Control 标签项。

② Setup 设置,如图 3.10.3 所示。Task 类型有 Energy、Geometry、Optimization、Dynamics、Properties,设置计算类型为 Energy;Quality(计算精确度)有 Coarse、Medium、Fine、Ultra -

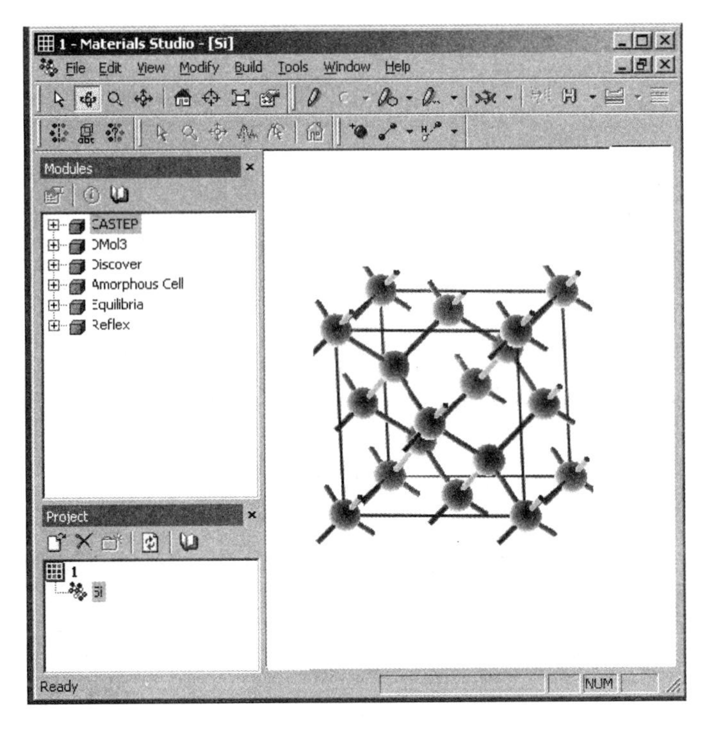

图 3.10.2　半导体 Si 的晶体结构

fine，选取 Medium 精度；Functional（交换关联函数的选取）：GGA＞PBE/RPBE/PW91 或 LDA＞CA－PZ，选取 LDA 和 CA－PZ。

③ Properties（性能）计算选项如图 3.10.4 所示。在 Band Structure、Density of State、Optical Properties、Population Analysis、Stress 中选取能带结构（Band Structure）、态密度（Density of states）和应力（Stress）为计算项。

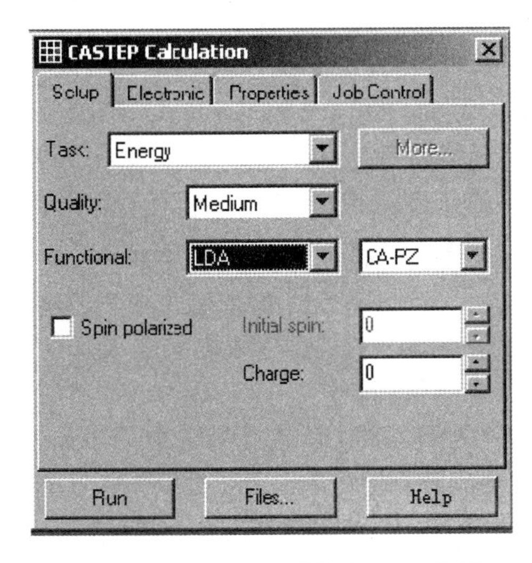

图 3.10.3　CASTEP 计算中 Setup 设置

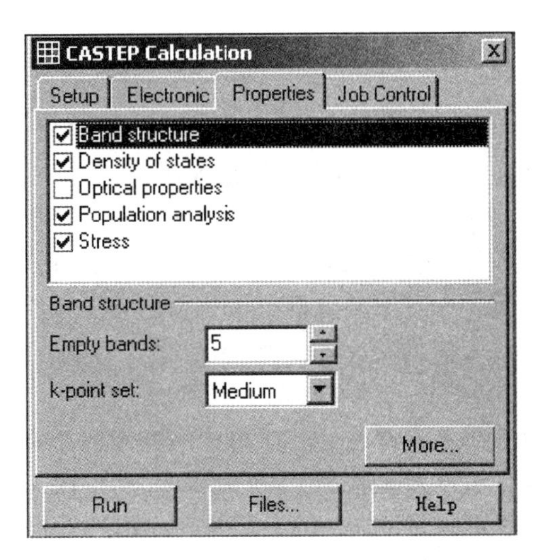

图 3.10.4　CASTEP 计算中 Properties 计算选项

3. 计　算

各种参数选取好后，单击 Run 按钮开始计算，计算可能需要几分钟（几十分钟、几小时甚至几天的时间,这与选择的模型大小有关)。当运行出现错误时,可以单击 Stop Job 按钮停止计算。当运行窗口正常关闭时,表明计算结束。

4. 数据处理

计算完毕就可以对计算得到的数据进行分析。双击 CASTEP 下的 Analysis 项,可以选择对能带结构、态密度、电子密度以及结构、总态密度图等进行分析,所分析的选项完全由计算前的设置决定。将图保存以供讨论。

【结果分析】

1. 给出能带结构曲线;
2. 讨论导带、价带和禁带,计算出带隙大小;
3. 给出电子状态密度曲线并进行讨论;
4. 讨论影响结果的因素;
5. 分析比较计算结果,并讨论表面原子的弛豫结果。

【注意事项】

学生在进入实验室之前,必须预习实验;学生自由组合,1～2 人为一组,按要求自主独立完成实验内容及实验报告。

【思考题】

1. 能否用 Castep 程序计算金刚石的能带结构?
2. 能否用同样的方法计算金属的能带结构?

参考文献

[1] 田莳. 材料物理性能. 北京:北京航空航天大学出版社,2001.
[2] 张跃,谷景华,尚家香,等. 计算材料学基础. 北京:北京航空航天大学出版社,2007.

3.11 有限元分析在材料科学虚拟仿真中的应用

【实验目的】

1. 学会利用计算机模拟技术进行材料科学实验和材料优化设计,克服传统材料学科“炒菜式”的实验研究方法,避免材料设计和研制中的盲目性,缩短材料开发研制周期。

2. 掌握计算机模拟研究方法,为实验研究提供新的思路和途径。

【实验原理】

有限元法是求解数理方程的一种数值计算方法,它是将理论、计算和计算机软件有机结合在一起的一种数值分析技术。利用有限元数值模拟技术研究位移场、应力场、电磁场、温度场、流场以及振动特性等各种“场”问题,归根到底就是利用有限元软件求解在给定条件下的控制方程(常微分方程或偏微分方程)问题。

有限元分析是用较简单的问题代替复杂问题后再求解,它将求解域看作由许许多多小的、在节点处互相连接的子域(有限元)所构成。单元内部点的待求量可由单元节点量通过选定的函数关系插值求得,进而推导整个求解域总问题的近似解。由于单元形状简单,易于建立模型及节点量之间的关系方程式,其模型可给出基本方程的分片(子域)近似解。单元划分越细,计算结果就越精确。

【实验内容】

有限元分析的软件很多,各有特点。本实验利用使用范围最广的 ANSYS 有限元软件,分析实际工程中的温度场问题。

【实验条件】

较新版本的 ANSYS 有限元软件、计算机、校园网络。

【实验步骤】

实验流程图如图 3.11.1 所示。下面以求解某潜水艇内外壁面温度及温度分布为例描述计算的具体过程。

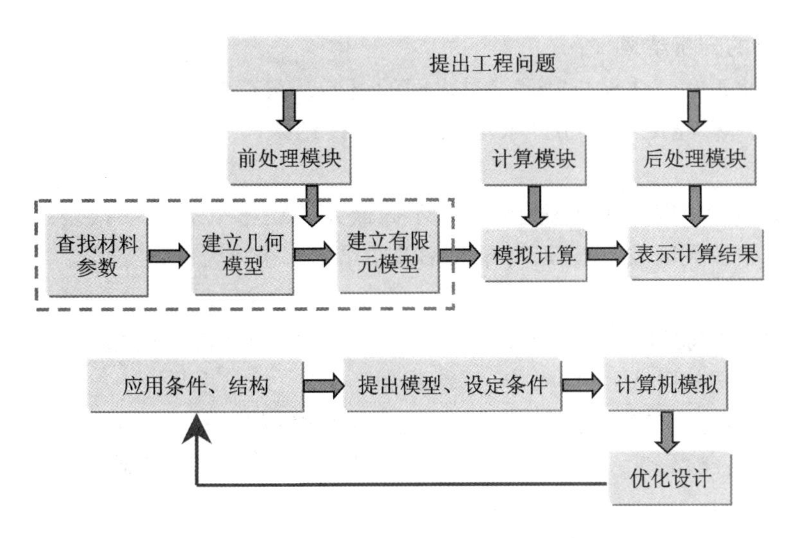

图 3.11.1　实验流程图

1. 给出工程问题的详细描述。

潜水艇可以简化为一圆筒，其壁由三层不同材料组成，从外到里分别为不锈钢壳体、玻璃纤维隔热层和铝层，如图 3.11.2 所示。筒内为空气，筒外为海水。

已知条件如下：

几何参数：筒长 200 ft，筒外径 30 ft，总壁厚 2 in。其中，不锈钢层壁厚 0.75 in，玻璃纤维层壁厚 1 in，铝层壁厚 0.25 in。

环境温度：空气温度 70 ℉，海水温度 44.5 ℉。

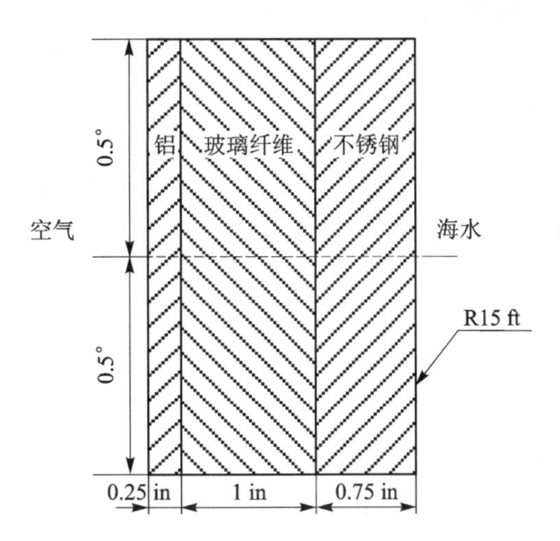

图 3.11.2　潜水艇壳体截面示意图

2. 分析问题，确定研究种类、单元类型，查找相关的材料热力学参数。

导热系数：不锈钢 8.27 BTU/hr. ft. ℉，玻璃纤维 0.028 BTU/hr. ft. ℉，铝 117.4 BTU/hr. ft. ℉。

边界条件：空气对流系数 2.5 BTU/hr. ft^2. ℉，海水对流系数 80 BTU/hr. ft^2. ℉。

3. 建立研究问题的几何模型。沿垂直于圆筒轴线作横截面，得到一个圆环，取其中 1°进行分析，如图 3.11.2 所示。

4. 网格剖分，建立有限元模型。

5. 建立边界条件，计算机求解。

6. 计算结果分析处理。

【结果分析】

1. 识别无效的分析结果

确认施加在模型上的载荷环境是合理的；确认模型的运动行为与预期相符：无刚体平动、无刚体转动、无裂缝等；确认位移和应力的分布与期望相符，或者利用物理学或数学知识可以合理解释。

2. 调试可疑的分析结果

一步一步地修正“好”结果与“坏”结果之间的模型及载荷或求解控制等方面的差距，直到(a)“好”结果变成“坏”结果或者(b)“坏”结果变成“好”结果。

3. 误差估计

验证足够的网格密度。通过等值线图显示的最大、最小值范围表明误差；通过结构能误差等值线图显示误差较大区域；通过所有单元偏差图给出每个单元的误差值。

【注意事项】

1. 学生在进入实验室之前，必须首先熟悉有限元数值模拟软件，了解软件的一些基本功能、适用范围、模块间的联系、界面操作、菜单命令等。

2. 复习已经学过的有关材料力学、热学、电学、磁学等相关基本理论知识。

3. 学生自己组合3～5人为一组，按专业方向选择实验任务，自主独立完成实验内容及实验报告。

4. 请认真学习本节所附的案例，熟悉有限元模拟的方法和技巧。

【思考题】

1. 试定性分析如图3.11.3所示的圆形薄板的几何模型、有限元模型、材料模型、分析类型、边界条件和载荷类型。

2. 试采用有限元程序ANSYS求解如图3.11.4所示的等离子喷涂热障涂层在冷却过程中形成的温度场和应力场，详细说明求解过程中所建立的几何模型、有限元模型、各组元(金属基体，ZrO_2涂层)的材料特性、材料模型、边界条件和载荷类型。

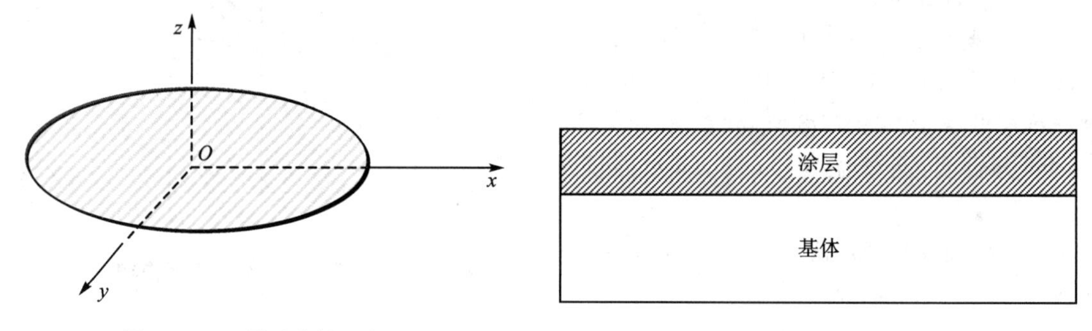

图3.11.3 圆形薄板示意图　　图3.11.4 热障涂层结构示意图

参考文献

[1] 张跃. 计算材料学. 2版. 北京：机械工业出版社，2000.

附

潜水艇的热力学分析

1. 计算分析模型

如图 3.11.2 所示，潜水艇可以简化为一圆筒，其壁由三层不同材料组成，最外层为不锈钢，中间层为玻璃纤维隔热层，最里面为铝层，筒内为空气，筒外为海水，求内外壁面温度及温度分布。

几何参数：筒长 200 ft，筒外径 30 ft，总壁厚 2 in，其中，不锈钢层壁厚 0.75 in，玻璃纤维层壁厚 1 in，铝层壁厚 0.25 in。

边界条件：空气温度 70 ℉，海水温度 44.5 ℉。

2. 分析问题，确定研究种类、单元类型，查找相关的材料参数

导热系数：不锈钢 8.27 BTU/hr. ft. ℉；玻璃纤维 0.028 BTU/hr. ft. ℉；铝 117.4 BTU/hr. ft. ℉。

边界条件：空气温度 70 ℉，海水温度 44.5 ℉；空气对流系数 2.5 BTU/hr. ft^2. ℉，海水对流系数 80 BTU/hr. ft^2. ℉。

沿垂直于圆筒轴线作横截面，得到一圆环，取其中 1°进行分析。

3. 操作步骤

① Utility Menu→File→change jobname，输入 Steady1。

② Utility Menu→File→change title，输入 Steady - state thermal analysis of submarine。

③ Main Menu：Preprocessor→Material Props→Material Library→Select Units，选择 BFT。

④ Main Menu：Preprocessor→Element Type→Add/Edit/Delete，选择 PLANE55。

⑤ Main Menu：Preprocessor→Material Prop→Constant（Isotropic，默认材料编号为 1，在 KXX 框中输入 8.27，选择 APPLY；输入材料编号为 2，在 KXX 框中输入 0.028，选择 APPLY；输入材料编号为 3，在 KXX 框中输入 117.4。

⑥ Main Menu：Preprocessor→Modeling→Create→Areas - Circle→By Dimensions ，在 RAD1 中输入 15，在 RAD2 中输入 15－(.75/12)，在 THERA1 中输入－0.5，在 THERA2 中输入 0.5，选择 APPLY；在 RAD1 中输入 15－(.75/12)，在 RAD2 中输入 15－(1.75/12)，选择 APPLY；在 RAD1 中输入 15－(1.75/12)，在 RAD2 中输入 15－2/12，选择 OK。

⑦ Main Menu：Preprocessor→Modeling→Operate→Booleane→Glue→Area，选择 PICK ALL。

⑧ Main Menu：Preprocessor→Meshing - Size Contrls→Lines - Picked Lines，选择不锈钢层短边，在 NDIV 框中输入 4，选择 APPLY；选择玻璃纤维层的短边，在 NDIV 框中输入 5，选择 APPLY；选择铝层的短边，在 NDIV 框中输入 2，选择 APPLY；选择四个长边，在 NDIV 中输入 16。

⑨ Main Menu：Preprocessor→Attributes - Define→Picked Area，选择不锈钢层，在 MAT 框中输入 1，选择 APPLY；选择玻璃纤维层，在 MAT 框中输入 2，选择 APPLY；选择铝层，在 MAT 框中输入 3，选择 OK。

⑩ Main Menu：Preprocessor→Meshing - Mesh→Areas - Mapped→3 or 4 sided，选择 PICK ALL。

⑪ Main Menu：Solution→Loads - Apply→Thermal - Convection→On lines，选择不锈钢

外壁，在 VALI 框中输入 80，在 VAL2I 框中输入 44.5，选择 APPLY；选择铝层内壁，在 VALI 框中输入 2.5，在 VAL2I 框中输入 70，选择 OK。

⑫ Main Menu：Solution→Solve - Current LS。

⑬ Main Menu：General Postproc→Plot Results→Contour Plot - Nodal Solu，选择 Temperature。

3.12 RTM 工艺虚拟仿真

【实验目的】

1. 了解复合材料计算机模拟仿真技术的意义及过程；
2. 掌握 RTM 工艺模拟分析的原理及树脂充模过程的影响因素。

【实验原理】

1. RTM 工艺的定义及其发展现状

RTM(Resin Transfer Molding)工艺又称树脂传递模塑成型工艺，是指将液态低粘度树脂在一定压力作用下，注入预先铺放了纤维增强材料的闭合模具中，树脂流动、浸润增强材料并固化成型的一种先进复合材料加工方法。RTM 成型工艺的优点包括：易于控制成品的力学性能，与其他类似的成型工艺相比，具有循环周期短、设备和加工成本低、环境污染少、制造尺寸精确可控、产品外形光滑、易于成型复杂构件等特点。

RTM 工艺设计非常关键，如果设计不当就容易出现次品，如产生气泡和干斑。这些都是 RTM 产品中常见的缺陷，严重影响产品外观质量。为避免产生这些缺陷，要求闭合模具内的树脂在较短的凝胶时间内能迅速浸润纤维，并利用注射压力或其他工艺手段尽快排除气泡和干斑。模具上的注射口和溢料口设计是 RTM 工艺设计的关键，直接影响到成品质量和成型效率。以前 RTM 模具中注射口和溢料口的选择大部分取决于设计者的经验及反复尝试，这样的过程通常耗时且成本较高。

RTM 加工工艺技术含量高，特别是对尺寸大、构型复杂、纤维含量要求高的构件来说，RTM 工艺难度更加突出，其中一个关键因素是如何使树脂在达到凝胶点以前能迅速、充分地润湿增强纤维，以免产生气泡或干斑。目前多采用 RTM 多孔注射工艺，其主要任务就是要预先确定树脂注射口及排气孔位置，以便使增强纤维得到充分润湿且树脂注射压力适当。充模过程中树脂前沿的流动形式对 RTM 成型工艺影响很大，预先了解 RTM 工艺树脂流动过程，特别是树脂流动前沿的运动规律对模具设计非常重要。为了解决这个问题，已经有很多学者在 RTM 过程的计算机模拟及 RTM 模具充模过程的优化领域进行了大量的研究，建立了一些应用于 RTM 工艺模拟仿真研究的软件平台，为模具设计和树脂注射工艺设计提供理论依据。设计者可通过成型模拟来预测压力分布、树脂流动模式、干斑的形成及充模过程中的其他现象，通过计算机模拟仿真确定 RTM 成型工艺的最优值，比如注模压力、注射速度、注射口和溢料口的位置等。

2. RTM 工艺计算机模拟原理概述

(1) 数学模型的建立

RTM 可以在宏观或微观尺度范围内研究树脂的充模过程，微观尺度是处理纤维束之间复杂的局域流动场，而 RTM 一般用于模拟宏观尺度上的现象。在宏观尺度范围内，树脂在模腔内的流动可以看成是牛顿流体在多孔介质中的流动，所以可以利用达西定律来模拟及分析这种流动。

1）连续方程

基于部分渗透概念，等温不可压缩流体在纤维预成型体中某点的质量平衡方程为

$$\phi \frac{\partial \bar{\omega}}{\partial t} = -\nabla \boldsymbol{u} \tag{3.12.1}$$

其中，对于完全渗透点，渗透程度 $\bar{\omega}$ 为 1，而对于部分渗透点，则在 0～1 范围。如果忽略上述方程左边的瞬态项，则成为准稳态方程：

$$\nabla \cdot \boldsymbol{u} = 0 \tag{3.12.2}$$

2）达西定律

液体流经多孔介质可用达西定律表示。由于 RTM 工艺的雷诺数低（$Re<1$），达西定律也成为描述模具内流体流动的最普遍的方程。考虑重力影响时，该方程如下：

$$\begin{Bmatrix} u \\ v \\ w \end{Bmatrix} = -\frac{1}{\mu}\begin{bmatrix} k_{xx} & k_{xy} & k_{xz} \\ k_{yx} & k_{yy} & k_{yz} \\ k_{zx} & k_{zy} & k_{zz} \end{bmatrix}\begin{Bmatrix} \dfrac{\partial P}{\partial x} - \rho g_x \\ \dfrac{\partial P}{\partial y} - \rho g_y \\ \dfrac{\partial P}{\partial z} - \rho g_z \end{Bmatrix} \tag{3.12.3}$$

也可写成张量形式：

$$\boldsymbol{u} = -\frac{1}{\mu}[K] \cdot (\nabla p - \rho g) \tag{3.12.4}$$

预成型体的渗透张量 K 可以各向同性或各向异性，不仅是纤维种类或渗透率的函数，而且是流体速度的函数。达西定律应用于牛顿流体时，忽略壳体内的惯性影响和栓塞流。用连续方程代替达西定律可解压力场问题，因而可在多孔纤维铺层中模拟树脂的流动，许多研究证实了其准确度。

（2）数值计算方法

1）控制体积划分和树脂计算方法

在有限元法/控制体积（FEM/CV）方法中，需要确定填充因子来表征某一区域的状态（已填充、部分填充或未填充），并且对时间步长做限制，以确保准稳态近似的准确性。求解过程建立在连续性方程的基础上，这就要求必须求解压力场，确定速度场及流动速度。

根据 FEM/CV 方法，将计算域分成若干部分，控制体是由相邻部分的基本节点组成的。从组成部分的面心到各边中点的连线把每一部分又分成几个次区域。每个控制体都由几个次区域构成。这些次区域在控制体中心有一个共同节点。图 3.12.1 是控制体在 3D 网状和六节点楔形体的示意图。这种方法是以控制体中的物理学质量守恒为基础的。压力、温度、转化率和其他物理量均定义在各个节点上。

充模时流动域的边界包括型腔壁、注口和流动前沿。在型腔壁上没有垂直于壁面方向的流动，垂直壁面方向的压力一阶导数为零；当以某恒定速率注射时，可指定包含注口节点的控制体中的流动速度为这一注射速度。换言之，注口节点被看作源点，由此产生特定的流量；当以某恒定压力注射时，注射节点的压力也被指定为这一压力。在流动前沿，参数 F 用来表示流动区域内各控制体积的状况。如果控制体是空的，$F=0$；如果控制体内充满流体，$F=1$；如果控制体部分填充，F 等于控制体内填充部分的体积分数。当控制体内 F 的值在 0～1 之间时，都被认为是流动前沿部分，将部分填充控制体的节点压力定为 0，如图 3.12.2 所示。根据上述的边界条件，在二维和三维表达式中建立一系列线性代数方程式就能用来确定充模时的

压力场。速度场可通过 Darcy 定律计算。

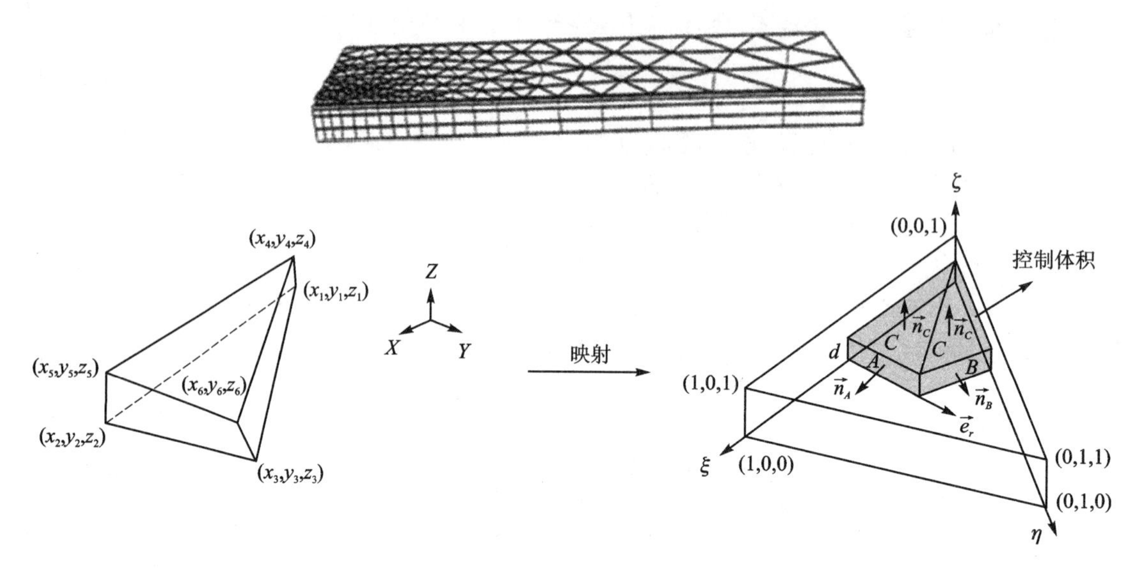

图 3.12.1　典型三维控制体积单元分布和六节点楔形单元

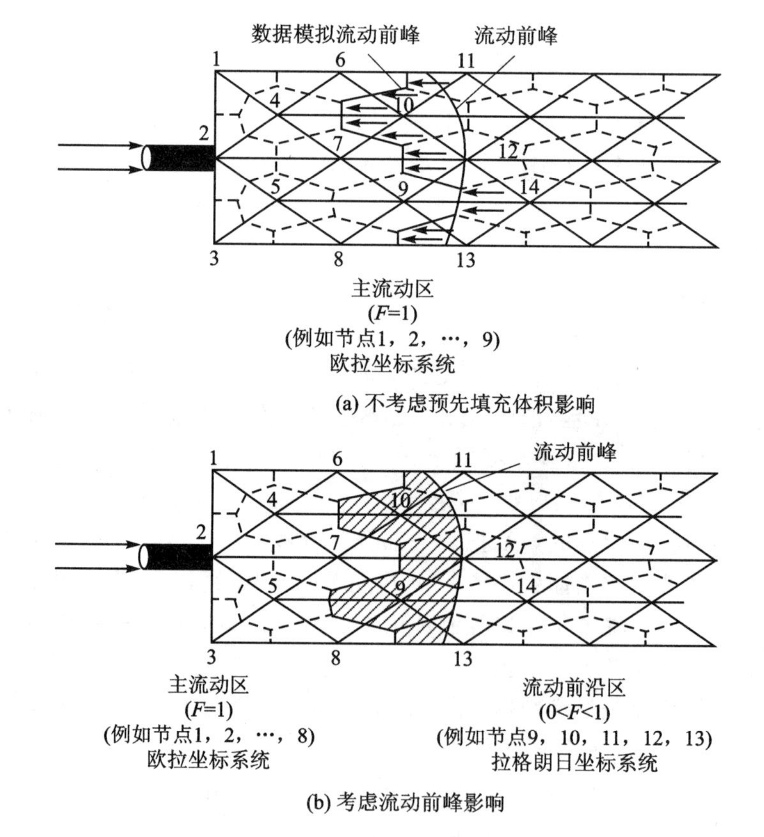

图 3.12.2　流动前沿树脂模拟

2）计算机编码

基于控制体积有限元方法（FEM/CV）的三维模拟等温或非等温充模过程的计算机编码很多，模拟结果与解析值都相当接近。A. Shojaei 等应用两种数学软件来记录流动前沿：一个基于准稳态方程,得到的代码称为 RTMS;另一个是基于流动前沿的结点部分渗透公式,得到的代码称为 RAPFIL。这两款软件都可以预测流体在复杂三维模具中的流动前沿和压力场,在简单几何体中的解析解的准确率都很接近。模拟软件使用的是 FORTRAN77。在家用电脑上,RAPFIL 占用的 CPU 时长比作为传统算法的 RTMS 少得多,因而对于复杂的三维几何体来说,RAPFIL 是比较快捷的模拟方法。

此外,Ali Gokee 等提出了 LIMS 液体注射模塑模拟。LIMS 是在 Delaware 大学发展起来的 RTM 充模模拟软件,LIMS 使用 Basic 语言,数学软件使用 Matlab,模拟出了真实条件下完全可实现的、灵活的主动控制注射技术;M. Y. Lin 等在 Lawrence Livermore 国家实验室,开发了可与外部软件模块的输入/输出文件直接相连的 GLO 编码,用 RTMSIM 作为分析模块,记录了两种不同的 RTM 优化工艺。第一种情况,注射口位置经过优化减少充模时间,优化设计变量用 GLO 编码应用的准牛顿学方法定位。第二种情况,高渗透率层除了减少充模时间外,还减少树脂废料而改变渗透率。对于这种问题,搜索图表来给优化设计定位;Z. Dinitrovová 等为实现 RTM 工艺模拟而发展的有限元编码 ANSYS 也可获得较好的预测结果。

由于计算机技术的高速发展和模拟技术水平的提高,目前已经出现较为成熟的商业化 RTM 工艺模拟软件,如 PAM - RTM、RTMWORX 等。

3）模拟结果案例

利用 PAM - RTM 商用软件,可以对 RTM 工艺制备样件进行多种模拟分析,以下就一个半球体零件的模拟进行简要说明。

a. 预成型体纤维变形的模拟分析

① 输入　模型网格;工艺参数:铺叠起点、铺叠标准方向。

② 输出　纤维方向、剪切角。

输入上述各参数,运行软件计算,输出纤维方向和剪切角,模拟结果如图 3.12.3 所示。

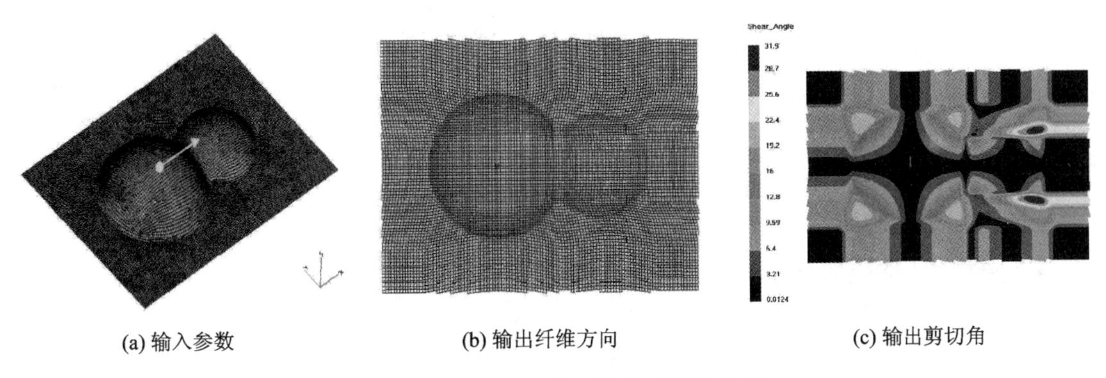

(a) 输入参数　(b) 输出纤维方向　(c) 输出剪切角

图 3.12.3　纤维预成型体变形模拟分析

b. 树脂流动充模过程模拟

将纤维预成型体模拟分析结果导入 RTM 工艺树脂充模计算软件,并对零件进行有限元剖分。

① 输入　注射口及溢料口位置、注射压力(流量)、树脂粘度。

② 输出　模腔内压流分布、树脂流动状态。

输入工艺参数:注射口及溢料口位置,注射压力(流量),树脂粘度等,运行软件计算,输出模腔内压流分布、树脂流动状态,模拟结果如图 3.12.4 所示。

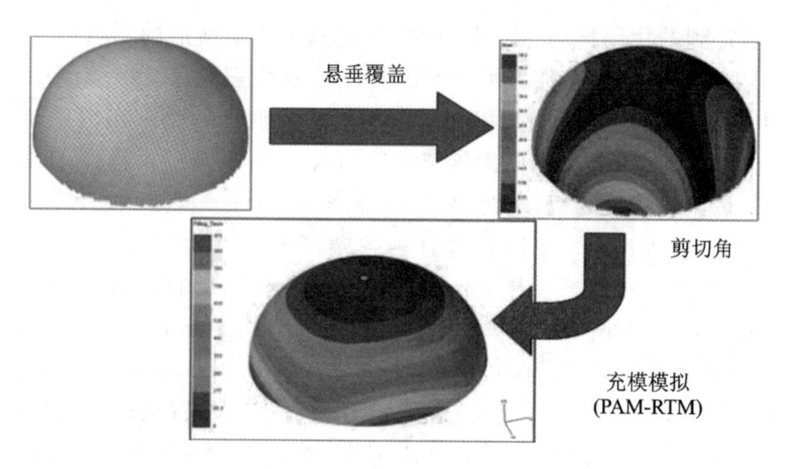

图 3.12.4 树脂流动充模模拟

由于在模拟分析过程中,忽略了多种影响因素,如树脂流体属性(牛顿流体、非牛顿流体)、渗透率误差等,所以会出现模拟结果与实际结果差异,如图 3.12.5 所示。在具体应用过程中要对模拟结果进行合理分析。

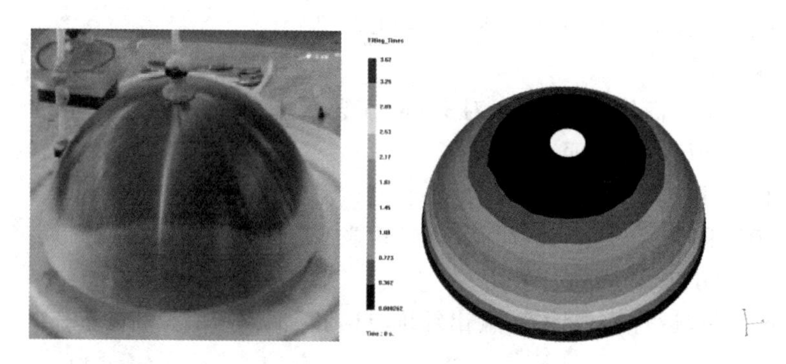

图 3.12.5 模拟结果与实验结果的差异

【实验内容】

1. 通过开发的模拟软件对构件进行模拟分析;
2. 通过模拟平台分析工艺条件对 RTM 树脂充模过程的影响;
3. 通过模拟,分析缺陷形成的原因和消除方法。

【实验条件】

1. 实验原料及耗材

实验验证模拟结果所需的树脂和纤维增强预制体。

2. 实验设备

计算机模拟平台和实验验证设备(高分子材料注射成型机、模具、剪刀等)。

【实验步骤】

1. 根据实验说明书,了解 RTM 工艺模拟软件的使用方法;
2. 自主设计软件的输入参数,进行 RTM 工艺模拟;
3. 根据模拟输入的工艺参数,通过实验对模拟结果进行验证。

【数据处理】

1. 绘制模拟结果图,对模拟结果进行分析;

2. 掌握 RTM 工艺参数对充模过程的影响规律；

3. 把所测得的实验验证结果与模拟结果进行比较，分析误差原因。

【思考题】

1. 举例说明复合材料计算机模拟仿真技术的意义；

2. 阐述复合材料计算机模拟的过程；

3. 通过模拟仿真实验，阐述 RTM 工艺树脂充模过程的影响因素。

参考文献

[1] Gutowski T G. Advanced Composite Manufacturing. Massachusetts Institute of Technology, Cambridge, MA, A Wiley - Interscience Publication, 1997:393-456.

[2] Rudd C D, Long A C, Kendall K N, et al. Liquid Molding Technologies, Woodhead Publishing Limited, 1997:100-123.

3.13　复合材料热压罐成型工艺模拟

【实验目的】

1. 了解和掌握数值模拟研究方法及相关基本概念，学会利用计算机模拟材料实验并进行优化设计，为实验研究提供指导。

2. 基于数值模拟方法，分析工艺参数、结构参数等对复合材料内部温度、固化度、压力分布、产品质量等的影响，掌握复合材料热压罐成型工艺过程的物理化学作用机制，了解复合材料热压罐成型原理和工艺控制理论。

【实验原理】

树脂基复合材料热压成型过程非常复杂，涉及物理、化学过程及其交互作用，本实验以复合材料热压罐成型工艺中的温度传递/树脂固化(热化学)、树脂流动/纤维密实过程为例，学习计算机数值模拟在材料实验和工艺设计中的应用。

复合材料热压罐成型过程温度传递/树脂固化、树脂流动/纤维密实行为仿真是基于数值模拟技术即有限元法实现的。有限元法是求解数理方程的一种数值计算方法，研究位移场、应力场、电磁场、温度场、流场以及振动特性等各种“场”问题，其本质是利用有限元软件求解给定条件下控制方程(常微分方程或偏微分方程)的问题，它是将理论、计算和计算机软件有机结合在一起的一种数值分析技术。

1. 复合材料热压罐成型热传导/树脂固化反应的数值模拟原理

复合材料固化过程是一个在低热传导率、各向异性材料内进行的具有内热源的化学反应过程。在复合材料固化过程中，固化度和温度是一种强耦合关系，不仅树脂固化反应程度受温度影响，而且树脂反应放热也引起温度变化。假定：① 忽略树脂流动引起的热量传递；② 复合材料内部同一位置树脂和纤维的温度相同；③ 不考虑层板内孔隙的影响。基于 Fourier 热传导定律和能量平衡关系得到包含内热源各向异性材料的三维瞬态热传导控制微分方程：

$$\frac{\partial(\rho_c C_c T)}{\partial t}=\frac{\partial}{\partial x}\left(k_x\frac{\partial T}{\partial x}\right)+\frac{\partial}{\partial y}\left(k_y\frac{\partial T}{\partial y}\right)+\frac{\partial}{\partial z}\left(k_z\frac{\partial T}{\partial z}\right)+\rho_r(1-V_f)\dot{H} \quad (3.13.1)$$

式中，T 为绝对温度；V_f 为纤维体积分数；C_c 为复合材料比热容；k_x、k_y、k_z 分别为复合材料三个方向上的导热系数；ρ_r 为树脂密度；ρ_c 为复合材料密度；下标 f、r、c 分别表示纤维、树脂、复合材料。$\dot{H}$ 为反应热效率速率，与固化反应速率有关，可用下式表示：

$$\dot{H}=H_{u}\frac{d\alpha}{dt} \tag{3.13.2}$$

采用 Kamal 动力学模型表征树脂的固化历程，其模型为

$$\frac{d\alpha}{dt}=A\mathrm{e}^{\frac{-E}{RT}}\alpha^{m}(1-\alpha)^{n} \tag{3.13.3}$$

上两式中，H_{u} 为整个反应过程总放热量；A 为指前因子*；E 为反应活化能；R 为气体常数；α 为固化度；m 和 n 为反应级数。

假如初始条件为：整个体系温度分布均匀，固化度为 0，即

$$T=T_{0},\quad \alpha=\alpha_{0},\quad t=0 \tag{3.13.4}$$

根据复合材料热压罐成型工艺的特点，采用对流换热边界条件：

$$k_{x}\frac{\partial T}{\partial x}n_{x}+k_{y}\frac{\partial T}{\partial y}n_{y}+k_{z}\frac{\partial T}{\partial z}n_{z}=h(T_{a}-T),\quad t>0, S=S_{h} \tag{3.13.5}$$

式中，T_{a} 为环境温度；h 为对流换热系数；n_{x}、n_{y}、n_{z} 分别为表面与各坐标轴夹角的方向余弦。

2. 复合材料热压罐成型树脂流动/纤维密实的数值模拟原理

(1) 树脂流动流体方程

先进复合材料的平均纤维体积分数在 50%～70%之间，对于单向预浸料铺层，纤维之间间距在纤维单丝直径数量级，因此，将预浸料铺层看作充满树脂的多孔介质。假设充满树脂的预浸料叠层为饱和多孔介质，其平衡方程可描述为

$$\left.\begin{aligned}\frac{\partial\sigma_{xx}}{\partial x}+\frac{\partial\tau_{zx}}{\partial z}+\frac{\partial P_{r}}{\partial x}=0\\ \frac{\partial\tau_{xz}}{\partial x}+\frac{\partial\sigma_{zz}}{\partial z}+\frac{\partial P_{r}}{\partial z}=0\end{aligned}\right\} \tag{3.13.6}$$

式中，σ_{xx}、σ_{zz}、τ_{xz}、τ_{zx} 表示体内任一点的应力状态的四个应力分量；σ_{xx} 和 σ_{zz} 为正应力；τ_{xz} 和 τ_{zx} 为剪应力且相等；P_{r} 为树脂压力。

采用如下本构方程描述预浸料叠层的变形能力：

$$\begin{Bmatrix}\sigma_{xx}\\ \sigma_{zz}\\ \tau_{xz}\end{Bmatrix}=\begin{bmatrix}E_{xx}&0&0\\0&E_{zz}&0\\0&0&G_{xz}\end{bmatrix}\begin{Bmatrix}\varepsilon_{xx}\\ \varepsilon_{zz}\\ \gamma_{xz}\end{Bmatrix} \tag{3.13.7}$$

式中，E_{xx} 是轴向弹性模量；E_{zz} 是纤维层厚度方向弹性模量，可根据实验测定的纤维层压缩曲线确定；G_{xz} 是剪切模量；ε_{xx}、ε_{zz} 和 γ_{xz} 分别为正应变和剪切应变。

根据小应变假设，应变 ε 与位移 u、v、w 之间的关系可表示为

$$\varepsilon_{xx}=\frac{\partial u}{\partial x},\quad \varepsilon_{zz}=\frac{\partial v}{\partial z},\quad \varepsilon_{xz}=\frac{\partial u}{\partial z}+\frac{\partial v}{\partial x} \tag{3.13.8}$$

基于流体力学原理，树脂在纤维网络多孔介质内的流动满足质量守恒定律，设多孔介质的孔隙率为 ϕ，根据质量守恒定律得到二维渗流连续性方程：

$$\rho_{r}\left[\frac{\partial}{\partial x}\left(\frac{S_{xx}}{\mu}\frac{\partial P_{r}}{\partial x}\right)+\frac{\partial}{\partial z}\left(\frac{S_{zz}}{\mu}\frac{\partial P_{r}}{\partial z}\right)\right]dx\,dz=\frac{\partial(\varphi\rho_{r}dx\,dz)}{\partial t} \tag{3.13.9}$$

---

* 动力学方程中系数 A 有两种说法，一种是指前因子，另一种是指频率因子。

式中，S_{xx}、S_{zz} 分别为纤维层 x 和 z 方向的渗透率；μ 为树脂粘度；P_r 为树脂压力，ρ_r 为树脂密度。

当不考虑树脂密度的变化及纤维体积压缩时，单元体体应变 ε_v 的变化率即为孔隙率的变化率，可表示为

$$\frac{\partial \varepsilon_v}{\partial t}=\left[\frac{\partial}{\partial x}\left(\frac{S_{xx}}{\mu}\frac{\partial P_r}{\partial x}\right)+\frac{\partial}{\partial z}\left(\frac{S_{zz}}{\mu}\frac{\partial P_r}{\partial z}\right)\right] \tag{3.13.10}$$

(2) 初始/边界条件

初始状态，层板内任意位置树脂压力、位移均为0。

1) 平衡方程(3.13.6)的边界条件

① 力的边界条件：

$$\frac{\partial \sigma}{\partial n}=-\frac{\partial (P_a-P_b)}{\partial n} \tag{3.13.11}$$

式中，P_a 为热压罐气压；P_b 为真空袋压力。

② 位移边界条件：

$$u=0,\quad v=0 \tag{3.13.12}$$

即有位移约束的边界，属于强制边界条件。

2) 渗流方程(3.13.10)的边界条件

① 第一类边界条件为边界流体压力已知，即

$$P_r(x,z,t)=P_0(x,z,t),\quad (x,z)\in S_1 \tag{3.13.13}$$

② 第二类边界条件为边界上流量或压力法向导数已知，根据复合材料热压罐成型工艺的特点，靠近模具边界的法向压力梯度为零，即

$$\frac{\partial P_r}{\partial n}=0.0,\quad (x,z)\in S_2 \tag{3.13.14}$$

【实验内容】

1. 复合材料热压罐成型热传导/树脂固化反应过程数值模拟与工艺分析；

2. 复合材料热压罐成型树脂流动/纤维密实过程数值模拟与工艺分析。

【实验条件】

计算机系统、自主开发的复合材料热压罐成型工艺仿真软件。

【实验步骤】

1. 复合材料热压罐成型热传导/树脂固化反应过程数值模拟与工艺分析

(1) 实验问题的详细描述

以30层玻纤布/环氧层板为对象，层板尺寸为100 mm×100 mm，初始厚度为3.86 mm，初始纤维体积分数为59%，平面尺寸远大于厚度尺寸，仅考虑层板厚度方向温差。

温度制度：从室温以2 ℃/min上升到130 ℃并保温60 min，然后再以2 ℃/min从130 ℃升到180 ℃并保温30 min，然后自然冷却。

(2) 分析问题，确定材料参数，单元类型，边界条件等

(3) 建立研究问题的几何模型

平面尺寸远大于厚度尺寸，仅考虑层板厚度方向温差，且上下面板对称加热。因此，取层板厚度的一半建模，如图3.13.1所示，平面尺寸可以为厚度的数倍，长度单位：mm。

(4) 定义初始及边界条件

定义初始及边界条件如图3.13.2所示。

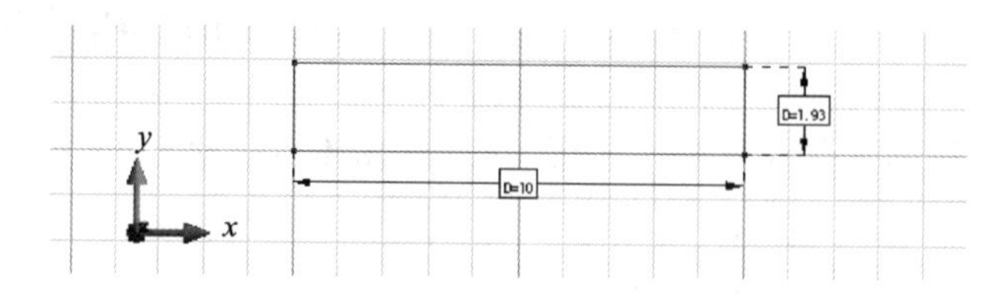

图 3.13.1　建立热传导/固化反应问题的几何模型

初始条件：预浸料叠层初始温度设置为 298 K，固化度为非零小数，设为 0.001。

上边界(AB)：设定工艺温度，即为随时间变化的温度曲线。

左右边(AC 和 BD)：对称边界，温度 T 的法向梯度为零。

底边界(CD)：层板中心面为对称边界，温度 T 的法向梯度为零。

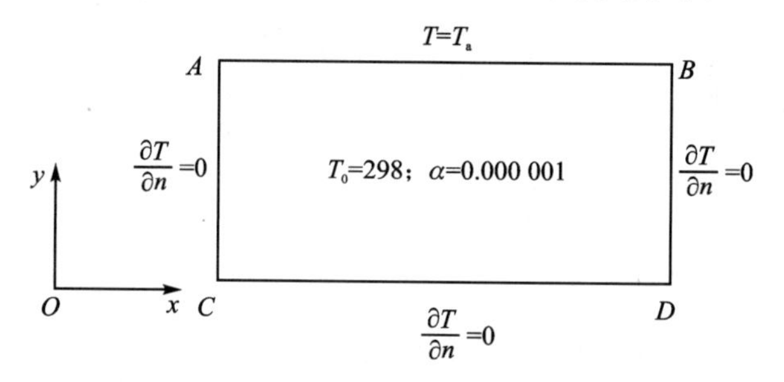

图 3.13.2　定义初始及边界条件

(5) 网格剖分，建立有限元网格模型

分析区域为规则四边形，采用四节点四边形结构化(structure)单元进行网格划分，X、Y 方向分别划分 20 个单元，如图 3.13.3 所示。

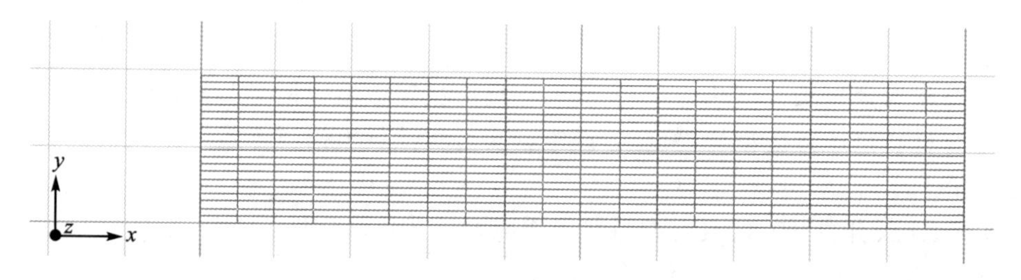

图 3.13.3　建立有限元网格模型

(6) 开始计算求解

退出前处理软件 Gid，运行 *.exe 文件。

(7) 计算结果分析

包括制件内部温度分布、固化度分布以及温度随时间变化和固化度随时间变化规律。

(8) 工艺参数分析

改变工艺参数(升温速率、恒温温度、恒温时间等)，考察工艺参数对复合材料层板内温度分布和固化度分布均匀性的影响规律。

2. 复合材料热压罐成型树脂流动/纤维密实过程数值模拟与工艺分析

(1) 实验问题的详细描述

以 30 层玻纤/环氧层板为对象，预浸料上下表面对称吸胶且吸胶材料铺放量足够多，树脂凝胶之前吸胶材料未达到饱和状态，层板四周有挡条约束使其不发生平面内的树脂流动，且平面尺寸远大于厚度尺寸，仅考虑层板厚度方向流动。

材料体系：玻纤/环氧；层板尺寸为 100 mm×100 mm；初始厚度为 3.86 mm；初始纤维体积分数为 59%。

工艺制度：从室温以 2 ℃/min 上升到 130 ℃并保温 60 min，然后再以 2 ℃/min 从 130 ℃升到 180 ℃并保温 30 min，然后自然冷却；在 130 ℃保温 30 min 时刻施加 0.4 MPa 压力。

(2) 分析问题，确定材料参数、边界条件等

(3) 建立研究问题的几何模型

平面尺寸远大于厚度尺寸，仅考虑层板厚度方向流动，且层板为对称吸胶。因此，取层板厚度的一半建模，如图 3.13.4 所示，平面尺寸可以为厚度的数倍，长度单位：mm。

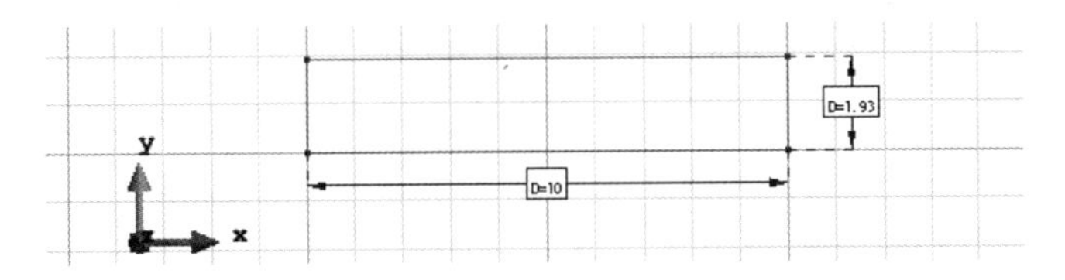

图 3.13.4 建立树脂流动/纤维密实问题的几何模型

(4) 定义初始及边界条件

定义初始及边界条件如图 3.13.5 所示。

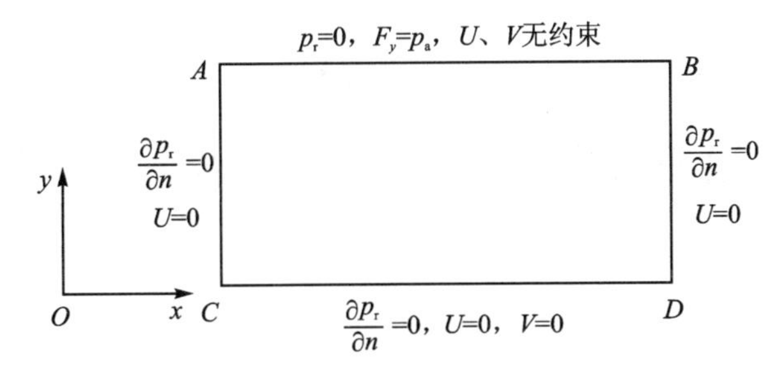

图 3.13.5 定义初始及边界条件

初始条件：预浸料底层内部树脂初始压力为 0 Pa，位移初值为 0。

上边界(AB)：施加外加压力 $F=p_a$ 为均布力，同时上边界为吸胶边界，液体出口压力为 $p_r=0$(相对大气压)，在压力作用下，预浸料叠层发生变形，U、V 无约束。

左右边(AC 和 BD)：对称边界，垂直边界的法向压力梯度为零，平面位移为零。

底边界(CD)：层板中心面为对称边界，垂直边界的法向压力梯度为零，同时约束层板在 x、y 方向的位移即底边固定。

(5) 网格剖分，建立有限元网格模型

分析区域为规则四边形，采用四节点四边形结构化(structure)单元进行网格划分，如图 3.13.6 所示。

(6) 开始计算求解

退出前处理软件 Gid，运行 *.exe 文件。

(7) 计算结果分析

包括层板内树脂压力分布、纤维体积分数分布以及层板厚度随密实时间的变化等。

(8) 工艺参数分析

改变工艺参数(压力和加压时机)，分析固化后层板纤维体积分数与工艺参数的关系。

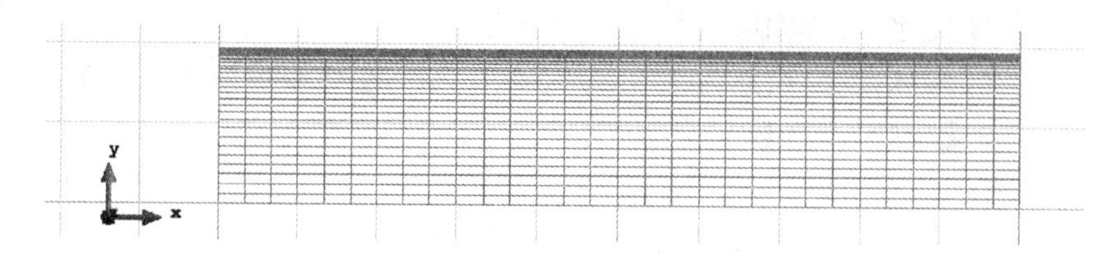

图 3.13.6　建立有限元网格模型

【结果分析】

1. 热传导/固化反应过程数值模拟结果分析方法

典型算例的结果如图 3.13.7 和图 3.13.8 所示，可以计算得到层板内任意位置温度和固化度随时间的变化规律，以及任意时刻层板内温度和固化度的分布规律，并由此可以分析层板内温度和固化度的不均匀性。改变工艺制度(升温速率、平台温度、恒温时间等)、层板厚度会对层板内温度和固化度分布规律产生影响。本实验要求学生自主设计工艺条件，研究复合材料热压罐成型过程热传导/树脂固化反应规律。

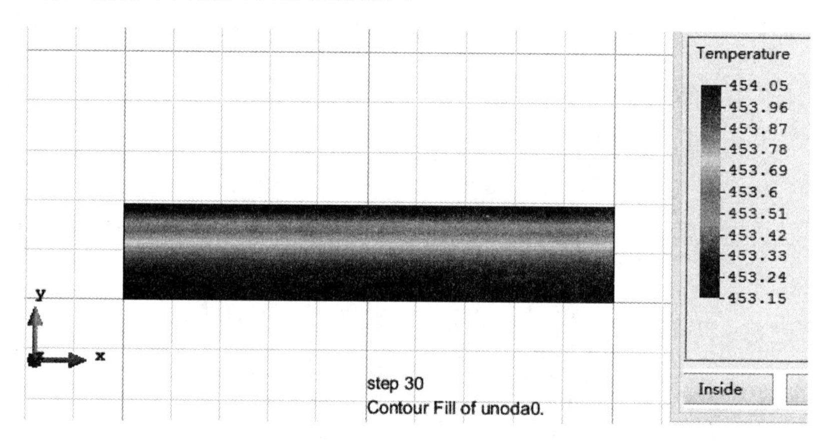

图 3.13.7　Time=9 000 s 时刻温度分布

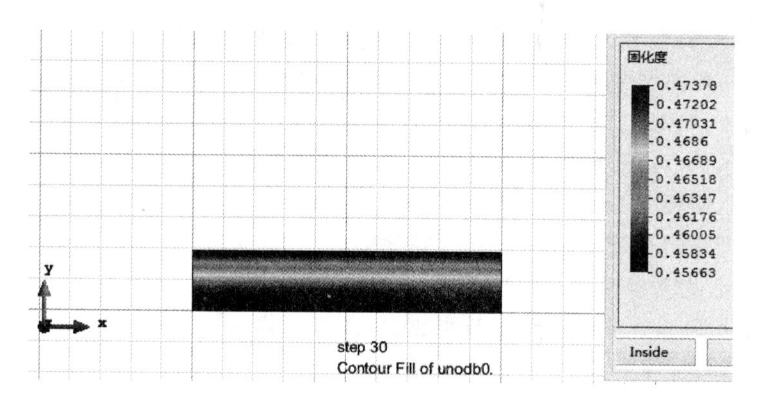

图 3.13.8　Time=9 000 s 时刻固化度分布

2. 热传导/固化反应过程数值模拟结果分析方法

典型算例的结果如图 3.13.9、图 3.13.10 和图 3.13.11 所示，可以计算得到层板内任意位置树脂压力和纤维体积分数随时间的变化规律，任意时刻层板内树脂压力和纤维体积分数的分布规律，可以分析层板内纤维密实程度不均以及树脂压力，并可以得到预浸料叠层厚度随密实时间的变化规律。改变工艺制度(压力、加压时机等)对层板内树脂压力和纤维体积分数分布规律产生影响,进而影响密实质量。本实验要求学生自主设计工艺条件,研究复合材料热压罐成形树脂流动和纤维体积分数的变化,进而分析孔隙、富树脂等工艺缺陷。

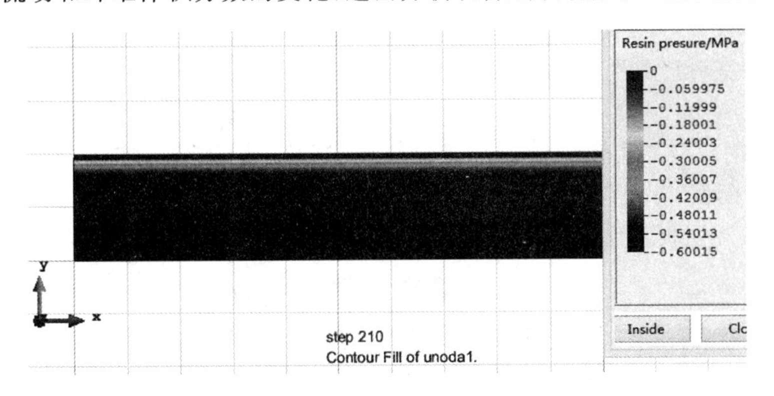

图 3.13.9　Time=2 100 s 时刻树脂压力分布

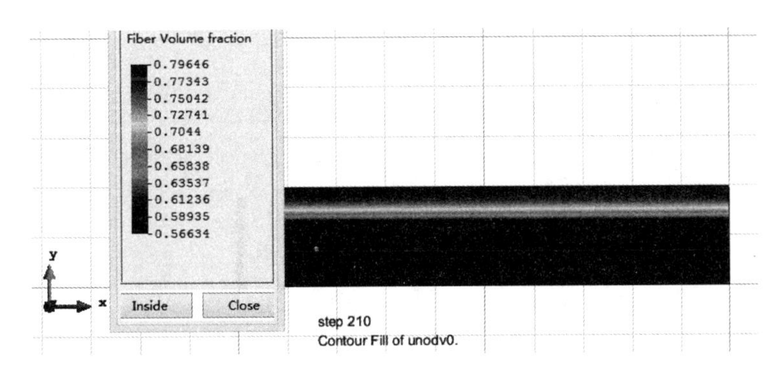

图 3.13.10　Time=2 100 s 时刻纤维体积分数分布

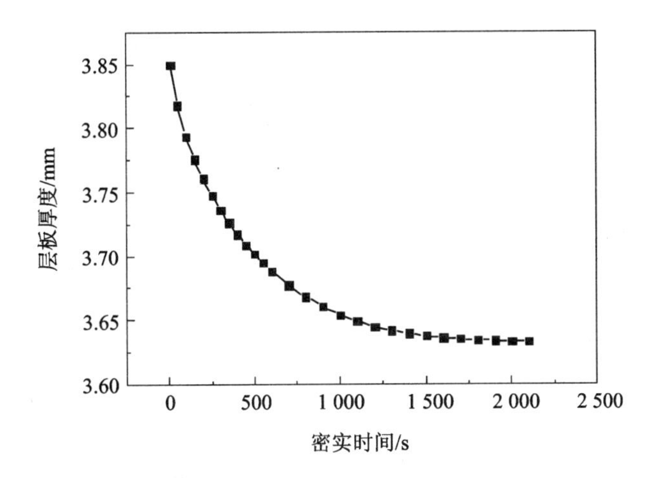

图 3.13.11　预浸料叠层厚度随密实时间的变化规律

3. 工艺分析

基于上述计算结果,对不同工艺制度下的热传导/树脂固化反应过程和树脂流动/纤维密实过程进行模拟计算。

① 分析工艺参数对热压罐工艺过程层板内温度、树脂固化度分布的影响规律;

② 分析工艺参数对热压罐工艺过程层板纤维体积分数、厚度的影响规律；

③ 分析纤维分布不均、固化不均匀等缺陷形成的原因和控制方法。

【注意事项】

1. 严禁使用自带 U 盘拷贝计算结果；

2. 保持实验室清洁卫生，严禁在实验室内饮食。

【思考题】

试采用热压罐成型工艺软件对 L 形等厚层板树脂流动/纤维密实过程进行数值模拟，建立 L 形层板几何模型、有限元模型、划分网格、定义边界条件，求解 L 形层板内树脂压力、纤维体积分数等；与等厚层板对比，分析 L 形层板树脂压力分布与树脂流动特点。

参考文献

[1] 王汝敏，郑水蓉，郑亚萍. 聚合物基复合材料. 北京：科学出版社，2011.